LEHR- UND HANDBÜCHER
DER INGENIEURWISSENSCHAFTEN

I

BAUSTATIK

BAND I

VORLESUNGEN ÜBER BAUSTATIK

ERSTER BAND

Statisch bestimmte Systeme – Spannungsberechnung
Elastische Formänderungen – Stabilitätsprobleme – Seile

VON

Dr. sc. techn. FRITZ STÜSSI

o. Professor für Baustatik, Hoch- und Brückenbau in Stahl und Holz
an der Eidgenössischen Technischen Hochschule in Zürich

Zweite Auflage

Springer Basel AG

1953

ISBN 978-3-0348-4031-6   ISBN 978-3-0348-4102-3 (eBook)
DOI 10.1007/978-3-0348-4102-3

INHALTSVERZEICHNIS

11

VORWORT ZUR ZWEITEN AUFLAGE

Bei der Bearbeitung der zweiten Auflage dieses Bandes «Baustatik I» habe ich mich von der Überlegung leiten lassen, daß der Aufbau mit Rücksicht auf die demnächst erscheinende «Baustatik II», die sich an die «Baustatik I» anschließt, beibehalten werden müsse. Innerhalb dieses Rahmens habe ich mich bemüht, bei annähernd gleichem Umfang eine Reihe von Verbesserungen (wie beispielsweise eine übersichtlichere Berechnung des Dreigelenkbogens oder eine allgemeine Ableitung der Zusammenhänge zwischen Trägheits- und Zentrifugalmomenten) und Ergänzungen (wie etwa die Berücksichtigung des Torsionsknickens bei den Stabilitätsproblemen) vorzunehmen. Selbstredend habe ich auch versucht, eine Reihe von Druckfehlern, die leider in der ersten Auflage stehengeblieben sind, zu korrigieren.

Durch den allzufrühen Tod meines verehrten Kollegen Prof. MAX RITTER hat der ursprünglich beabsichtigte Aufbau dieser «Vorlesungen über Baustatik» eine grundsätzliche Änderung erfahren; ich wurde dadurch gezwungen, die «Baustatik II» (Berechnung statisch unbestimmter Systeme), die zusammen mit der vorliegenden «Baustatik I» etwa den normalen Rahmen der alltäglichen Konstruktionspraxis umfassen dürfte, selber zu schreiben.

Zürich, im Mai 1953. *F. Stüssi.*

I. Aufgabe und Methoden der Baustatik

1. Die Aufgabe der Baustatik

Aufgabe der Baustatik ist die wirtschaftliche Bemessung von Tragwerken mit einem bestimmten beabsichtigten Sicherheitsgrad und mit genügender Steifigkeit.

Mit Hilfe der Baustatik können wir feststellen, ob ein Tragwerk zur Aufnahme der vorgesehenen Belastung genügend tragfähig und genügend steif ist; wir können also ein bestehendes oder erst im Entwurf vorliegendes Tragwerk, eine Brücke oder die Dachkonstruktion einer Halle oder überhaupt ein Ingenieurbauwerk, auf Tragfähigkeit und Steifigkeit *prüfen* und durch Veränderung der Abmessungen das Bauwerk so lange verbessern, bis es unsere Anforderungen an Tragfähigkeit (Sicherheit), Steifigkeit und gleichzeitig Wirtschaftlichkeit erfüllt. Die Kenntnis der Baustatik allein genügt somit nicht, um ein solches Bauwerk zu schaffen; sie ist ein Hilfsmittel des konstruierenden Ingenieurs, der die Form eines zu schaffenden Tragwerks für die gegebenen äußeren Bedingungen auf Grund seiner Erfahrung und einer gewissen schöpferischen Phantasie festlegt. Erst nach dieser allgemeinen Festlegung der Bauwerksform werden die Abmessungen der einzelnen Bauwerksteile mit Hilfe der Baustatik geprüft und bestimmt.

Durch diese Prüfung sind die Beanspruchungen oder «Spannungen», die in jedem Tragwerksteil infolge der gegebenen oder vorgesehenen Belastungen auftreten, zu bestimmen und zu vergleichen mit denjenigen Spannungswerten, die der zum Bau des Tragwerks verwendete Baustoff ohne Schaden zu ertragen vermag. Diese oberen oder höchstens zulässigen Spannungsgrenzen werden durch die Erfahrung, das heißt durch die Materialprüfung und die Beobachtung bestehender Bauwerke gegeben, während die Grundlagen zur Berechnung der vorhandenen Beanspruchungen durch die Gesetze des Gleichgewichtes, das heißt durch die Mechanik geliefert werden.

In der Mechanik wird der Begriff des Gleichgewichts dadurch definiert, daß ein Körper unter der Einwirkung von Kräften sich in gleichförmiger Bewegung befinde. Ein Sonderfall dieser gleichförmigen Bewegung ist die Ruhelage. Die Baustatik beschäftigt sich im allgemeinen nur mit diesem Sonderfall, denn unsere Bauwerke befinden sich ja in der Ruhelage oder im Gleichgewicht. Während die Mechanik die Bedingungen aufzeigt, unter denen sich ein Körper im Gleichgewicht befinden kann, ist in der Baustatik der vorhandene Gleichgewichtszustand der gegebene Ausgangspunkt der Untersuchung. Die Gesetze des Gleichgewichts müssen uns hier dazu dienen, die innern Kräfte des (ruhenden) Tragwerks zu bestimmen, um aus diesen die vorhandenen Beanspruchungen und die elastischen Formänderungen zu berechnen.

Die Anwendung der Gesetze des Gleichgewichts und die Berechnung der innern Spannungen ist nun aber nicht bei allen Körpern auf einfache Weise möglich, sondern nur dann, wenn gewisse Anforderungen an die Formgebung, die Art der Auflagerung oder der Abstützung auf die Erdoberfläche und das Verhalten des Baustoffs erfüllt sind. Diese Anforderungen sucht der Konstrukteur entweder in Wirklichkeit, durch die Gestaltung seines Bauwerks, zu erfüllen oder aber er trifft die *Voraussetzung*, daß eine bestimmte Abweichung an diese Anforderungen ohne nennenswerten Einfluß auf den Spannungszustand des Tragwerks sei, das heißt er rechnet mit idealisierten Tragwerken und Baustoffen. Die Kenntnis dieser Voraussetzungen und die Prüfung ihrer Zulässigkeit gehört ebenfalls in den Aufgabenbereich der Baustatik.

2. Grundlagen und Voraussetzungen

Die Grundlagen der Baustatik sind entweder *theoretisch ableitbar*, wie die Gesetze des Gleichgewichts und die darauf aufgebauten Berechnungsmethoden, oder sie sind durch die *Erfahrung* gegeben, wie die Größe der aufzunehmenden Belastungen und die bautechnisch wichtigen Eigenschaften der Baustoffe, oder sie bestehen aus mehr oder weniger willkürlichen Annahmen, *Voraussetzungen*, über die Wirkungsweise der Tragwerke und das Verhalten der Baustoffe. Die Theorie der Berechnungsmethoden bildet den eigentlichen Inhalt der Baustatik; ihr müssen wir jedoch eine kurze Darstellung der Erfahrungsgrundlagen und der wichtigsten Voraussetzungen vorausschicken.

a) Die Belastung der Tragwerke

Die Baustatik nimmt die äußeren Belastungen der Tragwerke als gegebene Größen an; sie beschäftigt sich, im Gegensatz zur theoretischen Mechanik mit dem Gesetz von NEWTON, im allgemeinen nicht mit der Frage ihres Entstehens oder ihrer Ursache.

In einer ersten Einteilung der Belastungen können wir *Nutzlasten* und *Eigengewichte* unterscheiden. Die Aufnahme der Nutzlasten ist der eigentliche Zweck eines Tragwerks (wir bauen eine Brücke, damit sie solche Nutzlasten wie Lastwagen, Lokomotiven usw. übertragen kann), während die Eigengewichte unvermeidliche Begleiterscheinungen darstellen, da wir ja keine gewichtslosen Tragwerke bauen können. Es ist bemerkenswert, daß bei großen Tragwerken, etwa bei weitgespannten Brücken, die Wirkung des Eigengewichtes diejenige der Nutzlast bei weitem übertreffen kann. In der Baustatik, das heißt bei der Berechnung der Spannungen und Formänderungen eines Tragwerks, sind alle aufzunehmenden Belastungen, Nutzlasten und Eigengewichte als gegebene Größen einzuführen, trotzdem wir die Eigengewichte ja erst dann genau berechnen können, wenn nicht nur die statische Berechnung durchgeführt, sondern auch die Ausführungszeichnungen fertig durchkonstruiert sind. Wir müssen somit das Gewicht eines Bauelementes in eine Berechnung einführen, die uns seine Abmessungen erst liefern soll. In diesem Umstand liegt eine grundsätzliche Schwierigkeit der Konstruktionspraxis, die dadurch umgangen werden muß, daß wir die Eigengewichte der einzelnen Tragwerksteile zunächst auf Grund der Erfahrung an ähnlichen schon ausgeführten Bauwerken schätzen und diese Schätzung nach einer ersten Durcharbeitung des Entwurfs verbessern. Ein vollkommener Tragwerksentwurf kann also grundsätzlich nur auf dem Wege der sukzessiven Approximation erreicht werden.

Eine weitere Unterteilung der Belastungen können wir vornehmen, indem wir unterscheiden, ob sie beweglich sind oder ständig am gleichen Ort und in gleicher Größe wirken; wir unterscheiden somit *ständige* (feste) und *bewegliche* Lasten.

Ständige Lasten sind vor allem die Eigengewichte der einzelnen Bauteile, dann aber auch ständig vorhandene Auflasten (wie etwa Wasserleitungen usw.); sie wirken lotrecht. Zu den ständigen Lasten werden auch Erd- und Wasserdruck gerechnet, die in beliebiger Richtung, beziehungsweise senkrecht zur belasteten Fläche wirken. Die Größe der ständigen Lasten ist auf Grund des Raumgewichtes der Baustoffe zu bestimmen.

Bewegliche Lasten sind vor allem die Verkehrslasten (Menschengedränge, Lastwagen, Lokomotiven und Güterwagen) bei Brücken und die Nutzlasten bei Hochbauten. Solche Verkehrs- und Nutzlasten werden gewöhnlich durch amtliche Vorschriften vorgeschrieben, wobei Anordnung und Lastgröße gegenüber der Mannigfaltigkeit der in Wirklichkeit vorkommenden Lasten nach einigen wenigen Typen schematisiert sind. Neben diesen lotrecht wirkenden Lasten sind, meist jedoch nur bei Eisenbahnbrücken, auch die in waagrechten Ebenen wirkenden Brems- und Fliehkräfte zu berücksichtigen. Ferner werden Schneelast und Winddruck, deren Größe ebenfalls durch Vorschriften genormt ist, zu den beweglichen Lasten gerechnet. Die beweglichen Lasten werden häufig auch als zufällige Lasten bezeichnet; diese Bezeichnung scheint nicht sehr glücklich, denn es ist wohl kein Zufall, wenn eine Eisenbahnbrücke durch Lokomotiven belastet wird.

Je nachdem die Belastungen auf kleinere oder größere Flächen wirken, idealisieren wir sie zu *Einzellasten* oder zu *verteilten Belastungen*. So wird der Raddruck einer Lokomotive, der auf der sehr kleinen Berührungsfläche zwischen Radkranz und Schiene übertragen wird, als Einzellast eingeführt, während etwa das Menschengedränge auf einer Brücke als verteilte Belastung angesehen wird. Für den Spannungszustand in Tragwerksteilen, die sich in einiger Entfernung von der Stelle der Lastübertragung befinden, ist, nach einem Satz von DE ST. VENANT, die Größe der Lastübertragungsfläche oder die genaue Art der Lastübertragung ohne Bedeutung.

Die Belastung kann ferner *direkt* oder *indirekt* auf einen Tragwerksteil übertragen werden. Der Raddruck einer Lokomotive wirkt zum Beispiel direkt auf die Schiene, er kann also an jeder beliebigen Stelle der Schiene auftreten; er wirkt aber nur indirekt auf die Schwelle, weil er durch die Schiene übertragen werden muß, und somit kann er die Schwelle nur an einer bestimmten Stelle, nämlich dem Auflagerungsort der Schiene belasten.

Es ist üblich, auch die bewegten Lasten in ihrer Wirkung als statische oder ruhende Lasten einzuführen und den Unterschied gegenüber der dynamischen Wirkung durch sogenannte *Stoßzuschläge* zur statischen Last zu berücksichtigen. Die Größe dieser Stoßzuschläge ist auf Grund von Erfahrungen und von theoretischen Untersuchungen durch die amtlichen Vorschriften festgelegt.

Es ist offenbar zweckmäßig, schon in der Bezeichnung der Belastungen gewisse Merkmale zu unterscheiden. Bei uns sind etwa folgende Bezeichnungen üblich:

Ständige Last:	G (Einzellast), g (verteilte Belastung, t/m^1, t/m^2)
Verkehrs- od. Nutzlast:	P (Einzellast), p (verteilte Belastung)
Totallast:	$q = g + p$
Schneelast:	s
Winddruck:	w

Zu den Ursachen, die, ohne Belastungen zu sein, bei gewissen Tragwerken Beanspruchungen hervorrufen, gehören gewisse Formänderungen der Baustoffe oder von Tragwerksteilen, die wir deshalb hier im Anschluß an die Belastungen erwähnen müssen. Es sind dies:

Temperaturänderungen, Schwinden und Quellen der Baustoffe, Auflagerverschiebungen infolge Nachgiebigkeit des Baugrundes.

Ohne hier auf Einzelheiten einzutreten, sei festgehalten, daß solche Formänderungen bei Tragwerken, die sich frei verformen können, keine Beanspruchungen erzeugen, daß aber Beanspruchungen auftreten, sobald die Formänderung durch Einspannungen oder Festhaltungen behindert ist. Die ersteren Tragwerke, bei denen die Art der Auflagerung gerade genügt, um die stabile Lage oder den Gleichgewichtszustand zu sichern, heißen statisch bestimmte Tragwerke; treten zusätzliche oder überzählige Bindungen oder Festhaltungen dazu, so sind die Tragwerke statisch unbestimmt.

Bei den frei verformbaren oder statisch bestimmten Tragwerken genügen die Gleichgewichtsbedingungen, um die Größe der Auflagerkräfte und der innern Kräfte zu bestimmen; bei den statisch unbestimmten Tragwerken müssen auch die elastischen Formänderungen betrachtet werden, und hier beeinflussen auch äußere Formänderungsursachen die Größe der Auflagerkräfte.

b) Baustoffeigenschaften

Wenn wir einen Stahlstab von konstantem Querschnitt F und von der Länge l in einer Zerreißmaschine mit der bis zum Bruch des Stabes langsam und stetig anwachsenden zentrischen Zugkraft Z, das heißt mit der spezifischen Beanspruchung σ,

$$\sigma = \frac{Z}{F},$$

belasten, so verlängert er sich um den Betrag Δl. Tragen wir den sich dabei ergebenden Zusammenhang zwischen der Beanspruchung σ und der spezifischen, das heißt auf die (ursprüngliche) Stablänge l bezogenen Dehnung ε,

$$\varepsilon = \frac{\Delta l}{l}$$

in einem rechtwinkligen Koordinatensystem $\sigma - \varepsilon$ auf, so erhalten wir grundsätzlich das Bild der Abbildung 1, das wir als Spannungsdehnungs-Diagramm bezeichnen.

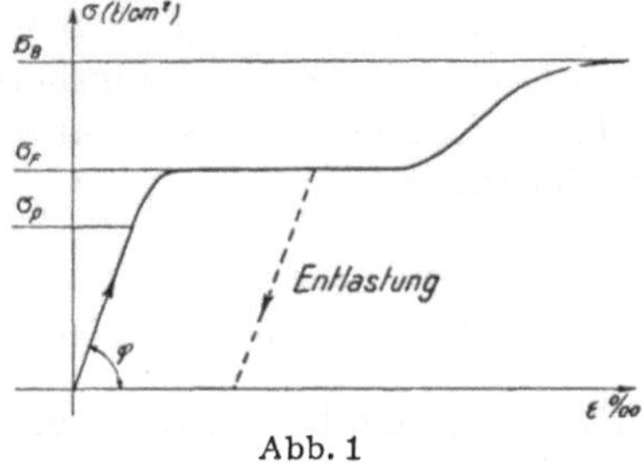

Abb. 1

Bis zur Beanspruchung σ_P, der «Proportionalitätsgrenze», wachsen Dehnung und Spannung proportional zueinander; es ist

$$\sigma = \varepsilon \cdot \operatorname{tg} \varphi = E \cdot \varepsilon,$$

wobei der Proportionalitätsfaktor E als «*Elastizitätsmodul*» bezeichnet wird. Er besitzt für Stahl den Wert von rund 2100 $^{t/cm^2}$.

Oberhalb der Proportionalitätsgrenze σ_P nehmen die Dehnungen ε stärker zu als die Spannungen σ, um bei der «Fließgrenze» σ_F überhaupt ohne Laststeigerung anzuwachsen: das Material «fließt». Nach Erreichen der obern Fließdehnung, die bei normalem Baustahl den Wert von rund 20 ‰ besitzt, tritt eine «Verfestigung» ein, die Spannung σ kann bis zum Bruch oder bis zur «Zugfestigkeit» σ_B gesteigert werden.

Unter den größten vorkommenden Belastungen sollen die Beanspruchungen σ in jedem Tragwerksteil unterhalb der Proportionalitätsgrenze liegen, weil bleibende Dehnungen, die bei Entlastung eines über σ_P hinaus beanspruchten Bauteiles zurückbleiben würden, nicht vorkommen dürfen. Normalerweise wird der «Spannungsnachweis» der statischen Berechnung so erbracht, daß man die vorhandenen Beanspruchungen, σ_{vorh}, berechnet und mit der zulässigen Beanspruchung $\sigma_{\text{zul}} < \sigma_P$ vergleicht. Man setzt also dabei voraus, daß mit diesem Nachweis

$$\sigma_{\text{vorh}} \leqq \sigma_{\text{zul}}$$

der beabsichtigte Sicherheitsgrad gewährleistet sei. Damit benötigen wir aber für die Bemessung unserer Tragwerke nicht mehr den ganzen Verlauf des Spannungsdehnungsdiagramms, sondern wir dürfen Proportionalität zwischen Spannung und Dehnung voraussetzen. Dieser Zusammenhang

$$\varepsilon = \frac{\sigma}{E} \text{ oder } \Delta l = \frac{Z \cdot l}{E \cdot F}$$

wurde im Jahre 1660 vom Engländer ROBERT HOOKE in Form einer Hypothese «ut tensio sic vis» in die Mechanik eingeführt, und die elementare Baustatik setzt die Gültigkeit dieses HOOKEschen Gesetzes bei den Berechnungen der inneren Spannungen voraus. Wir werden allerdings beispielsweise bei den Stabilitätsproblemen diese Voraussetzung teilweise fallen lassen müssen und den ganzen Bereich des Spannungsdehnungsdiagramms zu berücksichtigen haben.

Bei andern Baustoffen, wie etwa Beton, ist auch unter praktisch vorkommenden Beanspruchungen der Zusammenhang zwischen Spannung und Dehnung nicht genau linear; hier wird, um die Spannungsberechnung einfach durchführen zu können, das HOOKEsche Gesetz als praktisch genügend genau zutreffende Voraussetzung eingeführt.

c) Aufbau und Lagerung der Tragwerke

Unsere Tragwerke müssen gegenüber beliebig gerichteten Kräften oder gegenüber räumlichen Kraftwirkungen tragfähig sein; sie sind räumliche Tragwerke. Die meisten der praktisch vorkommenden Tragwerke lassen sich jedoch in einzelne ebene «Tragwände» zerlegt denken. In Abbildung 2 ist am Beispiel eines Brückenträgers ein solches Raumtragwerk schematisch skizziert,

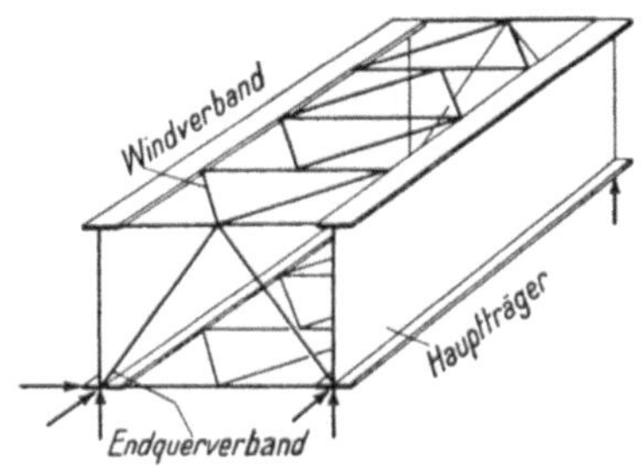

Abb. 2

das sich in sechs ebene Tragwände (2 Hauptträger, 2 Windverbände, 2 Endquerverbände) zerlegen läßt. Die normale Baustatik setzt nun voraus, daß die Hauptträger nur durch die lotrechten, die Wind- und Querverbände dagegen nur durch die waagrechten Kräfte belastet werden und daß gegenseitige räumliche Kraftwirkungen nicht vorhanden seien. Bei den meisten normalen Tragwerken ist diese Voraussetzung zutreffend, und die statische Berechnung kann sich auf die Untersuchung eines idealisierten, weil aus dem Zusammenhang gelösten ebenen Tragwerkes beschränken. Die Berechnung ebener Tragwerke nimmt in der Baustatik denn auch den breitesten Raum ein. In einigen Sonderfällen, wie etwa bei schiefen Brücken mit zwei Windverbänden, führt jedoch die Vernachlässigung des räumlichen Zusammenhangs zwischen den einzelnen Tragwänden zu unzulässig großen Fehlern im berechneten Kräftespiel.

Eine weitere Gruppe von Tragwerken, wie die Kuppeln, läßt sich überhaupt nicht in ebene Tragwände zerlegen; für diese Raumtragwerke müssen deshalb besondere Untersuchungsmethoden auf Grund der räumlichen Gleichgewichtsbedingungen bereitgestellt werden.

Eine *ebene Tragwand* kann nun vollwandig, fachwerkförmig oder rahmenartig ausgeführt sein. Abbildung 3 zeigt einen *vollwandigen* Balken, dessen

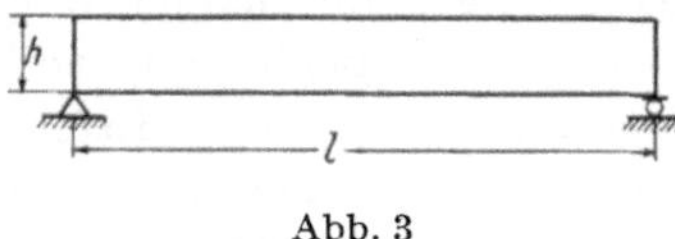

Abb. 3

Querschnitt F konstant oder veränderlich sein kann. Die Querschnittsform wird so gewählt, daß der Gesamtaufwand an Material- und Bearbeitungskosten möglichst gering wird. Für die Berechnung der innern Spannungen wird dieser Balken oder Träger zu einem schlanken Stab idealisiert, dessen Höhe h im Verhältnis zur Spannweite l klein sein soll, denn nur unter dieser Voraussetzung gelten die Ergebnisse der üblichen technischen Biegungslehre. Ist die Höhe h nicht mehr klein im Vergleich zur Spannweite l, so wird aus dem Stab ein wandartiger Träger oder eine Scheibe, zu deren Spannungsberechnung die klassische Biegungslehre der normalen Baustatik nicht mehr ausreicht.

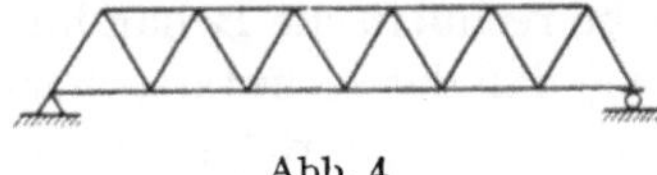

Abb. 4

Ein ebener *Fachwerkbalken* (Abb. 4) ist aus zug- und druckfesten Stäben zusammengesetzt, die in den Knotenpunkten miteinander verbunden sind. Die klassische Voraussetzung CULMANNS, daß die Stäbe gelenkig miteinander verbunden sein sollen, wird bei der Ausbildung der Fachwerkträger meist nicht verwirklicht, dagegen als Berechnungsgrundlage auch bei steifen Knoten verwendet, weil die sich daraus ergebende einfache Bemessung der Stäbe sich praktisch bewährt hat.

Ebene Tragwände können endlich auch mit rahmenförmiger Gliederung (Abb. 5) ausgebildet werden; die einzelnen Stäbe werden nicht mehr nur, wie

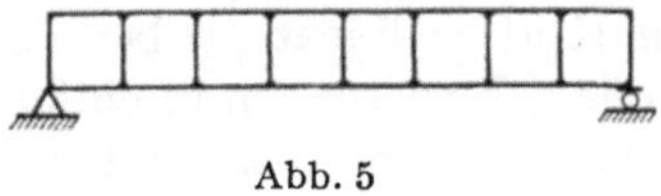

Abb. 5

beim Fachwerkträger auf Zug oder Druck, sondern auch auf Biegung beansprucht, und ihre Verbindungen müssen, wenn das Tragwerk stabil sein soll, biegungssteif ausgebildet sein. Ein solcher «VIERENDEEL-Träger», wie er nach dem belgischen Ingenieur Prof. VIERENDEEL genannt wird, ist innerlich hochgradig statisch unbestimmt; er wird deshalb in der vorliegenden Vorlesung über Baustatik I nicht behandelt.

Neben den in den Abbildungen 3, 4 und 5 skizzierten balkenförmigen Trägern können auch Träger anderer Bauformen, wie Bogen oder Rahmen, sowohl vollwandig wie fachwerkförmig oder rahmenartig ausgebildet werden.

Neben diesen *Stabtragwerken,* die aus schlanken Stäben bestehen (Vollwandträger) oder aus solchen zusammengesetzt sind (Fachwerk- und Rahmenträger), kommen im Bauwesen auch *Flächen- und Körpertragwerke* vor.

Flächentragwerke sind dadurch gekennzeichnet, daß nur noch eine Abmessung des Bauelementes gegenüber den beiden andern klein ist. Diese Flächen können eben sein; bei Belastungen nur in der Mittelebene sprechen wir von Scheiben, im andern Fall von Platten. Sind die Flächen gekrümmt, so nennen wir sie Schalen. Ist endlich ein Flächentragwerk aus mehreren ebenen Teilflächen zusammengesetzt, so haben wir es mit einem Faltwerk zu tun.

Bei *Körpertragwerken,* wie sie etwa im Massivbau vorkommen können, sind die Hauptabmessungen in allen drei Richtungen von gleicher Größenordnung.

Die Spannungsberechnung der Flächen- und Körpertragwerke ist nun nicht mehr mit den einfachen Mitteln der technischen Biegungslehre durchführbar; die Baustatik I beschäftigt sich deshalb nicht mit ihnen, sondern überläßt ihre Untersuchung der Elastizitätstheorie.

In der elementaren Baustatik, deren Darstellung das Hauptziel der vorliegenden Vorlesung ist, müssen wir nun im Interesse einer einfachen Berechnung des inneren Kräftespiels zwei wichtige *Voraussetzungen* treffen, die oft überhaupt erst eine übersichtliche rechnerische Behandlung erlauben.

Erstens setzen wir voraus, daß das zu untersuchende statische System von der Art und Größe der aufgebrachten Belastung unabhängig sei oder, mit andern Worten, daß für jede vorkommende Belastung das gleiche statische System wirksam sei. Tragsysteme, bei denen beispielsweise ein Auflager durch Abheben des Trägers unter einer bestimmten Belastung unwirksam werden kann, müssen aus unsern Untersuchungen ausgeschaltet werden.

Mit der zweiten noch zu treffenden Voraussetzung nehmen wir an, daß die unter der Belastung auftretenden elastischen Formänderungen klein seien oder also, daß wir mit genügender Genauigkeit die äußern Kräfte am unverformt gedachten Tragsystem wirkend annehmen dürfen. Durch diese gedachte Ausschaltung der elastischen Formänderungen bei der Bestimmung der Wirkungslinien der äußern Kräfte erreichen wir, daß alle Lasten auf genau das gleiche (idealisierte) Tragsystem wirken und daß die Beziehungen zwischen den Belastungen und den innern Kräften linear bleiben. Erst dadurch aber haben wir die Möglichkeit, die äußern Belastungen in einfach zu handhabende Lastgruppen aufzuteilen und ihre Wirkungen zu addieren. Das auf Grund dieser Voraussetzung gültige *Superpositionsgesetz* bildet aber die Grundlage einer Reihe von wichtigen und gerade der leistungsfähigsten baustatischen Methoden und Hilfsmittel.

Wir haben nun noch einige Anforderungen an die *Auflagerung* der Tragwerke zu stellen. Denken wir uns zunächst (Abb. 6a) einen Balken auf einer ebenen Auflagerfläche mit Hilfe einer Auflagerplatte aufgelagert. Wenn der Balken auf der ganzen Auflagerfläche gleichmäßig aufliegt, so kann der resultierende Auflagerdruck A etwa in der Mitte der Auflagerplatte wirkend angenommen werden. Wird nun der Balken belastet, so biegt er sich elastisch durch, und infolge dieser Formänderung liegt er nun nur noch auf einer Kante der Auflagerplatte auf (Abb. 6b). Die primitive Auflagerungsart der Abbildung 6 zeigt also zwei wesentliche Nachteile: der Angriffspunkt der Auflagerkraft und damit

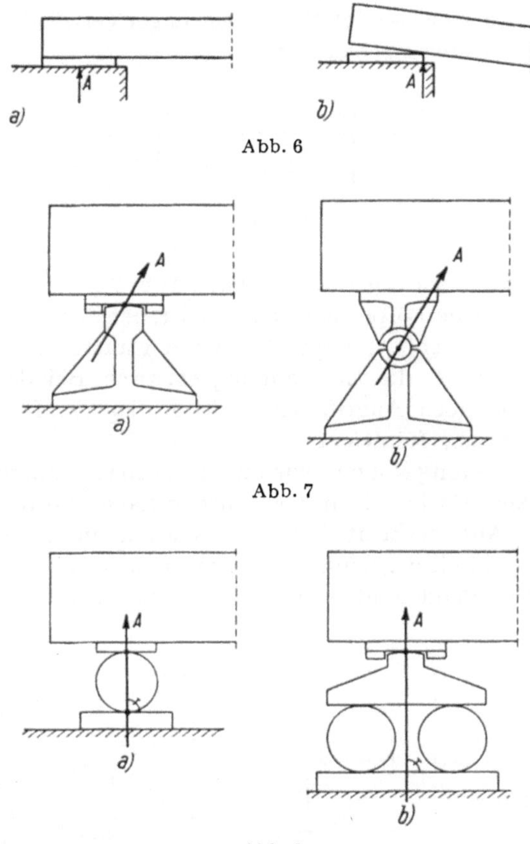

Abb. 6

Abb. 7

Abb. 8

die Spannweite des Trägers ändert sich mit der Belastung und vor allem treten bei der Auflagerung an der Kante unzulässig große örtliche Pressungen auf. Es besteht also das Bedürfnis nach Lagerformen, die diese Nachteile vermeiden.

Das *feste Auflager* (Abb. 7) legt den Angriffspunkt der Auflagerkraft in engen Grenzen fest und gestattet außerdem, daß der Träger seine elastischen Formänderungen unbehindert ausführt. Wohl werden auch hier große Kräfte auf kleinere Flächen übertragen, doch können die auftretenden Pressungen durch Abstimmung der Krümmungsradien in den für die hier auftretende Beanspruchungsart (örtliche Pressung, Problem der Oberflächenhärte) zulässigen Grenzen gehalten werden.

Beim *beweglichen Auflager* (Abb. 8) wird nicht nur der Angriffspunkt, sondern auch noch die Richtung der Auflagerkraft durch die Form des Lagers festgelegt. Im einfachsten Fall besteht ein bewegliches Lager aus einer zylindrischen Rolle oder einer Kugel zwischen zwei Platten; die Wirkungslinie der Auflagerkraft ist durch die beiden kleinen Berührungsflächen der Rolle (Linienlagerung) oder der Kugel (Punktlagerung) bestimmt. Bei größeren Auflagerkräften werden Zwei- oder Mehrrollen-Lager verwendet, die aus einem auf Rollen gesetzten festen Lager bestehen.

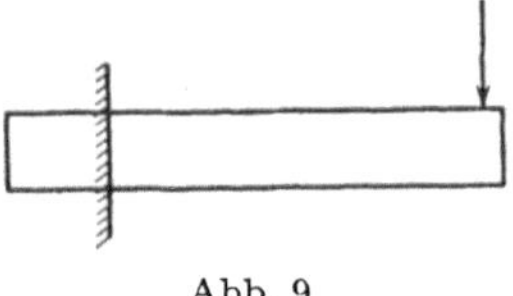

Abb. 9

Endlich haben wir noch die *Einspannung* (Abb. 9) zu erwähnen, bei der ein Stab in einen Auflagerkörper eingemauert ist. Ist der Auflagerkörper unverschieblich und unverdrehbar, so sprechen wir von starrer Einspannung; ist er elastisch nachgiebig, so ist die Einspannung elastisch. Bei der Einspannung sind weder Richtung noch Angriffspunkt der Auflagerkraft durch die Ausbildung der Auflagerung festgelegt.

In statischer Beziehung können wir uns die Auflager durch die Auflagerkräfte ersetzt denken. Da bei einem beweglichen Lager die Richtung und der Angriffspunkt der Auflagerkraft festgelegt sind, kann diese Auflagerkraft auch durch einen beidseitig gelenkig angeschlossenen, zug- und druckfesten Stab, eine sogenannte Pendelstütze oder einen Stützstab aufgenommen werden

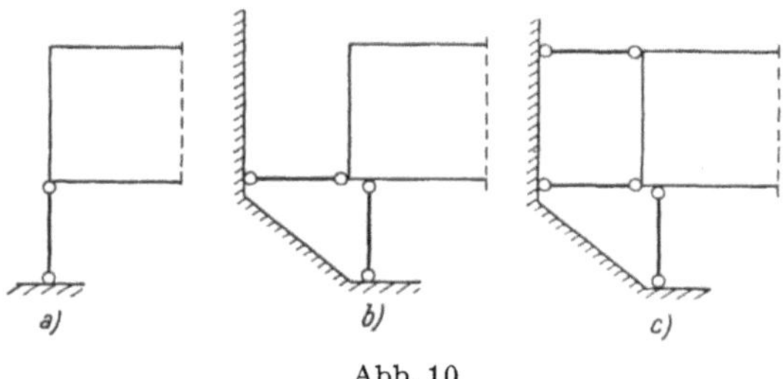

Abb. 10

(Abb. 10a). Ein festes Lager (Abb. 10b) kann auf ähnliche Weise in der Ebene durch zwei, im Raum durch drei solche Stützstäbe gebildet werden; der Schnittpunkt der Stützstäbe bildet den Angriffspunkt der Auflagerkraft, während die Richtung beliebig sein kann, weil ja das Größenverhältnis der Komponenten durch die Auflagerkonstruktion nicht festgelegt wird.

Eine Einspannung endlich kann in der Ebene durch ein festes und ein bewegliches Lager oder durch drei Stützstäbe (Abb. 10c) ersetzt werden, während im Raum sechs Stäbe notwendig werden. Die Zahl der Stützstäbe gibt die Zahl der unbekannten statischen Größen an, die bei der Bestimmung der Auflagerkraft berechnet werden müssen; so ist beim allseitig beweglichen Lager die Auflagerkraft durch eine unbekannte statische Größe, nämlich die Kraftgröße, bestimmt, während bei einem ebenen Träger das feste Lager zwei und die Einspannung drei Unbekannte aufweisen.

3. Baustatische Methoden

Wir haben bereits festgestellt, daß bei der Untersuchung des Gleichgewichtszustandes gewisse Unterschiede zwischen theoretischer Mechanik und Baustatik bestehen. Während wir in der Mechanik die Frage nach den Bedingungen stellen, unter denen ein Körper sich im Gleichgewicht befinden kann, gehen wir in der Baustatik vom Gleichgewicht als dem gegebenen Ausgangszustand aus und bestimmen daraus die innern Kräfte des Tragwerks. In der Mechanik fragen wir nach dem Verhalten des Körpers unter einer bestimmten Kräfteeinwirkung, in der Baustatik dagegen nach dem Kräftebild bei gegebener Ruhelage unter nur teilweise bekannten Kräften. Der Unterschied ist also ein grundsätzlicher: was dort Zweck und Ziel der Untersuchung ist, wird hier zum gegebenen Ausgangspunkt. Während die Mechanik, als Naturwissenschaft, die Aufgabe hat, die Vorgänge in der Natur zu beschreiben und zu erklären und unsere Beobachtungen über solche Vorgänge zu ordnen, beschäftigt sich die Baustatik nicht mehr mit den *Ursachen* der Kräfte, sondern nur noch mit ihrer *Wirkung* auf das Verhalten von Bauwerken. Während die Mechanik eine Kraftwirkung durch das NEWTONsche Gesetz erklärt, nimmt die Baustatik die Kräfte in der Form von Belastungen, Windkräften, Formänderungswiderständen als gegeben an.

Auch in bezug auf die zu untersuchenden Körper ist ein grundsätzlicher Unterschied festzustellen: die Baustatik untersucht nicht mehr in allgemeiner Form das Gleichgewicht beliebig geformter Körper, sondern sie beschränkt ihre Untersuchungen auf eine bestimmte Auswahl von Körperformen, nämlich auf Tragwerke. An Tragwerke stellen wir aber nicht nur die Anforderung, daß sie genügend tragfähig und genügend steif sind, sondern daß sie auch *wirtschaftlich*, das heißt mit einem Minimum an Material- und Bearbeitungsaufwand hergestellt werden können. Diese Forderung der Wirtschaftlichkeit ist der theoretischen Mechanik vollständig wesensfremd, während sie für den Konstrukteur und damit für die Anwendung der Baustatik, neben der Forderung der Sicherheit, grundlegend wichtig ist.

Trotzdem die Problemstellung in der Mechanik und in der Baustatik verschieden ist, sind die Gesetze des Gleichgewichts, die hier und dort vorkommen, in beiden Gebieten die gleichen. Und doch können wir schon hier folgendes feststellen: wenn die klassischen Methoden der theoretischen Mechanik dort die Forderung des ökonomischen Denkens befriedigen, so ist bei der grundsätzlich verschiedenen Problemstellung der Baustatik dies hier wahrscheinlich nicht mehr immer der Fall. Wir müssen also damit rechnen, daß für gewisse

Probleme der Baustatik die Darstellungsarten und Lösungsmethoden der theoretischen Mechanik nicht mehr zweckmäßig sind und durch eigene *baustatische Methoden* ersetzt werden müssen.

Der Unterschied zwischen der Auffassung der Mechanik und der Baustatik sei kurz am Beispiel des zentrisch gedrückten und beidseitig gelenkig gelagerten Druckstabes (Abb. 11) skizziert.

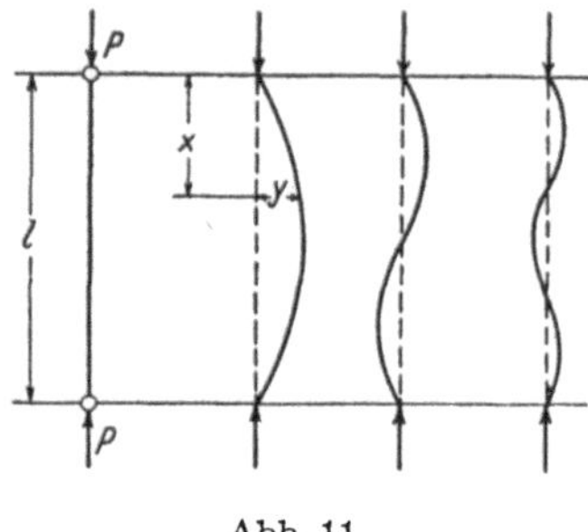

Abb. 11

Wenn der Stab unter der kritischen Belastung P_{kr} auszuknicken beginnt, so gehorchen die kleinen Ausbiegungen $y = y\,(x)$ der Differentialgleichung

$$EJ \cdot y'' + P \cdot y = 0,$$

die das Gleichgewicht zwischen innern und äußern Momenten ausdrückt. Für konstanten Wert der Biegungssteifigkeit EJ lautet die Lösung dieser Differentialgleichung

$$y = y_0 \cdot \sin \frac{n \cdot \pi \cdot x}{l}$$

und die Größe der kritischen Last P_{kr} beträgt

$$P_{kr} = n^2 \cdot \frac{\pi^2 \cdot EJ}{l^2}.$$

Es ist für das Verständnis und die allgemeine Beschreibung des Knickproblems wichtig zu wissen, daß sich der Knickvorgang in verschiedenen Formen abspielen kann, und es ist vom Standpunkt der theoretischen Erkenntnis aus ebenfalls wichtig, eine allgemeine Lösung der Differentialgleichung des Knickproblems angeben zu können, die alle diese Formen umfaßt, auch wenn diese allgemeine Lösung unter Umständen durch eine besondere Voraussetzung über die Formgebung des Stabes erkauft werden muß.

Die Konstruktionspraxis und damit die Baustatik benötigt von allen diesen Lösungen nur eine einzige, nämlich diejenige, die die kleinste Knickkraft liefert ($n = 1$); nur die kleinste mögliche Knickkraft ist für die Bemessung des Stabes von Bedeutung, und die höheren Lösungen sind überflüssig. Die allgemeine Lösung ist vom Standpunkt der Baustatik aus gedanklich nicht ökonomisch, weil sie durch die überflüssigen höhern Lösungen belastet erscheint. Dafür müssen wir aber in der Baupraxis einen solchen Druckstab auch dann bemessen können, wenn sein Tragverhalten nicht mehr durch den einfachsten

Grundfall charakterisiert ist; wir müssen also Untersuchungsmethoden bereitstellen, die auch ein Knicken oberhalb der Proportionalitätsgrenze, eine teilweise Einspannung der Stabenden, eine allgemeinere Anordnung der Belastung und eine beliebige Formgebung, also eine wirtschaftliche Ausführung erfassen können; dafür aber dürfen sich diese baustatischen Untersuchungen auf den Fall der kleinsten Knicklast, das heißt auf das Ausknicken in einer Halbwelle beschränken. Eine solche baustatische Lösung braucht nun auch nicht in geschlossener Form gegeben zu werden, wesentlich ist, daß die gesuchte Größe der Tragfähigkeit für den zu untersuchenden Einzelfall *numerisch* bestimmt

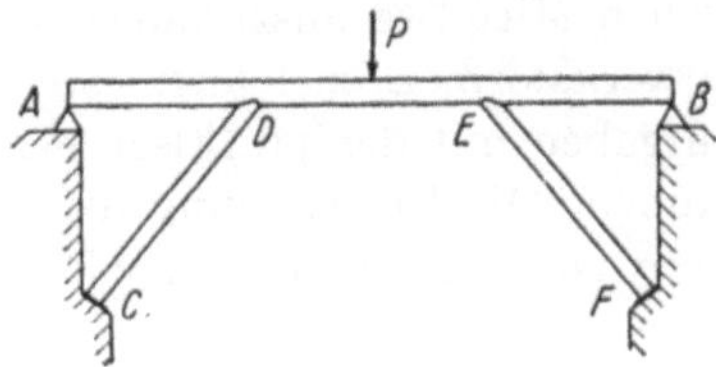

Abb. 12

werden kann. Wir können uns somit eine baustatische *Lösungsmethode* etwa wie folgt vorstellen: wir schätzen die Form der Funktion y'' und bestimmen daraus durch zweimalige Integration unter Beachtung der Randbedingungen die Funktion y selbst. Nun können wir prüfen, ob die Gleichgewichtsbedingung $EJ \cdot y'' + P \cdot y = 0$ an allen Stellen des Stabes erfüllt ist; ist dies nicht der Fall, so muß die Schätzung der Kurvenform y'' verbessert werden, und die Gleichgewichtsbedingung selbst liefert uns dann, für irgendeine Stelle des Stabes angeschrieben, die Größe der gesuchten kritischen Last $P = P_{\mathrm{kr}}$. Statt einer allgemein gültigen Lösung in geschlossener Form erhalten wir so eine baustatische Lösungsmethode, die auf dem Wege der sukzessiven Approximation den gesuchten numerischen Wert liefert.

Ein klassisches Beispiel der baustatischen Denkweise, deren Hauptziel die genügend sichere Bemessung ist, finden wir bei dem großen französischen Ingenieur Louis Navier. Bei dem Krangerüst der Abbildung 12 kommt es Navier in erster Linie darauf an, eine untere Grenze der Tragfähigkeit zu kennen. Er denkt sich das Gerüst in zwei Teile zerlegt, den Balken AB und das Sprengwerk $CDEF$, und stellt fest, daß die Tragfähigkeit des ganzen Tragsystems mindestens so groß sein müsse wie die Tragfähigkeit des stärkeren der beiden Teilsysteme. Es kommt hier offensichtlich Navier gar nicht darauf an, das Kräftespiel mit letzter Schärfe zu erfassen, sondern nur darauf, dieses Tragwerk genügend sicher und mit einem im Verhältnis zur Bedeutung des Bauwerks noch vertretbaren Aufwand an Berechnungsarbeit zu bauen. Heute können wir solche Tragwerke ohne große Mühe schärfer berechnen als zur Zeit Naviers, und wir werden dies in der Konstruktionspraxis auch tun; aber als Kennzeichen der typisch baustatisch-konstruktiv orientierten Denkweise Naviers ist das Beispiel der Abbildung 12 auch heute noch wertvoll. Navier war es darum zu tun, sicher und zuverlässig bauen zu können und nicht darum, rein theoretische Probleme zu lösen.

Durch die Aufgabenstellung der Baustatik sind automatisch gewisse Anforderungen an ihre Methodik festgelegt, wie etwa die Forderung einer leichten Anwendbarkeit baustatischer Methoden durch den Konstrukteur, die den Verzicht auf schwierige mathematische Sondermethoden in sich schließt. Im Verlauf der Entwicklung der Baustatik sind eine Reihe von spezifisch baustatischen Berechnungsverfahren entwickelt oder in ihrem Anwendungsbereich erweitert worden. Die Anwendungsmöglichkeiten dieser klassischen baustatischen Mittel sind heute noch nicht ausgeschöpft, und es scheint mir das eigentliche und erstrebenswerte Ziel der baustatischen Entwicklung zu sein, die klassischen baustatischen Mittel so auszubauen, daß sie auch die mit der Entwicklung neuer Bauwerksformen sich neu stellenden statischen oder festigkeitstechnischen Aufgaben mit der praktisch erforderlichen Rechnungsgenauigkeit zu lösen erlauben. Die Entwicklung der Baustatik ist nie Selbstzweck; die Baustatik ist nur Dienerin an der Vervollkommnung der Ingenieurbaukunst.

4. Geschichtliches

Die Baustatik im eigentlichen Sinne ist verhältnismäßig jung. Eine typisch baustatische Denkweise läßt sich wohl zuerst bei dem großen französischen Ingenieur LOUIS NAVIER (1785–1836) feststellen.

Vor NAVIER lebten wohl eine große Reihe der hervorragendsten Mechaniker. Von ihren Leistungen auf dem Gebiet der Statik und Festigkeitslehre sind in erster Linie etwa folgende, stichwortartig aufgezählt, zu erwähnen:

Das Hebelgesetz	ARCHIMEDES (287–212 v. Chr.)
Statische Momente, Gewölbewirkung, Balkenbiegung	LEONARDO DA VINCI (1452-1519)
Das Kräfteparallelogramm	STEVIN (1548–1620)
Untersuchungen über Balkenfestigkeit . .	GALILEI (1546–1642)
Das Proportionalitätsgesetz «ut tensio sic vis»	HOOKE (1635–1703)
Das Seilpolygon	VARIGNON (1654–1722)
Die Krümmung des elastischen Balkens $1/\varrho = M/E\,J$ und das Ebenbleiben der Querschnitte	JAKOB BERNOULLI (1654–1705)
Die Stabilität des Druckstabes sowie grundlegende Arbeiten über die elastische Linie und die Form belasteter Seile	L. EULER (1707–1783)
Erddrucktheorie, Schubspannungen . . .	COULOMB (1736–1806).

Alle diese theoretischen Arbeiten hatten aber auf das Bauwesen keinen wesentlichen Einfluß, wohl weil sie sich nicht direkt auf die Bemessung von Tragwerken übertragen ließen und weil ihre mathematische Formulierung meist für den Baumeister unverständlich war.

Die Entwicklung des Bauwesens bis gegen Ende des 18. Jahrhunderts müssen wir uns als ausgesprochen handwerklich-empirisch vorstellen. Wohl gab es hervorragende Baumeister, bei denen die gesammelten praktischen Erfahrungen von Generationen her ein bewundernswert sicheres Gefühl für das Kräftespiel in Tragwerken zu bilden vermocht hatten, wie etwa bei GRUBENMANN (1709—1783), dem Erbauer der größten Holzbrücken seiner Zeit, oder bei PERRONNET (1708—1794), dem wir eine Reihe hervorragender Steinbrücken verdanken. Diese großen Baumeister waren jedoch einmalige Erscheinungen, die wohl eine bestimmte Entwicklung abschließen konnten, deren Leistungen mit den gleichen Mitteln jedoch nicht mehr zu übertreffen waren.

Aus dieser Unabhängigkeit zwischen mechanischer Theorie und Baupraxis ist wohl der Gegensatz zwischen Theorie und Praxis zu verstehen, der heute noch gelegentlich als Schlagwort weiterlebt und der seinen Ausdruck in dem boshaften, vom englischen Ingenieur TREDGOLD († 1829) überlieferten Spruch gefunden hat: «The stability of a building is inversely proportional to the science of the builder.»

Mit dem Anwachsen von Zahl und Größe der Bauaufgaben und den damit zusammenhängenden wirtschaftlichen Forderungen, mit der Einführung neuer Baustoffe in die Baupraxis wurde es notwendig, dem konstruktiven Gefühl ein auf den Erkenntnissen der mechanischen Wissenschaft fundiertes Instrument, die Baustatik, beizugeben, um sicher und wirtschaftlich bauen zu können. Und hier nun setzt die Leistung NAVIERS ein, dem wir die Aufstellung einer ersten umfassenden Baustatik verdanken. In seinen beiden Hauptwerken: «Résumé des leçons sur l'application de la Mécanique à l'Etablissement des Constructions et des Machines», 1826, und «Rapport et Mémoire sur les ponts suspendus», 1823, hat er die entscheidenden Schritte von der theoretischen Mechanik zur Baustatik des Konstrukteurs vollzogen. Am Werk NAVIERS ist nicht nur die Mannigfaltigkeit der behandelten Probleme, die wohl allen Bedürfnissen des damaligen Bauwesens entsprach, erstaunlich, sondern ebensosehr seine Beweglichkeit in der Wahl der Berechnungsmethoden, die ihn mit klarem Blick für das Wesentliche die zur Verfügung stehenden Mittel so einsetzen läßt, daß das gesuchte Ergebnis mit dem geringsten Aufwand an Rechenarbeit erreicht wird.

Nach LOUIS NAVIER haben in erster Linie KARL CULMANN (1821—1881) und OTTO MOHR (1835—1918) Entscheidendes zum Ausbau der Baustatik beigetragen: CULMANN durch die Entwicklung zeichnerischer Methoden in der Statik der Baukonstruktionen und durch seine Theorie des Fachwerks auf Grund der Voraussetzung gelenkiger Knotenpunkte, MOHR durch seine Deutung der Biegungslinie des elastischen Stabes, seine Darstellung und Beurteilung der allgemeinen Spannungszustände sowie einige weitere Abhandlungen aus dem Gebiete der technischen Mechanik.

Das Erbe KARL CULMANNS ist besonders durch seinen Nachfolger, WILHELM RITTER (1847—1906), in seinen «Anwendungen der graphischen Statik» gepflegt und gemehrt worden, während wir HEINRICH MÜLLER-Breslau (1851—1925) eine Systematik der rechnerischen Methoden der Baustatik verdanken.

LITERATUR

Nachstehend sind die für die Entwicklung der Baustatik wichtigsten *Lehrbücher* zusammengestellt:

L. NAVIER: Rapport et Mémoire sur les ponts suspendus. Paris 1823.

L. NAVIER: Résumé des leçons données à l'Ecole Royale des Ponts et Chaussées sur l'application de la mécanique à l'établissement des constructions et des machines. Première partie. Paris 1826.

K. CULMANN: Die graphische Statik. Zürich 1866 (2. Auflage 1875).

W. RITTER: Anwendungen der graphischen Statik. 4 Bände, Zürich 1888, 1890, 1900, 1906.

H. MÜLLER-BRESLAU: Die graphische Statik der Baukonstruktionen. Berlin 1887 u. ff.

G. C. MEHRTENS: Statik und Festigkeitslehre (Vorlesungen über Ingenieurwissenschaften). Berlin 1903 u. ff.

O. MOHR: Abhandlungen aus dem Gebiete der technischen Mechanik. Berlin 1906.

S. TIMOSHENKO: Strength of Materials. New York 1930.

II. Die Gleichgewichtsbedingungen

1. Zusammensetzen und Zerlegen von Kräften in der Ebene

a) Die Bestimmungsgrößen einer Kraft

Eine in einer gegebenen Ebene (x, y) wirkende Kraft K ist durch die Lage ihrer Wirkungslinie und durch die Angabe ihrer Größe festgelegt (Abb. 13).

Die Wirkungslinie ist durch zwei Größen, entweder durch ihre beiden Ax-Abschnitte a und b oder durch einen Ax-Abschnitt und den Neigungswinkel α, bestimmt. Zur Festlegung einer Kraft sind somit drei Angaben notwendig.

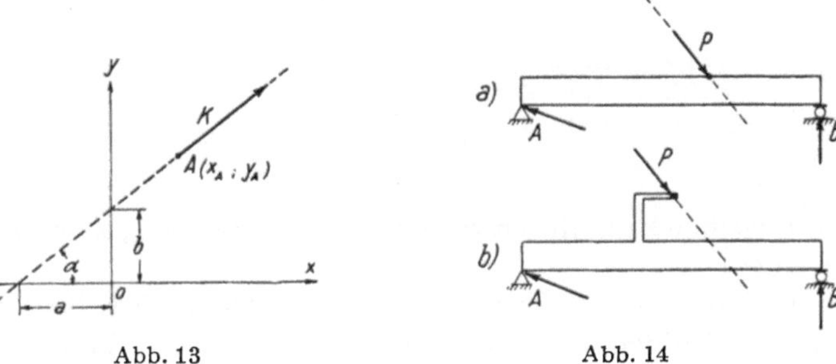

Abb. 13   Abb. 14

Dabei besteht allerdings eine gewisse Unbestimmtheit über die Lage des Angriffspunktes $A\,(x_A,\,y_A)$, von dem ja durch die Wirkungslinie nur der geometrische Ort festgelegt ist. Nun spielt aber für die Lösung von Gleichgewichtsaufgaben die Lage des Angriffspunktes A deshalb keine Rolle, weil am starren Körper eine Kraft in ihrer Wirkungslinie verschoben werden darf, ohne daß dadurch am Gleichgewichtszustand etwas geändert würde. Erst bei der Berechnung der Spannungen im Innern eines Tragwerkes oder damit bei der Berechnung seiner Formänderungen ist die Lage des Angriffspunktes, das heißt die Art der Kraftübertragung, von Bedeutung.

So sind die Auflagerkräfte A und B in den beiden Fällen der Abbildung 14 genau die gleichen, sofern die Last P gleich groß ist und die Wirkungslinie gleich liegt, dagegen sind die Beanspruchungen des Tragwerks und damit auch seine elastischen Formänderungen in den beiden Fällen a und b verschieden.

Die Wirkungslinie der Kraft K in Abbildung 13 kann durch die Gleichung einer Geraden

$$\left.\begin{aligned} y &= b + \mathrm{tg}\,\alpha \cdot x \\ \text{oder}\quad y &= \mathrm{tg}\,\alpha \cdot (a + x) \end{aligned}\right\} \tag{1}$$

angegeben werden, wobei zwischen a, b und $\mathrm{tg}\,\alpha$ die Beziehung

$$\mathrm{tg}\,\alpha = \frac{b}{a} \tag{1a}$$

besteht.

Durch die beiden Ax-Abschnitte a und b (Abb. 15) ist mit

$$\left.\begin{aligned} r &= a \cdot \sin\alpha \\ \text{oder}\quad r &= b \cdot \cos\alpha \end{aligned}\right\} \tag{2}$$

auch der Abstand r der Wirkungslinie vom Koordinatenursprung bestimmt

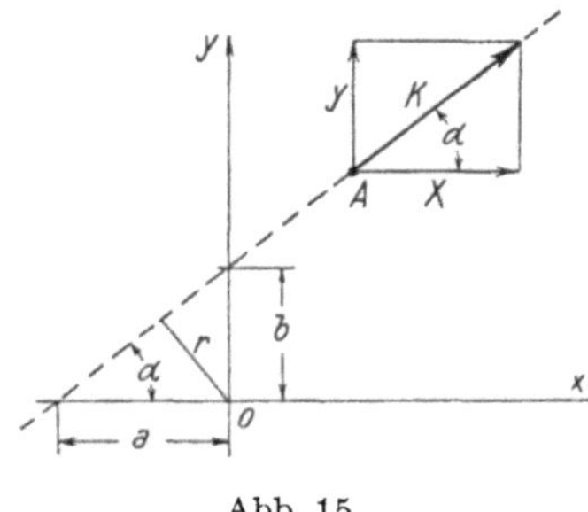

Abb. 15

und die Wirkungslinie kann durch zwei der vier Größen a, b, α und r eindeutig festgelegt werden.

Von den drei Größen, die wir zur Bestimmung der Kraft K benötigen, sind zwei geometrische Größen, nämlich diejenigen, die sich auf die Lage der Wirkungslinie beziehen, und eine eine statische, die Angabe der Größe der Kraft K selbst.

Wir können nun aber, und dies wird beim statischen Rechnen meist vorzuziehen sein, die Kraft K auch durch drei *statische* Größen festlegen, nämlich durch die beiden Komponenten X und Y, sowie durch das statische Moment M der Kraft K in bezug auf irgend einen gegebenen Punkt, beispielsweise den Koordinatenursprung O:

$$\left.\begin{aligned} X &= K \cdot \cos\alpha \\ Y &= K \cdot \sin\alpha \\ M &= K \cdot r = X \cdot b = Y \cdot a = X \cdot y_A - Y \cdot x_A \,. \end{aligned}\right\} \tag{3}$$

Wegen $\qquad \sin^2\alpha + \cos^2\alpha = 1$ ist dabei

$$K = \sqrt{X^2 + Y^2}\,. \tag{3a}$$

Wir bezeichnen die Komponenten X und Y als positiv, wenn ihr Richtungssinn mit dem der entsprechenden Koordinatenaxen x und y übereinstimmt; das statische Moment soll positiv sein, wenn es im Uhrzeigersinn dreht.

Zwischen den statischen und den geometrischen Größen bestehen unter anderen folgende Beziehungen:

$$\left.\begin{aligned} \sin\alpha &= \frac{Y}{K} = \frac{r}{a} \\[4pt] \cos\alpha &= \frac{X}{K} = \frac{r}{b} \\[4pt] \operatorname{tg}\alpha &= \frac{Y}{X} = \frac{b}{a} \\[4pt] r &= \frac{M}{K} = \frac{X \cdot b}{K} = \frac{Y \cdot a}{K}. \end{aligned}\right\} \tag{4}$$

Diese Beziehungen stellen, im Grunde genommen, das Übersetzungsmittel zwischen der zeichnerischen und der rechnerischen Darstellung und Behandlung von Kräften dar. Wir werden im folgenden alle vorkommenden statischen Aufgaben sowohl zeichnerisch wie rechnerisch zu lösen versuchen. Die zeichnerische Darstellung besitzt den Vorteil der Anschaulichkeit, die rechnerische denjenigen der praktisch unbegrenzten Rechnungsgenauigkeit.

b) Kräfte mit gemeinsamem Angriffspunkt

Zwei Kräfte K_1 und K_2, deren Wirkungslinien sich schneiden (wobei wir diesen Schnittpunkt als gemeinsamen Angriffspunkt A bezeichnen), lassen sich *zeichnerisch* durch das *Parallelogramm der Kräfte* (Abb. 16) zu einer Resultierenden R zusammensetzen.

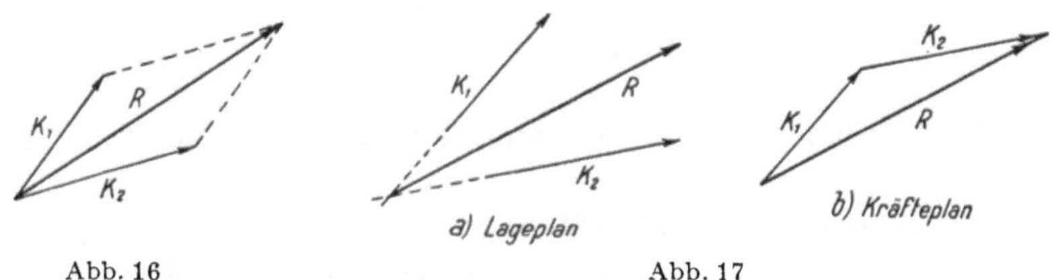

Abb. 16   Abb. 17

Abbildung 16 zeigt uns aber sofort, daß wir gar nicht das ganze Parallelogramm zu zeichnen brauchen, sondern daß wir mit einer Hälfte, dem *Kräftedreieck*, auskommen. Dabei ist es für die Übersichtlichkeit von Vorteil, die Lage und die Größe der Resultierenden R in zwei getrennten Plänen, dem *Lageplan* und dem *Kräfteplan* zu bestimmen (Abb. 17):

Der Kräfteplan (das Kräftedreieck) der Abbildung 17b liefert die Größe und die Richtung von R, während der Lageplan der Abbildung 17a die Lage von R durch den Schnittpunkt (den gemeinsamen Angriffspunkt) der Kräfte K_1 und K_2 festlegt.

Sind die Kräfte K_1 und K_2 parallel, das heißt, fallen sie in die gleiche Wirkungslinie, so reduziert sich die vektorielle Addition in eine skalare.

Die gleiche Aufgabe läßt sich *rechnerisch* dadurch lösen, daß wir die Komponenten X, Y der Kräfte K_1 und K_2 bestimmen und durch Addition die

Komponenten R_x, R_y der Resultierenden R finden:

$$
\begin{aligned}
R_x &= X_1 + X_2 \\
R_y &= Y_1 + Y_2 \\
R &= \sqrt{R_x^2 + R_y^2}, \qquad \operatorname{tg} \alpha = \frac{R_y}{R_x}.
\end{aligned}
\tag{5}
$$

Die Lösung der *reziproken Aufgabe*, die Kraft R in zwei Kräfte K_1 und K_2 mit gegebenen Wirkungslinien zu zerlegen, ist zeichnerisch durch Abbildung 17 ebenfalls gegeben. Rechnerisch wird diese Zerlegungsaufgabe dadurch gelöst,

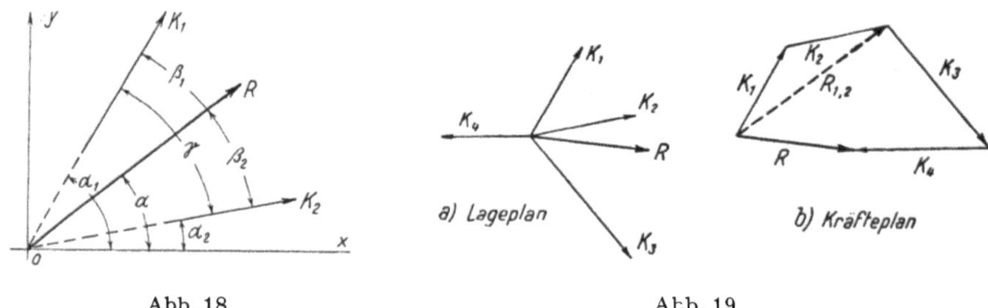

Abb. 18   Abb. 19

daß wir in Gleichung (5) die Werte der Komponenten X und Y nach Gleichung (3) einführen:

$$
\begin{aligned}
R_x &= K_1 \cdot \cos \alpha_1 + K_2 \cdot \cos \alpha_2 \\
R_y &= K_1 \cdot \sin \alpha_1 + K_2 \cdot \sin \alpha_2 .
\end{aligned}
\tag{5a}
$$

Die Auflösung dieses aus zwei Gleichungen bestehenden Gleichungssystems liefert mit

$$
R_x = R \cdot \cos \alpha, \qquad R_y = R \cdot \sin \alpha
$$

$$
\alpha - \alpha_2 = \beta_2, \qquad \alpha_1 - \alpha = \beta_1, \qquad \alpha_1 - \alpha_2 = \gamma \qquad \text{(Abb. 18)}
$$

$$
\begin{aligned}
K_1 &= R \cdot \frac{\sin \beta_2}{\sin \gamma} \\
K_2 &= R \cdot \frac{\sin \beta_1}{\sin \gamma} .
\end{aligned}
\tag{6}
$$

Beliebig viele Kräfte K mit gemeinsamem Angriffspunkt lassen sich durch sukzessives Zusammensetzen von zwei Kräften zu einer Resultierenden R zusammensetzen (Abb. 19), wobei die Teilresultierenden $R_{1,2}$ usw. nicht besonders gezeichnet werden müssen, jedoch jederzeit aus dem Kräfteplan herausgelesen werden können.

Die Reihenfolge der Kräfte K im Kräfteplan ist dabei ohne Einfluß auf die Größe der Resultierenden R; die Kräfte K sind in ihrer Reihenfolge im Kräfteplan vertauschbar.

Rechnerisch lautet die Lösung der Aufgabe

$$
\left.
\begin{aligned}
R_x &= X_1 + X_2 + X_3 + \ldots X_n = \sum_{i=1}^{n} X_i = \sum_{i=1}^{n} K_i \cdot \cos \alpha_i \\[2mm]
R_y &= Y_1 + Y_2 + Y_3 + \ldots Y_n = \sum_{i=1}^{n} Y_i = \sum_{i=1}^{n} K_i \cdot \sin \alpha_i \\[2mm]
R &= \sqrt{R_x^2 + R_y^2}, \qquad \operatorname{tg} \alpha = \frac{R_y}{R_x}.
\end{aligned}
\right\}
\qquad (7)
$$

Die reziproke Aufgabe, eine Kraft R in beliebig viele Kräfte K mit gegebenen Wirkungslinien zu zerlegen, ist nicht eindeutig lösbar; diese Aufgabe ist *statisch unbestimmt*, sobald die Zahl der Kräfte K zwei übersteigt.

c) Kräfte- und Seilpolygon

Sobald der Schnittpunkt der Wirkungslinien von zwei oder mehr zusammenzusetzenden Kräften nicht mehr zugänglich ist oder, im Grenzfall paralleler Kräfte, im Unendlichen liegt und somit auch ein ideeller oder gedachter gemeinsamer Angriffspunkt nicht mehr gezeichnet werden kann, lassen sich wohl Größe und Richtung der Resultierenden R im Kräfteplan bestimmen, dagegen muß für die Bestimmung der Lage oder des Angriffspunktes von R ein Kunstgriff eingeführt werden.

Zunächst sei die Aufgabe, *zwei parallele Kräfte K_1 und K_2 zusammenzu-setzen*, gelöst (Abb. 20).

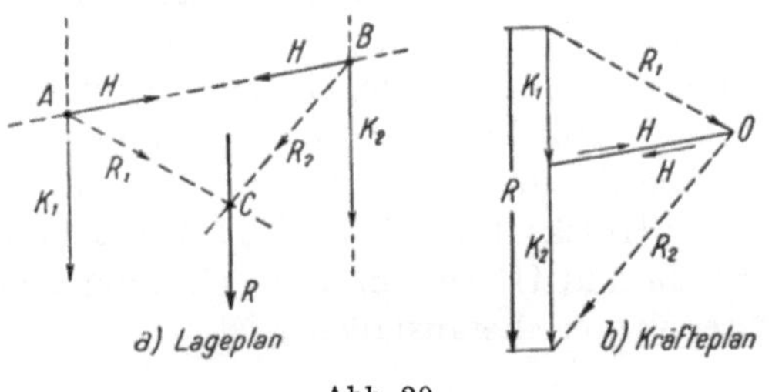

Abb. 20

Wir ändern offensichtlich nichts an der Wirkung der Kräfte K_1 und K_2, wenn wir zwei Hilfskräfte H einführen, die sich gegenseitig aufheben. Nun können wir die Teilresultierenden $R_1\,(K_1 H)$ und $R_2\,(H K_2)$ bestimmen, deren Schnittpunkt zugänglich ist. Die Resultierende von R_1 und R_2 ist aber gleichzeitig die Resultierende von K_1 und K_2, so daß durch den Schnittpunkt von R_1 und R_2 die Lage der Resultierenden R gefunden ist. Der Lageplan, Abbildung 20a wird *Seilpolygon* genannt, weil die Teilresultierenden R_1 und R_2 die Form eines in C durch R belasteten und in A und B aufgehängten Seiles angeben, während der Kräfteplan Abbildung 20b als zugehöriges Kräftepolygon bezeichnet wird. Für die Teilresultierenden R_1 und R_2 ist die nicht sehr glückliche

Bezeichnung «Seilstrahlen» üblich, nicht glücklich deshalb, weil dadurch Kräfte, also ausgesprochen statische Größen, mit rein geometrischen Begriffen bezeichnet werden. Der Schnittpunkt O der Teilresultierenden oder Seilstrahlen im Kräfteplan wird «Pol» des Kräftepolygons genannt.

Der Kunstgriff, Hilfskräfte zum Zusammensetzen solcher Kräfte zu verwenden, läßt sich statisch anschaulicher als in der üblichen Art der Abbildung 20, auch in etwas anderer Form durchführen (Abb. 21).

Wir *zerlegen* die Kraft K_1 in *zwei* Hilfskräfte I und IIa, die zusammen die Kraft K_1 ersetzen, da K_1 ja ihre Resultierende ist. Der Schnittpunkt O dieser beiden Hilfskräfte, die im übrigen in ihrer Richtung beliebig gewählt werden

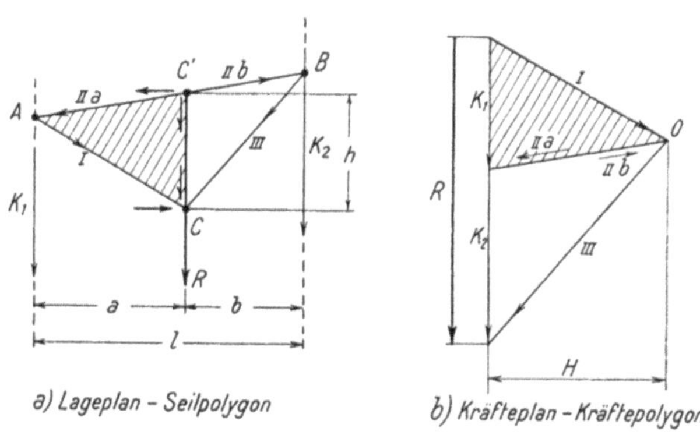

a) Lageplan - Seilpolygon

b) Kräfteplan - Kräftepolygon

Abb. 21

können, ist der Pol des Kräftepolygons. Die nächste Kraft K_2 werde ebenfalls in zwei Hilfskräfte IIb und III zerlegt, die nun jedoch nicht mehr beliebig gewählt werden, sondern es soll die erste, IIb, entgegengesetzt gleich groß und gleich gelegen sein wie die Hilfskraft IIa von K_1. Damit ist die Hilfskraft III eindeutig bestimmt. Die Resultierende von K_1 und K_2 ist nun gleich der Resultierenden der vier Hilfskräfte I, IIa, IIb, III, die zusammen ja K_1 und K_2 ersetzen; da aber IIa und IIb sich in ihrer Wirkung gegenseitig aufheben oder aus dem Kräftepolygon «herausfallen», ist

$$R\,(K_1,\,K_2) = R\,(\mathrm{I},\,\mathrm{III}).$$

Da die Hilfskräfte I und III sich im Lageplan im Punkt C schneiden, ist dadurch die Lage der Resultierenden R bestimmt.

Aus der Ähnlichkeit der beiden, in Abbildung 21 schraffierten Dreiecke können folgende Beziehungen abgeleitet werden:

$$\frac{a}{h} = \frac{H}{K_1} \quad \text{oder} \quad a \cdot K_1 = h \cdot H.$$

Diese Beziehung wird sofort auch statisch ersichtlich, wenn wir die beiden Hilfskräfte I und IIa, die zusammen die Kraft K_1 ersetzen, in den Punkten C und C' je in ihre waagrechten und lotrechten Komponenten zerlegen; die beiden waagrechten Komponenten H am Hebelarm h ersetzen somit das Moment $K_1 \cdot a = H \cdot h$, während die beiden lotrechten Komponenten zusammen die Kraft K_1 selbst ersetzen. Analog ist

$$b \cdot K_2 = h \cdot H$$

oder
$$a \cdot K_1 = b \cdot K_2 .$$

$a \cdot K_1$ ist aber das (linksdrehende) statische Moment der Kraft K_1, $b \cdot K_2$ das (rechtsdrehende) statische Moment der Kraft K_2 in bezug auf den Angriffspunkt C der Resultierenden R; *die Lage der Resultierenden R ist also dadurch charakterisiert, daß sich die statischen Momente der Komponenten K_1 und K_2 in bezug auf den Angriffspunkt C der Resultierenden aufheben.* Dies ist das klassische Hebelgesetz.

Dieses Gesetz wird für die rechnerische Bestimmung der Lage von R zweckmäßiger etwas umgeformt:

es ist
$$R = K_1 + K_2$$
$$a + b = l$$
$$a \cdot K_1 = b \cdot K_2 = (l-a) \cdot K_2$$
$$a \cdot (K_1 + K_2) = a \cdot R = l \cdot K_2$$

oder
$$a = \frac{l \cdot K_2}{R} \quad \text{und analog} \quad b = \frac{l \cdot K_1}{R} . \tag{8}$$

Diese Beziehung läßt sich verallgemeinern, indem wir die statischen Momente auf einen beliebigen Punkt D zum Beispiel im Abstand d von K_1 (Abb. 22) beziehen:

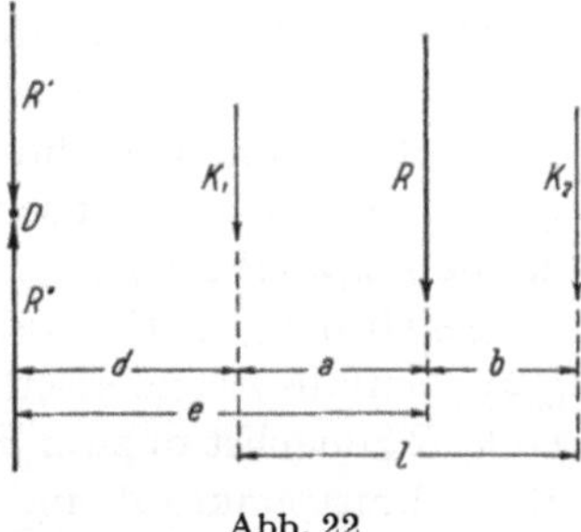

Abb. 22

Das statische Moment der beiden Kräfte K_1 und K_2 beträgt

$$M_K = K_1 \cdot d + K_2 \cdot (d+l) = K_2 \cdot l + (K_1 + K_2) \cdot d ,$$

dasjenige der Resultierenden

$$M_R = R \cdot (d+a) = R \cdot d + R \cdot a .$$

Da aber nach Gleichung (8): $R \cdot a = l \cdot K_2$ ist, folgt allgemein

$$M_R = M_K ; \tag{9}$$

das statische Moment der Resultierenden ist gleich der Summe der statischen Momente der Komponenten. Da wir die Kräfte K_1 und K_2 ihrerseits wieder als Resultierende von zwei oder mehr Teilkräften auffassen können, gilt dieser Satz für beliebig viele parallele Kräfte.

Wir ändern offenbar nichts an der statischen Wirkung der beiden Kräfte K oder ihrer Resultierenden R, wenn wir an einem beliebigen Angriffspunkt, zum Beispiel D, zwei entgegengesetzt gerichtete Kräfte R' und R'' von gleicher Größe und Richtung wie R anbringen, da R' und R'' sich ja gegenseitig aufheben. Wir können uns somit die Resultierende R auch ersetzt denken durch die Resultierende R' in D und das Kräftepaar R, R'', dessen Größe durch sein statisches Moment

$$M = R \cdot (a + d) = R \cdot e$$

angegeben wird. Wir «reduzieren» somit eine Kraft R nach einem beliebigen Punkt D, indem wir sie, statisch gleichwertig, durch die Kraft $R' = R$ in D und das statische Moment $M = R \cdot e$ ersetzen. Da die statische Wirkung eines Kräftepaares durch die Größe seines statischen Momentes eindeutig festgelegt wird, folgt übrigens aus Gleichung (9) auch, daß Kräftepaare durch Addition ihrer statischen Momente zusammengesetzt werden.

Den im Lageplan der Abbildung 21 in Kraftrichtung gemessenen Abstand h zwischen den beiden Hilfskräften I und II, beziehungsweise II und III bezeichnen wir als «Seilpolygonordinate». Das Produkt dieser Seilpolygonordinate h mit der senkrecht zur Kraftrichtung stehenden Komponente H der Hilfskräfte I, II, III ist gleich dem statischen Moment aller links oder rechts von der Resultierenden liegenden Teilkräfte K; das Seilpolygon erlaubt uns somit nicht nur die Bestimmung der Lage der Resultierenden, sondern es liefert uns gleichzeitig auch die Größe von statischen Momenten. Auf dieser letzteren Eigenschaft des Seilpolygons beruht ein großer Teil seiner vielfältigen Anwendungen in der Baustatik; das Seilpolygon wird durch diese Eigenschaft zu einem unentbehrlichen und grundlegenden baustatischen Hilfsmittel.

Die zur Zusammensetzaufgabe *reziproke Aufgabe*, die Kraft R in die beiden Komponenten K_1 und K_2 mit gegebenen, zu R parallelen Wirkungslinien zu zerlegen, ist durch Abbildung 21 ebenfalls zeichnerisch gelöst.

Wir zerlegen die Resultierende R zunächst in zwei Hilfskräfte I und III von beliebiger Richtung; durch die Schnittpunkte A und B von I und K_1, sowie III und K_2 im Lageplan ist die Richtung der Hilfskraft II bestimmt, die im Kräfteplan die Resultierende R in die beiden Komponenten K_1 und K_2 aufteilt. Rechnerisch ist die Zerlegung aus Gleichung (8) lösbar:

$$K_1 = \frac{b \cdot R}{l}, \qquad K_2 = \frac{a \cdot R}{l}. \tag{8a}$$

Die Zerlegung von R in mehr als zwei parallele Komponenten K ist nicht eindeutig lösbar, sondern statisch unbestimmt.

Wir gehen nun dazu über, beliebig viele und beliebig gerichtete Kräfte K zu einer Resultierenden R mit Hilfe des Kräfte- und Seilpolygons zusammenzusetzen (Abb. 23):

Wir ersetzen die Kraft K_1 durch die zwei Hilfskräfte I und II mit beliebiger Richtung, die Kraft K_2 durch die Hilfskräfte II und III, wobei II nun bestimmt ist, und so fort.

Die Resultierende R (I,V) der ersten und letzten Hilfskraft ist auch die Resultierende R aller Kräfte K, weil die zwischen I und V liegenden und zweimal vorkommenden Hilfskräfte II, III und IV sich je gegenseitig aufheben und somit ausfallen. Die Lage der Resultierenden R ist somit durch den Schnittpunkt der ersten und letzten Hilfskraft im Lageplan oder Seilpolygon bestimmt.

Die Abbildung 23 erlaubt uns jedoch auch, sofort jede Teilresultierende aufeinanderfolgender Kräfte K nach Größe und Richtung im Kräfteplan

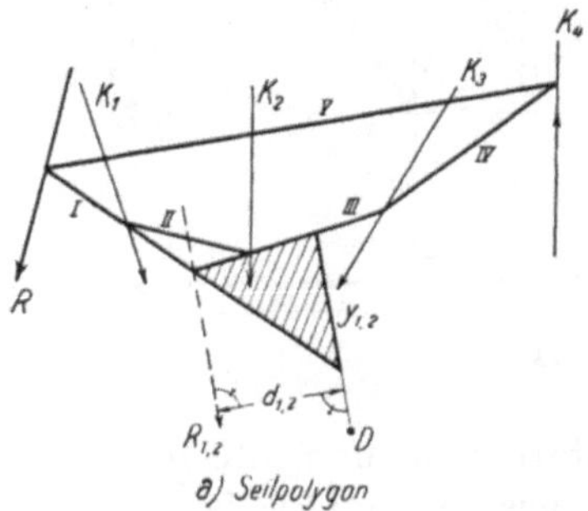

Abb. 23

sowie nach Lage im Lageplan anzugeben. So ist in Abbildung 23 beispielsweise die Teilresultierende $R_{1,2}$ der Kräfte K_1 und K_2 eingetragen.

Das statische Moment $M_{1,2}$ dieser Teilresultierenden $R_{1,2}$ (oder der Kräfte K_1 und K_2) in bezug auf irgendeinen Punkt D beträgt $R_{1,2} \cdot d_{1,2}$. Aus der Ähnlichkeit der in Abbildung 23 schraffierten Dreiecke ergibt sich aber

$$\frac{y_{1,2}}{d_{1,2}} = \frac{R_{1,2}}{H_{1,2}} \qquad \text{oder}$$

$$M_{1,2} = R_{1,2} \cdot d_{1,2} = H_{1,2} \cdot y_{1,2}; \tag{10}$$

auch hier liefert die zur Resultierenden $R_{1,2}$ der betrachteten Kräfte parallel gemessene Seilpolygonordinate $y_{1,2}$ durch D, multipliziert mit der zur Resultierenden $R_{1,2}$ normal gemessenen Komponente $H_{1,2}$ der äußeren Hilfskräfte I oder III das statische Moment der Resultierenden $R_{1,2}$ in bezug auf jeden beliebigen Punkt D.

Das Ergebnis der Gleichung (10) erhalten wir auch direkt durch eine statische Betrachtung: die beiden Kräfte K_1 und K_2, deren Moment $M_{1,2}$ in bezug auf D wir bestimmen wollen, sind ersetzt durch die Hilfskräfte I und III. Beide Hilfskräfte besitzen aber senkrecht zur Teilresultierenden $R_{1,2}$ gemessen die Komponente $H_{1,2}$; messen wir somit die Hebelarme von I und III bezüglich D in Richtung von $R_{1,2}$, so ergibt sich als statisches Moment $M_{1,2}$ das Kräftepaar

$$M_{1,2} = M_{\text{I, III}} = H_{1,2} \cdot y_{1,2}.$$

Die rechnerische Lösung der Aufgabe, beliebig viele beliebig gerichtete Kräfte K zu einer Resultierenden R zusammenzusetzen, läßt sich auf Grund der bei der Betrachtung paralleler Kräfte gewonnenen Erkenntnisse wie folgt finden (Abb. 24).

Wir bringen die Wirkungslinien der Kräfte K zum Schnitt mit einer beliebig gewählten x-Axe. In diesen Schnittpunkten zerlegen wir die Kräfte K in Komponenten X und Y. In bezug auf einen auf der x-Axe liegenden Momen-

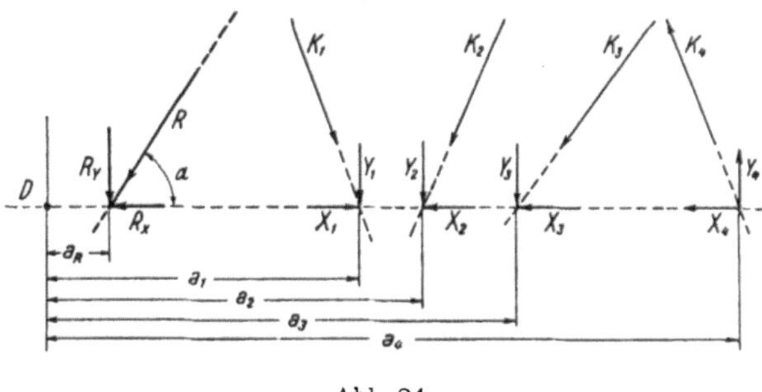

Abb. 24

tenbezugspunkt D verschwinden alle statischen Momente der in der x-Axe wirkenden Komponenten X beziehungsweise R_x, und es ist

$$M_R = R_y \cdot a_R = M_K = Y_1 \cdot a_1 + Y_2 \cdot a_2 + Y_3 \cdot a_3 - Y_4 \cdot a_4 = \sum_{i=1}^{n} Y_i \cdot a_i$$

oder

Ferner gilt

$$\left. \begin{aligned} a_R &= \frac{M_K}{R_y} = \frac{\sum\limits_{i=1}^{n} Y_i \cdot a_i}{R_y} \,. \\[2mm] R_x &= \sum_{i=1}^{n} X_i, \qquad R_y = \sum_{i=1}^{n} Y_i \\[2mm] R &= \sqrt{R_x^2 + R_y^2}, \qquad \operatorname{tg}\alpha = \frac{R_y}{R_x}\,. \end{aligned} \right\} \tag{15}$$

Damit ist die Resultierende R nach Lage, Richtung und Größe bestimmt.

Wir wollen nun noch einige besondere Seilpolygone betrachten. Zunächst sei die Aufgabe zu lösen, zu einer gegebenen Gruppe von Kräften K ein Seilpolygon zu zeichnen, von dem zwei bestimmte Hilfskräfte, beispielsweise die erste und die letzte, durch zwei gegebene Punkte A und B gehen. Die Resultierende R der Kräftegruppe K sei bekannt (Abb. 25).

Dadurch, daß die äußersten Hilfskräfte I und IV sich auf der Resultierenden R schneiden müssen, ist das gesuchte Seilpolygon bestimmt, sobald die erste Hilfskraft I durch A angenommen wird; durch ihren Schnittpunkt mit R ist die letzte Hilfskraft IV und damit im Kräftepolygon der Pol O bestimmt.

Da wir aber die erste Hilfskraft I beliebig (durch A) wählen können, sind noch (unendlich viele) weitere Seilpolygone möglich, die die gestellte Bedingung erfüllen. Ein zweites dieser Seilpolygone mit den Hilfskräften I', II', III', IV' ist in Abbildung 25 ebenfalls eingetragen. Alle diese Seilpolygone durch A und B besitzen nun die besonderen zwei Eigenschaften, daß im Kräftepolygon alle Pole O, O', O'' usw. auf einer zur Verbindungsgeraden AB parallelen Geraden liegen und daß im Seilpolygon entsprechende Hilfskräfte der verschiedenen Polygone sich auf dieser Verbindungsgeraden $\overline{AB}$ schneiden müssen.

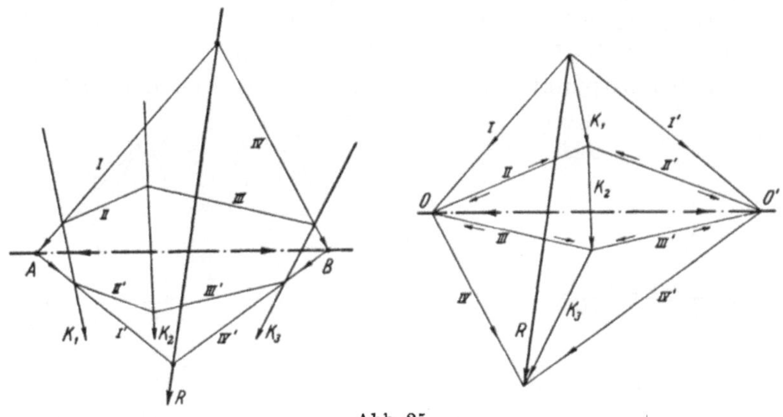

Abb. 25

Wir denken uns im Kräfteplan die Hilfskraft I durch die Hilfskraft I' und die Kraft $\overline{O'O}$ ersetzt; es muß deshalb im Lageplan die Kraft $\overline{O'O}$ durch den Schnittpunkt der Hilfskräfte I und I', das heißt durch den gegebenen Punkt A gehen. Anderseits muß sich die Kraft $\overline{OO'}$ aus analogen Gründen mit den Hilfskräften IV und IV' auch im Punkt B schneiden. Somit muß die Kraft $\overline{OO'}$ parallel zur Verbindungsgeraden $\overline{AB}$ gerichtet sein.

Nun läßt sich aber auch eine der innern Hilfskräfte, beispielsweise II, durch die entsprechende Hilfskraft II' des zweiten Polygons und die Kraft $\overline{OO'}$ ersetzen, so daß sich im Lageplan die Hilfskräfte II und II' auf der Kraft OO' oder aber der Verbindungsgeraden AB schneiden müssen. Dieser Satz läßt sich übrigens wie folgt verallgemeinern: Entsprechende Hilfskräfte zweier Seilpolygone schneiden sich im Lageplan auf einer zur Verbindungslinie der beiden Pole parallelen Geraden (CULMANNsche Gerade).

Wir haben festgestellt, daß wir unendlich viele Seilpolygone zur Kräftegruppe K durch zwei Punkte A und B legen können; und zwar ist die Zahl dieser möglichen Seilpolygone von erster Ordnung unendlich. Das Problem ist deshalb von erster Ordnung oder einfach statisch unbestimmt. Es wird statisch bestimmt, sobald wir noch eine weitere Bedingung stellen, beispielsweise, indem wir noch die Richtung der ersten oder letzten Hilfskraft vorschreiben.

Eine andere derartige Bedingung ist ferner die, daß eine der innern Hilfskräfte, zum Beispiel III, durch einen dritten gegebenen Punkt C gehen müsse. Aus einem beliebigen Seilpolygon I, II usw. durch A und B läßt sich dieses besondere Seilpolygon I', II' usw. durch A, B und C geometrisch daraus bestimmen, daß die Hilfskräfte III und III′ sich auf der Verbindungsgeraden AB schneiden müssen.

Eine *statische Lösung* dieser Aufgabe, ein Seilpolygon zur gegebenen Kräftegruppe K durch drei gegebene Punkte A, B und C zu legen, ergibt sich aus der Zerlegung in zwei Teilgruppen K' und K'' der Kräfte K, von denen die erste zwischen den Punkten A und C, die zweite zwischen C und B wirkt (Abb. 26).

Wir denken uns zuerst nur die Kräftegruppe K' wirksam. Da dann zwischen C und B keine Kraft wirkt, ist die Lage und Richtung der zugehörigen letzten Hilfskraft IV′ durch die Punkte C und B gegeben und die erste Hilfskraft I′ ist durch den Schnittpunkt von IV′ mit der Teilresultierenden K' gegeben.

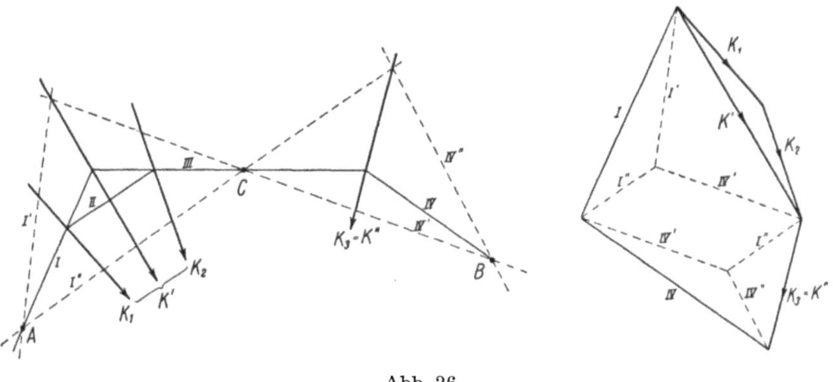

Abb. 26

Denken wir uns nun nur die Gruppe K'' wirksam, so ergeben sich die zugehörigen Hilfskräfte I′′ und IV′′ analog. Durch Zusammensetzen von I′ und I′′ zur ersten Hilfskraft I sowie von IV′ und IV′′ zur letzten Hilfskraft IV im Kräftepolygon ergibt sich die gesuchte baustatische Lösung der Aufgabe.

Dieses Vorgehen, einen äußeren Einfluß in Teileinflüsse zu zerlegen und die Teilergebnisse nachher zusammenzusetzen, zu superponieren, erweist sich in der Baustatik oft als derart leistungsfähig und zweckmäßig, daß wir dieses Mittel der Superposition als ein eigentliches baustatisches Mittel bezeichnen dürfen.

d) Zerlegung einer Kraft *R* nach drei gegebenen Wirkungslinien

Eine *zeichnerische* Lösung der Aufgabe, eine Kraft R nach drei gegebenen Wirkungslinien, die jedoch keinen gemeinsamen Schnittpunkt besitzen dürfen, zu zerlegen, geht auf K. Culmann zurück (Abb. 27).

Wir führen die Aufgabe in zwei Stufen durch, in dem wir R zuerst in zwei Kräfte, K_3 und $H_{1,2}$, zerlegen, wobei die Hilfskraft $H_{1,2}$ die Resultierende der gesuchten Kräfte K_1 und K_2 ist. Ihre Lage ist bestimmt, einerseits durch den Schnittpunkt der Wirkungslinien 1 und 2 beziehungsweise der Kräfte K_1 und K_2, deren Resultierende $H_{1,2}$ ja ist, und andrerseits durch den Schnittpunkt von R und K_3, da wir ja R in K_3 und $H_{1,2}$ zerlegen. Die zweite Stufe der CUL-MANNschen Lösung besteht nun in der Zerlegung von $H_{1,2}$ in die Kräfte K_1 und K_2. Je nach der Lage der zugänglichen Schnittpunkte kann auch eine erste Zerlegung in K_1 und $H_{2,3}$ oder K_2 und $H_{3,1}$ zweckmäßig sein.

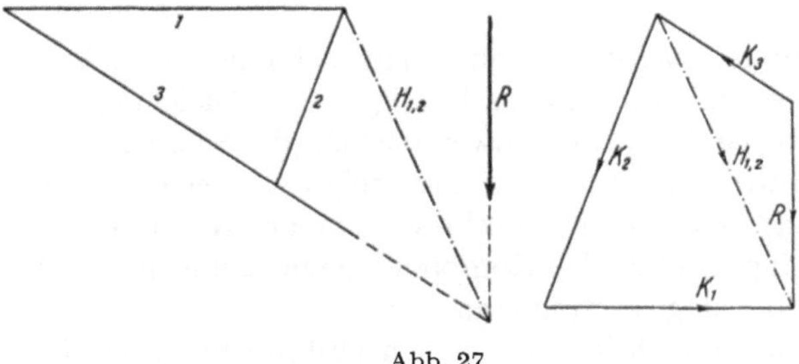

Abb. 27

Zur *rechnerischen* Lösung der Zerlegungsaufgabe stehen uns drei Gleichungen zur Verfügung, die wir aus Gleichung (15) mit den Bezeichnungen der Abbildung 28 und unter Beachtung der zunächst frei gewählten Vorzeichen in folgender Form anschreiben können:

$$\left.\begin{aligned}
K_1 \cdot \cos\alpha_1 - K_2 \cdot \cos\alpha_2 - K_3 \cdot \cos\alpha_3 &= R_x \\
K_1 \cdot \sin\alpha_1 + K_2 \cdot \sin\alpha_2 - K_3 \cdot \sin\alpha_3 &= R_y \\
K_1 \cdot r_1 \quad + K_2 \cdot r_2 \quad - K_3 \cdot r_3 \quad &= R \cdot r
\end{aligned}\right\} \tag{16}$$

Die Auflösung dieses dreigliedrigen Gleichungssystems liefert die drei gesuchten Unbekannten K_1, K_2 und K_3.

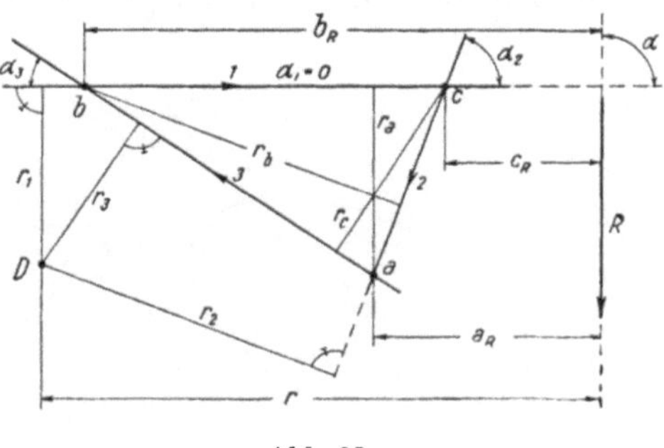

Abb. 28

In der Momentengleichung der Gleichung (16) haben wir einen beliebigen Momentenbezugspunkt D angenommen. Wenn wir nun aber als Momentenbezugspunkt den Schnittpunkt von zwei der drei gesuchten Kräfte wählen, so enthält die Momentengleichung nur noch eine Unbekannte. Da wir aber nun jeden der drei Schnittpunkte a, b und c als Momentenbezugspunkt wählen können, lassen sich, an Stelle des Gleichungssystems Gleichung (16), drei

Momentengleichungen mit nur je einer Unbekannten anschreiben:

$$\left.\begin{array}{l} K_1 \cdot r_a = R \cdot a_R \\ K_2 \cdot r_b = R \cdot b_R \\ K_3 \cdot r_c = R \cdot c_R \ . \end{array}\right\} \tag{17}$$

Es ist einleuchtend, daß diese Momentengleichungen nach AUGUST RITTER rascher und leichter zu lösen sind, als die allgemeinen Gleichungen (16); immerhin müssen, damit das Verfahren anwendbar ist, die Schnittpunkte a, b und c der gesuchten Kräfte bekannt sein. Sind nur zwei oder einer dieser Schnittpunkte zugänglich, so lassen sich zwei oder eine der RITTERschen Momentengleichungen mit einer oder beiden Komponentengleichungen der Gleichung (16) zur vollständigen Lösung kombinieren.

Im übrigen können auch im allgemeinen Fall mit unzugänglichen Schnittpunkten der Kräfte K eine Komponenten- und die Momentengleichung der Gleichung (16) durch passende Wahl des Koordinatensystems auf Gleichungen mit zwei Unbekannten vereinfacht werden.

Die Aufgabe, eine Kraft R nach mehr als drei gegebenen Wirkungslinien zu zerlegen, ist unlösbar; sie ist statisch unbestimmt.

2. Die Gleichgewichtsbedingungen in der Ebene

Zwei Kräfte R_1 und R_2 sind miteinander im Gleichgewicht, wenn sie in der gleichen Wirkungslinie wirken und entgegengesetzt gleich groß sind. Sie brauchen dabei nicht am gleichen Angriffspunkt anzugreifen (Abb. 29).

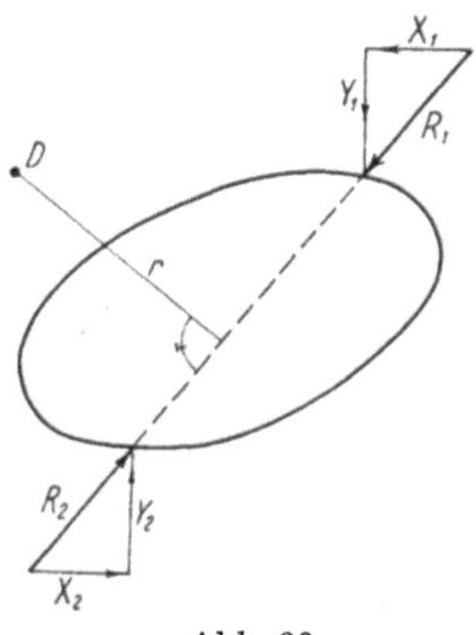

Abb. 29

Die gleiche Größe bei entgegengesetzter Richtung der beiden Kräfte läßt sich dadurch ausdrücken, daß in bezug auf ein beliebiges, rechtwinkliges oder schiefwinkliges Koordinatensystem x, y je die entsprechenden *Komponenten X* und Y entgegengesetzt gleich groß sein müssen:

$$X_1 = -X_2 ; \qquad Y_1 = -Y_2$$

oder
$$X_1 + X_2 = 0 ; \qquad Y_1 + Y_2 = 0 . \tag{18a}$$

Die Bedingung, daß die beiden Kräfte in der gleichen Wirkungslinie wirken müssen, kann geometrisch dadurch ausgedrückt werden, daß die Wirkungslinien der beiden Kräfte von einem beliebigen Bezugspunkt D den gleichen Abstand r besitzen, oder statisch, daß die statischen Momente $R_1 \cdot r$ und $R_2 \cdot r$ entgegengesetzt gleich groß sind:

$$R_1 \cdot r = -R_2 \cdot r ;$$

oder
$$R_1 \cdot r + R_2 \cdot r = 0 . \tag{18b}$$

Es können nun die Kräfte R_1 und R_2 die Resultierenden je einer Kräftegruppe K sein. Bezeichnen wir mit X und Y nun die Komponenten dieser Einzelkräfte K, mit M ihre statischen Momente bezüglich eines beliebigen Bezugspunktes D, so sind die beiden Kräftegruppen dann miteinander im Gleichgewicht, wenn die verallgemeinerten Gleichungen (18), die wir nun als allgemeine *Gleichgewichtsbedingungen in der Ebene* bezeichnen, erfüllt sind:

$$\Sigma X = 0 , \qquad \Sigma Y = 0 , \qquad \Sigma M = 0 . \tag{19}$$

Die Bedingungen $\Sigma X = 0$ und $\Sigma Y = 0$ nennen wir die Komponentengleichgewichtsbedingungen, $\Sigma M = 0$ die Momentengleichgewichtsbedingung. Gleichgewicht ist nur vorhanden, wenn beide Gruppen von Gleichgewichtsbedingungen gleichzeitig erfüllt sind.

Für die Momentengleichgewichtsbedingung $\Sigma M = 0$ haben wir einen beliebigen Momentenbezugspunkt D gewählt. Die Momentengleichgewichtsbedingung muß nun aber auch für jeden andern Momentenbezugspunkt erfüllt sein. Die drei Gleichgewichtsbedingungen, Gleichung (19) können nun nach A. RITTER vollwertig durch drei Momentengleichgewichtsbedingungen in bezug auf drei verschiedene Bezugspunkte A, B und C, die jedoch nicht auf einer Geraden liegen dürfen, ersetzt werden:

$$\Sigma M_A = 0 , \qquad \Sigma M_B = 0 , \qquad \Sigma M_C = 0 . \tag{20}$$

Daß diese drei Momentengleichgewichtsbedingungen eindeutig das Verschwinden der Resultierenden der auf ihren Gleichgewichtszustand zu untersuchenden ebenen Kräftegruppe bedeuten, geht aus folgender Überlegung hervor: Die Momentengleichung $\Sigma M_A = 0$ bedeutet nur, daß die Resultierende R entweder null ist oder dann durch den Punkt A geht; die beiden Gleichungen $\Sigma M_A = 0$ und $\Sigma M_B = 0$ zusammen bedeuten, daß eine von null verschiedene Resultierende R durch die beiden Punkte A und B vorhanden sein kann. Durch die dritte Momentengleichung $\Sigma M_C = 0$ wird nun gefordert, daß auch eine solche Resultierende, R durch A und B, verschwinden muß, wenn wenigstens der Bezugspunkt C nicht auf der Verbindungsgeraden $A{-}B$ liegt.

In Gleichung (20) sind somit die beiden Komponentengleichgewichtsbedingungen der Gleichung (19) durch zwei Momentengleichgewichtsbedingungen ersetzt. In ähnlicher Weise können wir aber auch nur eine der beiden Komponentengleichgewichtsbedingungen der Gleichung (19) durch eine Momentengleichgewichtsbedingung ersetzen und erhalten dann

$$\Sigma X = 0\,, \qquad \Sigma M_A = 0\,, \qquad \Sigma M_B = 0\,, \tag{21}$$

wobei A und B zwei beliebige Bezugspunkte bedeuten und die Richtung x nicht senkrecht auf der Verbindungsgeraden AB stehen darf.

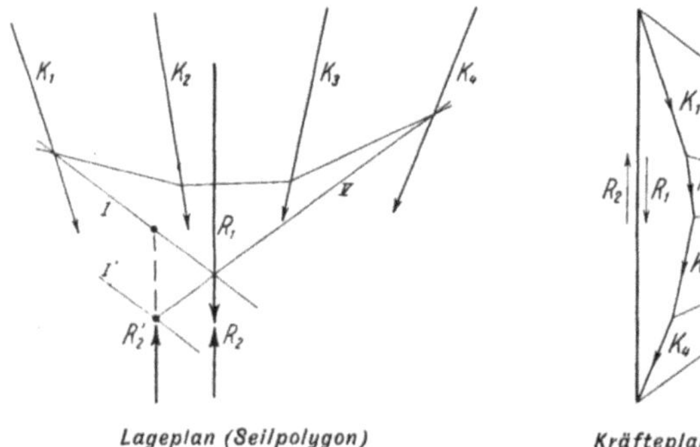
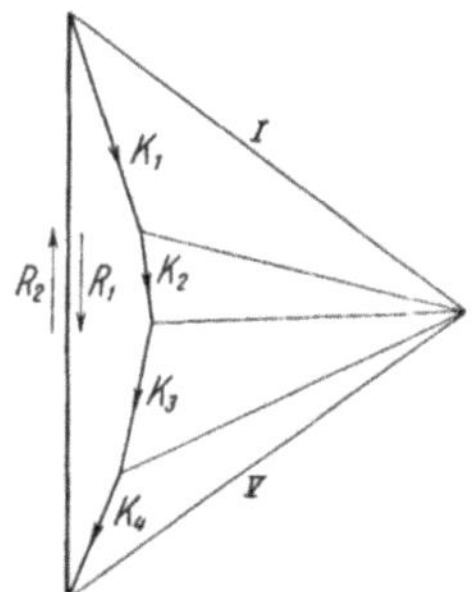

Abb. 30

Die Gleichgewichtsbedingungen sollen nun noch zeichnerisch dargestellt werden, wobei wir annehmen wollen, daß R_1 die Resultierende einer Kräftegruppe K sei, die mit R_2 im Gleichgewicht stehe. Wir bestimmen, um zu prüfen, ob Gleichgewicht vorhanden sei, zunächst die Resultierende R_1 der Kräftegruppe K mit Hilfe von Kräfte- und Seilpolygon (Abb. 30).

Wenn nun R_2 nach Größe und Richtung entgegengesetzt gleich groß ist wie die Resultierende R_1 der Kräftegruppe K, so «schließt» R_2 den Kräfteplan der Kräfte K: Die Komponentengleichgewichtsbedingungen $\Sigma X = 0$, $\Sigma Y = 0$ sind erfüllt, wenn das Kräftepolygon sich schließt.

Fällt R_2 ferner in die gleiche Wirkungslinie wie R_1, so schneiden sich die erste und letzte Hilfskraft I und V des Seilpolygons in einem Punkt auf R_2; die Momentengleichgewichtsbedingung $\Sigma M = 0$ ist erfüllt, wenn das Seilpolygon sich schließt. Die in Abbildung 30 ebenfalls eingetragene Kraft R_2' liegt nicht in der gleichen Wirkungslinie wie R_1, die Hilfskräfte I und V schneiden R_2' in verschiedenen Punkten; das Seilpolygon schließt sich nicht oder die Momentengleichgewichtsbedingung ist nicht erfüllt.

Die Gleichgewichtsaufgaben, die in der Baustatik zu lösen sind, stellen sich nun immer in der Form, daß eine Kräftegruppe K beziehungsweise R_1 gegeben ist, und es muß diejenige Kraft oder Kräftegruppe R_2 bestimmt werden, die der Kräftegruppe R_1 Gleichgewicht hält. Da zur Bestimmung von R_2 drei Gleichgewichtsbedingungen zur Verfügung stehen, sind solche Gleichgewichtsaufgaben nur dann lösbar, wenn die gesuchte Kräftegruppe R_2 nicht mehr als drei unbekannte Bestimmungsgrößen besitzt. Damit ergeben sich folgende drei Formen von Gleichgewichtsaufgaben in der Ebene:

a) Die gesuchte Kräftegruppe R_2 besteht aus einer einzigen Kraft, die nach Größe, Richtung und Lage *(X, Y, M)* unbekannt ist.

b) Die Kräftegruppe R_2 besteht aus zwei Kräften, von denen die eine (bei gegebener Wirkungslinie) nach Größe, die andere (bei gegebenem Angriffspunkt) nach Größe und Richtung unbekannt ist.

c) Die Kräftegruppe R_2 besteht aus drei Kräften (je mit gegebener Wirkungslinie), deren Größe unbekannt ist.

Ist die Zahl der Unbekannten der gesuchten Kräftegruppe R_2 größer als drei, so reichen die drei Gleichgewichtsbedingungen der Ebene zu ihrer Bestimmung nicht aus; die Aufgabe ist mit den Gleichgewichtsbedingungen allein nicht lösbar oder das Problem ist statisch unbestimmt.

Der Sonderfall der Gleichgewichtsbedingungen für Kräfte, die alle am *gleichen Angriffspunkt A* angreifen, ist im allgemeinen Fall der ebenen Gleichgewichtsbedingungen enthalten. Die Momente aller dieser durch A gehenden Kräfte bezüglich A sind null, und die Resultierende R verschwindet, wenn die beiden Komponentengleichgewichtsbedingungen

$$\Sigma X = 0, \qquad \Sigma Y = 0 \tag{19a}$$

erfüllt sind. Die Zahl der erforderlichen Gleichgewichtsbedingungen vermindert sich hier auf zwei. Genau so, wie wir in Gleichung (20) die beiden Komponentengleichgewichtsbedingungen der Gleichung (19) durch zwei Momentengleichgewichtsbedingungen ersetzen konnten, können wir dies auch in diesem Sonderfall tun, nur dürfen die beiden Bezugspunkte B und C der beiden Momentengleichgewichtsbedingungen

$$\Sigma M_B = 0, \qquad \Sigma M_C = 0 \tag{20a}$$

nicht auf einer Geraden liegen, die den Angriffspunkt A enthält.

3. Die Gleichgewichtsaufgaben
bei der Berechnung ebener Tragwerke

Die Aufgabe der Baustatik besteht darin, die in einem Tragwerk unter gegebenen äußeren Belastungen auftretenden Spannungen mit den zulässigen Beanspruchungen des Materials zu vergleichen; um die vorhandenen Spannungen berechnen zu können, benötigen wir zunächst die im Innern des Tragwerks auftretenden «inneren Schnittkräfte», die die Resultierenden der inneren Spannungen darstellen. Die Aufgabe nun, die inneren Schnittkräfte zu berechnen, muß in zwei Stufen durchgeführt werden: zuerst sind die Auflagerkräfte des

Tragwerks infolge der gegebenen Belastung zu bestimmen, worauf für beliebige Schnitte durch das Tragwerk die inneren Kräfte ermittelt werden können. Beide Teilaufgaben sind Gleichgewichtsaufgaben.

a) Bestimmung der Auflagerkräfte

In einem Tragwerk entstehen unter der gegebenen äußeren Belastung Stützkräfte oder Auflagerkräfte. Da das Tragwerk in Ruhe ist, müssen seine Auflagerkräfte mit der äußeren Belastung im Gleichgewicht sein; die Auflagerkräfte lassen sich somit aus den Gleichgewichtsbedingungen bestimmen.

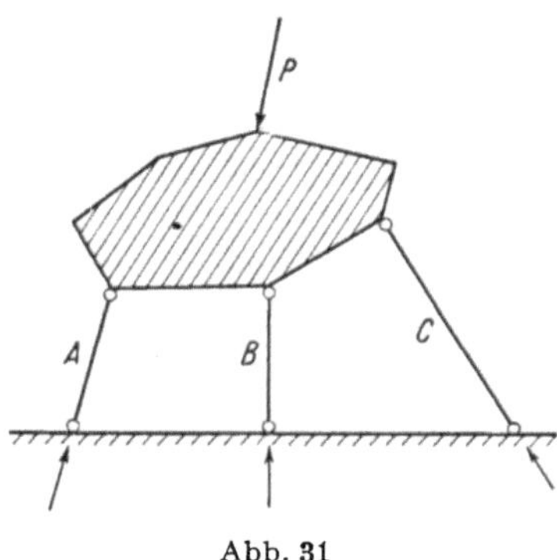

Abb. 31

Besitzen die Auflagerkräfte eines ebenen Tragwerks nicht mehr als drei unbekannte Größen, so genügen die drei Gleichgewichtsbedingungen der Ebene zu ihrer Berechnung; das Tragwerk ist statisch bestimmt.

Bei einfachen Tragwerken, die aus einer einzigen ebenen Scheibe bestehen, sind dabei folgende drei Formen der Gleichgewichtsaufgabe möglich:

Die durch die Last P belastete Scheibe der Abbildung 31 sei durch drei Stützstäbe A, B und C (oder durch drei bewegliche Lager) gestützt. Von den drei Auflagerkräften A, B und C ist je die Wirkungslinie durch die Lage der Stützstäbe gegeben; unbekannt ist somit nur je die Größe der drei Auflagerkräfte. Die drei Unbekannten des Problems können somit durch die drei Gleichgewichtsbedingungen der Ebene, die Gleichungen (19, 20) oder (21) bestimmt werden.

Eine zeichnerische Lösung der Aufgabe beruht darauf, daß wir die Belastung P (beziehungsweise ihre Resultierende bei mehreren Lasten P) zunächst in drei Kräfte mit den Wirkungslinien A, B und C zerlegen (CULMANNsche Aufgabe) und jede dieser Teilkräfte für sich durch die Auflagerkräfte A, B und C ins Gleichgewicht bringen. Da wir eine Kraft P nur dann in drei Teilkräfte zerlegen können, wenn ihre drei Wirkungslinien sich nicht in einem Punkt schneiden, ist die Aufgabe nur dann lösbar, wenn die drei Stützstäbe, beziehungsweise ihre verlängerten Axen, sich nicht in einem Punkt schneiden. Bei gemeinsamem Schnittpunkt der Axen wäre die Scheibe nicht stabil gelagert.

Die in Abbildung 32 dargestellte Scheibe ist in zwei Punkten A und B gestützt; die Auflagerkraft A (festes Lager) besitzt zwei unbekannte Größen, während von der Auflagerkraft B nur die Größe unbekannt ist.

Da die drei Kräfte P, A und B miteinander im Gleichgewicht sind, müssen sie sich in einem Punkt schneiden. Durch den Schnittpunkt von P und B ist damit auch die Richtung von A bestimmt, so daß die Größen von A und B in einem Kräfteplan zeichnerisch gefunden werden.

Rechnerisch ergibt sich zunächst die Größe der Auflagerkraft B aus einer Momentengleichgewichtsbedingung bezüglich des festen Lagers A, worauf Größe und Richtung der Auflagerkraft A oder ihre beiden Komponenten X_A und Y_A aus den beiden Komponentengleichgewichtsbedingungen der Gleichung (19) gefunden werden. Denken wir uns die unbekannte Auflagerkraft A

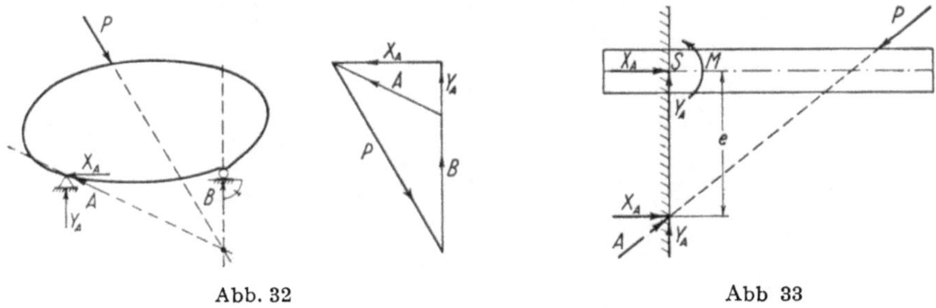

Abb. 32Abb 33

von vornherein in zwei (unbekannte) Komponenten X_A und Y_A zerlegt, so sind die Auflagerkräfte durch die Größe der drei Kräfte X_A, Y_A und B mit vorgeschriebener Wirkungslinie bestimmt; die Aufgabe der Abbildung 32 ist auf diejenige der Abbildung 31 zurückgeführt.

Beim einseitig eingespannten Träger der Abbildung 33 ist nur eine Auflagerkraft A, diese aber nach Größe, Richtung und Lage zu bestimmen. Die Auflagerkraft A muß in der gleichen Wirkungslinie wie die Belastung P liegen, jedoch entgegengesetzt gleich groß sein. Es ist üblich und bequem, die Auflagerkraft A in den Schwerpunkt S des Auflagerquerschnittes zu reduzieren; auf diesen Punkt S wirken somit die Komponenten X_A und Y_A der Auflagerkraft, sowie das Moment $M = - X_A \cdot e$.

Zusammengesetzte statisch bestimmte Tragwerke, die aus mehreren, durch reibungsfreie Gelenke miteinander verbundenen ebenen Scheiben bestehen, lassen sich in Einzeltragwerke zerlegen, die einer der drei Grundformen der Abbildungen 31, 32 oder 33 entsprechen. Die Tragwerke müssen dabei so aufgelagert sein, daß die Gleichgewichtsbedingungen erfüllbar sind, das heißt, daß alle möglichen äußeren Kräfte durch die Auflager aufgenommen werden können; es genügt also nicht, wenn nur die Zahl der unbekannten Auflagergrößen mit der Zahl der zur Verfügung stehenden Gleichgewichtsbedingungen übereinstimmt.

Das Tragwerk der Abbildung 34a mit drei beweglichen Auflagern ist unbrauchbar, trotzdem die Zahl der unbekannten Auflagergrößen mit der Zahl der zur Verfügung stehenden Gleichgewichtsbedingungen übereinstimmt. Es kann nämlich die Horizontalkomponente der Belastungen P durch keines der drei beweglichen Auflager aufgenommen werden; das Tragwerk ist unstabil. Wir erkennen übrigens die Unstabilität auch daraus, daß sich die drei Auflagerkräfte in einem (unendlich fern gelegenen) Punkt schneiden.

Ersetzen wir nun eines der drei beweglichen Auflager, zum Beispiel A, durch ein festes, so wird das Tragwerk stabil, aber die Zahl der unbekannten Auflagergrößen steigt auf vier; sie können somit nicht mehr nur mit den drei

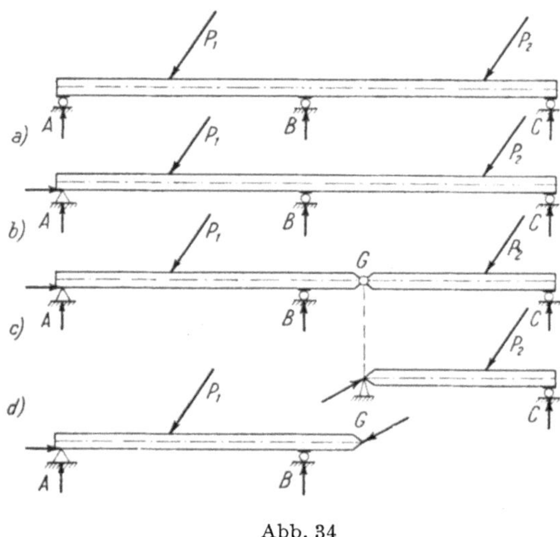

Abb. 34

Gleichgewichtsbedingungen der Ebene bestimmt werden: das Tragwerk der Abbildung 34b ist einfach statisch unbestimmt.

Durch Einschalten eines reibungsfreien Gelenkes G (Abb. 34c) zerlegen wir das Tragwerk in die beiden statisch bestimmten Einzeltragwerke $A-B-G$ und $G-C$ der Abbildung 34d; der Gelenkdruck G wirkt für das Tragwerk $G-C$ als Auflagerdruck und für das Tragwerk $A-B-G$ als Belastung. Das zusammengesetzte Tragwerk der Abbildung 34c, der durchlaufende Träger mit Zwischengelenk oder GERBER-Träger (nach dem deutschen Ingenieur HEINRICH GERBER [1832–1912]), kann somit durch Zerlegen in Einzeltragwerke nach Abbildung 34d berechnet werden, oder es ist statisch bestimmt. In den Gelenkpunkten können keine Biegungsmomente übertragen werden. Dadurch ergeben sich zusätzliche Gleichgewichtsbedingungen $M_G = 0$.

Ein weiteres Beispiel dafür, wie wir durch Einschalten von Gelenken und Zerlegen in Einzeltragwerke statisch unbestimmte Tragwerke in statisch bestimmte umwandeln können, zeigt die Abbildung 35.

Der eingespannte Bogen der Abbildung 35a ist mit seinen sechs unbekannten Auflagergrößen, denen nur drei Gleichgewichtsbedingungen der Ebene zu ihrer Bestimmung gegenüberstehen, dreifach statisch unbestimmt.

Schalten wir ein Gelenk G etwa im Bogenscheitel ein (Abb. 35b), so zerlegen wir das Tragwerk in zwei eingespannte Träger, die sich im Gelenk G gegenseitig stützen. Die beiden Einzelträger sind, je für sich allein betrachtet, statisch bestimmt, doch ist der Gelenkdruck, der bei gegebenem Angriffspunkt G zwei unbekannte Komponenten besitzt, unbekannt: der Eingelenkbogen ist zweifach statisch unbestimmt.

Der Zweigelenkbogen der Abbildung 35c besitzt vier unbekannte Auflagergrößen; er ist einfach statisch unbestimmt.

Durch Einschalten eines Gelenkes G im Zweigelenkbogen erhalten wir den Dreigelenkbogen (Abb. 35d); die unbelastete Scheibe $A-G$ kann als Stützstab oder bewegliches Lager der Scheibe $G-B$ aufgefaßt werden: der Dreigelenkbogen ist statisch bestimmt.

Vom einfach statisch unbestimmten Zweigelenkbogen aus können wir auch dadurch zu einem statisch bestimmten Tragwerk gelangen, daß wir ein festes Auflagergelenk, hier B, durch ein bewegliches Lager ersetzen (Abb. 35e); wir sprechen hier von einem bogenförmigen Träger mit Balkenlagerung.

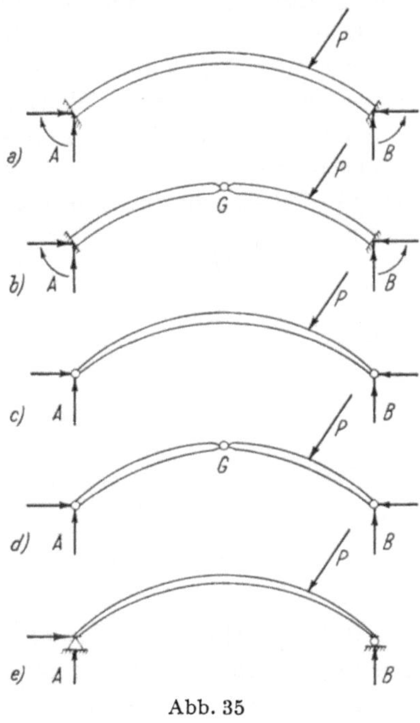

Abb. 35

Die Beispiele der Abbildung 34c und 35d zeigen, daß auch ein an sich unstabiles Tragwerk, eine Gelenkkette, stabil sein kann, wenn es in zweckmäßiger Weise durch mehr als drei Stützstäbe gestützt ist.

b) Innere Schnittkräfte

Wenn ein Tragwerk in Ruhe oder im Gleichgewicht ist (und dieser Gleichgewichtszustand ist ja Ausgangspunkt und Grundlage unserer statischen Untersuchungen), so sind es auch alle seine einzelnen Teile. Die Gleichgewichtsbedingungen der Ebene erlauben uns deshalb, an jeder Stelle eines ebenen Tragwerkes die dort wirkenden inneren Kräfte zu berechnen, sobald alle äußeren Kräfte einschließlich der Auflagerkräfte bekannt sind.

Abbildung 36 zeigt ein solches im Gleichgewicht befindliches ebenes Tragwerk, auf das als äußere Kräfte die Belastungen P und die Auflagerkräfte A und B wirken.

Wir denken uns unsere Scheibe durch den Schnitt $s-s$ in zwei Teile I und II zerlegt, die sich beide im Gleichgewicht befinden müssen. Der Teil II übt eine Kraft R_i auf den Teil I aus, die deshalb mit der Resultierenden R_a der auf

Teil I einwirkenden äußeren Kräfte P_1 und A im Gleichgewicht sein muß. Die drei Gleichgewichtsbedingungen der Ebene erlauben uns deshalb, die Resultierende R_i der innern Schnittkräfte im Schnitt s–s nach ihren drei Bestimmungsgrößen X_i, Y_i und M_i zu bestimmen. Da das ganze Tragwerk im Gleichgewicht ist, ist R_i auch die Resultierende der auf Teil II wirkenden äußern Kräfte P_2, P_3 und B. Anderseits ist die Resultierende R_a der auf Teil I wirkenden äußern Kräfte gleichzeitig auch die Resultierende der auf Teil II im Schnitt s–s wirkenden inneren Schnittkräfte. Wir werden deshalb diese Resultierende $R_a = R_i$ zweckmäßig für denjenigen Trägerteil I oder II bestimmen, für den sich die äußeren Kräfte am einfachsten zusammensetzen lassen.

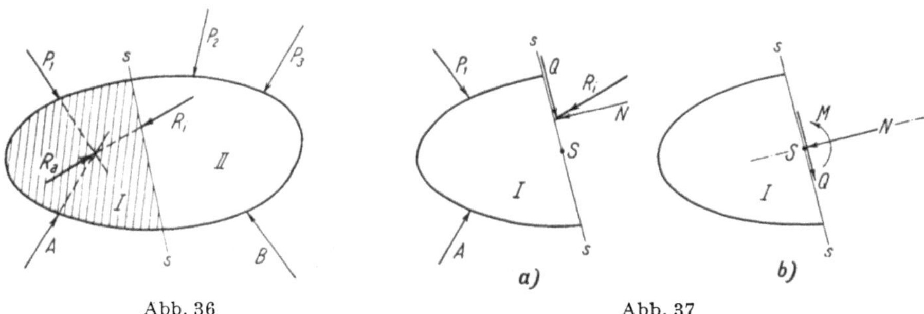

Abb. 36   Abb. 37

Mit Rücksicht auf die Berechnung der inneren Spannungen oder Beanspruchungen im Schnitt s–s ist es nun zweckmäßig, die Resultierende R_i der inneren Schnittkräfte in zwei Komponenten zu zerlegen (Abb. 37a), von denen die eine, die *Normalkraft* N, senkrecht auf der Ebene des Schnittes s–s steht, während die andere, die *Querkraft* Q, in der Schnittebene selbst liegt.

Reduzieren wir noch die Normalkraft N auf den Schwerpunkt S (oder einen anderen bestimmten Punkt) der durch den Schnitt s–s getroffenen Querschnittsfläche des Trägers, so wird die Resultierende R_i der inneren Schnittkräfte durch drei Größen, nämlich die Normalkraft N, die Querkraft Q und das Moment M ersetzt (Abb. 37b). Die Gleichgewichtsbedingungen der Ebene erlauben uns nun die direkte Bestimmung von M, N und Q.

c) Beispiele

Der in Abbildung 38 skizzierte «einfache Balken» A–B sei durch eine lotrechte Einzellast P belastet; es seien die inneren Schnittkräfte zu bestimmen.

Wir ermitteln zunächst die Auflagerkräfte $A_v = A$ und B. Eine Momentengleichgewichtsbedingung, bezüglich des Auflagerpunktes B angeschrieben, liefert uns

$$A \cdot l - P \cdot b = 0$$

oder

$$A = \frac{P \cdot b}{l} \cdot$$

Analog oder aus der Komponentengleichgewichtsbedingung für die lotrechten Kräfte

$$A + B - P = 0$$

finden wir

$$B = \frac{P \cdot (l-b)}{l} = \frac{P \cdot a}{l}\,.$$

Da die Belastung P lotrecht wirkt, ist auch die waagrechte Komponente A_h der Auflagerkraft A gleich Null.

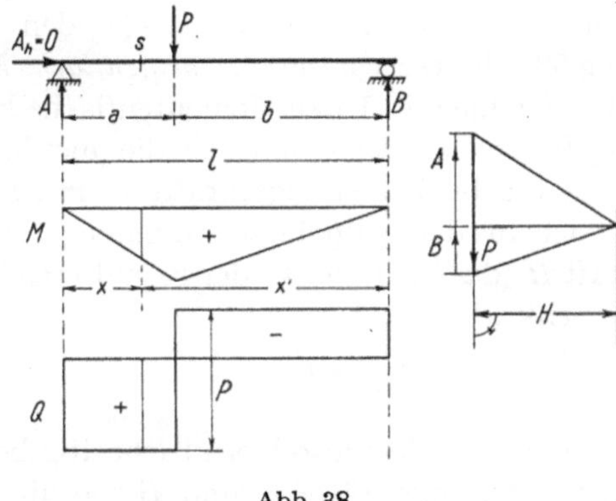

Abb. 38

Nun können wir die inneren Schnittkräfte in einem beliebigen Schnitt s im Abstand x vom Auflager A beziehungsweise x' vom Auflager B bestimmen. Das «*Biegungsmoment M*» im Schnitt s $(x \leqq a)$ beträgt

$$M_x = A \cdot x = P \cdot \frac{b}{l} \cdot x\;;$$

für $x > a$, $x' < b$ dagegen

$$M_x = A \cdot x - P \cdot (x-a) = P \cdot \left(\frac{b}{l} \cdot x - x + a\right) = P \cdot \frac{a}{l} \cdot (l-x) = B \cdot x'\,.$$

Wir erhalten somit den Wert von M_x für $x > a$ einfacher durch Betrachten des rechten abgeschnitten gedachten Trägerteils $s-B$, an dem nur eine einzige äußere Kraft, nämlich die Auflagerkraft B wirkt. Für $x = a$, also unter Last P, nimmt das Moment mit

$$M_a = P \cdot \frac{a \cdot b}{l}$$

seinen größten Wert an.

Die *Querkraft Q* im Schnitt s, das heißt die (bei lotrechtem Schnitt s) lotrechte Komponente der Resultierenden aller links (oder rechts) vom Schnitt s wirkenden Kräfte, ist aus den Auflagerkräften nun ebenfalls leicht zu bestimmen; für $x \leqq a$ ist

$$Q_x = A\;;$$

im Schnitt s wirkt Q_x aufwärts am rechten, beziehungsweise abwärts am linken Trägerteil.

Für $x > a$ wird

$$Q_x = A - P = - B \, ;$$

die Querkraft wechselt hier unter der Last ihre Richtung oder ihr Vorzeichen.

Die *Längskraft* N besitzt auf die ganze Balkenlänge den Wert Null, weil nirgends waagrechte Kraftkomponenten vorkommen.

Eine übersichtliche Darstellung des Momentenverlaufs über den Träger $A-B$ erhalten wir dadurch, daß wir an jeder Stelle x die zugehörigen Momente M_x als Ordinaten von einer (horizontalen) Bezugsgeraden aus auftragen; im Beispiel der Abbildung 38 erhalten wir die «*Momentenfläche M*» als Dreieck mit größter Ordinate unter der Last P. Diese Momentenfläche kann auch als *Seilpolygon* zur Belastung P aufgefaßt werden, wobei die (hier horizontale) Schlußlinie im Kräftepolygon die beiden Auflagerkräfte A und B abschneidet. Die Momente M_x ergeben sich aus den Seilpolygonordinaten y durch Multiplikation mit der Horizontalkraft H (das heißt der zu der Resultierenden normal stehenden Komponente der Seilkräfte)

$$M_x = H \cdot y \, .$$

Das Kräfte- und Seilpolygon löst also hier gleichzeitig beide Teilaufgaben: es liefert uns sowohl die Auflagerkräfte A und B wie die gesuchten inneren Schnittgrößen M (aus den Seilpolygonordinaten) und Q (aus dem Kräftepolygon).

Gleich wie der Verlauf der Momente M durch die Momentenfläche wird auch der Verlauf der Querkräfte Q durch die *Querkraftsfläche* übersichtlich dargestellt, die hier treppenförmig verläuft.

Wir haben nun noch eine Regelung über die *Vorzeichen* der innern Schnittgrößen zu treffen. Wir bezeichnen normalerweise die Momente M dann als positiv, wenn die am abgeschnitten gedachten linken Trägerteil wirkenden äußern Kräfte diesen im Uhrzeigersinn um den Schnitt s zu drehen suchen. Im Schnitt treten dann am untern Rand Zugspannungen, am obern Rand Druckspannungen auf. Es ist empfehlenswert, Momente immer auf der Seite der Zugspannungen, also positive Momente nach abwärts und negative entsprechend nach aufwärts aufzutragen. Die *Querkraft* wird sinngemäß dann als positiv bezeichnet, wenn die Resultierende der äußeren Kräfte des linken Trägerteils nach aufwärts, beziehungsweise des rechten Trägerteils nach abwärts wirkt. Einer positiven Querkraft entspricht somit eine Vergrößerung des Momentes von links nach rechts, das heißt bei wachsendem x. Normalkräfte N werden meist dann als positiv bezeichnet, wenn sie die beiden Trägerteile auseinanderzuziehen suchen oder Zugbeanspruchungen im Schnitt s erzeugen. Wenn jedoch alle an einem Tragwerk auftretenden Normalkräfte Druckkräfte sind, wie in einem Bogenträger bei lotrechter Belastung, wird man besser sich vom Schema dieser Vorzeichenkonvention lösen und dann eben die Druckkräfte als positive Normalkräfte bezeichnen.

Zu beachten sind auch die Maßstäbe: die Ordinaten der Momentenfläche bedeuten statische Momente ($1^{\mathrm{cm}} \sim m^{\mathrm{mt}}$), diejenigen der Normalkrafts- und Querkraftsfläche bedeuten Kräfte ($1^{\mathrm{cm}} \sim k^{\mathrm{t}}$).

Der einfache Balken der Abbildung 39 ist durch eine lotrecht wirkende «gleichmäßig verteilte Belastung» p belastet. Die Auflagerkräfte betragen

$$A = B = \frac{p \cdot l}{2}.$$

Im Schnitt $s\,(x)$ ergibt sich das Biegungsmoment M zu

$$M_x = A \cdot x - p \cdot x \cdot \frac{x}{2} = \frac{p}{2} \cdot x \cdot (l - x)\,;$$

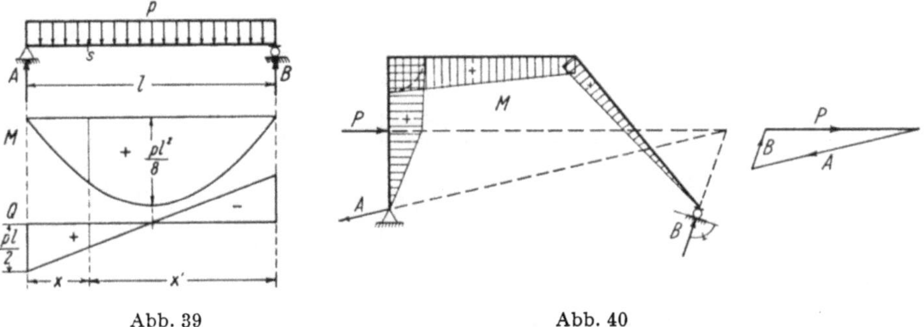

Abb. 39   Abb. 40

die Momentenfläche ist somit eine Parabel mit der größten Ordinate in Balkenmitte, $x = \dfrac{l}{2}$:

$$\dot{M}_{\max} = \frac{p \cdot l^2}{8}.$$

Die Querkraft Q im Schnitt x beträgt

$$Q_x = A - p \cdot x = p \cdot \left(\frac{l}{2} - x\right)\,;$$

die Querkraftsfläche wird durch eine Gerade begrenzt; ihre größten Ordinaten befinden sich unter den Auflagern und sind gleich den Auflagerkräften:

$$Q_A = A = \frac{p \cdot l}{2}\,; \qquad Q_B = -B = -\frac{p \cdot l}{2}.$$

In Abbildung 40 ist ein aus drei biegungssteif miteinander verbundenen Stäben bestehendes Rahmentragwerk mit einem festen (A) und einem beweglichen Auflager (B) dargestellt. Da sich die Belastung P mit den beiden Auflagerkräften A und B in einem Punkt schneiden muß, ist durch den Schnittpunkt von P mit B auch die Richtung von A bestimmt, und die Größe der Auflagerkräfte A und B ergibt sich aus einem Kräftedreieck. Damit können nun auch die Biegungsmomente M, die Querkräfte Q und die Längskräfte N bestimmt werden. In Abbildung 40 ist als Beispiel die Momentenfläche eingetragen.

Der Dreigelenkbogen der Abbildung 41 sei durch ein Moment M, auf der rechten Bogenscheibe angreifend, belastet.

Da die linke Scheibe $A-G$ unbelastet ist, wirkt sie als Stützstab der Scheibe $G-B$ und die Richtung der Auflagerkraft A ist durch die Verbindungs-

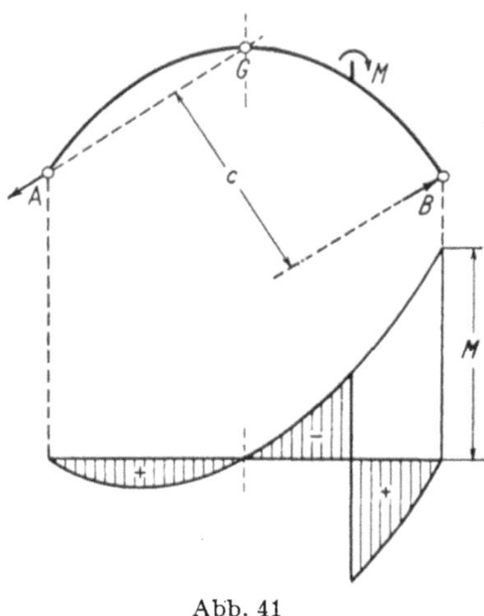

Abb. 41

gerade $A-G$ gegeben. Wegen der Komponentengleichgewichtsbedingungen muß die Wirkungslinie der Auflagerkraft B parallel zu derjenigen von A sein, und aus einer Momentengleichgewichtsbedingung ergibt sich

$$-A = B = \frac{M}{c}.$$

Die zugehörige Momentenfläche ist in Abb. 41 als Beispiel skizziert.

Das in Abbildung 42 dargestellte zusammengesetzte Tragwerk besteht aus einem Dreigelenkbogen $B-G_2-C$ mit beidseitigen, biegungssteif angeschlossenen Kragarmen G_1-B und $C-G_3$, auf welche mit Hilfe von Gelenken G_1 und G_3 die Balken $A-G_1$ und G_3-D aufgelagert sind. Der Balken G_3-D sei durch die lotrechte Last P belastet. Wir berechnen die Auflagerkräfte und die innern Schnittkräfte durch Zerlegen des Tragwerks in seine Bestandteile $A-G_1$, G_1-G_3 und G_3-D. Die Auflagerkraft G_3 des Balkens G_3-D belastet das Kragarmende G_3 des Dreigelenkbogens $B-C$; da die Dreigelenkbogenscheibe $B-G_2$ unbelastet ist, ist die Richtung der Auflagerkraft B durch die Gerade $B-G_2$ und die Richtung der Auflagerkraft C durch den Schnittpunkt von G_3 und B gegeben. Damit können auch die Größen dieser Auflagerkräfte und daraus die gesuchten innern Schnittkräfte bestimmt werden.

Bei der praktischen Berechnung der inneren Schnittkräfte treten nun, im Gegensatz zu den skizzierten einfachen Beispielen der Abbildungen 38—42, hauptsächlich folgende Erschwerungen auf: einmal müssen in Wirklichkeit kompliziertere Belastungsanordnungen (aus Lokomotiven zusammengesetzte Lasten-

züge, Lastwagenbelastungen kombiniert mit verteilten Streckenlasten usw.)
untersucht werden, dann aber handelt es sich bei einem Teil dieser Belastungen
um bewegte Lasten, von denen die ungünstigste Stellung auf dem Tragwerk

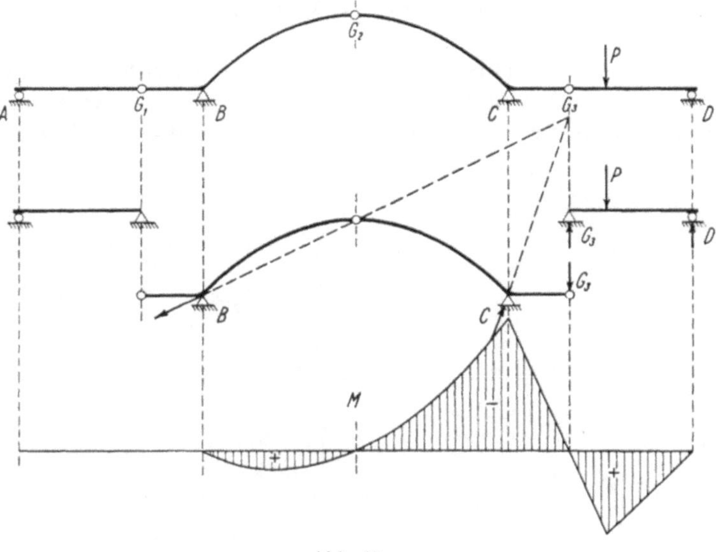

Abb. 42

nicht von vornherein bekannt ist. Die Methoden zur Berechnung der inneren
Schnittkräfte müssen deshalb verfeinert und ausgebaut werden, eine Aufgabe,
die im III. Kapitel für die praktisch wichtigsten statisch bestimmten vollwandigen Tragwerke der Ebene behandelt werden wird.

4. Die Gleichgewichtsbedingungen im Raum

a) Festlegung einer Kraft im Raum

Eine Kraft K im Raum ist eindeutig festgelegt durch ihre Komponenten X,
Y, Z, bezogen auf ein beliebiges Koordinatensystem x, y, z, und durch die
Koordinaten x_A, y_A, z_A ihres Angriffspunktes A (Abb. 43).

Anstelle der geometrischen Festlegung x_A, y_A, z_A ist es meist bequemer, eine
statische Festlegung zu wählen, indem wir die statischen Momente M_x, M_y,
M_z bezüglich der Axen x, y, z einführen. Beachten wir, daß eine Kraft, die eine
Axe schneidet (oder auch zu ihr parallel ist), keine drehende Wirkung um diese
Axe ausübt oder kein Moment bezüglich dieser Axe besitzt und setzen wir noch
(willkürlich) für rechtsdrehende Momente (in Richtung der positiven Axe
gesehen) das positive Vorzeichen fest, so betragen nach Abbildung 43 die

Momente der Kraft K bezüglich der Axen x, y, z

$$\left.\begin{aligned}
M_x &= Z \cdot y_A - Y \cdot z_A \\
M_y &= X \cdot z_A - Z \cdot x_A \\
M_z &= Y \cdot x_A - X \cdot y_A\,.
\end{aligned}\right\} \qquad (22)$$

Diese Momente können als Kräftepaare dargestellt werden, wobei wir unter M_x ein Kräftepaar in der yz-Ebene verstehen usw. Für das Arbeiten mit Momenten ist es jedoch meist bequemer, die Momente durch ihre Bezugsaxen als

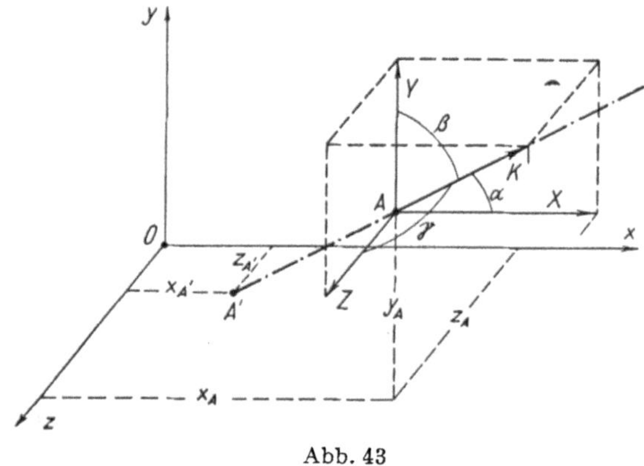

Abb. 43

Vektoren darzustellen. Da Kräftepaare in ihrer Ebene und parallel zu sich selber beliebig verschoben werden können, ohne ihre statische Wirkung zu ändern, sind die Neigung ihrer Ebene und ihre Größe (und mit dem Vorzeichen auch ihr Drehsinn) durch einen auf ihrer Ebene senkrecht stehenden Vektor bestimmt.

Zwischen der Kraft K und ihren Komponenten X, Y, Z bestehen die Beziehungen, die direkt aus Abbildung 43 abgelesen werden können:

$$X = K \cdot \cos\alpha\,, \qquad Y = K \cdot \cos\beta\,, \qquad Z = K \cdot \cos\gamma \qquad (23)$$

und mit $\cos^2\alpha + \cos^2\beta + \cos^2\gamma = 1$

$$K = \sqrt{X^2 + Y^2 + Z^2}\,. \qquad (23a)$$

Analoge Beziehungen bestehen übrigens auch zwischen den Momenten M_x, M_y, M_z und ihrem resultierenden Moment M, wobei wir die Winkel zwischen dem resultierenden Momentenvektor M und den Vektoren M_x, M_y, M_z, das heißt den Axen x, y, z mit α_M, β_M, γ_M bezeichnen:

$$M_x = M \cdot \cos\alpha_M\,, \qquad M_y = M \cdot \cos\beta_M\,, \qquad M_z = M \cdot \cos\gamma_M \qquad (24)$$

und

$$M = \sqrt{M_x^2 + M_y^2 + M_z^2}\,. \qquad (24a)$$

Da wir eine Kraft K, ohne ihre statische Wirkung zu verändern, längs ihrer Wirkungslinie verschieben können, dürfen wir sie auch auf den Durchstoßpunkt A' ihrer Wirkungslinie durch die xz-Ebene reduzieren. Hier zerlegen wir K (Abb. 44) in ihre Projektion

$$K' = K \cdot \cos \varphi = K \cdot \sin \beta = \sqrt{X^2 + Z^2}$$

in der xz-Ebene und in ihre Komponente

$$K'' = Y = K \cdot \cos \beta = K \cdot \sin \psi$$

parallel zur y-Axe.

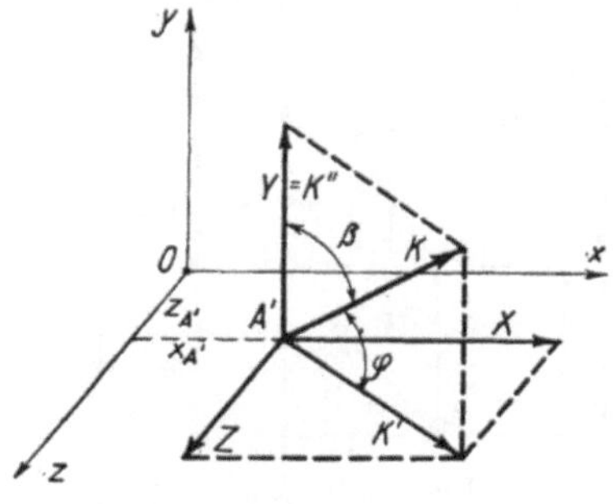

Abb. 44

Die Momente bezüglich der Axen x, y, z betragen nun mit $y_{A'} = 0$

$$\left. \begin{aligned} M_x &= -Y \cdot z_{A'} \\ M_y &= X \cdot z_{A'} - Z \cdot x_{A'} \\ M_z &= Y \cdot x_{A'} . \end{aligned} \right\} \tag{22a}$$

Aus dem Vergleich mit Gleichung (22) ergeben sich die Koordinaten des Durchstoßpunktes A' zu

$$\left. \begin{aligned} x_{A'} &= x_A - \frac{X}{Y} \cdot y_A \\ z_{A'} &= z_A - \frac{Z}{Y} \cdot y_A . \end{aligned} \right\} \tag{22b}$$

Bei einer drehungsfreien Verschiebung des Koordinatensystems x, y, z ändern sich die Größen der Momente M_x, M_y, M_z, nicht aber die Komponenten X, Y, Z der Kraft K.

b) Zusammensetzen räumlicher Kräfte

Es seien (Abb. 45) drei Kräfte K_1, K_2, K_3 zu einer Resultierenden R zusammenzusetzen. Wir denken uns die Kräfte K auf ihre Durchstoßpunkte A_1 reduziert und dort in die Komponenten K' und K'' zerlegt.

Wir setzen zuerst die in der xz-Ebene liegenden Kräfte K_1', K_2', K_3' zur Resultierenden R' zusammen. Da es sich hier um Kräfte in einer Ebene handelt, gelten die Beziehungen des Abschnittes II, 1 und es ist

$$
\left.
\begin{aligned}
R_x &= X_1 + X_2 + X_3 = \Sigma X \\
R_z &= Z_1 + Z_2 + Z_3 = \Sigma Z
\end{aligned}
\right\}
\quad
R' = \sqrt{R_x^2 + R_z^2} \;\Bigg\}
$$
$$
M_{Ry} = \Sigma (X \cdot z' - Z \cdot x') = \Sigma M_y .
$$

$$(25)$$

Die durch die Gleichungen (25) rechnerisch gelöste Aufgabe ist zeichnerisch durch ein Kräfte- und Seilpolygon in der xz-Ebene zu lösen.

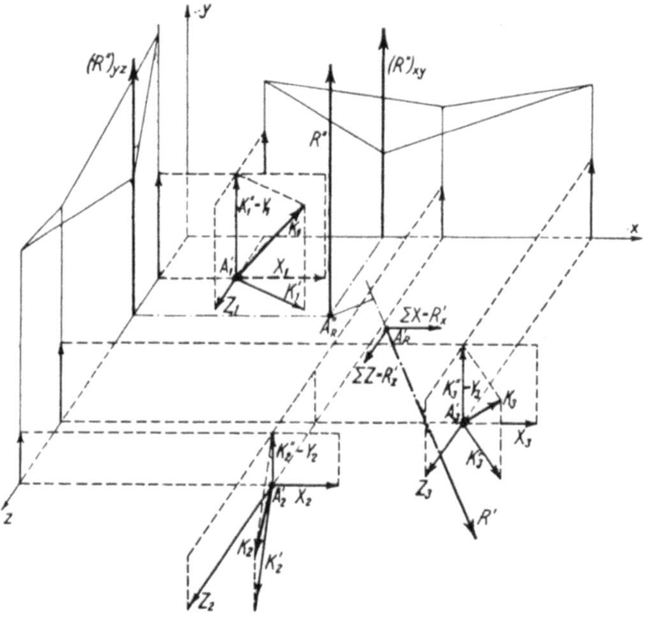

Abb. 45

Um die Komponenten K'' zur Resultierenden R'' zusammenzusetzen, gehen wir davon aus, daß die Resultierende von Projektionen der Kräfte K'' gleich ist der Projektion der Resultierenden R''. Wir projizieren deshalb die Kräfte K'' sowohl auf die xy- wie auf die yz-Ebene und setzen diese Projektionen zu den resultierenden $(R'')_{xy}$ und $(R'')_{yz}$ zusammen. Aus diesen Projektionen finden wir die gesuchte Resultierende R'' rechnerisch zu

$$
R'' = \Sigma K'' = \Sigma Y
$$

$$
\left.
\begin{aligned}
M_{Rx} &= -\Sigma Y \cdot z_{A'} = \Sigma M_x \quad &\text{oder} \quad & z_{R''} = \frac{\Sigma M_x}{R''} \\
M_{Rz} &= \Sigma Y \cdot x_{A'} = \Sigma M_z \quad &\text{oder} \quad & x_{R''} = \frac{\Sigma M_z}{R''} .
\end{aligned}
\right\}
$$

$$(26)$$

Zeichnerisch finden wir die Größe (R'') und Lage (z_R'', x_R'') durch zwei Kräfte- und Seilpolygone, je eines in der zy- und in der xy-Ebene.

Wenn sich die Teilresultierenden R' und R'' schneiden, so lassen sie sich zu einer einzigen Resultierenden zusammensetzen; schneiden sie sich dagegen nicht, so existiert keine Einzelkraft R, die das Kräftesystem K statisch gleichwertig ersetzt. Dagegen lassen sich die Teilresultierenden immer zu einer Resultierenden R und zu einem resultierenden Moment M_R zusammensetzen.

c) Die räumlichen Gleichgewichtsbedingungen

Wenn eine räumliche Kräftegruppe K im Gleichgewicht ist, so verschwinden ihre beiden Teilresultierenden R' und R'' oder auch ihre Resultierende R und das resultierende Moment M_R. Die räumlichen Gleichgewichtsbedingungen lauten somit

$$\left. \begin{array}{lll} \Sigma X = 0, & \Sigma Y = 0, & \Sigma Z = 0 \\[2mm] \Sigma M_x = 0, & \Sigma M_y = 0, & \Sigma M_z = 0. \end{array} \right\} \tag{27}$$

Sie zerfallen in 3 Komponenten- und 3 Momentengleichgewichtsbedingungen. Da 6 Gleichungen vorhanden sind, können Gleichgewichtsaufgaben des Raumes gelöst werden, die 6 unbekannte Größen enthalten. Ein starrer Körper kann durch 6 Stützstäbe unverschieblich gestützt werden (wobei nicht mehr als drei Stäbe einen gemeinsamen Schnittpunkt und nicht mehr als drei Stäbe eine gemeinsame Ebene besitzen dürfen); die 6 Gleichgewichtsbedingungen, Gleichung (27), reichen somit gerade aus, die Kräfte in diesen 6 Stützstäben zu bestimmen, oder der starre Körper ist durch diese 6 Stäbe statisch bestimmt gestützt. Ebenso kann die resultierende innere Schnittkraft in irgendeinem ebenen Schnitt eines Körpers aus den Gleichgewichtsbedingungen, Gleichung (27), bestimmt werden, wenn alle äußern Kräfte gegeben sind.

In den allgemeinen Gleichgewichtsbedingungen des Raumes, Gleichung (27), sind alle denkbaren Sonderfälle enthalten, so auch die ebenen Gleichgewichtszustände in den 3 Ebenen xy, yz, zx oder die Gleichgewichtszustände paralleler Kräfte.

Von besonderem Interesse ist mit Rücksicht auf spätere Anwendungen bei der Berechnung von Raumfachwerken der Gleichgewichtszustand einer Gruppe von Kräften K *mit gemeinsamem Angriffspunkt A*. Legen wir den Koordinatenursprung O in diesen gemeinsamen Angriffspunkt A, so schneiden alle vorkommenden Kräfte K alle drei Axen x, y, z und die Momente M_x, M_y, M_z verschwinden für alle einzelnen Kräfte, die drei Momentengleichgewichtsbedingungen sind somit stets erfüllt oder es stehen uns zur Untersuchung des Gleichgewichtszustandes einer solchen Kräftegruppe noch die drei Komponentengleichgewichtsbedingungen

$$\Sigma X = 0, \quad \Sigma Y = 0, \quad \Sigma Z = 0 \tag{27a}$$

zur Verfügung.

Gleichgewichtsaufgaben bei Kräften mit gemeinsamem Angriffspunkt sind somit aus den Gleichgewichtsbedingungen allein lösbar, wenn nicht mehr als drei unbekannte Größen gesucht sind. In der Regel sind drei am Punkt A angreifende Kräfte mit gegebener Wirkungslinie gesucht; ihre Größe ist durch die drei Gleichungen (27a) bestimmt. Es seien alle gegebenen oder bekannten Kräfte K zu einer Resultierenden P (P_x, P_y, P_z) zusammengefaßt; bezeichnen wir die unbekannten Kräfte mit S_1, S_2, S_3, so lauten die Gleichungen (27a) ausgeschrieben:

$$S_1 \cdot \cos \alpha_1 + S_2 \cdot \cos \alpha_2 + S_3 \cdot \cos \alpha_3 + P_x = 0$$
$$S_1 \cdot \cos \beta_1 + S_2 \cdot \cos \beta_2 + S_3 \cdot \cos \beta_3 + P_y = 0$$
$$S_1 \cdot \cos \gamma_1 + S_2 \cdot \cos \gamma_2 + S_3 \cdot \cos \gamma_3 + P_z = 0 \,.$$

Es ist somit zur Bestimmung der drei Unbekannten S ein dreigliedriges Gleichungssystem aufzulösen. In besonderen Fällen kann durch zweckmäßige Orientierung des Koordinatensystems dieses Gleichungssystem in voneinander unabhängige Teilgleichungen aufgespalten werden. Wir werden auf diese Möglichkeit bei der Berechnung von Raumfachwerken zurückkommen.

Eine zeichnerische Lösung des Gleichungssystems (27a) geht auf C. CULMANN zurück (Abb. 46). Es seien die drei Kräfte S_1, S_2, S_3 gesucht, die mit der Last P im Gleichgewicht stehen.

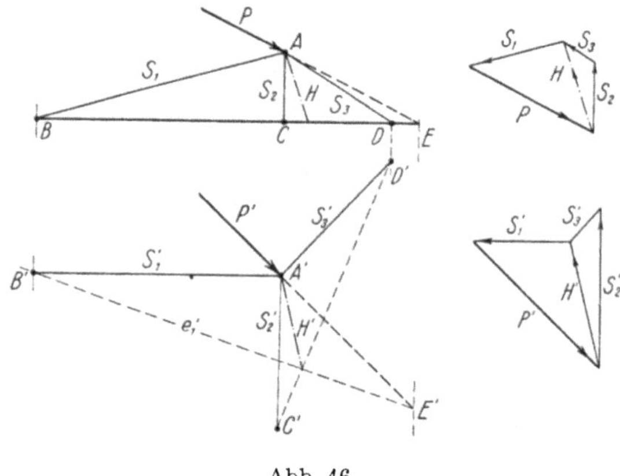

Abb. 46

Die CULMANNsche Lösung der Aufgabe ist eine Lösung in zwei Stufen: die räumliche Gleichgewichtsaufgabe wird durch Zurückführen auf zwei ebene Gleichgewichtsaufgaben gelöst. Wir betrachten zunächst die durch P und S_1 bestimmte Ebene PS_1, deren Spur e_1' in der Grundrißebene als Verbindungsgerade zwischen dem Fußpunkt B' des Stabes S_1 und dem Durchstoßpunkt E' der Kraft P durch die Grundrißebene gefunden wird. Wir lösen nun die erste ebene Gleichgewichtsaufgabe, indem wir die Größe der Kraft S_1' und einer Hilfskraft H' bestimmen. Diese Hilfskraft muß einerseits in der Ebene $S_1 P$

liegen, anderseits muß sie die Resultierende von S_2 und S_3 sein, da ja P mit S_1, S_2, S_3 im Gleichgewicht sein muß. Wir finden somit die Wirkungslinie der Hilfskraft H als Schnittgerade der Ebenen PS_1 und $S_2 S_3$. Nun kann in einem Kräfteplan, der allerdings in Grundriß und Aufriß zu zeichnen ist, die Größe von S_1 und H aus P bestimmt werden. Die Zerlegung von H' nach S_2' und S_3' liefert nun auch noch die Projektionen und damit auch die wahre Größe von S_2 und S_3. Damit ist die Aufgabe gelöst. Selbstverständlich kann als Hilfskraft auch die Resultierende von S_3 und S_1 oder von S_1 und S_2 gewählt werden.

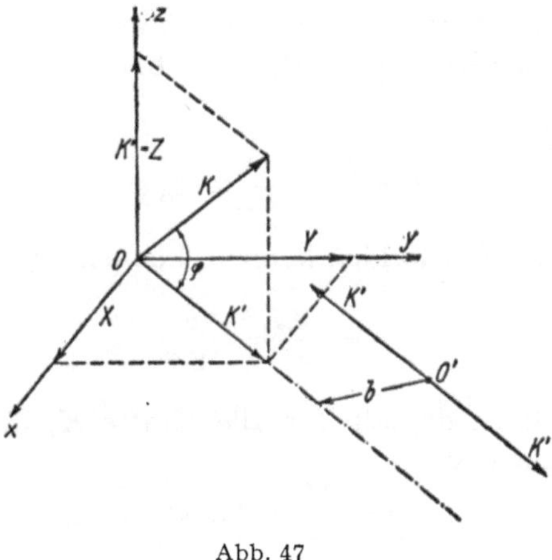

Abb. 47

Bei dieser Lösung ist unbequem, daß in zwei Projektionsebenen gezeichnet werden muß. Ein Lösungsverfahren, das diesen Nachteil vermeidet, indem es die Kräftebestimmung in einer einzigen Zeichnungsebene durchzuführen gestattet, ist deshalb erwünscht. Die Möglichkeit eines solchen Verfahrens ergibt sich, wenn wir die Gleichgewichtsbedingungen, Gleichung (27a)

$$\Sigma X = 0, \qquad \Sigma Y = 0, \qquad \Sigma Z = 0$$

mit den allgemeinen Gleichgewichtsbedingungen der Ebene, Gleichung (19), vergleichen:

$$\Sigma X = 0, \qquad \Sigma Y = 0, \qquad \Sigma M_z = 0.$$

Die beiden Gleichungen $\Sigma X = 0$ und $\Sigma Y = 0$ stimmen in beiden Gleichungssystemen überein. Wenn es uns gelingt, die Komponentengleichung $\Sigma Z = 0$ des räumlichen Gleichungssystems, Gleichung (27a), durch die Momentengleichung $\Sigma M_z = 0$ des ebenen Gleichungssystems, Gleichung (19), auszudrücken, so ist eine ebene Abbildung der räumlichen Kräfte (mit gemeinsamem Angriffspunkt) und damit die Kräftebestimmung in einer Zeichnungsebene möglich. Wir wählen (Abb. 47) die xy-Ebene als Zeichnungsebene und zerlegen die Kraft K in ihre Projektion K' in der xy-Ebene und die Komponente $K'' = Z$.

Es ist nun

$$K' = K \cdot \cos\varphi$$
$$K'' = \underline{Z} = K \cdot \sin\varphi = \underline{K' \cdot \mathrm{tg}\,\varphi}\,.$$

Wir bringen nun in einem zunächst beliebig gewählten Punkt O' in der xy-Ebene mit dem Abstand b von der Projektion K' zwei sich gegenseitig aufhebende Kräfte K' an. Damit können wir die Kraft K statisch gleichwertig ersetzen durch

die «konjugierte» Projektion K' in O'
die Vertikalkomponente Z und
das Kräftepaar $M_z = K' \cdot \mathrm{b}$.

Aus $M_z = K' \cdot \mathrm{b}$ folgt

$$b = \frac{M_z}{K'} = \frac{M_z}{Z} \cdot \mathrm{tg}\,\varphi\,.$$

Da wir den Abstand b frei wählen können, können wir auch

$$a = \frac{M_z}{Z} = \frac{b}{\mathrm{tg}\,\varphi}$$

frei wählen. Wir wählen deshalb für alle Kräfte K, deren Gleichgewichtszustand zu untersuchen ist,

$$\underline{a = \frac{M_z}{Z}} = \underline{\mathrm{konst.}} \tag{28}$$

Dafür ergibt sich

$$\underline{a \cdot \Sigma Z} = \Sigma a \cdot Z = \underline{\Sigma M_z}\,. \tag{29}$$

Damit ist es tatsächlich gelungen, die Komponentensumme ΣZ durch die Momentensumme ΣM_z auszudrücken und die räumliche Komponentengleichgewichtsbedingung $\Sigma Z = 0$ durch die ebene Gleichgewichtsbedingung $\Sigma M_z = 0$ zu ersetzen. Statt mit einem System räumlicher Kräfte K mit gemeinsamem Angriffspunkt zu arbeiten, können wir nun den Gleichgewichtszustand eines ebenen Systems von Kräften K' untersuchen, deren Größe und Richtung durch die Projektion von K auf die xy-Ebene und deren Lage durch den Abstand

$$b = a \cdot \mathrm{tg}\,\varphi\,,$$

wobei a als konstante Länge einzuführen ist, gegeben ist. Eine einfache Vorzeichenregel können wir dadurch erhalten, daß wir bei positivem Winkel φ den Abstand b vom Angriffspunkt aus gesehen nach links abtragen.

Es sind noch zwei Grenzfälle festzuhalten:

α) Die Kraft K sei *horizontal:* es ist $\varphi = 0$, $b = a \cdot \mathrm{tg}\,\varphi = 0$. Die Wirkungslinie der konjugierten K' fällt mit der Projektion der Kraft zusammen.

β) Die Kraft K sei *vertikal:* $\varphi = \dfrac{\pi}{2}$, $\mathrm{tg}\,\varphi = \infty$, $b = \infty$. Da $\dfrac{M_z}{Z} = \mathrm{konst.} = a$, ist für diesen Fall

$$M_z = a \cdot Z\,;$$

im ebenen System ist das Kräftepaar $M_z = a \cdot Z$ als Ersatz für Z im räumlichen System einzuführen.

Das damit in seiner einfachsten Form skizzierte «*Konjugationsverfahren*» wurde zuerst von Prof. B. MAYOR[1]) aufgestellt.

In Abbildung 48 ist die Aufgabe, die in Abbildung 46 nach CULMANN gelöst wurde, mit dem Konjugationsverfahren nach B. MAYOR gelöst.

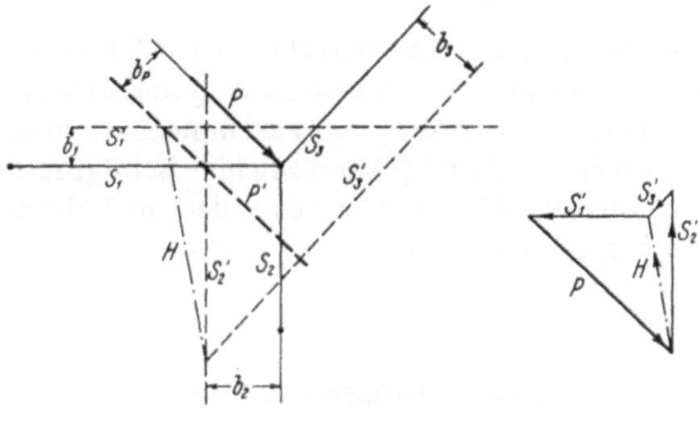

Abb. 48

Wir tragen im Grundriß die Wirkungslinien der konjugierten Kräfte K' mit den Abständen $b = a \cdot \operatorname{tg} \varphi$ ein, wobei das Vorzeichen von φ zu beachten ist, und wobei wir die Konstante a beliebig wählen. Nun handelt es sich nur noch darum, drei Kräfte S' mit gegebenen Wirkungslinien zu bestimmen, die mit der gegebenen Kraft P' im Gleichgewicht stehen. Wir lösen diese Aufgabe zeichnerisch nach CULMANN (siehe Zerlegungsaufgabe Abb. 27), indem wir die Hilfskraft H durch die Schnittpunkte von P' und S_1', sowie von S_2' und S_3' einführen. Der Kräfteplan liefert die Projektionen S', aus denen die wirklichen Kräfte mit

$$S = \frac{S'}{\cos \varphi}$$

leicht gefunden werden. Dieses Konjugationsverfahren erweist sich als besonders leistungsfähig bei der Berechnung von Raumfachwerken.

---

[1]) B. MAYOR: «Statique graphique des Systèmes de l'Espace». Lausanne et Paris 1910.

III. Statisch bestimmte ebene Vollwandträger

Wir stellen uns die Aufgabe, die Berechnungsverfahren zur Bestimmung der inneren Schnittkräfte und Schnittmomente N, Q und M statisch bestimmter ebener Vollwandträger zu entwickeln und zusammenzustellen. Diese Bestimmung der Schnittgrößen N, M und Q kann zeichnerisch (graphisch) oder rechnerisch (analytisch) durchgeführt werden; es sollen im Folgenden stets beide Bestimmungsarten besprochen werden.

1. Der einfache Balken

Als einfachen Balken bezeichnen wir einen stabförmigen Träger, der durch ein festes und ein bewegliches Auflager gestützt wird (Abb. 49). Der Abstand l der beiden Lager A und B heißt die Spannweite des Balkens. Da das feste Lager A zwei, das bewegliche Lager B eine unbekannte Auflagergröße besitzt, reichen die drei Gleichgewichtsbedingungen der Ebene gerade aus zur Bestim-

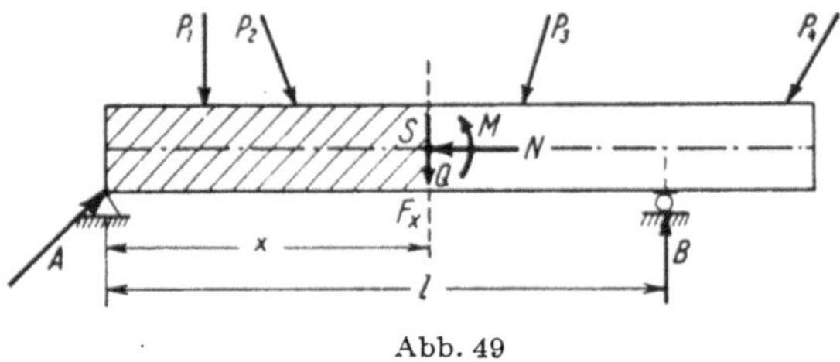

Abb. 49

mung der drei unbekannten Auflagergrößen; der einfache Balken ist ein statisch bestimmtes Tragwerk. Sobald wir die Auflagerkräfte kennen, können wir die innern Schnittkräfte N, M, Q für jeden Schnitt F_x des Balkens aus der Betrachtung des Gleichgewichts am abgeschnitten gedachten Trägerteil AF berechnen.

a) Graphische Berechnung

Beliebig gerichtete Lasten

Der Balken AB der Abbildung 50 sei durch beliebige Lasten P belastet; zunächst sind die Auflagerkräfte A und B durch Zerlegen der Resultierenden R der Lasten P zu bestimmen. Dabei sind gegeben der Angriffspunkt von A und die zur Verschiebungsbahn des beweglichen Lagers B senkrecht stehende Wirkungslinie von B. Um die Resultierende R und daraus die Auflagerkräfte A und B mit dem gleichen Kräfte- und Seilpolygon bestimmen zu können, legen wir die erste Hilfskraft I des Seilpolygons durch den Auflagerpunkt A.

Der Schnittpunkt der ersten und letzten Hilfskraft, I und IV, liefert uns die Lage der Resultierenden R, aus der wir mit Hilfe der Schlußlinie s die Auflagerkräfte A und B finden.

Für einen Schnitt F finden wir die Größe der Resultierenden R_F der am abgeschnitten gedachten Trägerteil wirkenden äußern Kräfte im Kräftepolygon; im Beispiel der Abbildung 50 ist R_F die Resultierende der Kräfte A und P_1 und

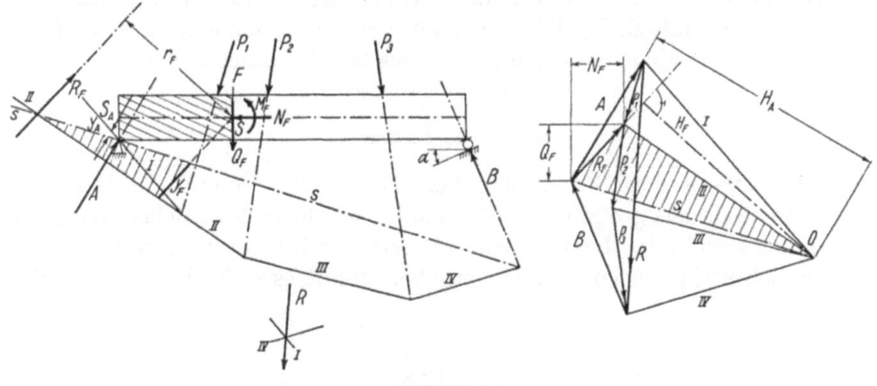

Abb. 50

damit auch der Hilfskräfte II und s, so daß die Lage von R_F durch den Schnittpunkt von II und s im Seilpolygon gegeben ist. Durch Zerlegen von R_F in zwei Komponenten normal und parallel zur Balkenaxe finden wir die gesuchten Schnittkräfte, nämlich die *Querkraft* Q_F und die *Längskraft* N_F. Das *Biegungsmoment* M_F ergibt sich mit dem aus dem Lageplan ersichtlichen Hebelarm r_F der Teilresultierenden R_F zu

$$M_F = R_F \cdot r_F.$$

Legen wir durch den Schnittpunkt S der Balkenaxe mit dem Schnitt F, also durch den Schwerpunkt der Querschnittsfläche F, eine zu R_F parallele Gerade, so erkennen wir aus der Ähnlichkeit der im Kräfte- und Lageplan der Abbildung 50 schraffierten Dreiecke, daß

$$y_F : r_F = R_F : H_F$$

oder

$$\underline{r_F \cdot R_F = H_F \cdot y_F = M_F}\,.$$

y_F ist die Ordinate des Seilpolygons für den Schnitt F, parallel zur Teilresultierenden R_F und zwischen den Hilfskräften s und II gemessen, während H_F die zu R_F senkrechte Komponente der Hilfskräfte s und II ist.

Das gleiche Ergebnis erhalten wir auch, indem wir das statische Moment der Hilfskräfte II und s, die ja die Resultierende aller Kräfte links vom Schnitt F ersetzen, betrachten. Analog kann auch beispielsweise das Moment M_A im Schwerpunkt S_A des Auflagerquerschnittes A zu

$$M_A = H_A \cdot y_A$$

bestimmt werden.

Das Kräfte- und Seilpolygon hat uns in Abbildung 50 alle bei der Bestimmung der innern Schnittgrößen des einfachen Balkens vorkommenden Teilaufgaben gelöst, nämlich die Bestimmung der Resultierenden R, der Auflagerkräfte A und B sowie der innern Schnittgrößen M, N und Q. Dank dieser vielseitigen Leistungsfähigkeit, die damit übrigens noch nicht ausgeschöpft ist, ist das Seilpolygon ein grundlegend wichtiges baustatisches Hilfsmittel.

Lotrechte Lasten

Bei der praktischen Berechnung von Tragwerken spielen die lotrechten Lasten eine besonders große Rolle. Da sich bei nur lotrechter Belastung gegenüber beliebig gerichteten Lasten nennenswerte Vereinfachungen in der Berechnung der Schnittkräfte von Balken ergeben, lohnt es sich, die baustatischen

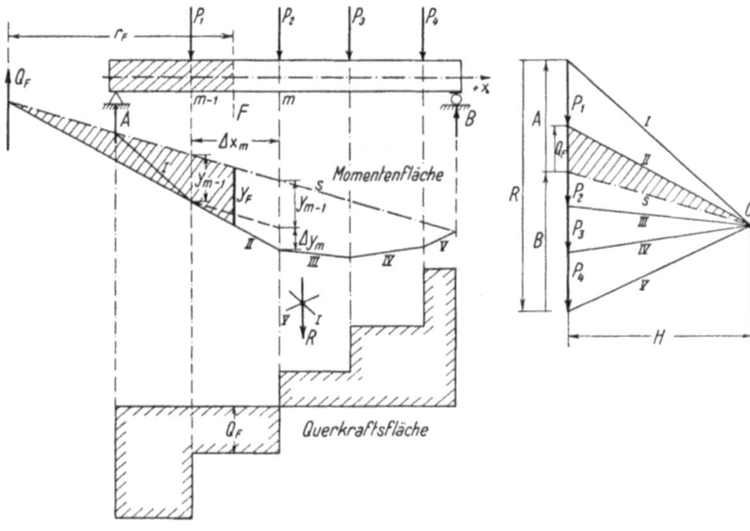

Abb. 51

Berechnungsverfahren für lotrechte Lasten besonders auszubauen. Auch beliebig gerichtete Lasten können immer in lotrechte und waagrechte Komponenten zerlegt und diese beiden Lastgruppen je getrennt für sich untersucht werden.

Wir betrachten zunächst in Abbildung 51 einen Balken AB unter feststehender oder *ständiger* Belastung, die *direkt* auf den Balken übertragen wird.

Das Seilpolygon liefert uns die Lage der Resultierenden R, die im Kräftepolygon durch die Schlußlinie s in die Auflagerkräfte A und B zerlegt wird.

Da bei waagrechter Verschiebungsbahn des beweglichen Lagers B beide Auflagerkräfte lotrecht wirken, ist wegen $\Sigma X = 0$ die Normalkraft N_F im *Schnitt F* null. Die Querkraft Q_F,

$$Q_F = A - \sum_{A}^{F} P = + \sum_{F}^{B} P - B \tag{30}$$

kann direkt aus dem Kräftepolygon entnommen und in Form der *Querkraftsfläche* aufgetragen werden. Das Biegungsmoment M_F

$$M_F = Q_F \cdot r_F$$

ergibt sich wegen

$$y_F : r_F = Q_F : H$$

(Ähnlichkeit der schraffierten Dreiecke in Abbildung 51) oder auch als Kräftepaar der waagrechten Komponenten H der durch den Schnitt F getroffenen Hilfskräfte II und s zu

$$M_F = H \cdot y_F. \tag{31}$$

Die mit der Horizontalkraft H multiplizierten Seilpolygonordinaten y, von der Schlußlinie aus gemessen, ergeben die Biegungsmomente M; das Seilpolygon stellt also mit dem Ordinatenmaßstab $1 : H \cdot m$, wenn $1 : m$ den Längenmaßstab bedeutet, die *Momentenfläche* dar.

Um die Bedeutung des Seilpolygons zu parallelen Kräften noch in allgemeinerer Form zu erkennen, betrachten wir an Hand der Abbildung 51 die Zusammenhänge zwischen den Querkräften Q_m und Q_{m-1} benachbarter Felder und zwischen den Momenten M_m und M_{m-1} benachbarter Knotenpunkte. Aus dem Kräftepolygon ergibt sich direkt

$$Q_m = Q_{m-1} - P_{m-1}$$

oder

$$Q_m - Q_{m-1} = - P_{m-1}. \tag{32}$$

Im Seilpolygon finden wir (eingezeichnet für das Feld $\varDelta x_m$)

$$y_m = y_{m-1} + \varDelta y_m;$$

aus der Ähnlichkeit von Dreiecken im Kräfte- und Seilpolygon finden wir

$$\varDelta y_m : \varDelta x_m = Q_m : H$$

oder

$$y_m = y_{m-1} + \frac{Q_m \cdot \varDelta x_m}{H},$$

woraus mit $M = H \cdot y$ folgt

$$M_m = M_{m-1} + Q_m \cdot \varDelta x_m \tag{33a}$$

oder

$$\frac{M_m - M_{m-1}}{\varDelta x_m} = Q_m.$$ (33b)

Eliminieren wir die Querkräfte Q in Gleichung (32) durch die Werte der Gleichung (33b), so erhalten wir, indem wir vom Knotenpunkt $m-1$ auf den Knotenpunkt m übergehen:

$$\frac{M_{m+1} - M_m}{\varDelta x_{m+1}} - \frac{M_m - M_{m-1}}{\varDelta x_m} = -P_m$$ (34a)

oder für konstante Abstände $\varDelta x$

$$-M_{m+1} + 2M_m - M_{m-1} = P_m \cdot \varDelta x.$$ (34b)

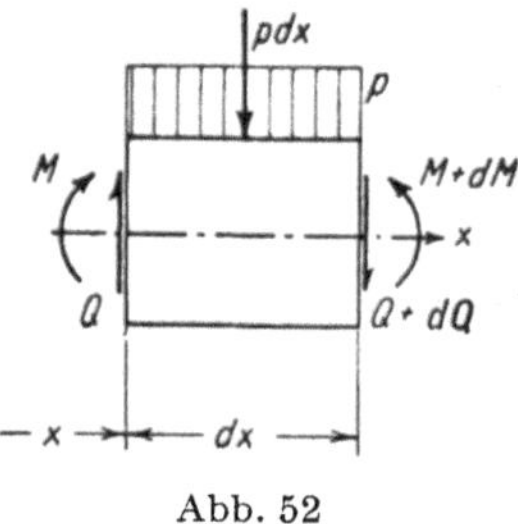

Abb. 52

Die Gleichungen (32, 33 und 34) stellen *Differenzengleichungen* erster bzw. zweiter Ordnung dar, die beim Übergang auf kleine Elemente dx und stetig verteilte Belastung p (Abb. 52) in *Differentialgleichungen* übergehen:

Aus der Komponentengleichgewichtsbedingung $\varSigma Y = 0$ erhalten wir

$$(Q + dQ) - Q + p \cdot dx = 0$$

oder

$$\frac{dQ}{dx} = -p.$$ (35)

Aus der Momentengleichgewichtsbedingung $\varSigma M = 0$ folgt

$$(M + dM) - M - Q \cdot dx + p \cdot dx \frac{dx}{2} = 0$$

oder, weil $p \cdot \dfrac{dx^2}{2}$ als von höherer Ordnung klein zu vernachlässigen ist,

$$\frac{dM}{dx} = Q.$$ (36)

Aus der Vereinigung der Gleichungen (35) und (36) ergibt sich

$$\frac{d^2M}{dx^2} = \frac{dQ}{dx} = -p.$$ (37)

Damit haben wir eine weitere, außerordentlich wichtige Eigenschaft des Seilpolygons erkannt: *Das Seilpolygon stellt den Zusammenhang zwischen einer Funktion M und ihrer zweiten Ableitung p dar*. Diese Eigenschaft des Seilpolygons wird eine wesentliche Erweiterung seines Anwendungsbereichs auf solche baustatische Probleme erlauben, die durch eine lineare Differentialgleichung zweiter Ordnung beherrscht sind, oder das Seilpolygon wird uns die baustatische Lösung solcher Differentialgleichungen erlauben.

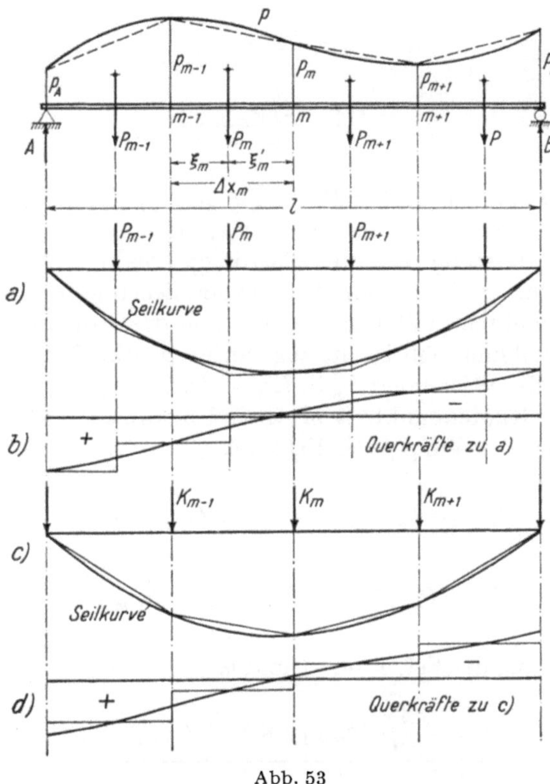

Abb. 53

Die Gleichungen (35) und (36) bestätigen übrigens zwei Merkmale der in Abbildung 51 gefundenen Querkrafts- und Momentenflächen des durch Einzellasten P belasteten Balkens. Wegen $p = 0$ ist die Querkraft Q zwischen zwei Lasten P (Knotenpunkten) konstant und die Momentenfläche verläuft linear.

Ist der Balken durch eine *verteilte Belastung p* belastet, so werden wir in der Baustatik die zugehörige Momentenfläche M nicht durch Integration der Gleichung (37) bestimmen, sondern dadurch, daß wir die Belastung p streckenweise zu Resultierenden P zusammenfassen und zu diesen ein Seilpolygon zeichnen (Abb. 53).

Wir teilen die Spannweite l in eine Anzahl von möglichst gleichen Teilen Δx. Nehmen wir näherungsweise den Belastungsverlauf über die Feldweite Δx

linear an, so ergibt sich die Größe der Resultierenden P_m zu

$$P_m = \frac{\Delta x}{2} \cdot (p_{m-1} + p_m)$$

und ihre Lage aus

$$P_m \cdot \xi_m = \int\limits_{m-1}^{m} \left(p_{m-1} + \frac{p_m - p_{m-1}}{\Delta x} \cdot x \right) \cdot x \cdot dx$$

zu

$$\xi_m = \frac{\Delta x}{3} \cdot \frac{p_{m-1} + 2 p_m}{p_{m-1} + p_m}$$

bzw. $\qquad\qquad\qquad\qquad\qquad\qquad\qquad\qquad\qquad\qquad$ (38)

$$\xi'_m = \frac{\Delta x}{3} \cdot \frac{2 p_{m-1} + p_m}{p_{m-1} + p_m} .$$

Das Seilpolygon zu den Lasten P_m ist *Tangentenpolygon* zur *Seilkurve*, die wir bei immer kleiner gewählten Teilen Δx, oder aus der Integration der Gleichung (37) für die stetig verteilte Belastung p erhalten würden. Die Berührungspunkte zwischen Seilkurve und Seilpolygon liegen unter den Teilpunkten m; in diesen Teilpunkten besitzt das Seilpolygon die Ordinaten der Seilkurve (Abb. 53a). In Abbildung 53b ist die zugehörige Querkraftsfläche dargestellt.

Wenn wir die Resultierenden P_m in *Knotenlasten* K_{m-1} und K_m, die in den Teilpunkten oder «Knotenpunkten» $m-1$ und m, wirken sollen, zerlegen, so erhalten wir für die Belastung p des Feldes m

$$K_{m-1} = P_m \cdot \frac{\xi'_m}{\Delta x} = \frac{\Delta x}{6} (2 p_{m-1} + p_m)$$

und

$$K_m = P_m \cdot \frac{\xi_m}{\Delta x} = \frac{\Delta x}{6} (p_{m-1} + 2 p_m)$$

oder für die Belastung der Felder $m-1$ und m

$$K_m = \frac{\Delta x}{6} (p_{m-1} + 4 p_m + p_{m+1}) . \qquad\qquad (39a)$$

Für ungleiche Feldweiten Δx_{m-1} und Δx_m erhalten wir diese «*Trapezformel*» (so genannt wegen der trapezförmig angenommenen Belastung) in der Form

$$K_m = \frac{1}{6} \cdot \left(\Delta x_m \cdot (p_{m-1} + 2 p_m) + \Delta x_{m+1} (2 p_m + p_{m+1}) \right) . \qquad (39b)$$

Das Seilpolygon zu diesen Knotenlasten K_m (Abb. 53c) ist *Sehnenpolygon* zur Seilkurve; es besitzt in den Knotenpunkten die Ordinaten der gesuchten Seilkurve.

Bei stetig veränderlicher Belastung p können wir eine bessere Annäherung an den wirklichen Belastungsverlauf als durch Trapeze dadurch finden, daß wir die Begrenzungskurve der Belastungsfläche p durch eine Parabel über zwei gleiche Felder Δx ersetzen (Abb. 54). Zur Knotenlast K_m nach der Trapezformel (39a) ist noch der halbe Inhalt der beiden kleinen schraffierten Parabelflächen mit der Pfeilhöhe f

$$f = \frac{1}{4} \cdot \left(p_m - \frac{p_{m-1} + p_{m+1}}{2} \right)$$

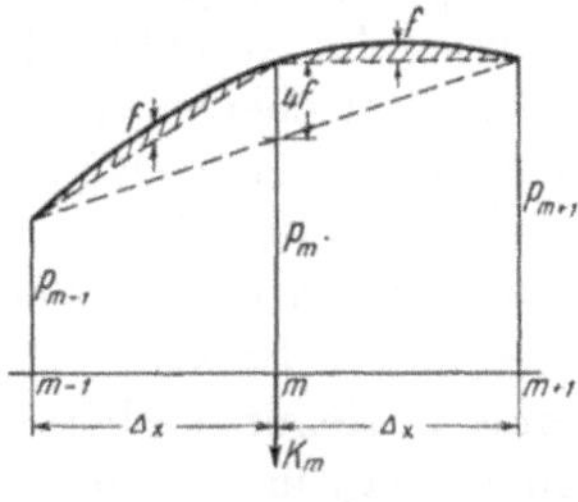

Abb. 54

zu addieren. Es beträgt also die Knotenlast K_m nach der «*Parabelformel*»

$$K_m = \frac{\Delta x}{6} \cdot \left(p_{m-1} + 4 p_m + p_{m+1} \right) + 2 \cdot \frac{1}{3} \Delta x \cdot \frac{1}{4} \left(p_m - \frac{p_{m-1} + p_{m+1}}{2} \right)$$

$$K_m = \frac{\Delta x}{12} \cdot \left(p_{m-1} + 10 p_m + p_{m+1} \right). \tag{40}$$

Balken mit überstehenden Enden

Der Schnittpunkt der ersten und letzten Hilfskraft, I und VIII, im Seilpolygon (Abb. 55) liefert uns die Lage der Resultierenden R aller Lasten P. Mit

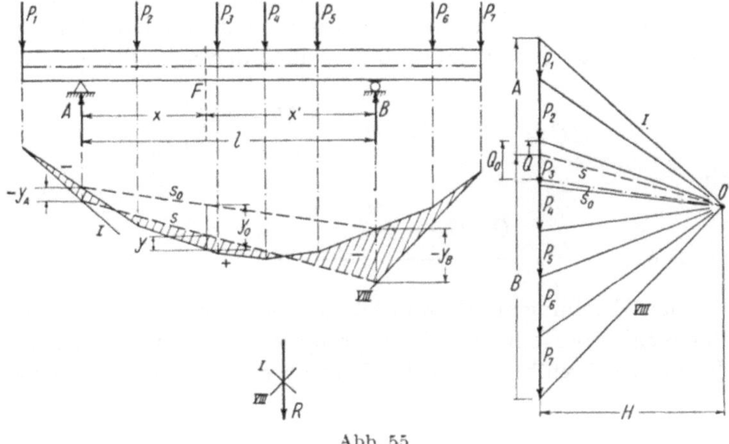

Abb. 55

Hilfe der Schlußlinie s wird die Resultierende in die beiden Auflagerkräfte A und B aufgeteilt.

Im Schnitt F ist

$$M = H \cdot y$$

(schraffierte Momentenfläche); es ist somit die Konstruktion der Auflagerkräfte und der innern Schnittgrößen Q, M die gleiche geblieben wie beim einfachen Balken ohne überstehende Enden der Abbildung 52.

Innerhalb der Spannweite l unterscheiden sich die Querkräfte und Momente des Balkens mit überstehenden Enden gegenüber dem Balken ohne überstehende Enden nur durch die veränderte Lage und Neigung der Schlußlinie s gegenüber s_0. Bezeichnen wir die statischen Werte des Balkens ohne überstehende Enden (normaler einfacher Balken) mit dem Index «0», so können wir aus Abbildung 55 folgende Beziehungen herauslesen:

Mit den Seilpolygonordinaten y_A und y_B über den Auflagern A und B ist

$$y = y_0 + y_A \cdot \frac{x'}{l} + y_B \cdot \frac{x}{l}$$

oder wenn wir setzen

$$M = H \cdot y, \qquad M_0 = H \cdot y_0, \qquad M_A = H \cdot y_A, \qquad M_B = H \cdot y_B,$$

so ist

$$M = M_0 + M_A \cdot \frac{x'}{l} + M_B \cdot \frac{x}{l}. \tag{41}$$

M_A und M_B sind die «*Stützenmomente*»; im Beispiel der Abbildung 55 sind sie negativ.

Im Kräftepolygon ist der Unterschied zwischen der Querkraft Q im Schnitt F des Balkens mit überstehenden Enden und der Querkraft Q_0 des Balkens ohne überstehende Enden ersichtlich; dieser Unterschied, der auch die Auflagerkräfte betrifft, ergibt sich aus dem Neigungsunterschied der Schlußlinien s und s_0 zu

$$\Delta Q = \frac{y_B - y_A}{l} \cdot H = \frac{-M_A + M_B}{l};$$

es ist somit

$$Q = Q_0 - \frac{M_A - M_B}{l}. \tag{42}$$

Mit Hilfe der Gleichungen (41) und (42) können wir die Berechnung des einfachen Balkens mit überstehenden Enden auf diejenige des Balkens ohne überstehende Enden zurückführen und den Einfluß der Kragarme superponieren.

Indirekte Belastung

Auf den Balken AB der Abbildung 56 werden die Belastungen P durch sekundäre Längsträger der Spannweite λ und durch Querträger in den Knotenpunkten m übertragen; der Balken AB wird somit nur in den Knotenpunkten belastet.

Die sekundären Längsträger setzen wir als einfache Balken voraus. Zeichnen wir ein Seilpolygon zu den Lasten P, so können wir damit nicht nur die Auflagerkräfte A und B des Balkens AB mit Hilfe der Schlußlinie s bestimmen,

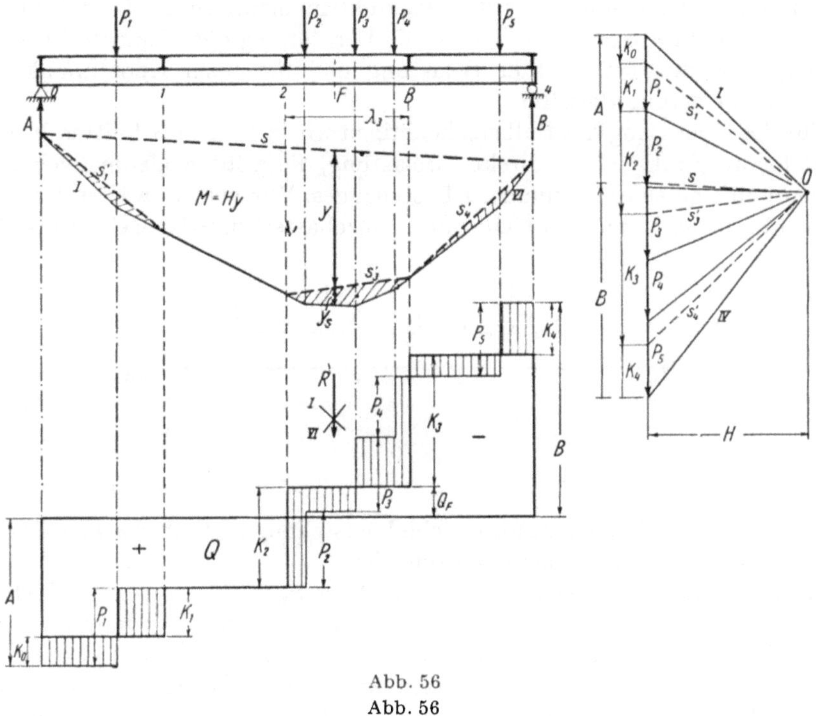

Abb. 56

sondern auch die Auflagerkräfte der sekundären Längsträger, die die Knotenlasten K des Balkens AB ergeben. Damit haben wir aber gleichzeitig das Seilpolygon s' (mit der Schlußlinie s) des indirekt belasteten Balkens AB gefunden. Im Schnitt F beträgt das Moment für den Balken AB

$$M = H \cdot y,$$

wobei y zwischen s und s' gemessen wird, während der sekundäre Längsträger durch das Moment

$$M_s = H \cdot y_s$$

beansprucht wird. Gegenüber einem direkt belasteten Balken AB wird somit die Momentenfläche aufgeteilt in die beiden Anteile M und M_s. Aus dem Kräfteplan können auch direkt die Querkräfte herausgemessen und in der Querkraftsfläche aufgetragen werden. In Abbildung 56 sind die Momenten- und Querkraftsflächen der sekundären Längsträger schraffiert.

Bewegliche Belastung

Momente:

Wird eine bewegliche Belastung, beispielsweise ein Lastenzug, indirekt übertragen, so genügt es, die Momente nur für die Knotenpunkte zu bestimmen; die geradlinige Verbindung der Knotenpunktsmomente schließt die Momente für Zwischenschnitte ein. Damit wird die Berechnung der Momente für einen beliebigen Schnitt bei direkter Belastung und für einen Knotenpunkt bei indirekter Belastung dieselbe.

Für die Bemessung des Balkens benötigen wir in einigen Schnitten F (oder in den Knotenpunkten bei indirekter Belastung) die größten oder maßgebenden Momente infolge eines bestimmten Lastenzuges. Wir wissen, wegen der polygonalen Form der Momentenfläche unter Einzellasten, daß dabei eine Einzellast

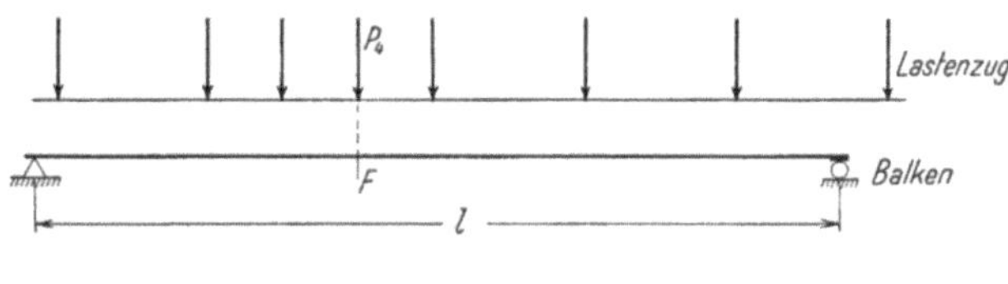

Abb. 57

über dem Schnitt F stehen muß. Welche Laststellung P_i/F aber maßgebend ist, können wir nur durch Probieren entscheiden.

In Abbildung 57 ist der Lastenzug mit Last P_4 über dem Schnitt F (Laststellung P_4/F) gezeichnet. Für diese Laststellung können wir die Momentenfläche $H \cdot y$ als Seilpolygon bestimmen. Um abzuklären, ob diese Laststellung das größte Moment M_F ergibt, müssen wir aber auf gleiche Weise mindestens noch die benachbarten Laststellungen P_3/F und P_5/F untersuchen, oder wir müssen mit andern Worten den Lastenzug in verschiedene Stellungen auf dem Balken verschieben und jedesmal ein neues Seilpolygon zeichnen. Die größte Seilpolygonordinate y_F liefert uns das gesuchte größte Moment $M_F = H \cdot y_F$.

Bei der Untersuchung aller dieser Laststellungen (für einen bestimmten Lastenzug) zeigt sich aber, daß das Seilpolygon immer das gleiche bleibt; es ändert sich nur die Schlußlinie. Statt nun aber den Lastenzug auf dem Balken zu verschieben und jedesmal ein neues Seilpolygon zu zeichnen, denken wir uns den Lastenzug festgehalten und verschieben den Balken in bezug auf den feststehend gedachten Lastenzug. Wir zeichnen das Seilpolygon zum Lastenzug und legen, entsprechend den verschiedenen untersuchten Stellungen des Balkens, verschiedene Schlußlinien in Abbildung 58.

Das gleiche Seilpolygon liefert uns nun aber nicht nur für einen Schnitt F (durch Probieren) die maßgebende oder ungünstigste Laststellung und damit das größte Moment M_F, sondern für alle beliebigen Schnitte (oder Knotenpunkte). Wir nennen dieses Verfahren das Seilpolygon mit veränderlicher Schlußlinie.

Tragen wir bei direkter Belastung in einigen Schnitten F die so gefundenen zugehörigen größten Momente M_F als Ordinaten auf und verbinden sie durch eine stetige Kurve, so erhalten wir die *Grenzwertlinie der Momente* $M_{\max}$ infolge des Lastenzuges.

Die *Grenzwertlinie* der Momente unterscheidet sich deshalb von der *Momentenfläche* für eine bestimmte Laststellung, weil nicht für alle Schnitte F die gleiche Laststellung P_i/F maßgebend ist. Wir können somit die Grenzwertlinie auch als Umhüllende der Momentenflächen zu allen möglichen Laststellungen definieren.

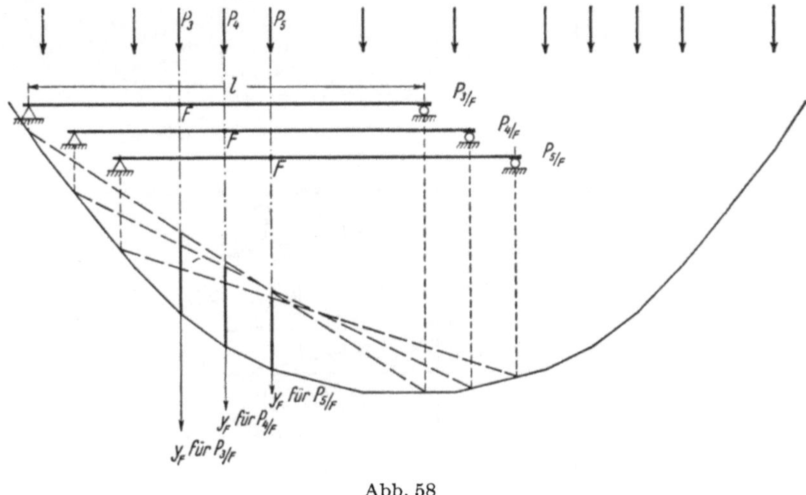

Abb. 58

Bei indirekter Belastung ergibt sich die Grenzwertlinie durch geradlinige Verbindung der größten Knotenpunktsmomente.

Querkräfte

Wir betrachten den durch einen aus den drei Lasten P_1, P_2, P_3 bestehenden Lastenzug belasteten Balken AB (Abb. 59). Wir finden rechnerisch die Auflagerkraft A aus einer Momentengleichgewichtsbedingung bezüglich B zu

$$A = \frac{\Sigma P \cdot b}{l}.$$

Die Anteile $\dfrac{P \cdot b}{l}$ lassen sich graphisch berechnen, indem wir über der Spannweite l Dreiecke mit der Höhe P in der Auflagersenkrechten A auftragen; die Abschnitte unter den Lasten P ergeben die gesuchten Werte $\dfrac{P \cdot b}{l}$ und ihre Summe die gesuchte Auflagerkraft A (Abb. 59a).

Es wäre nun bequemer, wenn wir alle Abschnitte $\dfrac{P \cdot b}{l}$ an der gleichen Stelle, zum Beispiel unter der ersten Last P_1 abgreifen könnten, weil wir dann die Summation automatisch erhalten würden. Wir können dies erreichen, indem wir das zweite Dreieck (P_2) um den Abstand e_1 und das dritte (P_3) um $e_1 + e_2$ nach links verschieben (Abb. 59b); damit können wir unter P_1 die ganze Auflagerkraft A abgreifen. Das Polygon, das wir so erhalten haben, nennen wir das *A-Polygon* des Lastenzuges für den Balken AB.

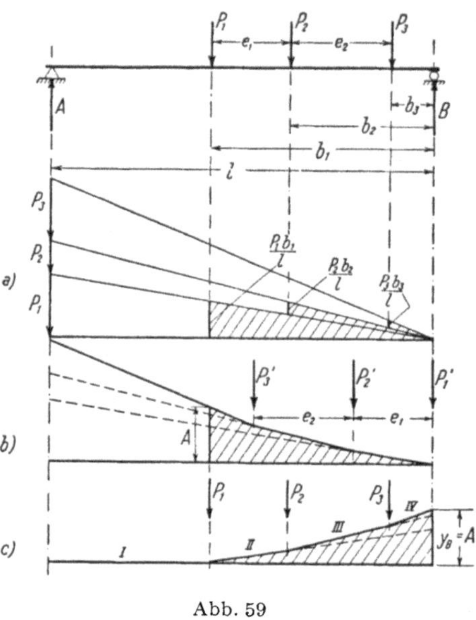

Abb. 59

Wir können auch direkt zu dieser Konstruktion des A-Polygons gelangen: Zeichnen wir zum Lastenzug P_1, P_2, P_3 ein Seilpolygon mit der Horizontalkraft $H = l$ und waagrecht angenommener erster Hilfskraft I (Abb. 59c), so stellt die mit H multiplizierte Ordinate y_B unter B das statische Moment M_B

$$M_B = \Sigma P \cdot b = H \cdot y_B$$

des Lastenzuges bezüglich B dar; wegen

$$A = \frac{M_B}{l} \quad \text{und} \quad H = l$$

wird

$$A = y_B .$$

Ein solches Seilpolygon müßten wir nun für jede Stellung des Lastenzuges zeichnen und könnten jedesmal die Größe der Auflagerkraft A unter dem Auflager B abgreifen. Drehen wir dagegen das Seilpolygon der Abbildung 59c spiegelbildlich um, so liefert uns dieses gedrehte Seilpolygon für alle Stellungen des Lastenzuges die nun unter der ersten Last P_1 abzugreifende Größe der Auflagerkraft A. Damit haben wir aber das A-Polygon der Abbildung 59b erhalten, das somit das Seilpolygon zum «*umgekehrt fahrenden Lastenzug P'*» mit erster Last P_1' unter B darstellt.

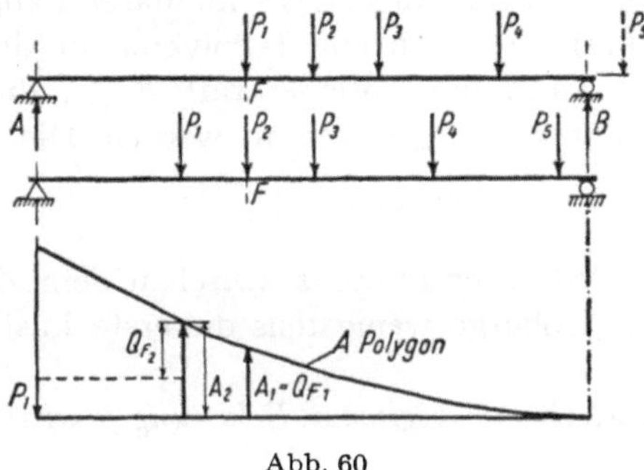

Abb. 60

Wir untersuchen nun die Querkräfte für den Schnitt F des Balkens AB bei *direkter Belastung* (Abb. 60). Für die *Grundstellung* P_1/F wirkt links vom Schnitt F nur die Auflagerkraft A; es ist deshalb im, oder genauer gesagt, unmittelbar links vom Schnitt F

$$Q_{F_1} = A_1,$$

wobei A_1 im A-Polygon unter der ersten Last P_1 (P_1/F) abgelesen werden kann.

Verschieben wir den Lastenzug so weit nach links, daß die zweite Last P_2 auf den Schnitt F zu stehen kommt (*zweite Laststellung* P_2/F), so wächst der Auflagerdruck auf A_2; die zugehörige Querkraft im Schnitt F beträgt

$$Q_{F_2} = A_2 - P_1.$$

Meist ist A_1 größer als Q_{F_2} und deshalb maßgebend; eine dritte Laststellung wird nur selten zu untersuchen sein.

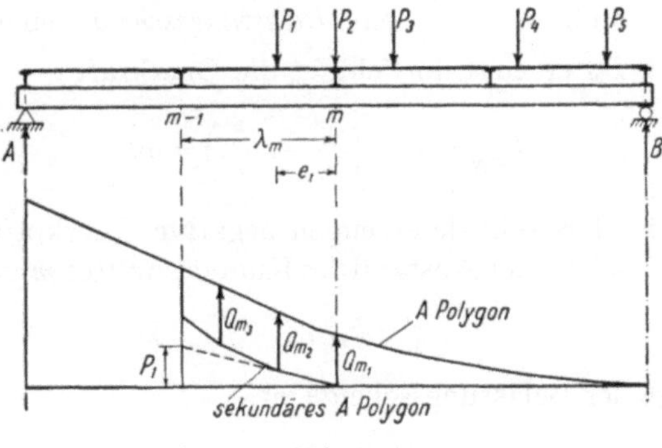

Abb. 61

Bei *indirekter Belastung* ist bei der Grundstellung $Q_{m_1} = A_1$, wie bei direkter Belastung. Bei der zweiten Laststellung (Abb. 61) ist dagegen zu beachten,

daß links vom Knotenpunkt m neben der Auflagerkraft A_2 noch die Knotenlast K_{m-1}

$$K_{m-1} = P_1 \cdot \frac{e_1}{\lambda_m}$$

wirkt. K_{m-1} ist die Auflagerkraft links des sekundären Längsträgers λ_m; genau
so, wie die Auflagerkraft A durch ein A-Polygon für die Spannweite l bestimmt werden kann, kann die Auflagerkraft K_{m-1} durch ein *sekundäres*
A-Polygon für die Spannweite λ_m bestimmt werden. Die Querkraft Q_m

$$Q_m = A - K_{m-1}$$

ergibt sich somit als Ordinatendifferenz zwischen dem A-Polygon und dem
sekundären A-Polygon, solange wenigstens die erste Last P_1 noch innerhalb
des Feldes λ_m steht.

Bei *gleichmäßig verteilter beweglicher Belastung* p wird das A-Polygon zur
A-Parabel

$$A = \frac{p \cdot x'^2}{2l}.$$

Für direkte Belastung ist mit $Q_F = A$ aus der A-Parabel auch die (positive)
Querkraft gegeben. Bei indirekter Belastung (Abb. 62) ist dagegen noch die
Knotenlast K_{m-1} zu beachten, die sich aus einer sekundären A-Parabel ergibt:

$$K_{m-1} = \frac{p \cdot \xi'^2}{2\lambda}.$$

Die Querkraft Q_m beträgt somit

$$Q_m = A - K_{m-1} = \frac{p \cdot x'^2}{2l} - \frac{p \cdot \xi'^2}{2\lambda};$$

Q_m wird Maximum für

$$\frac{dQ_m}{dx} = 0 = p \cdot \left(\frac{x'}{l} - \frac{\xi'}{\lambda} \right).$$

Wir nennen die Stelle $\dfrac{x'}{l} = \dfrac{\xi'}{\lambda}$ eine *Belastungsscheide;* eine an dieser Stelle
wirkende Einzellast P_N erzeugt im Feld λ_m die Querkraft

$$Q_{P_N} = P_N \cdot \left(\frac{x'}{l} - \frac{\xi'}{\lambda} \right) = 0.$$

Lasten links von der Lastscheide erzeugen negative Querkräfte.

Für das Feld λ_m sei b_m der Abstand des Knotenpunktes m vom Auflager B;
mit

$$x' = b_m + \xi'$$

ergibt sich die Lage der Belastungsscheide zu

$$\xi' = x' \cdot \frac{\lambda}{l} = (b_m + \xi') \cdot \frac{\lambda}{l}$$

$$\xi' = b_m \cdot \frac{\lambda}{l-\lambda}, \qquad x' = b_m \cdot \left(1 + \frac{\lambda}{l-\lambda} \right) = b_m \cdot \frac{l}{l-\lambda}$$

und die größte Querkraft $Q_{m\,\text{max}}$ wird

$$Q_{m\,\text{max}} = \frac{p}{2} \cdot \left(\frac{x'^2}{l} - \frac{\xi'^2}{\lambda} \right) = \frac{p \cdot b_m^2}{2} \cdot \frac{l - \lambda}{(l - \lambda)^2} = \frac{p \cdot b_m^2}{2\,(l - \lambda)} \, . \qquad (43\text{a})$$

Analog finden wir für Belastung vom Auflager A bis zur Belastungsscheide aus der Betrachtung von B-*Parabeln* mit $x_{m-1} = a_{m-1}$ die *kleinste Querkraft des Feldes m* zu

$$Q_{m\,\text{min}} = - \frac{p \cdot a_{m-1}^2}{2\,(l - \lambda)} \, . \qquad (43\text{b})$$

Für Totalbelastung erhalten wir als Summe der beiden Werte mit $a_{m-1} = = l - b_m - \lambda$

$$Q_{\text{tot}} = Q_{m\,\text{max}} + Q_{m\,\text{min}} = \frac{p}{2\,(l - \lambda)} \cdot (b_m^2 - a_{m-1}^2) = \frac{p}{2} \cdot (2\,b_m + \lambda - l) \, . \qquad (43\text{c})$$

Infolge beweglicher Belastung treten somit je nach der Laststellung an jeder Stelle des Balkens positive und negative Querkräfte auf. Die größten positiven Querkräfte Q_{max} bestimmen wir mit dem A-Polygon für einen von rechts her auf den Balken fahrenden Lastenzug, während sich die größten negativen Querkräfte Q_{min} analog aus dem B-Polygon für einen von links her auffahrenden Lastenzug ergeben. Überlagern wir diese größten und kleinsten

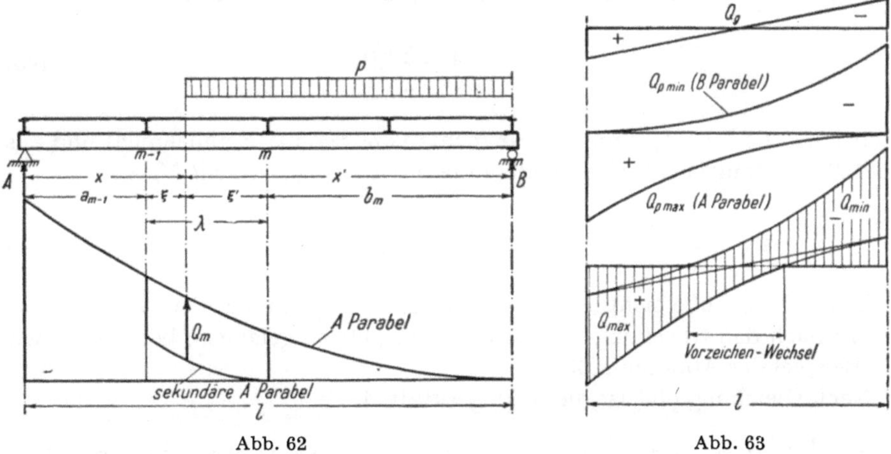

Abb. 62   Abb. 63

Querkräfte $Q_{p\,\text{max}}$ und $Q_{p\,\text{min}}$ aus beweglicher Belastung der Querkraftfläche Q_g aus der immer vorhandenen ständigen Last, so erhalten wir die *Grenzwertlinie der Querkräfte*. In Abbildung 63 ist diese Grenzwertlinie für einen direkt belasteten Balken und gleichmäßig verteilte bewegliche Last p dargestellt.

b) Analytische Berechnung

Wir zerlegen die äußere Belastung in lotrechte und waagrechte Komponenten und betrachten jede der beiden Lastgruppen für sich.

Lotrechte Lasten

Für eine gegebene Gruppe von äußern Lasten P, die einen beweglichen Lastenzug in bestimmter Laststellung oder ständige Lasten, also auch Knotenlasten aus verteilter oder indirekter Belastung darstellen können, erhalten wir die *Auflagerkraft A* aus einer Momentengleichgewichtsbedingung bezüglich B zu

$$A = \frac{1}{l} \cdot \sum_{A}^{B} P \cdot b \, . \tag{44}$$

Betrachten wir den Gleichgewichtszustand des abgeschnitten gedachten Trägerteils AF, so erhalten wir für den Schnitt F aus einer Komponenten-

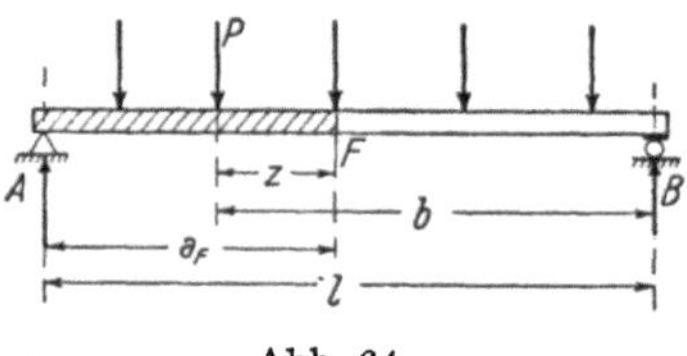

Abb. 64

gleichgewichtsbedingung die *Querkraft* Q_F (links vom Schnitt) zu

$$Q_F = A - \sum_{A}^{F} P \, , \tag{45}$$

(wobei wir die Last P_F unmittelbar rechts vom Schnitt F annehmen) und aus einer Momentengleichgewichtsbedingung das *Biegungsmoment* M_F zu

$$M_F = A \cdot a_F - \sum_{A}^{F} P \cdot z \, . \tag{46}$$

Um zu einer übersichtlichen tabellarischen Berechnung der Größen A, Q und M nach den Gleichungen (44), (45) und (46) zu gelangen, betrachten wir das Beispiel der Abbildung 65a.

Nach Gleichung (44) ist die Auflagerkraft A

$$A = \frac{1}{l} \cdot \left(P_1 \cdot (\lambda_2 + \lambda_3 + \lambda_4 + \lambda_5) + P_2 \cdot (\lambda_3 + \lambda_4 + \lambda_5) + P_3 \cdot (\lambda_4 + \lambda_5) + P_4 \cdot \lambda_5 \right)$$

oder nach den Abständen λ geordnet

$$A = \frac{1}{l} \cdot \left(\lambda_2 \cdot P_1 + \lambda_3 \cdot (P_1 + P_2) + \lambda_4 \cdot (P_1 + P_2 + P_3) + \lambda_5 \cdot (P_1 + P_2 + P_3 + P_4) \right) \, .$$

Allgemein ist somit

$$A = \frac{1}{l} \cdot \sum_{A}^{B} \left(\lambda_{m+1} \cdot \sum_{i=1}^{m} P_i \right) \, . \tag{47}$$

Damit kann auch die je feldweise konstante Querkraft Q bestimmt werden.

Das Biegungsmoment M ergibt sich nach Gleichung (46) beispielsweise für den Knotenpunkt 3 zu

$$M_3 = A \cdot (\lambda_1 + \lambda_2 + \lambda_3) - P_1 \cdot (\lambda_2 + \lambda_3) - P_2 \cdot \lambda_3$$

oder nach λ geordnet und unter Beachtung, daß

$$A = Q_1, \qquad A - P_1 = Q_2, \qquad A - P_1 - P_2 = Q_3$$

zu

$$M_3 = Q_1 \cdot \lambda_1 + Q_2 \cdot \lambda_2 + Q_3 \cdot \lambda_3$$

oder allgemein zu

$$M_m = \sum_{i=1}^{m} Q_i \cdot \lambda_i \,. \tag{48}$$

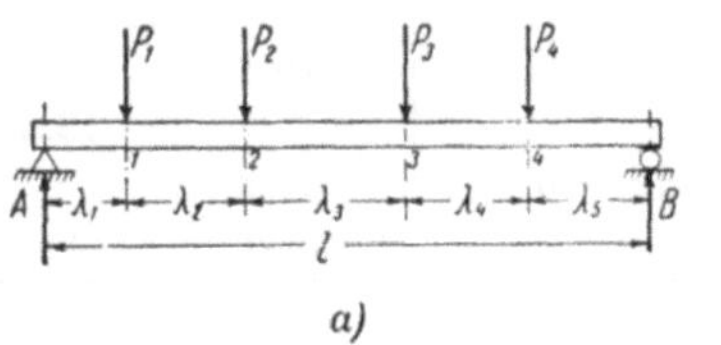
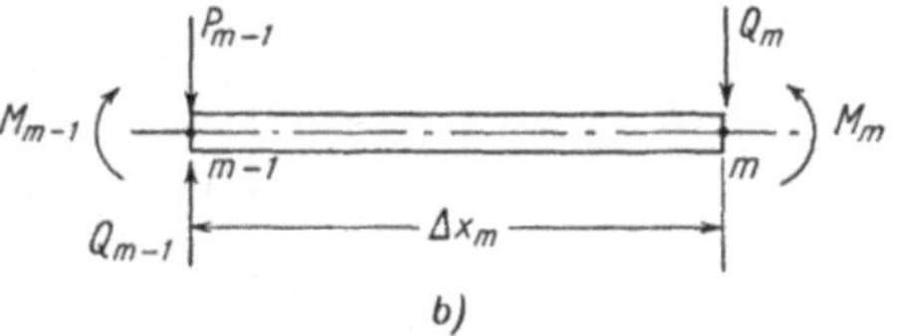

Abb. 65

Diese Beziehung kann auch direkt aus der Betrachtung eines einzelnen Balkenfeldes $\Delta x_m = \lambda_m$ (Abb. 65b) abgeleitet werden.

Eine Komponentengleichgewichtsbedingung $\Sigma Y = 0$ liefert

$$Q_m - Q_{m-1} = - P_{m-1}$$

in Übereinstimmung mit Gleichung (32), während wir aus einer Momentengleichgewichtsbedingung bezüglich $m-1$ die Beziehung

$$M_m = M_{m-1} + Q_m \cdot \Delta x_m$$

erhalten, die wir schon früher in Gleichung (33a) aus dem Seilpolygon für lotrechte Lasten gefunden haben und deren Verallgemeinerung auf Gleichung (48) führt.

Gleichung (48) ist somit gleichbedeutend mit Gleichung (34); *die Gleichungen (45, 47 und 48) stellen die analytische Berechnung des Seilpolygones zu lotrechten Lasten dar.* Diese Berechnung kann in einer einzigen Zahlentabelle durchgeführt werden, wie Tabelle 1 (s. folgende Seite) zeigt. In der letzten Kolonne erhalten wir mit $M_B = 0$ eine Rechenkontrolle.

Der Unterschied zwischen der graphischen und der analytischen Berechnung eines Seilpolygons besteht nun eigentlich darin, daß wir bei der graphischen Berechnung zuerst das Seilpolygon mit willkürlich gewählter erster Hilfskraft zeichnen und erst dann die Schlußlinie einlegen, die uns sowohl die Auflagerkräfte wie die Biegungsmomente $H \cdot y$ liefert, während wir bei der analytischen Berechnung zuerst die Auflagerkraft bestimmen und davon ausgehend die Seilpolygonordinaten mit $\Sigma Q \cdot \lambda$ berechnen. Betrachten wir Gleichung (46), so stellen

Zahlenbeispiel

Tabelle 1

Kn. pkt.	P	λ	Gl. 47		Gl. 45	Gl. 48	
			ΣP	$\lambda \cdot \Sigma P$	Q	$Q \cdot \lambda$	$M = \Sigma Q\lambda$
A	t	m	t	mt	λ	mt	mt
							0
		2.0			6.6	13.2	
1	2.0						13.2
		3.0	2.0	6.0	4.6	13.8	
2	4.0						27.0
		4.0	6.0	24.0	0.6	2.4	
3	4.0						29.4
		3.0	10.0	30.0	$-\,3.4$	$-\,10.2$	
4	3.0						19.2
		3.0	13.0	39.0	$-\,6.4$	$-\,19.2$	
B							0

$$l = 15.0 \qquad\qquad \Sigma = 99.0$$

$$A = \frac{99.0}{15.0} = 6.6^{\,t}.$$

Tabelle 2

	P	λ	ΣP	$\lambda \cdot \Sigma P$	$M' = \Sigma(\lambda \cdot \Sigma P)$	M''	M	Q
A	t	m	t	mt	mt	mt	mt	t
					0	0	0	
		2.0						6.6
1	2.0				0	13.2	13.2	
		3.0	2.0	6.0				4.6
2	4.0				$-\,6.0$	33.0	27.0	
		4.0	6.0	24.0				0.6
3	4.0				$-\,30.0$	59.4	29.4	
		3.0	10.0	30.0				$-\,3.4$
4	3.0				$-\,60.0$	79.2	19.2	
		3.0	13.0	39.0				$-\,6.4$
B					$-\,99.0$	99.0	0	

wir fest, daß das Glied $\Sigma P \cdot z$ das eigentliche Seilpolygon, das Glied $A \cdot a_F$ dagegen die Schlußlinie darstellt. Formen wir Gleichung (46) mit Rücksicht auf eine übersichtliche tabellarische Berechnung etwas um, so wird mit

$$M' = -\,\Sigma P \cdot z, \qquad M'' = A \cdot a_F, \qquad M = M' + M''$$

$$M'_m = -\,\sum_1^m \lambda_m \cdot \sum_1^{m-1} P.$$

Wegen $M_B = 0$ ergibt sich aus der Seilpolygonordinate $M_B' = - M_B'' = -A \cdot l$ die Schlußlinie M''. Die Querkräfte Q_m, die in der Seilpolygongleichung eliminiert sind, können nun entweder aus der Auflagerkraft oder aus den Momenten

$$Q_m = \frac{M_m - M_{m-1}}{\lambda_m}$$

berechnet werden. In Tabelle 2 ist das Zahlenbeispiel für diese Darstellungsart durchgerechnet.

Die Berechnungsart der Tabelle 1 erscheint zweckmäßiger als die direkte Übersetzung des Seilpolygons nach Tabelle 2.

Um bei der Untersuchung eines *beweglichen Lastenzuges* die Momente und Querkräfte nicht für eine ganze Anzahl von verschiedenen Laststellungen berechnen zu müssen, ist es notwendig, ein Kriterium zu kennen, das uns rasch

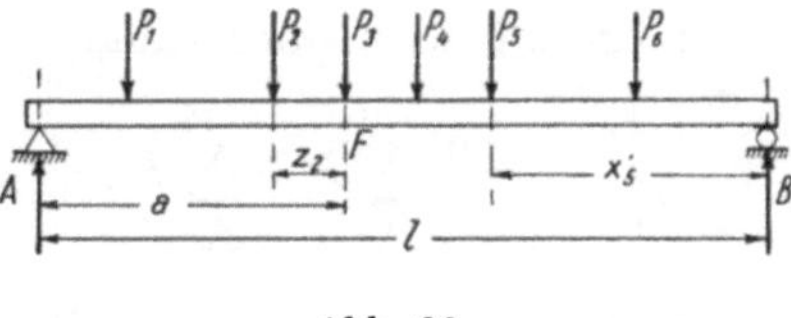

Abb. 66

entscheiden läßt, ob eine bestimmte Laststellung *maßgebend* ist oder nicht. Wir nehmen zunächst an, im Schnitt F des Balkens AB der Abbildung 66 erzeuge die skizzierte Laststellung P_3/F das größte Moment M_F; für diese Laststellung ist mit

$$A = \frac{1}{l} \sum_A^B P \cdot x'$$

das Moment M_F

$$M_F = \frac{a}{l} \cdot \sum_A^B P \cdot x' - \sum_A^F P \cdot z \,.$$

Ist die Laststellung P_3/F, wie vorausgesetzt, maßgebend, so muß bei jeder Verschiebung des Lastenzuges nach links oder rechts das Moment kleiner werden.

Bei einer Verschiebung des Lastenzuges um δ nach links vergrößern sich die Abstände z und x' auf $z+\delta$ und $x'+\delta$ und es ist

$$\overset{\leftarrow \delta}{M_F} = \frac{a}{l} \sum_A^B P \cdot (x'+\delta) - \sum_A^{Fe} P \cdot (z+\delta) \,.$$

Die Bezeichnung F_e im letzten Glied bedeutet dabei, daß die ursprünglich über dem Schnitt F stehende Last (P_3) in der Summe von A bis F enthalten sein soll.

Wegen $M_F > \overset{\leftarrow\delta}{M_F}$ muß

$$\delta \cdot \left(\frac{a}{l} \cdot \overset{B}{\underset{A}{\sum}} P - \overset{Fe}{\underset{A}{\sum}} P \right)$$

negativ sein.

Bei einer Verschiebung des Lastenzuges um δ nach rechts wird

$$\overset{\rightarrow\delta}{M_F} = \frac{a}{l} \overset{B}{\underset{A}{\sum}} P \cdot (x' - \delta) - \overset{Fo}{\underset{A}{\sum}} P \cdot (z - \delta) \,,$$

wobei F_0 bedeutet, daß die $\overset{F}{\underset{A}{\sum}}$ *ohne* die Last P_3/F zu rechnen sei. Da auch $\overset{\rightarrow\delta}{M_F}$ kleiner sein muß als M_F, muß auch

$$-\delta \cdot \left(\frac{a}{l} \cdot \overset{B}{\underset{A}{\sum}} P - \overset{Fo}{\underset{A}{\sum}} P \right)$$

negativ sein. Wir vereinigen diese beiden Forderungen zur Bedingung

$$\overset{Fe}{\underset{A}{\sum}} P > \frac{a}{l} \overset{B}{\underset{A}{\sum}} P > \overset{Fo}{\underset{A}{\sum}} P \,, \tag{49}$$

die erfüllt sein muß, wenn eine bestimmte Laststellung im Schnitt F das größte Moment ergeben soll. Die Gleichung (49) erlaubt uns, Laststellungen, die nicht maßgebend sind, von vornherein auszuschließen; sie erlaubt uns dagegen nicht, verschiedene Lastenzüge miteinander zu vergleichen.

Von allen Momenten M_F des Balkens interessiert uns mit Rücksicht auf die Bemessung das absolut größte $M_{\text{max max}}$, das annähernd in Balkenmitte

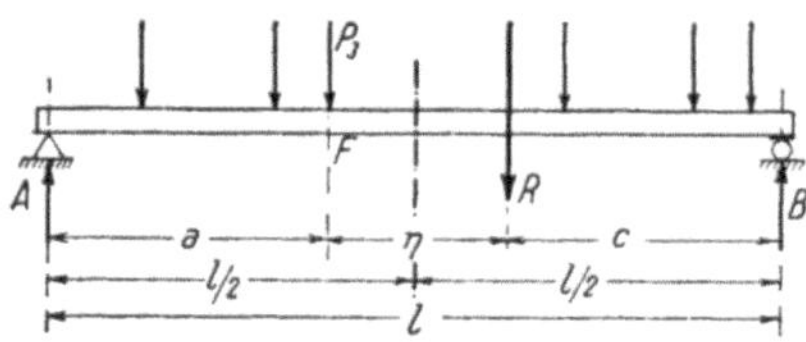

Abb. 67

$(a \cong \frac{l}{2})$ auftreten wird. Damit die in Abbildung 67 skizzierte Laststellung P_3/F maßgebend sein kann, muß die Bedingung erfüllt sein

$$\overset{Fe}{\underset{A}{\sum}} P > \frac{1}{2} \overset{B}{\underset{A}{\sum}} P > \overset{Fo}{\underset{A}{\sum}} P \,.$$

Kennen wir die Lage der Resultierenden R des Lastenzuges, so ist

$$A = \frac{c \cdot R}{l} = \frac{c}{l} \overset{B}{\underset{A}{\sum}} \cdot P$$

und

$$M_F = \frac{a \cdot c}{l} \cdot \sum_{A}^{B} P - \sum_{A}^{F} P \cdot z \,.$$

Dieses Moment wird maximal, wenn das Produkt $a \cdot c$ ein Maximum wird.
    Mit

$$a + c = l - \eta = \text{konst.}$$

wird

$$a \cdot c = a \cdot (l - \eta - a) = a \cdot (l - \eta) - a^2$$

und $a \cdot c$ wird maximal für

$$a = c = \frac{1}{2}\,(l - \eta)\,;$$

die Balkenmitte halbiert den Abstand zwischen der Resultierenden R aller Lasten P
und der maßgebenden Last im Schnitt F.

Auch für die *Querkräfte* läßt sich eine zu Gleichung (49) analoge Bedingung
aufstellen, die erfüllt sein muß, wenn eine bestimmte Laststellung P_i/F die
größte Querkraft im Schnitt F liefern soll. Wir werden auf diese Verhältnisse
bei der Behandlung der Einflußlinien zurückkommen.

Waagrechte Lasten

In Abbildung 68 ist ein Balken mit gerader Balkenaxe unter einer am obern
Balkenrand angreifenden Einzellast H mit den zugehörigen M-, Q- und N-
Flächen skizziert.

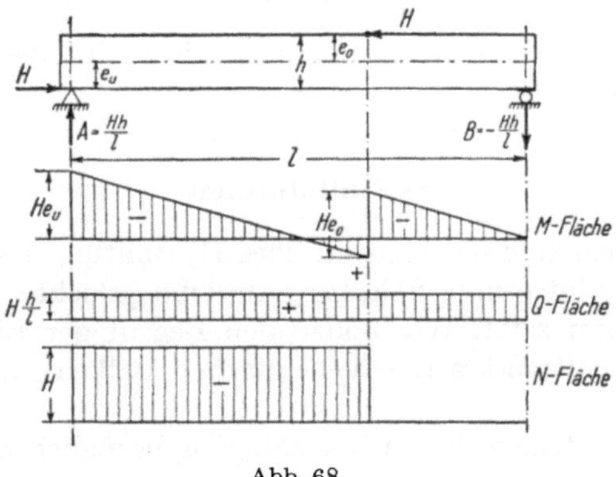

Abb. 68

Bei mehreren solchen waagrechten Lasten erhalten wir die gesuchten statischen Größen durch Superposition der in Abbildung 68 skizzierten Flächen.
Die Rekursionsformel Gleichung (48) ist zu erweitern auf

$$M_m = \Sigma Q_i \cdot \lambda_i + \Sigma \Delta M \qquad (48a)$$

durch Einführung der örtlichen Momente ΔM.

Bei einem *bogenförmigen Balken* (Abb. 69) unterscheiden wir zweckmäßig zwischen waagrechten und lotrechten Querkräften Q_x und Q_y

$$Q_x = A_h - \Sigma H$$

$$Q_y = A - \Sigma P;$$

für waagrechte Lasten ist Q_y konstant.

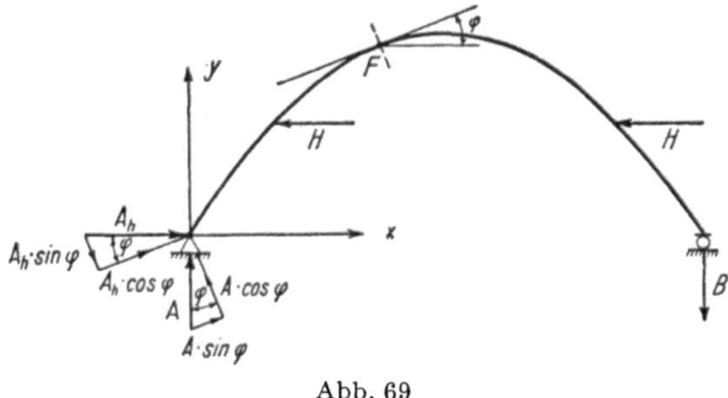

Abb. 69

In einem Schnitt F, in dem die Bogenaxe um den Winkel φ gegen die Horizontale geneigt ist, wird

$$\left.\begin{aligned}
M_F &= \Sigma Q_y \cdot \Delta x - \Sigma Q_x \cdot \Delta y \\
N_F &= Q_x \cdot \cos\varphi + Q_y \cdot \sin\varphi \\
Q_F &= Q_y \cdot \cos\varphi - Q_x \cdot \sin\varphi .
\end{aligned}\right\} \tag{50}$$

Damit lassen sich auch hier die innern Schnittkräfte übersichtlich in tabellarischer Form berechnen.

c) Einflußlinien

Die Einflußlinien sind ein baustatisches Hilfsmittel, das uns den Einfluß einer (beweglichen) lotrechten Belastung auf eine gesuchte statische Größe in übersichtlicher Form zeigt. Wir wollen den Begriff der Einflußlinie an der Bestimmung der Auflagerkraft A des einfachen Balkens kennen lernen (Abbildung 70).

Aus einer Momentengleichgewichtsbedingung bezüglich B finden wir

$$A = \frac{1}{l} \cdot \Sigma P \cdot x' = \Sigma P \cdot \frac{x'}{l} .$$

Tragen wir die Werte

$$\eta_A = \frac{x'}{l}$$

von einer Bezugsgeraden aus als Ordinaten der gesuchten Einflusslinie auf, so wird

$$A = \Sigma P \cdot \eta_A; \tag{51}$$

die gesuchte statische Größe, der Auflagerdruck A ergibt sich als Summe der Produkte $P \cdot \eta_A$, wobei wir in der Einflußlinie die Ordinaten η_A unter den Lasten P abzugreifen haben. In unserm Beispiel der Abbildung 70 ist die Funktion

$$\eta_A = \frac{x'}{l}$$

linear; die Einflußlinie ist eine Gerade.

Einflußlinien sind an die Voraussetzung gebunden, daß das Superpositionsgesetz gültig ist, denn mit einer Einflußlinie ermitteln wir die gesuchte statische Größe als Summe von Teileinflüssen. Einflußlinien können wir nur für eine bestimmte Richtung der Belastung zeichnen; in der Regel untersuchen wir nur lotrechte Belastungen mit Einflußlinien. Eine bestimmte Einflußlinie liefert uns eine einzige statische Größe; in Abbildung 70 haben wir die Einflußlinie für die lotrechte Komponente der Auflagerkraft A bestimmt. Es ist aber nicht möglich, mit einer Einflußlinie eine statische Größe, die zu ihrer Festlegung zwei Angaben benötigt, zu bestimmen, wie etwa die Größe und die Richtung einer Auflagerkraft; wir müssen somit zur Bestimmung der Auflagerkraft an einem festen Auflager grundsätzlich zwei Einflußlinien zeichnen, je eine für die lotrechte und die waagrechte Komponente der Auflagerkraft. Bei einem einfachen Balken, dessen bewegliches Lager eine waagrechte Verschiebungsbahn besitzt, ist allerdings bei lotrechter Belastung die Einflußlinie für die waagrechte Komponente der Auflagerkraft A durchwegs null.

Wir können die in Abbildung 70 gefundene Einflußlinie für die Auflagerkraft A auch aus folgender Überlegung finden: Wenn ein Körper im Gleichgewicht ist (und wir gehen ja bei der Berechnung der Auflagerkräfte und

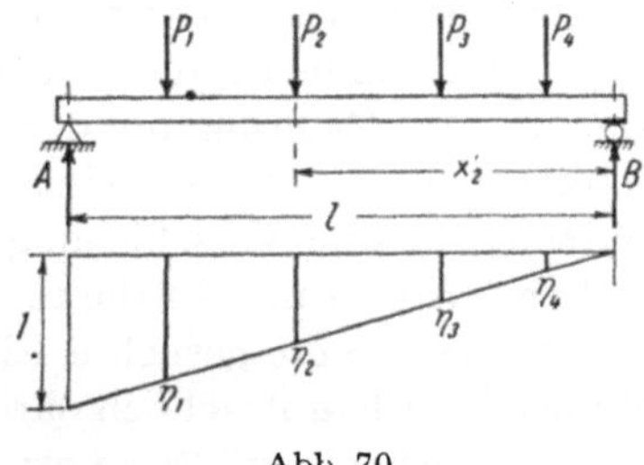

Abb. 70

Schnittgrößen von Tragwerken vom Gleichgewichtszustand als dem gegebenen Ausgangszustand aus), so ist die Resultierende aller auf den Körper wirkenden äußern Kräfte null. Verschieben wir diesen Körper, so wird durch die Resultierende $R = 0$ keine Arbeit geleistet. Wenn wir den Balken AB nun passend verschieben, das heißt, sein Auflager A um den Betrag 1 senken, das Auflager B dagegen festhalten, so senken sich die Angriffspunkte der Lasten P um den Betrag

$$\eta_A = 1 \cdot \frac{x'}{l}$$

und die Arbeit aller Kräfte am Balken muß null sein:

$$-A \cdot 1 + \Sigma P \cdot \eta_A = 0 \, .$$

Die Einflußlinie η_A hat sich somit auch als *lotrechte Biegungslinie* infolge einer Senkung des Auflagerpunktes A um den Betrag 1 ergeben.

Die gedachte «*virtuelle Verschiebung*» haben wir derart gewählt, daß von allen unbekannten statischen Größen nur gerade die gesuchte Auflagerkraft A Arbeit leisten kann. Würden wir als virtuelle Verschiebung eine Senkung des ganzen Balkens um den Betrag 1 wählen, so würde die zugehörige Arbeitsgleichung lauten

$$-A \cdot 1 + \Sigma P \cdot 1 - B \cdot 1 = 0 \, .$$

Wir erhalten somit auf diese Weise nicht die Einflußlinie für die gesuchte Unbekannte A, sondern für die Summe der beiden Unbekannten A und B, die uns die gestellte Aufgabe nicht löst.

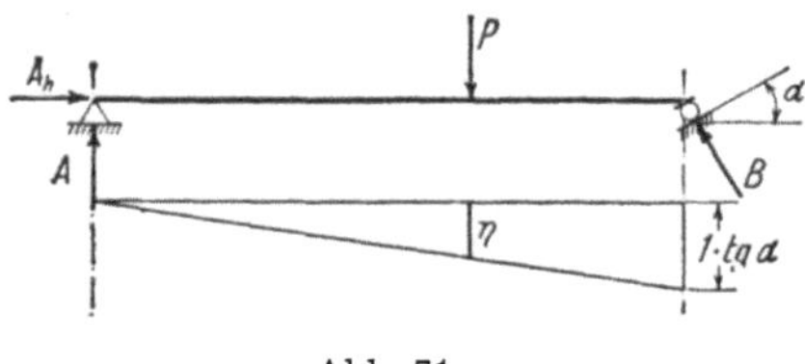

Abb. 71

Im Balken der Abbildung 71 besitze das bewegliche Lager B eine um den Winkel α gegenüber der Horizontalen geneigte Verschiebungsbahn. Verschieben wir das Balkenende A, um die Einflußlinie für die horizontale Auflagerkomponente A_h zu erhalten, in waagrechter Richtung um den kleinen Betrag 1 nach links, so senkt sich das Balkenende B während seiner Verschiebung um den Betrag $1 \cdot \mathrm{tg}\,\alpha$. Da die senkrecht zu ihrer Verschiebungsbahn gerichtete Auflagerkraft B dabei keine Arbeit leisten kann, ist die in Abbildung 71 gezeichnete zugehörige lotrechte Biegungslinie die gesuchte Einflußlinie für A_h.

Der Vorteil der Einflußlinien liegt hauptsächlich darin, daß aus ihrer Form sofort anschaulich hervorgeht, wo wir die größten Lasten anordnen und konzentrieren müssen, um den größten Wert der gesuchten statischen Größe zu erhalten. Zur praktischen Auswertung der Einflußlinien zeichnen wir am besten den beweglichen Lastenzug auf ein durchsichtiges Papier und verschieben ihn so lange über der Einflußlinie, bis wir den größten Wert $\Sigma P \cdot \eta$ erhalten.

Wir wollen nun die Einflußlinie für das Biegungsmoment M im Schnitt F des Balkens AB (Abb. 72) bestimmen.

Um das Biegungsmoment M, das eine Doppelgröße ist, Arbeit leisten zu lassen, müssen wir die beiden im Schnitt F zusammenstoßenden Balkenteile AF und FB gegenseitig um den kleinen Winkel $\tau = 1$ verdrehen. Denken wir uns den Teil FB festgehalten, so hebt sich dabei das Balkenende A um den

Betrag $1 \cdot a$ (Abb. 72a), und unsere Arbeitsgleichung

$$A \cdot 1 \cdot a + M \cdot 1 - \Sigma P \cdot \eta = 0$$

enthält, unerwünschterweise, auch den Einfluß der Auflagerkraft A. Um diesen zu eliminieren, müssen wir unserer Einflußlinie entweder noch die a-fache Einflußlinie für A superponieren oder, was auf dasselbe herauskommt, unseren geknickten Balken so lange um B drehen, bis das linke Balkenende wieder auf dem Lager A aufliegt; damit erhalten wir die in Abbildung 72b dargestellte Einflußlinie η_M für das Biegungsmoment M in F, die uns mit

$$M = \Sigma P \cdot \eta_M$$

das gesuchte Biegungsmoment liefert.

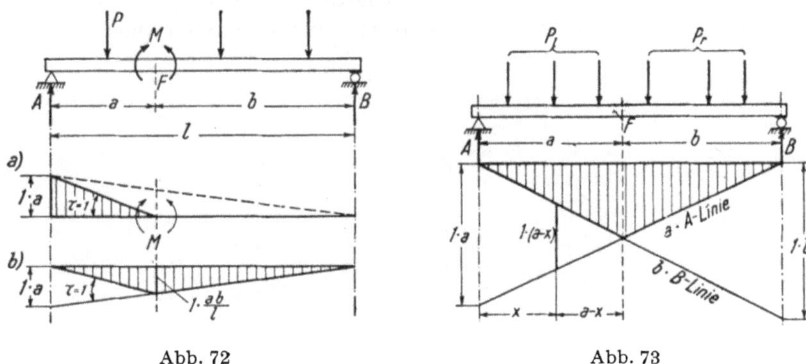

Abb. 72   Abb. 73

Diese Einflußlinie für das Biegungsmoment M sei auch noch direkt abgeleitet. Wir betrachten zunächst (Abb. 73) nur Lasten P_r zwischen F und B. Für diese Lasten ist

$$M_{F_r} = A \cdot a .$$

Die zugehörige Einflußlinie η_M ergibt sich aus der Einflusslinie η_A der Auflagerkraft A durch Multiplikation mit dem Abstand a:

$$\eta_{M_r} = \eta_A \cdot a ;$$

sie gilt zwischen F und B.

Für Lasten P_l zwischen A und F ist

$$M_{F_l} = B \cdot b ;$$

für diesen linken Balkenteil gilt deshalb die Einflußlinie

$$\eta_{M_l} = \eta_B \cdot b .$$

Die Einflußlinie η_M setzt sich also aus den beiden Ästen, der $A \cdot a$-Linie und der $B \cdot b$-Linie, zusammen, die sich unter dem Schnitt F schneiden und dort die Ordinate

$$\eta_{M_F} = 1 \cdot \frac{a \cdot b}{l}$$

besitzen.

Die gleiche Einflußlinie η_M erhalten wir übrigens auch, wenn wir vom Wert

$$M_F = A \cdot a - \sum_A^F P \cdot (a - x)$$

für das Biegungsmoment ausgehen. Für den linken Balkenteil, zwischen A und F, ergibt sich daraus

$$\eta_M = \eta_A \cdot a - 1 \cdot (a - x) \,,$$

während für den rechten Balkenteil direkt die Einflußlinie $\eta_A \cdot a$ gilt.

Die Einflußlinie für die Querkraft Q erhalten wir als Biegungslinie zu einer gegenseitigen Verschiebung 1 der im Schnitt F benachbarten Querschnitte des

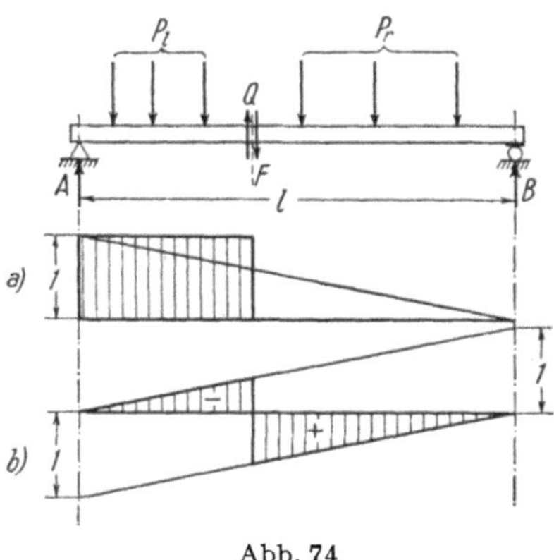

Abb. 74

linken und rechten Balkenteils (Abb. 74); um aber die Arbeit der Auflagerkraft A zu eliminieren, muß der verformte Balken um den (kleinen) Winkel $1/l$ gedreht werden, oder wir müssen die um $1/l$ gegen die Horizontale geneigte Schlußlinie als Bezugsgerade einführen (Abb. 74a). In Abbildung 74b ist die gleiche Einflußlinie η_Q von einer horizontalen Bezugsgeraden aus aufgetragen. Direkt erhalten wir die Einflußlinie η_Q aus

$$Q = A - \sum_A^F P$$

zu

$$\eta_Q = \eta_A - 1$$

für den linken Balkenteil, während für den rechten Balkenteil (Lasten P_r) η_Q mit η_A übereinstimmt.

Die Einflußlinie η_Q zeigt unter dem Schnitt F einen *Vorzeichenwechsel* oder eine «*Belastungsscheide*»; für Lasten P_r erhalten wir positive, für Lasten P_l dagegen negative Querkräfte Q. Die Form der Einflußlinie zeigt uns, wie wir einen beweglichen Lastenzug auf dem Balken aufstellen müssen, um die ungünstigsten Grenzwerte der Querkräfte zu erhalten. In Abbildung 75 sind

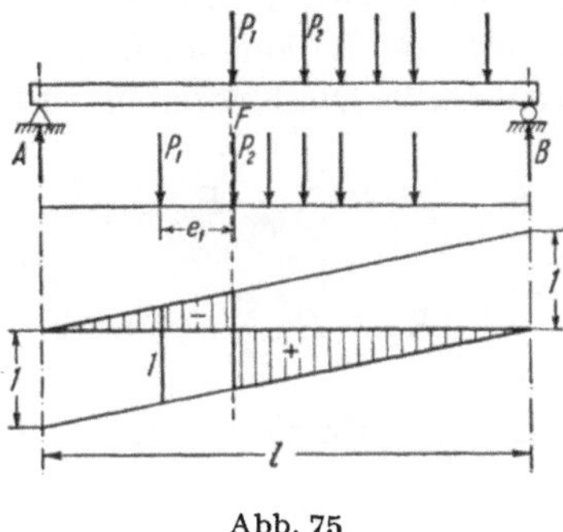

Abb. 75

zwei Laststellungen, P_1/F und P_2/F, eines Lastenzuges dargestellt. Durch die Verschiebung des Lastenzuges um die Strecke e_1 nach links ändert sich die Querkraft um ΔQ

$$\Delta Q = \frac{1 \cdot e_1}{l} \cdot \Sigma P - 1 \cdot P_1 \; ;$$

ist ΔQ negativ, so ist die Grundstellung P_1/F maßgebend. Die Einflußlinien erlauben uns somit, auf einfache Weise Kriterien darüber aufzustellen, ob eine bestimmte Laststellung für die gesuchte statische Größe maßgebend ist oder nicht. In der Bemessungspraxis wird diese Frage jedoch meist direkt durch Probieren untersucht.

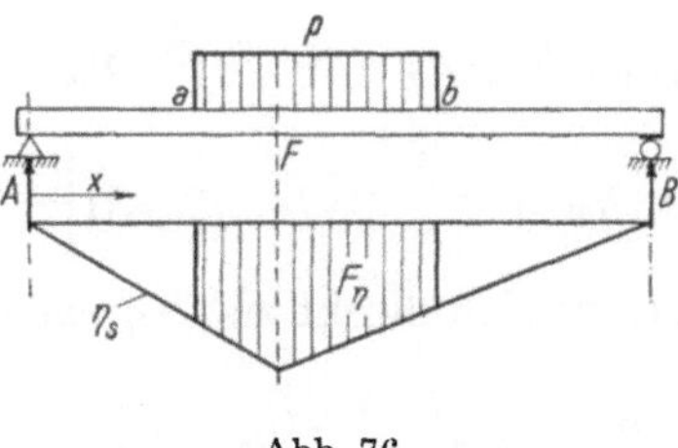

Abb. 76

Der Einfluß einer *verteilten Belastung* p kann ebenfalls mit Einflußlinien untersucht werden. Wir denken uns die Belastung in kleine Einzellasten $p \cdot dx$ aufgelöst; die gesuchte statische Größe S ergibt sich zu

$$S = \int_a^b p \cdot dx \cdot \eta_S \, .$$

Ist p konstant, so wird

$$S = p \cdot \int_a^b \eta_S \cdot dx = p \cdot F_\eta \, ,$$

wobei F_η den Flächeninhalt der Einflußfläche zwischen den Grenzen $x = a$ und $x = b$ darstellt (Abb. 76).

Bei *indirekter Lastübertragung* wird die Belastung P durch die sekundären Längsträger, die wir als einfache Balken auffassen, auf die Knotenpunkte $m-1$ und m übertragen (Abb. 77). Die Knotenlasten betragen

$$K_{m-1} = P \cdot \frac{\xi'}{\lambda} = P \cdot \frac{\lambda - \xi}{\lambda}$$

und

$$K_m = P \cdot \frac{\xi}{\lambda} \, .$$

Die gesuchte statische Größe S ergibt sich, wenn die Ordinaten η_{m-1} und η_m

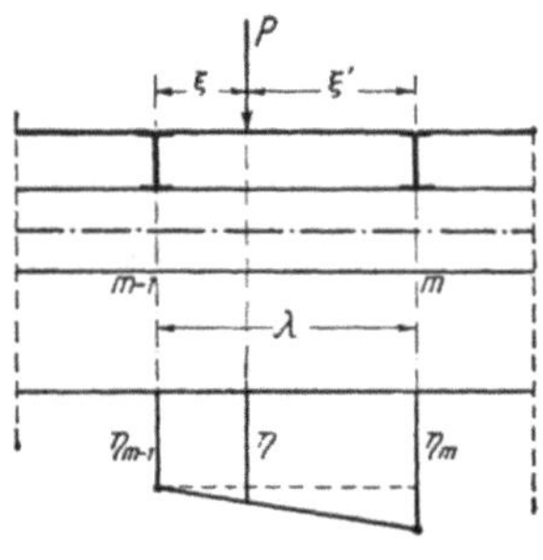

Abb. 77

der Einflußlinie in den Knotenpunkten $m-1$ und m bekannt sind, zu

$$S = K_{m-1} \cdot \eta_{m-1} + K_m \cdot \eta_m = P \cdot \frac{\lambda - \xi}{\lambda} \, \eta_{m-1} + P \cdot \frac{\xi}{\lambda} \cdot \eta_m$$

$$S = P \cdot \left[\eta_{m-1} + \frac{\xi}{\lambda} \cdot (\eta_m - \eta_{m-1}) \right] = P \cdot \eta \, .$$

Der Einfluß der Last P ergibt sich direkt zu $P \cdot \eta$, wenn wir die Einflußlinie η

$$\eta = \eta_{m-1} + \frac{\xi}{\lambda} \cdot (\eta_m - \eta_{m-1}) \qquad\qquad (52)$$

zwischen den Knotenpunkten *geradlinig* annehmen.

In Abbildung 78 sind als Beispiele die Einflußlinien η_M und η_Q für das Biegungsmoment M und die Querkraft Q in einem Schnitt F des einfachen Balkens AB mit indirekter Lastübertragung dargestellt.

Für alle Schnitte F zwischen den Knotenpunkten $m-1$ und m erhalten wir für die Querkraft die gleiche Einflußlinie η_Q, während wir für die Momente praktisch meist nur die Einflußlinien für die Knotenpunkte selbst verwenden.

In Abbildung 79 sind einige charakteristische Einflußlinien für einen *einfachen Balken mit überstehenden Enden* dargestellt; die Herleitung dieser

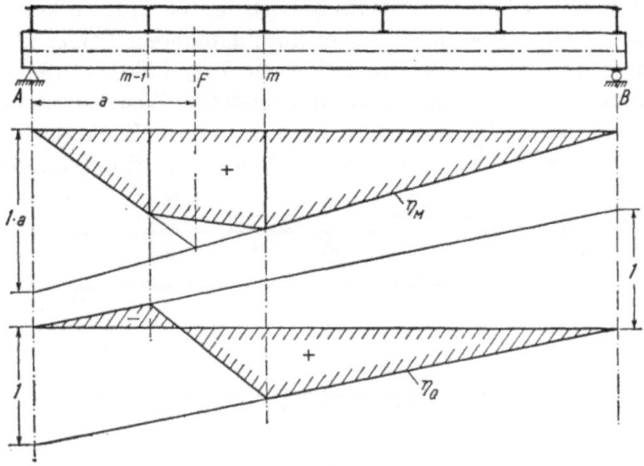

Abb. 78

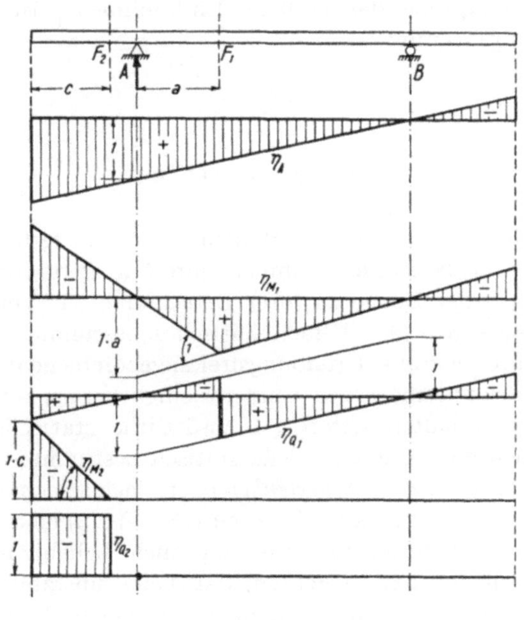

Abb. 79

Einflußlinien auf direktem Wege oder als lotrechte Biegungslinien zu passend gewählten virtuellen Verschiebungen bietet keine Besonderheiten.

Wir haben bisher, beim einfachen Balken, nur geradlinige Einflußlinien gefunden. Dies ist eine Folge der statischen Bestimmtheit, weil bei statisch bestimmten Trägern virtuelle Verschiebungen ohne Zwängungen möglich sind. Dies ist nicht mehr der Fall bei statisch unbestimmten Tragwerken. Betrachten wir beispielsweise einen über zwei Felder durchlaufenden Träger (Abb. 80), der einfach statisch unbestimmt ist, so stellen wir fest, daß das linke Balkenende einer Verschiebung des Auflagers A (in unbelastetem Zustand) nicht folgt, sondern daß wir eine Kraft P_A aufwenden müssen, um die Senkung zu erzwingen. Durch die Belastung P_A bei gesenktem Auflager A wird der Balken gebogen;

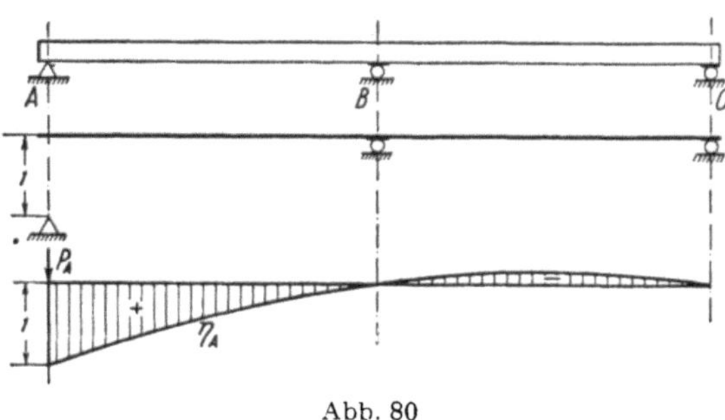

Abb. 80

die zugehörige Biegungslinie, das heißt die Einflußlinie η_A, ist hier nicht mehr geradlinig, sondern gekrümmt.

2. Der GERBERträger

Ein über n Felder durchlaufender Balken mit einem festen und n beweglichen Lagern (Abb. 81) besitzt $n + 2$ unbekannte Auflagergrößen. Da 3 Gleichgewichtsbedingungen der Ebene zu ihrer Berechnung zur Verfügung stehen, ist der Träger $n + 2 - 3 = (n - 1)$-fach statisch unbestimmt.

Durch Einschalten von $n - 1$ (reibungsfrei angenommenen) Zwischengelenken G, die keine Biegungsmomente, sondern lediglich Längs- und Querkräfte übertragen können, erhalten wir $n - 1$ zusätzliche statische Bedingungen $M_G = 0$; wir nennen das so entstandene statisch bestimmte Tragwerk einen *durchlaufenden Balken mit Zwischengelenken* oder, nach seinem ersten Erbauer, dem deutschen Ingenieur HEINRICH GERBER (1832–1912) einen GERBER*träger*.

Die Zwischengelenke dürfen nun allerdings nicht beliebig angeordnet werden, sondern wir müssen darauf achten, daß keine unstabilen Balkenfelder (Gelenkketten) entstehen. Es dürfen demnach in einem Mittelfeld nie mehr als zwei Gelenke, in einem Endfeld (außer dem Endauflager) nie mehr als ein Gelenk vorkommen.

Bei den Gelenkanordnungen der Abbildung 81a wechseln Felder mit zwei Gelenken ab mit gelenklosen Feldern; durch die Gelenke wird der durchlaufende Balken abwechslungsweise in einfache Balken mit überstehenden Enden (Kragarmen) und in eingehängte Träger zerlegt.

Bei der Anordnung der Abbildung 81b besitzt jedes Feld, mit Ausnahme des Anfangsfeldes, ein Zwischengelenk, wodurch der durchlaufende Balken in $n - 1$ Balken mit je einem überstehenden Ende und einen eingehängten Endbalken zerlegt wird.

Die Gelenkanordnung der Abbildung 81a wird hauptsächlich im Brückenbau, diejenige der Abbildung 81b fast ausschließlich im Hochbau (Gelenk-

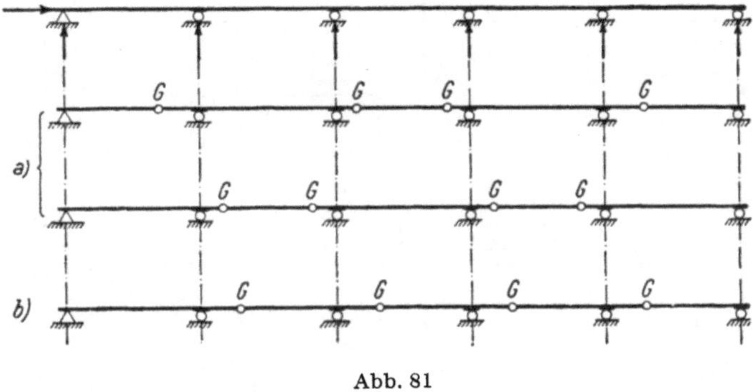

Abb. 81

pfetten) verwendet. Grundsätzlich ist auch eine Kombination der beiden Gelenkanordnungen möglich; sie dürfte jedoch im allgemeinen keine praktischen Vorteile besitzen.

a) Graphische Berechnung

Da der durchlaufende Balken durch die Zwischengelenke in eine Reihe von einfachen Balken mit oder ohne überstehende Enden zerlegt wird, können wir zunächst seine Berechnung nach den Regeln und Methoden des vorhergehenden Abschnittes durchführen. Dabei sind die an einem eingehängten Träger als Auflagerkräfte ermittelten Gelenkkräfte auf die Nachbarträger als Belastungen einzuführen.

In Abbildung 82 ist ein Gerberträger über drei Felder untersucht.

Wir betrachten (Abb. 82a) zuerst die beiden eingehängten Träger AG_1 und G_2D; die zugehörigen Kräftepolygone liefern uns als Auflagerkräfte (Schlußlinie s) die Gelenkkräfte G_1 und G_2, die auf den einfachen Balken BC mit den überstehenden Enden G_1B und CG_2 als Belastungen einzuführen sind.

Verlängern wir das Seilpolygon zum eingehängten Träger AG_1 über G_1 hinaus bis zur Auflagersenkrechten durch B, so stellen wir fest, daß sich das Seilpolygon zum eingehängten Träger AG_1 vom Seilpolygon des einfachen Balkens AB bei gleicher Belastung nur durch die veränderte Schlußlinie s_1 statt s_{01} unterscheidet. Die gleiche Feststellung ergibt sich aber auch für die Balkenfelder BC und CD; die an Abbildung 55 für einen Balken AB mit überstehenden Enden gewonnene Gleichung (41) für die Momente $M = H \cdot y$

$$M = M_0 + M_A \cdot \frac{x'}{l} + M_B \cdot \frac{x}{l} \tag{41}$$

gilt somit für alle Felder des Gerberträgers.

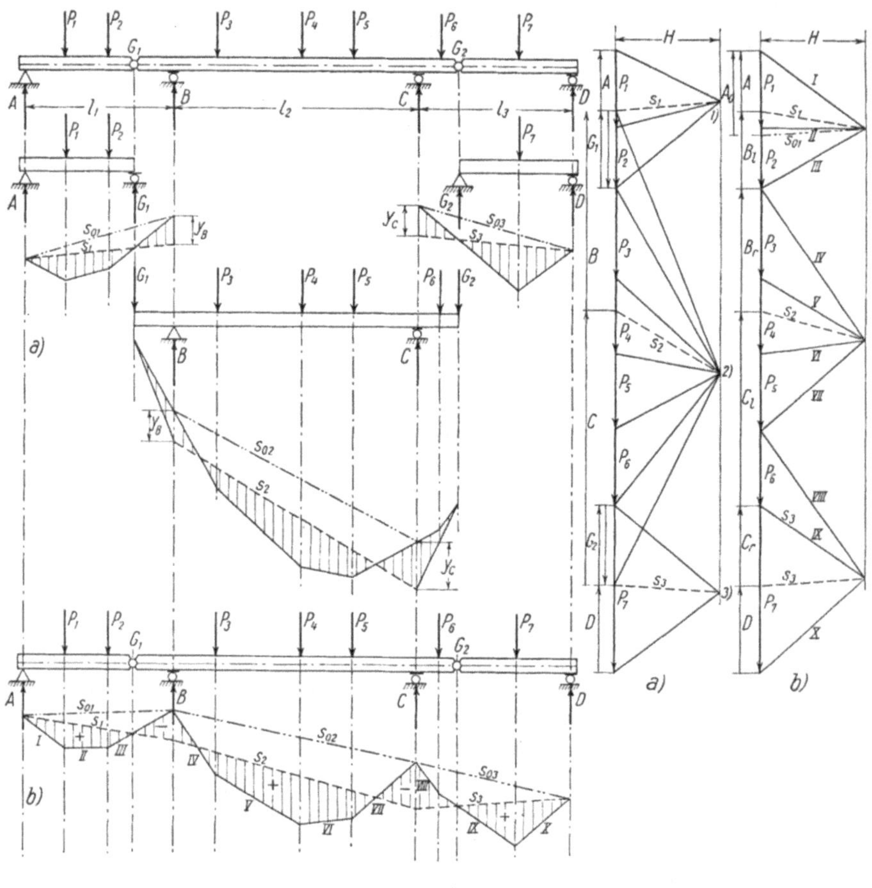

Abb. 82

Damit erhalten wir aber die Möglichkeit einer übersichtlicheren Bestimmung der Momentenflächen des Gerberträgers als durch Zerlegung in Einzelbalken: *wir zeichnen der Reihe nach die Seilpolygone zu den einzelnen Balkenfeldern AB, BC, CD usw.*, derart daß sie einen fortlaufenden Linienzug bilden (Abb. 82b; Schnittpunkt der Hilfskräfte *III* und *IV* auf der Auflagersenkrechten durch *B* usw.) *und legen den Schlußlinienzug* s_1, s_2, s_3 *usw. entsprechend der Gelenkanordnung nachträglich ein.* Im zugehörigen Kräftepolygon liefern uns die Schlußlinien nun auch die Auflagerkräfte und Querkräfte in Übereinstimmung mit

Gleichung (42)

$$Q = Q_0 - \frac{M_A - M_B}{l}.\tag{42}$$

Die Auflagerkraft für eine Zwischenstütze, zum Beispiel B, setzt sich aus zwei Teilen zusammen

$$B = B_l + B_r,\tag{53}$$

wobei B_l die Querkraft unmittelbar links, B_r die Querkraft rechts vom Lager B bedeutet.

Wir haben damit die Berechnung des Gerberträgers auf die Berechnung einer Reihe von einfachen Balken zurückgeführt oder, wie wir auch sagen können, wir haben vorübergehend das kompliziertere System, den Gerberträger, durch ein einfacheres «*Grundsystem*» oder «*Ersatzsystem*» ersetzt; den Unterschied in der Arbeitsweise der beiden Systeme haben wir nachträglich durch Einlegen des Schlußlinienzuges berücksichtigt. Wir haben somit den Schnittgrößen M_0 und Q_0 des Grundsystems die durch die Stützenmomente verursachten Schnittgrößen ΔM und ΔQ *superponiert*. Der Schlußlinienzug ist bei n Feldern durch die Momentennullpunkte bei $n-1$ Zwischengelenken und 2 Endauflagern, also durch $n+1$ Punkte eindeutig bestimmt. Das gleiche Verfahren zur Bestimmung der gesuchten statischen Größen durch Wahl eines möglichst einfachen Grundsystems und Superposition wird sich auch bei weiteren statisch bestimmten Systemen, besonders aber auch bei statisch unbestimmten Systemen als zweckmäßig und leistungsfähig erweisen.

Zur Untersuchung einer *beweglichen Belastung* kann das beim einfachen Balken abgeleitete Verfahren der veränderlichen Schlußlinie ohne grundsätzliche Schwierigkeit auf den Gerberträger erweitert werden. Das Verfahren ist aber hier nicht mehr sehr übersichtlich und seine Durchführung wird etwas mühsam; die bewegliche Belastung wird deshalb heute in der Bemessungspraxis in der Regel mit Hilfe von Einflußlinien untersucht.

Waagrechte Belastungen werden durch die Einzelbalken und die Gelenke auf das feste Auflager des Gerberträgers übertragen; sie erzeugen somit Längskräfte N nur im Balkenteil zwischen ihrem Angriffspunkt und dem festen Lager.

b) Analytische Berechnung

Auch die analytische Berechnung der Schnittgrößen M und Q des Gerberträgers kann am übersichtlichsten durchgeführt werden, wenn wir sie auf die einfache Balkenreihe als Grundsystem beziehen. Die Momente M_0 und Querkräfte Q_0 sind dabei für die einzelnen Felder durch die Gleichungen

$$Q_0 = A_0 - \sum_A^F P$$

$$M_0 = \Sigma Q_0 \cdot \lambda$$

bestimmt; ihre Berechnung wird am besten in Tabellenform (siehe Tabelle 1) durchgeführt. Wir haben hier somit nur noch die Berechnung des Schlußlinienzuges zu besprechen, wobei wir folgende Fälle unterscheiden müssen:

Endfeld mit Zwischengelenk (Abb. 83)

Es ist
$$M_A = 0$$

und
$$M_B = - M_{0G} \cdot \frac{l}{l - b_G} . \tag{54}$$

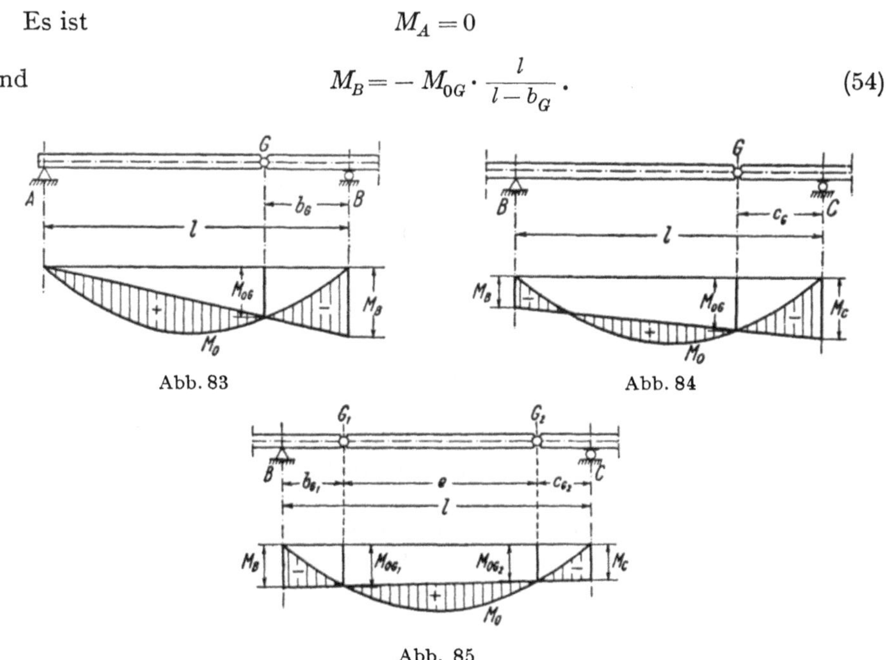

Abb. 83   Abb. 84

Abb. 85

Mittelfeld mit einem Zwischengelenk (Abb. 84)

Bei diesem Fall, der im Gerberträger mit Bauart nach Abbildung 81b vorkommt, ist eines der beiden Stützenmomente, sagen wir M_B, aus der Schlußlinie des vorhergehenden (oder nachfolgenden) Feldes gegeben. Das gesuchte Stützenmoment M_C beträgt

$$M_C = M_B - (M_{0G} + M_B) \cdot \frac{l}{l - c_G}$$

oder

$$M_C = - \left(M_{0G} \cdot \frac{l}{l - c_G} + M_B \cdot \frac{c_G}{l - c_G} \right) . \tag{55}$$

Mittelfeld mit zwei Zwischengelenken (Abb. 85)

$$\left. \begin{aligned} M_B &= - M_{0G_1} \cdot \frac{l - c_{G_2}}{e} + M_{0G_2} \cdot \frac{b_{G_1}}{e} , \\ M_C &= - M_{0G_2} \cdot \frac{l - b_{G_1}}{e} + M_{0G_1} \cdot \frac{c_{G_2}}{e} . \end{aligned} \right\} \tag{56}$$

Bei Feldern ohne Zwischengelenke ergeben sich die Stützenmomente aus den Nachbarfeldern.

Wir betrachten in Abbildung 86 nun noch ein Beispiel mit gemischter Gelenkanordnung und gleichmäßig verteilter Belastung p auf einzelnen Feldern.

Aus den Momenten M_0

$$M_0 = \frac{p}{2} x \cdot (l - x)$$

in den belasteten Feldern sowie $M_0 = 0$ in den unbelasteten Feldern und aus der Gelenklage ergibt sich der Schlußlinienzug und damit die Momentenfläche M. Zur Bestimmung der Querkraftsfläche Q ist die Beziehung

$$Q = \frac{dM}{dx}$$

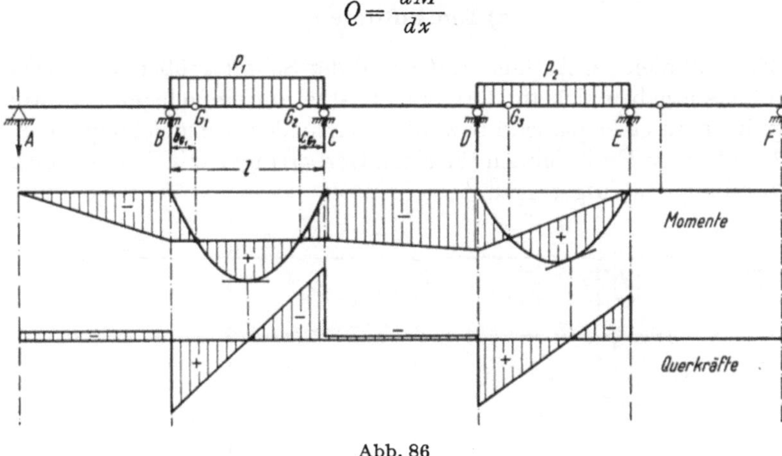

Abb. 86

nützlich; insbesondere ergeben sich auch die Nullstellen der Querkraftsfläche aus

$$\frac{dM}{dx} = 0 \qquad \text{oder} \qquad M = M_{\text{max}}.$$

Häufig stellt sich in der Bemessungspraxis die Aufgabe, die Gelenklage so zu wählen, daß unter einer gegebenen Belastung (meist Vollbelastung) ein bestimmter gewünschter Momentenverlauf entsteht, beispielsweise, daß die größten positiven und negativen Momente gleich groß werden. Zeichnerisch ist diese Aufgabe einfach zu lösen, indem wir zuerst den gewünschten Schlußlinienzug eintragen und daraus die Gelenklage bestimmen. Aber auch rechnerisch ist die Lösung der Aufgabe meist einfach: es soll beispielsweise im Feld BC die Gelenklage G_1 und G_2 so gewählt werden, daß

$$-M_B = -M_C = \frac{M_{0\,\text{max}}}{2} = \frac{p\,l^2}{16}$$

werden. Es muß dann mit $b_{G_1} = c_{G_2}$ sein

$$-\frac{p\,l^2}{16} + \frac{p}{2} \cdot b_{G_1} \cdot (l - b_{G_1}) = 0,$$

woraus

$$b_{G_1} = \frac{l}{2} \pm \sqrt{\frac{l^2}{4} - \frac{l^2}{8}} = \frac{l}{2} \pm \frac{l}{\sqrt{8}} = \frac{0.1464 \cdot l}{0.8536 \cdot l} \, .$$

Hier kann die Gelenklage auch, noch einfacher, gefunden werden aus

$$\frac{p\,(l - 2\,b_{G_1})^2}{8} = \frac{p \cdot l^2}{16} \, ; \qquad b_{G_1} = 0.1464 \cdot l \, .$$

Ein voller Momentenausgleich $M_{\text{max pos}} = M_{\text{max neg}}$ über alle Felder eines vollbelasteten Gerberträgers gelingt nur, wenn die Endfelder gegenüber den Mittelfeldern verkürzt werden.

c) Einflußlinien

Die Einflußlinien der Auflagerkräfte und der Schnittgrößen M und Q eines Gerberträgers ergeben sich für lotrechte Lasten am einfachsten als lotrechte Biegungslinien zu einer passend gewählten virtuellen Verschiebung. In Abbildung 87 sind einige Einflußlinien für einen Gerberträger mit Gelenkanordnung nach Abbildung 81a aufgetragen.

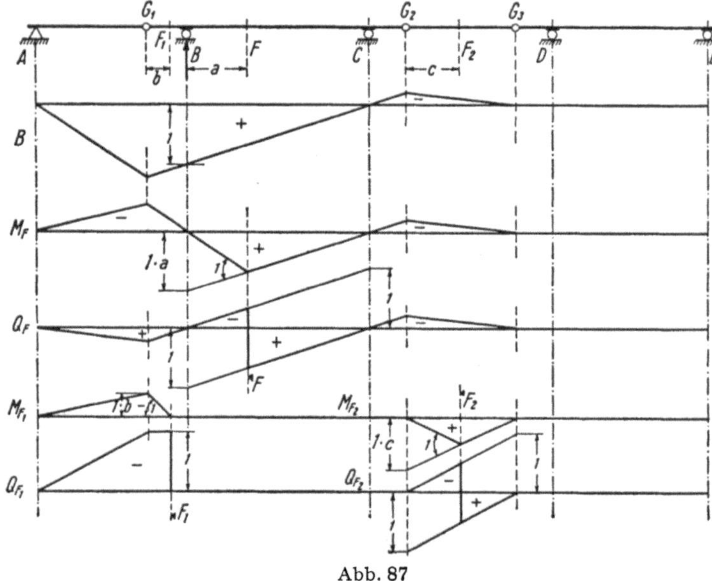

Abb. 87

Um die Einflußlinie η_B für den Auflagerdruck B zu finden, senken wir das Auflager B um die (klein gedachte) virtuelle Verschiebung $\delta_B = 1$; der Balken BC muß sich dabei um C drehen und die überstehenden Enden G_1B und CG_2, die mit dem Balken BC starr verbunden sind, müssen die Verschiebung mitmachen. Durch die Senkung des Gelenkes G_1 dreht sich der eingehängte Träger AG_1 um A; ebenso wirkt sich die Hebung des Gelenkes G_2 auf den Träger G_2G_3 aus. Das Gelenk G_3 bleibt dabei als Bestandteil des Balkens DE in Ruhe.

Die Einflußlinie für das Biegungsmoment M_F im Schnitt F erhalten wir, indem wir den Balken im Schnitt F um den kleinen Winkel $\tau = 1$ verbiegen und gleichzeitig, um die Arbeit der Auflagerkräfte B und C zu eliminieren, auf seinen Lagern B und C aufliegen lassen. Die Hebung der Gelenke G_1 und G_2 verursacht eine Drehung der eingehängten Träger AG_1 und G_2G_3. Analog finden wir die Einflußlinie für die Querkraft Q_F durch eine gegenseitige lotrechte Verschiebung der benachbarten Querschnitte in F.

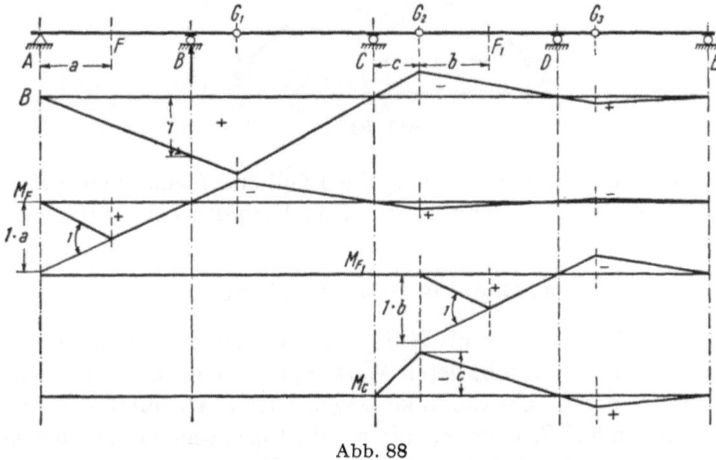

Abb. 88

Bei einer Formänderung im Schnitt F_1 des überstehenden Endes G_1B bleibt der Balken BC in Ruhe; die Einflußlinien der Schnittgrößen M_{F_1} und Q_{F_1} erstrecken sich somit nur von F_1 nach links.

Die Einflußlinien der Schnittgrößen M_{F_2} und Q_{F_2} bleiben auf den eingehängten Träger G_2G_3 beschränkt.

Die maßgebenden Laststellungen für bewegliche Lasten können aus der Form der Einflußlinien rasch durch Probieren gefunden werden. Die Form der Einflußlinien zeigt auch, daß für bewegliche Belastung beträchtliche Größenunterschiede in den Momentengrenzwerten zwischen eingehängten Trägern und gelenkfreien Balkenfeldern zu erwarten sind; ausgeglichene Momente können bei gleicher Spannweite der Mittelfelder BC und CD nur für Totallast (ständige Last) erreicht werden.

Abbildung 88 zeigt einige Einflußlinien für einen Gerberträger mit Gelenkanordnung nach Abbildung 81b.

Es zeigt sich, daß Schnitte F im ersten Feld AB durch Belastungen aller Felder beeinflußt werden, während andrerseits Belastungen des ersten Feldes AB sich nicht auf Schnittgrößen für Schnitte rechts von B auswirken. In diesen ungleichmäßigen Fortpflanzungsverhältnissen von Lasteinflüssen liegt es hauptsächlich begründet, daß diese Art Gerberträger im Brückenbau (bewegliche Lasten) wenig verwendet wird, wohl aber im Hochbau, wo wegen der vorherrschenden Vollbelastung dieser Nachteil gegenüber gewissen baulichen Vorteilen (Montage) nicht zum Ausdruck kommt.

3. Der Dreigelenkbogen

Der Dreigelenkbogen besitzt 4 unbekannte Auflagerkräfte, zu deren Bestimmung uns die drei Gleichgewichtsbedingungen der Ebene und eine Gelenkbedingung $M_G = 0$, insgesamt also 4 statische Gleichungen zur Verfügung stehen. Der Dreigelenkbogen ist somit statisch bestimmt.

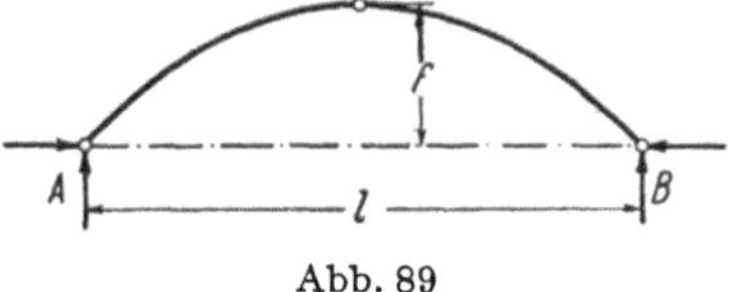

Abb. 89

Neben der Spannweite l ist auch die Pfeilhöhe f eine charakteristische Hauptabmessung des Dreigelenkbogens. Das Verhältnis $n = f : l$ nennen wir Pfeilverhältnis.

a) Graphische Berechnung

Wir führen die Berechnung mit Hilfe einer Zerlegung der Belastung in zwei Lastgruppen P_l und P_r durch, deren Wirkungen wir nachher superponieren. Denken wir uns zunächst nur die linke Bogenscheibe AG durch die Lasten P_l mit der Resultierenden R_l belastet, die rechte Bogenscheibe GB dagegen unbelastet, so muß die zugehörige Auflagerkraft B' durch die Gelenkpunkte B und G gehen, weil die unbelastete rechte Bogenscheibe GB nur dann im

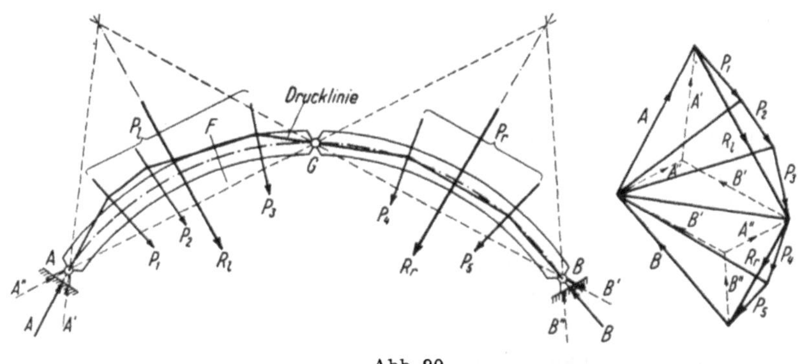

Abb. 90

Gleichgewicht sein kann, wenn die beiden in G und B auf sie einwirkenden Auflager- bzw. Gelenkkräfte in die gleiche Wirkungslinie fallen. Durch den Schnittpunkt der Resultierenden R_l mit der Auflagerkraft B' ist nun auch die Richtung der linken Teilauflagerkraft A' bestimmt und im Kräfteplan kann die Größe der Teilauflagerkräfte A' und B' bestimmt werden. Analog erhalten wir auch Richtung und Größe der Teilauflagerkräfte A'' und B'' zu den Belastungen P_r der rechten Bogenscheibe BG mit der Resultierenden R_r bei unbelasteter linker Bogenscheibe AG. Durch Zusammensetzen der Teilauflagerkräfte A' und A'' im Kräfteplan erhalten wir die gesuchte Auflagerkraft A und analog aus B' und B'' die Auflagerkraft B. Der Kräfteplan kann nun durch Ziehen der Teilresultierenden ($A P_1$ usw.) zu einem *Kräftepolygon* ergänzt werden; das zugehörige Seilpolygon liefert uns den Lageplan der Teilresultierenden oder aber der *Resultierenden der inneren Schnittkräfte* für jeden Schnitt F des Dreigelenkbogens. Wir nennen dieses Seilpolygon deshalb die *Drucklinie* des Dreigelenkbogens.

Die Resultierende R_F der links vom Schnitt F angreifenden äußeren Kräfte oder, was identisch damit ist, der inneren Schnittkräfte, kann nun ohne weiteres

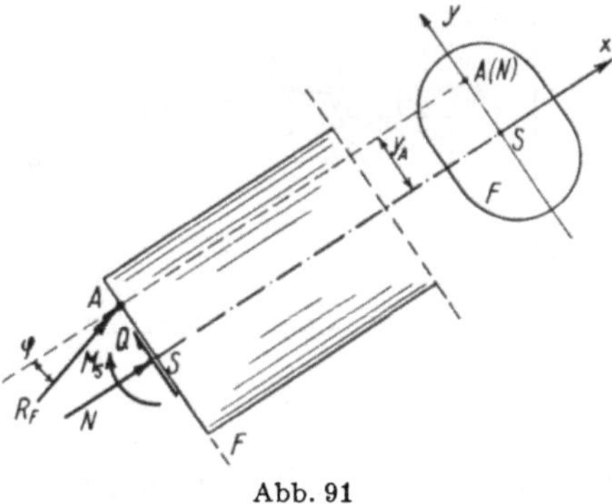

Abb. 91

in die drei Schnittgrößen N, Q und M in bezug auf den Schwerpunkt S des Querschnitts (oder auch in bezug auf einen andern Punkt auf der Querschnittsschweraxe y) zerlegt werden (Abb. 91):

$$N = R_F \cdot \cos \varphi,$$
$$Q = R_F \cdot \sin \varphi,$$
$$M_S = N \cdot y_A.$$

b) Analytische Berechnung

Wir betrachten einen beliebig belasteten Dreigelenkbogen (Abb. 92) und denken uns sowohl die äußeren Lasten wie die unbekannten Auflagerkräfte in waagrechte und lotrechte Komponenten zerlegt.

Zur Berechnung der vier unbekannten Auflagergrößen stehen uns die drei Gleichgewichtsbedingungen der Ebene

$$A + B - \sum_{A}^{B} P_y = 0,$$

$$H_A - H_B + \sum_{A}^{B} P_x = 0,$$

$$B \cdot l + H_B \cdot l \cdot \operatorname{tg} \alpha - \sum_{A}^{B} P_y \cdot x - \sum_{A}^{B} P_x \cdot y = 0$$

und eine Gelenkbedingung $M_G = 0$:

$$A \cdot a - H_A \cdot y_G - \sum_A^G P_y \cdot z - \sum_A^G P_x \cdot v = 0$$

zur Verfügung. Da aber jede dieser Bestimmungsgleichungen zwei Unbekannte enthält, ist diese «Normallösung» der Aufgabe unbequem, und wir suchen deshalb eine Lösung, die diesen Nachteil nicht besitzt.

Wir denken uns den Dreigelenkbogen AB vorübergehend ersetzt durch den gleich geformten einfachen Balken AB, auf den wir zunächst die äußeren

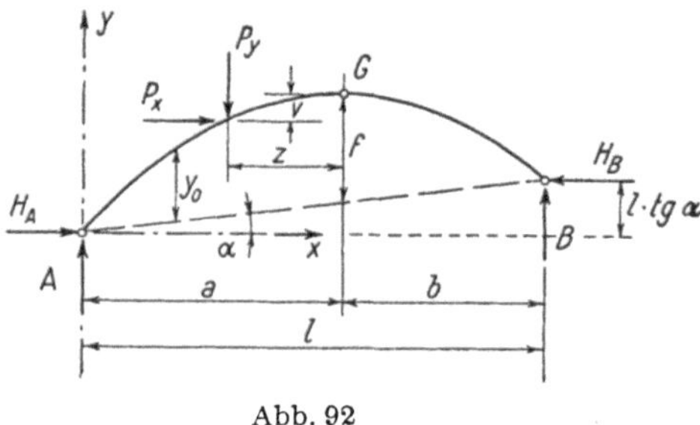

Abb. 92

Lasten P_x, P_y wirken lassen; die zugehörigen Auflagerkräfte lassen sich leicht aus den drei Gleichgewichtsbedingungen der Ebene bestimmen (Abb. 93a):

$$B_0 \cdot l - \sum_A^B P_y \cdot x - \sum_A^B P_x \cdot y = 0,$$

$$A_0 + B_0 - \sum_A^B P_y = 0,$$

$$H_{0A} + \sum_A^B P_x = 0.$$

Um die Wirkung des in Wirklichkeit nicht vorhandenen beweglichen Auflagers bei B aufzuheben, müssen wir die waagrechte Auflagerkraft H_B mit ihren zugehörigen Auflagerkräften auf das Grundsystem, den einfachen Balken, wirken lassen (Abb. 93b); die Größe dieser Auflagerkraft H_B ist nun aus der Gelenkbedingung $M_G = 0$ mit

$$M_{0G} = A_0 \cdot a - H_{0A} \cdot y_G - \sum_A^G P_y \cdot z - \sum_A^G P_x \cdot v$$

und mit

$$-H_B \cdot y_G + H_B \cdot \mathrm{tg}\,\alpha \cdot a = -H_B(y_G - a \cdot \mathrm{tg}\,\alpha) = -H_B \cdot f$$

aus

$$M_G = M_{0G} - H_B \cdot f = 0$$

zu

$$\underline{H_B = \frac{M_{0G}}{f}} \tag{57}$$

zu berechnen. Zu erwähnen ist, daß die Auflagerkräfte H_B und $H_B \cdot \operatorname{tg} \alpha$ des Belastungszustandes der Abbildung 93b sich zu einer in der Sehne AB wirkenden Resultierenden H' zusammensetzen lassen (Abb. 94).

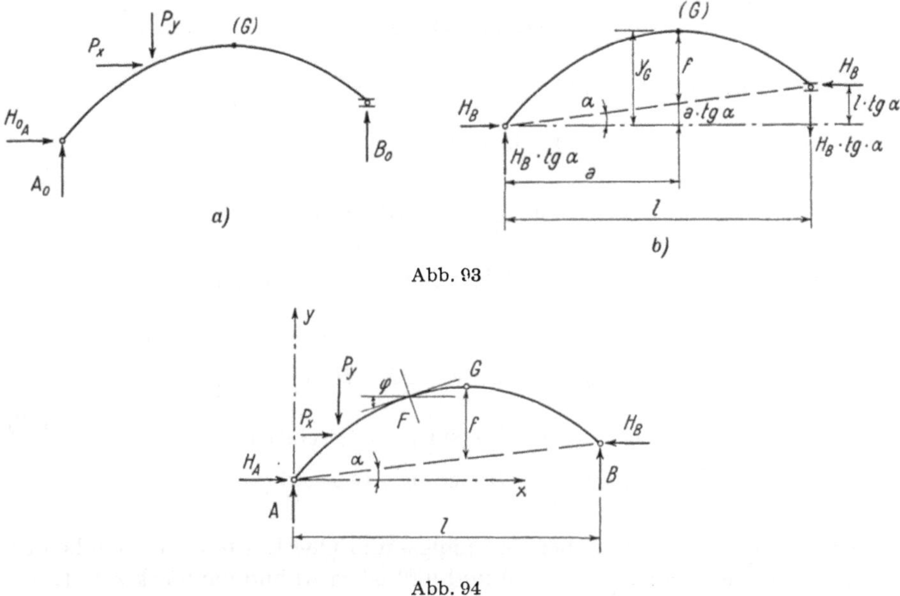

Abb. 93

Abb. 94

Die übrigen Auflagerkräfte des wirklichen Tragsystems ergeben sich nun aus der Superposition der beiden Belastungszustände des Grundsystems (Abb. 93a und b) zu

$$\left.\begin{aligned} A &= A_0 + H_B \cdot \operatorname{tg} \alpha , \\ B &= B_0 - H_B \cdot \operatorname{tg} \alpha , \\ H_A &= H_{0A} + H_B . \end{aligned}\right\} \tag{58}$$

Die *inneren Schnittgrößen* M, N und Q für einen Schnitt F (Abb. 94) ergeben sich nun am einfachsten, wenn wir von den lotrechten und waagrechten Auflagerkräften, bzw. von lotrechten und waagrechten Querkräften

$$Q_y = A - \sum_A^F P_y , \qquad Q_x = H_A + \sum_A^F P_x$$

ausgehen; sie betragen in Übereinstimmung mit den Gleichungen (50)

$$\left.\begin{aligned} M &= \sum_A^F Q_y \cdot \varDelta x - \sum_A^F Q_x \cdot \varDelta y , \\ N &= Q_x \cdot \cos \varphi + Q_y \cdot \sin \varphi , \\ Q &= Q_y \cdot \cos \varphi - Q_x \cdot \sin \varphi . \end{aligned}\right\} \tag{59}$$

Wirken nur lotrechte Lasten P_y, so wird wegen $H_{0A} = 0$

$$H_A = H_B = H.$$

und es ist

$$Q_x = H = \text{konst.}$$

Für diesen Fall können wir mit

$$y_0 = y - \text{tg}\,\alpha \cdot x,$$

$$Q_{0y} = A_0 - \sum_A^F P_y = Q_y - H \cdot \text{tg}\,\alpha$$

die Gleichungen (59) auch in der folgenden, für die Aufstellung von Einfluß-linien bequemen Form anschreiben

$$\left.\begin{aligned}
M &= \sum_A^F Q_{0y} \cdot \Delta x - H \cdot y_0 = M_0 - H \cdot y, \\
Q &= Q_{0y} \cdot \cos\varphi - H \cdot (\sin\varphi - \text{tg}\,\alpha \cdot \cos\varphi), \\
N &= Q_{0y} \cdot \sin\varphi + H \cdot (\cos\varphi + \text{tg}\,\alpha \cdot \sin\varphi).
\end{aligned}\right\} \tag{60}$$

Der Zusammenhang zwischen den Längs- und Querkräften nach den beiden Schreibweisen der Gleichungen (59) und (60) ist in Abbildung 95 skizziert.

Eine weitere Vereinfachung ergibt sich offensichtlich für gleich hochliegende Auflagerpunkte, tg $\alpha = 0$.

Wir haben bei dieser Berechnung des Dreigelenkbogens die äußern Kräfte am unverformt gedachten System wirkend angenommen, wie dies allgemein in

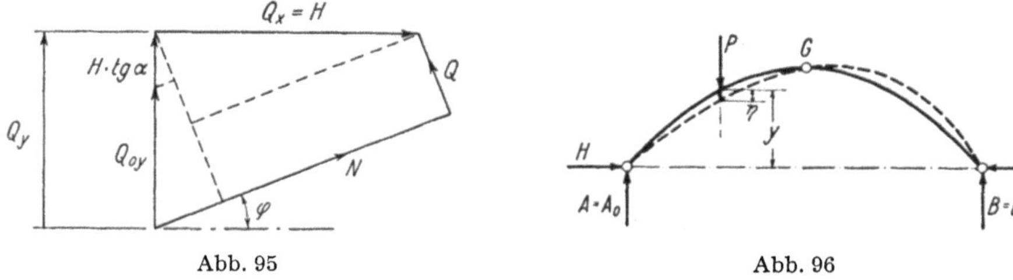

Abb. 95   Abb. 96

der elementaren Statik vorausgesetzt wird. Zu dieser Voraussetzung ist hier ein grundsätzlicher Vorbehalt anzubringen, den wir am Beispiel der Abbildung 96 skizzieren wollen. Durch eine Belastung P verformt sich der Bogen in der gestrichelt angedeuteten Weise. Während für den unverformt gedachten Bogen das Biegungsmoment (mit $\alpha = 0$)

$$M = M_0 - H \cdot y$$

beträgt, sinkt hier der Abstand der Horizontalkraft H (des «Bogenschubes») auf $y - \eta$, und es ist genauer

$$M = M_0 - H \cdot (y - \eta) = M_0 - H \cdot y + H \cdot \eta \, .$$

Durch die Verformung η wird somit das Moment um $H \cdot \eta$ vergrößert; da sowohl H wie η mit der Belastung wachsen, ist M nicht mehr proportional zur Belastung, sondern wächst rascher als diese. Wir sprechen, im Gegensatz zu den linearen Problemen der elementaren Statik, hier von einem «*Spannungs-problem zweiter Ordnung*». Die wichtigste Folge des Zusatzmomentes $H \cdot \eta$ ist nun praktisch die, daß das Superpositionsgesetz nicht mehr gültig ist, also beispielsweise keine Einflußlinien mehr gezeichnet werden können.

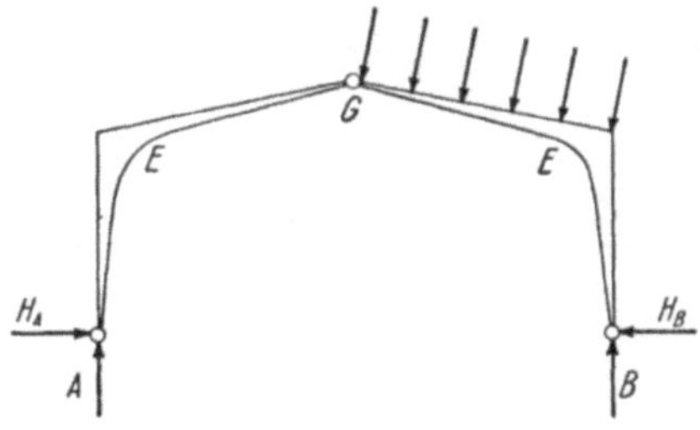

Abb. 97

Wenn die Formänderungen η klein bleiben, so sind auch die Zusatzmomente $H \cdot \eta$ an sich klein; da sich aber das Zusatzmoment $H \cdot \eta$ auf eine kleine Differenz $M_0 - H \cdot y$ zweier großer Größen auswirkt, kann der Unterschied zwischen der angenäherten und der genaueren Theorie doch spürbar werden. Wir besitzen im Rahmen der elementaren Statik noch nicht die Mittel, um diesen Formänderungseinfluß zu untersuchen, sondern müssen darüber auf später verweisen (Band II dieser Vorlesungen) und uns heute mit der Feststellung begnügen, daß die hier gegebene elementare Berechnung des Dreigelenkbogens eine Näherungstheorie ist, deren Fehler erfahrungsgemäß allerdings für nicht zu große Spannweiten und nicht zu schlanke Träger annähernd im Rahmen der praktisch erforderlichen Rechnungsgenauigkeit bleiben.

Die Ausführung eines Dreigelenkbogens verlangt in der Regel dann den geringsten Materialaufwand, wenn die Biegungsmomente möglichst klein sind. Der Bogen wird deshalb meist so geformt, daß aus ständiger Last die Momente M_g

$$M_g = M_{0g} - H_g \cdot y_0$$

verschwinden; die entsprechenden Bogenordinaten (bei gegebener Pfeilhöhe) betragen somit

$$y_0 = \frac{M_{0g}}{H_g} \qquad \text{(Drucklinie aus ständiger Last).}$$

Für Dreigelenkbogen aus Beton wird gelegentlich eine gewisse Korrektur dieser

Bogenordinaten vorgenommen, um aus Verkehrslast möglichst kleine Zugspannungen zu erhalten, worauf jedoch hier nicht näher eingetreten werden kann. Bei Bogen aus Stahl wird die Bogenaxe meist parabelförmig ausgeführt, entsprechend einer Drucklinie zu gleichmäßig verteilter Vollbelastung.

Ein mit dem Dreigelenkbogen statisch eng verwandtes Tragsystem ist der *Dreigelenkrahmen* (Abb. 97), der im Hochbau als Hallenbinder verwendet wird. Die Berechnung der Auflagerkräfte und Schnittgrößen wird genau gleich durchgeführt wie beim Dreigelenkbogen; sie gibt deshalb zu keinen besonderen Bemerkungen Anlaß. Es ist lediglich darauf hinzuweisen, daß in den Ecken E verhältnismäßig große negative «Eckmomente» auftreten, die einen entsprechenden Materialaufwand erfordern.

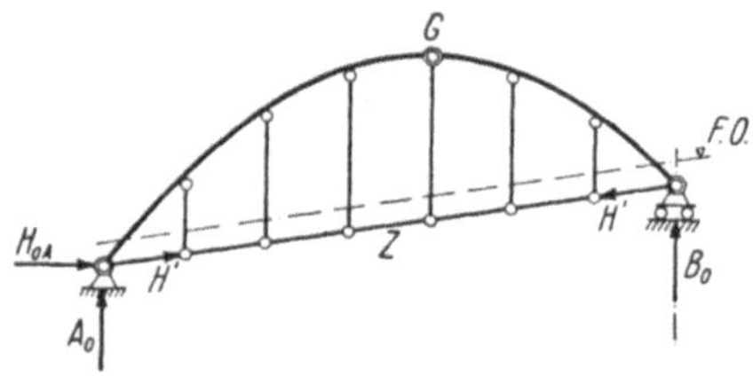

Abb. 98

Statt die Auflagerkomponenten H' durch die Auflagergelenke und damit durch die Widerlager des Bogens aufnehmen zu lassen, können wir sie auch durch die Anordnung einer zugfesten Verbindung der beiden Auflagergelenke sich innerlich ausgleichen lassen (Abb. 98). Wir gelangen so zum *Dreigelenkbogen mit Zugband*, der häufig dann angewendet wird, wenn der Baugrund zur Aufnahme waagrechter Belastungen wenig geeignet ist. Das Zugband Z wird in regelmäßigen Abständen durch Hängestangen, die auch die Fahrbahnlasten übertragen, am Bogen aufgehängt.

Aus dem Vergleich der Abbildung 98 mit Abbildung 93 erkennen wir, daß die Auflagerkräfte denen des Grundsystems aus äußeren Lasten entsprechen, während die Zusatzkräfte H' das Zugband beanspruchen. Der Dreigelenkbogen mit Zugband ist somit äußerlich ein einfacher Balken; unter lotrechten Lasten P treten nur lotrechte Auflagerkräfte A_0 und B_0 auf ($H_{0A} = 0$). Für die Schnittgrößen M, N und Q ist es gleichgültig, ob die Kräfte H' durch das Zugband oder durch die Auflagergelenke an den Bogen abgegeben werden; diese Schnittgrößen sind somit hier die gleichen wie im Dreigelenkbogen ohne Zugband.

c) Einflußlinien

Dank der Einführung des einfachen Balkens als Grundsystem können die Einflußlinien für den Dreigelenkbogen aus den Einflußlinien des (lotrecht belasteten) einfachen Balkens und der Einflußlinie für den Horizontalschub H superponiert werden.

Auflagerkräfte:

Wir suchen zuerst die Einflußlinie η_H des Horizontalschubes H. Nach Gleichung (57) ist

$$H = \frac{M_{0G}}{f};$$

die Einflußlinie η_H ergibt sich somit aus der Einflußlinie $\eta_{M_{0G}}$ des Balkenmomentes M_{0G} an der Gelenkstelle G zu

$$\eta_H = \frac{\eta_{M_{0G}}}{f}.$$

Diese Einflußlinie, ein Dreieck mit Spitze unter G, ist in Abbildung 99a dargestellt.

Die Einflußlinien der Auflagerkräfte A und B ergeben sich nach Gleichung (58) zu

$$\eta_A = \eta_{A_0} + \eta_H \cdot \mathrm{tg}\,\alpha,$$
$$\eta_B = \eta_{B_0} - \eta_H \cdot \mathrm{tg}\,\alpha;$$

diese beiden Einflußlinien sind in den Abbildungen 99b und 99c skizziert. Für

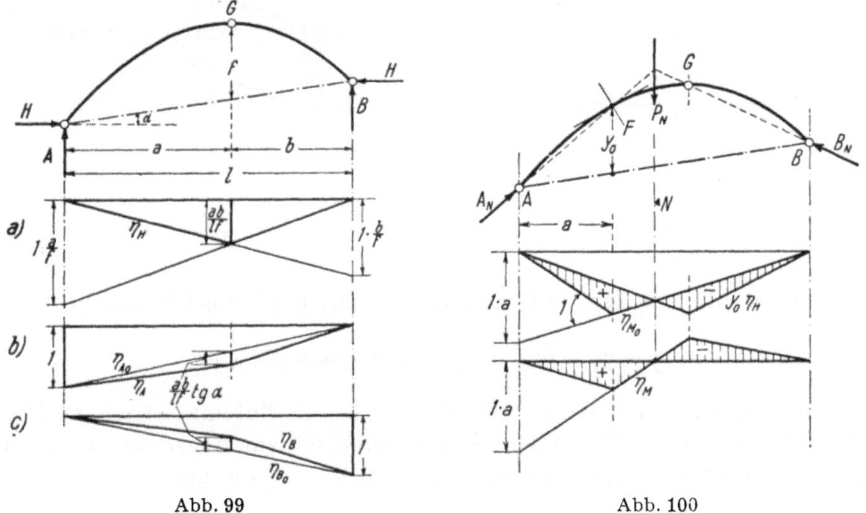

Abb. 99   Abb. 100

$\mathrm{tg}\,\alpha = 0$ wird $\eta_A = \eta_{A_0}$, $\eta_B = \eta_{B_0}$ wie im einfachen Balken.

Schnittgrößen:

Die Einflußlinie η_M für das *Biegungsmoment* M ergibt sich aus der Gleichung (60) zu

$$\eta_M = \eta_{M_0} - y_0 \cdot \eta_H.$$

Die Einflußlinie η_M (Abb. 100) besitzt eine Belastungsscheide N, die direkt daraus bestimmt werden kann, daß eine in der Belastungsscheide wirkende Last P_N im Schnitt F das Moment $M = 0$ erzeugen muß; die Auflagerkraft A_N infolge P_N muß somit den Schnitt F in der Bogenaxe treffen, während die Auflagerkraft B_N bei unbelasteter rechter Bogenscheibe durch die Gelenkpunkte B und G gehen muß. Der Schnittpunkt von A_N und B_N liefert somit die Belastungsscheide. Aus η_{M_0} kann also direkt, durch Verwendung der Belastungsscheide, auch die Größe von $y_0 \cdot \eta_H$ und damit die ganze Einflußlinie η_M, nun am übersichtlichsten von einer horizontalen Bezugsgeraden aus, gezeichnet werden.

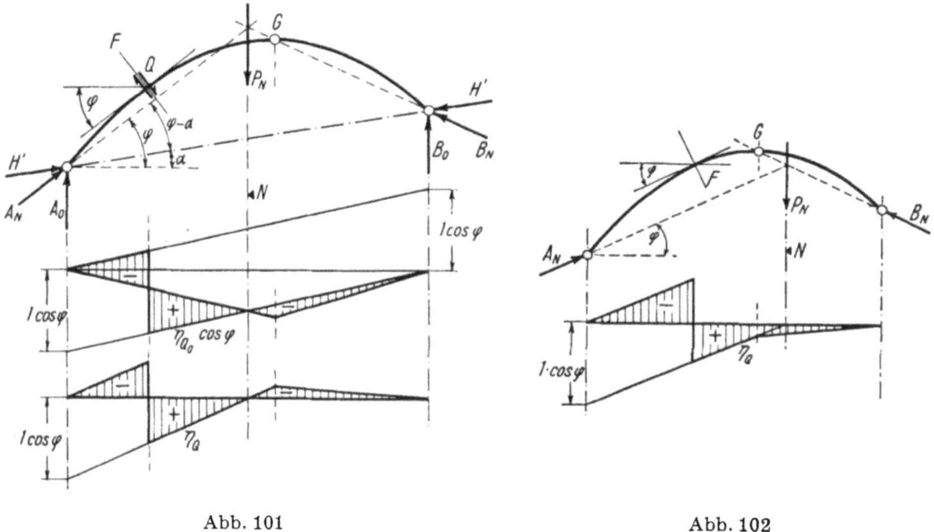

Abb. 101   Abb. 102

Die Einflußlinie η_Q für die Querkraft Q erhalten wir aus Gleichung (60) zu

$$\eta_Q = \eta_{Q_0} \cdot \cos \varphi - \eta_H \cdot (\sin \varphi - \operatorname{tg} \alpha \cdot \cos \varphi);$$

sie ist in Abbildung 101 dargestellt. Auch diese Einflußlinie zeigt eine Belastungsscheide N, die sich aus dem Schnittpunkt der zur Bogenaxe in F parallelen Auflagerkraft A_N mit der Auflagerkraft B_N für die unbelastete Bogenscheibe GB ergibt.

Für den in Abbildung 102 untersuchten Schnitt F würde die Belastungsscheide (N) der Querkrafteinflußlinie η_Q nur gelten, wenn die Last P_N durch einen Ausleger auf die Bogenscheibe AG übertragen würde; sie kann aber trotzdem auch bei normaler Lastübertragung zur Konstruktion von η_Q aus $\eta_{Q_0} \cdot \cos \varphi$ benützt werden.

Die Einflußlinie η_N für die Längskraft N finden wir aus Gleichung (60) zu

$$\eta_N = \eta_H \cdot (\cos \varphi + \operatorname{tg} \alpha \cdot \sin \varphi) + \eta_{Q_0} \cdot \sin \varphi$$

(Abb. 103). Sie besitzt keine Belastungsscheide innerhalb der Spannweite AB und wird deshalb in der Regel am einfachsten direkt aus den beiden Teileinflußlinien konstruiert.

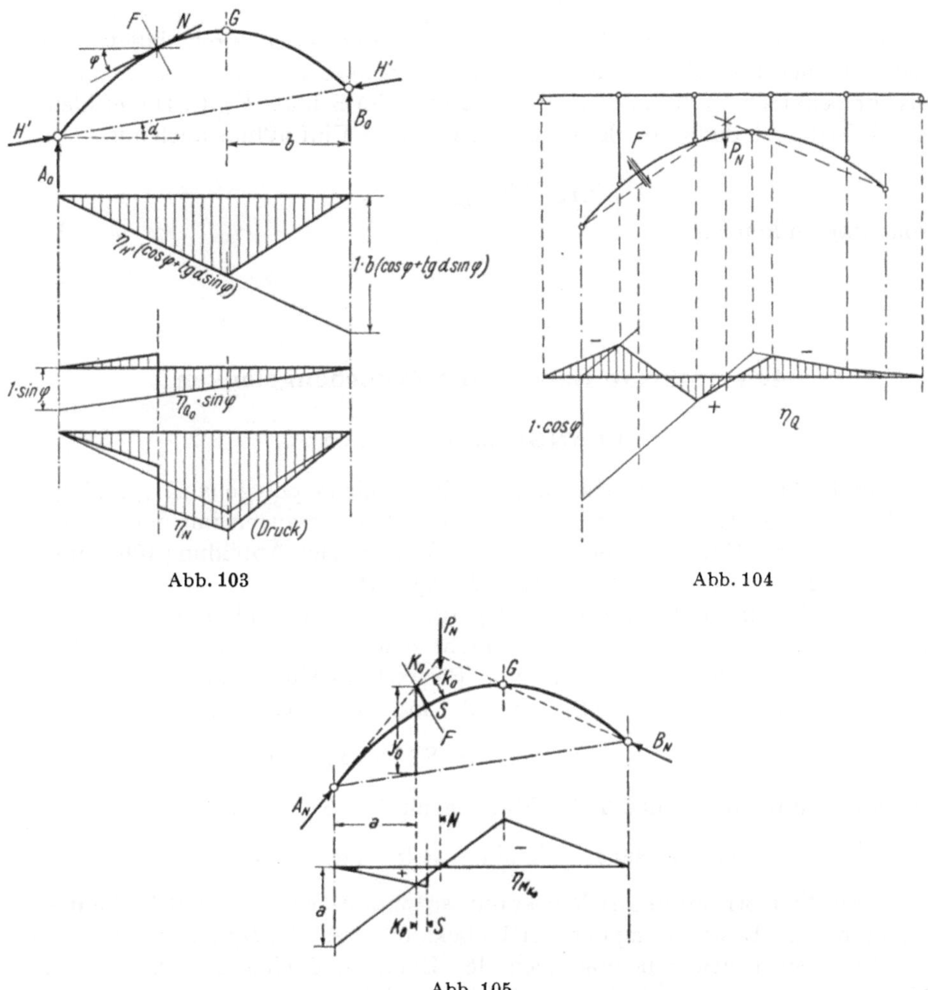

Abb. 103   Abb. 104

Abb. 105

In Abbildung 104 ist, als Beispiel, die Einflußlinie η_Q bei *indirekter Belastung* dargestellt. Zwischen den beiden dem Schnitt F benachbarten Lastübertragungs- oder Knotenpunkten verläuft die Einflußlinie *linear*.

Bei der (später zu behandelnden) Spannungsberechnung des Dreigelenkbogens unter beweglicher Belastung wird mit Vorteil das Biegungsmoment in bezug auf einen oberhalb bzw. unterhalb der Bogenaxe liegenden Punkt, den sogenannten Kernpunkt, verwendet. In Abbildung 105 ist die Einflußlinie $\eta_{M_{K_0}}$

für das *Kernmoment* M_{K_0} dargestellt. Grundsätzlich ist diese Einflußlinie $\eta_{M_{K_0}}$ wie die Einflußlinie η_M (Abb. 99) aus

$$\eta_{M_{K_0}} = \eta_{M_{K_0}} - y_{0_{K_0}} \cdot \eta_H$$

zu konstruieren; ein Unterschied in der Form ergibt sich dadurch, daß der erste Ast links der Einflußlinie nicht nur bis zur Senkrechten durch K_0, sondern bis zur Senkrechten durch den Schwerpunkt S im Schnitt F gilt. Dieser kleine Zwickel ist auch dadurch erklärlich, daß wir diese Einflußlinie auch aus

$$\eta_{M_{K_0}} = \eta_{M_0{}_{k_0}} - k_0 \cdot \eta_N$$

konstruieren können.

4. Verstärkte Balken mit Zwischengelenken

a) LANGERscher Balken

Ein Balken kann verstärkt werden durch einen polygonalen gelenkigen Stabzug, dessen Gelenke durch Pfosten oder Hängestangen mit dem Balken verbunden sind. Einen solchen verstärkten Balken nach Abbildung 106 nennen wir einen LANGER*schen Balken*[1]) *mit Mittelgelenk.*

Außer den drei unbekannten Auflagergrößen A, A_h und B sind die Stabkräfte S im Stabzug unbekannt. Betrachten wir den Gleichgewichtszustand eines Stabbogenknotenpunktes m, zum Beispiel des Knotenpunktes 1, so finden wir aus dem Kräftedreieck, wegen der lotrechten Richtung von V_1

$$S_1 \cdot \cos \alpha_1 = S_2 \cdot \cos \alpha_2 = S_m \cdot \cos \alpha_m = H \; ;$$

die Horizontalkomponente H der Stabbogenkräfte S ist konstant. Ferner finden wir

$$V_1 = S_1 \cdot \sin \alpha_1 - S_2 \cdot \sin \alpha_2 = H \, (\operatorname{tg} \alpha_1 - \operatorname{tg} \alpha_2) \,.$$

Ist somit die Horizontalkraft H bekannt, so sind die Kräfte S und V ebenfalls bestimmt. Zur Bestimmung der vier Unbekannten A, A_h, B und H stehen uns die drei Gleichgewichtsbedingungen der Ebene und eine Gelenkbedingung $M_G = 0$ zur Verfügung. *Mit einem Mittelgelenk G ist der* LANGER*sche Balken statisch bestimmt;* ohne Mittelgelenk wäre er einfach statisch unbestimmt.

Die Hängestangenkräfte V wirken von unten nach oben, also entlastend auf den Balken. Die durch sie verursachten negativen Biegungsmomente auf einen einfachen Balken AB ohne Mittelgelenk, den wir als Grundsystem wählen, ergeben sich aus folgender Überlegung: Die aneinandergereihten Kräftedreiecke, die die Gleichgewichtsbedingungen an den Stabbogenknotenpunkten

---

[1]) Josef Langer: Die ausschl. priv. bogenförmigen Gitterbrücken mit Trägern von gleichem Widerstand. Wien 1859.

ausdrücken, bilden zusammen ein Kräftepolygon zu den Kräften V. Das zugehörige Seilpolygon wird nun aber durch den Stabzug selbst gebildet. Die Momente M_V infolge der Kräfte V betragen somit

$$M_V = -H \cdot y_0,$$

wobei wir die Ordinaten y_0 zwischen dem Stabzug und der «Schlußlinie» durch

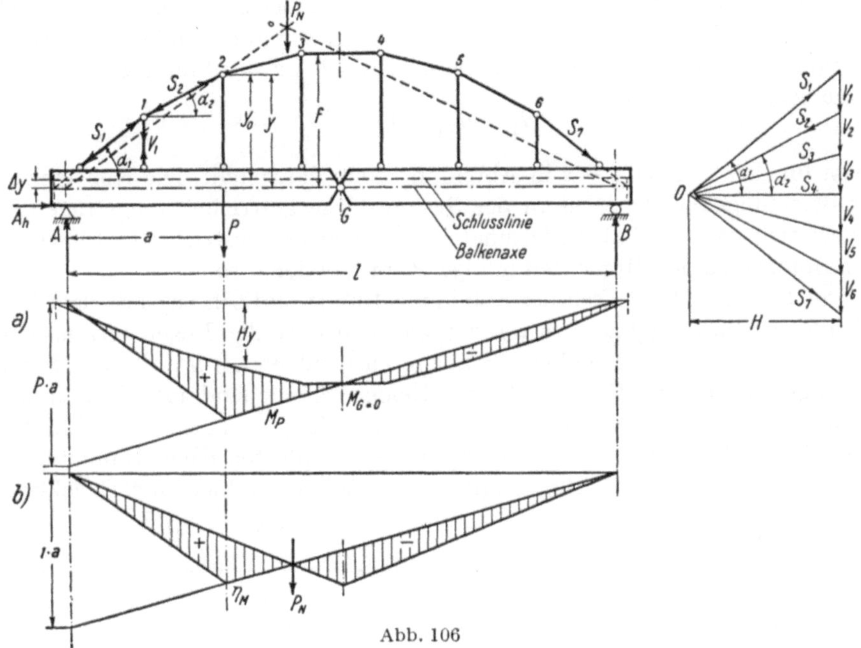

Abb. 106

die Schnittpunkte der äußersten Gelenkstäbe S_1 und S_7 mit den Auflagersenkrechten A und B messen. Zerlegen wir nun in diesen Schnittpunkten, die um den Betrag Δy oberhalb der Stabaxe liegen, die auf den Balken wirkenden Stabkräfte S_1 und S_7 in vertikale und horizontale Komponenten, so erkennen wir, daß die vertikalen Komponenten $H \cdot \mathrm{tg}\,\alpha$ direkt in den Auflagersenkrechten wirken, während die waagrechten Komponenten H im Balken die Biegungsmomente

$$M_H = -H \cdot \Delta y$$

(sowie die Längskräfte H) verursachen. Bezeichnen wir die Momente aus der äußeren Belastung im Grundsystem (einfacher Balken AB) mit M_0, so wirken auf den verstärkten Balken mit $y = y_0 + \Delta y$ insgesamt die Momente

$$M = M_0 - H \cdot y.$$

Die Größe der Horizontalkraft ergibt sich nun mit $y_G = f$ aus der Gelenkbedingung $M_G = 0$

$$M_G = M_{0G} - H \cdot f = 0$$

zu

$$H = \frac{M_{0G}}{f}.$$

Die Querkräfte können wir aus $Q = \dfrac{dM}{dx}$ bestimmen zu

$$Q = Q_0 - H \cdot \mathrm{tg}\,\alpha.$$

In Abbildung 106a ist die Momentenfläche infolge einer Einzellast P dargestellt.

Die Einflußlinien der Schnittgrößen lassen sich nun ebenfalls durch Superposition gewinnen. So ergibt sich beispielsweise die Einflußlinie η_M für das Biegungsmoment M zu

$$\eta_M = \eta_{M_0} - y \cdot \eta_H ;$$

sie ist für den Schnitt $x = a$ in Abbildung 106b dargestellt. Die Konstruktion der Belastungsscheide P ist in der Systemskizze gestrichelt eingetragen; sie erklärt sich daraus, daß die Ordinaten zwischen den gestrichelten Linien und dem Stabzug zu den Momenten infolge P_N proportional sind.

Der LANGERsche Balken der Abbildung 106 ist statisch eng mit dem Dreigelenkbogen mit Zugband verwandt; während dort der Bogen biegungssteif und das Zugband als gelenkiger Stabzug ausgebildet ist, ist hier der Balken biegungssteif und der Bogen gelenkig. Beide Systeme sind äußerlich einfache Balken. Statt eines gedrückten Stabzuges mit Hängestangen nach Abbildung 106 kann auch ein gezogener Stabzug mit Druckpfosten nach Abbildung 107 angeordnet werden. Die Längskraft H im Balken ist hier eine Druckkraft.

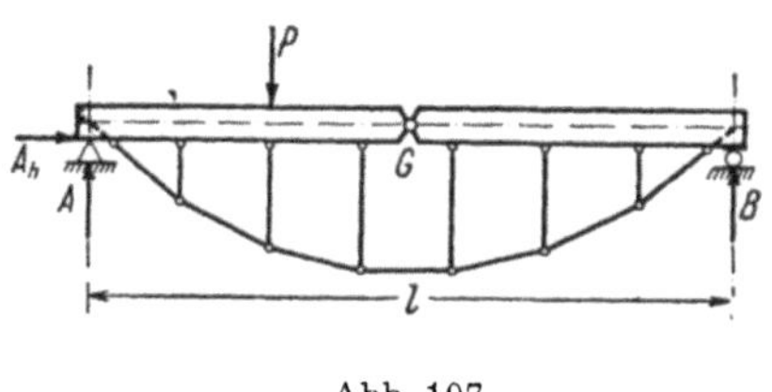

Abb. 107   Abb. 108

b) Versteifter Stabbogen

Der in Abbildung 108 dargestellte *versteifte Stabbogen* mit Mittelgelenk unterscheidet sich dadurch vom LANGERschen Balken der Abbildung 106, daß der gedrückte Stabzug die Widerlager direkt belastet mit den Auflagerkräften $H \cdot \mathrm{tg}\,\alpha$ lotrecht und H waagrecht. Die lotrechten Auflagerkräfte A und B des «*Versteifungsträgers*», wie der Balken AB auch genannt wird, weil er den Stabzug aussteift, betragen deshalb

$$A = A_0 - H \cdot \mathrm{tg}\,\alpha, \qquad B = B_0 - H \cdot \mathrm{tg}\,\alpha.$$

Die Momente und Querkräfte im Balken sind dieselben wie beim LANGERschen Balken, dagegen treten unter lotrechter Belastung keine Längskräfte im Balken auf.

c) Hängebrücke

Die Mittelöffnung l der statisch bestimmten Hängebrücke der Abbildung 109 kann als eine Umkehrung des versteiften Stabbogens (Abb. 108) aufgefaßt werden. Der gezogene Stabzug, der als Kette oder Kabel ausgebildet werden kann, wird über zwei gelenkige Pylonen zu den Verankerungen geführt; er kann auch zur Aufhängung oder Verstärkung der Seitenfelder l_1 ausgenützt

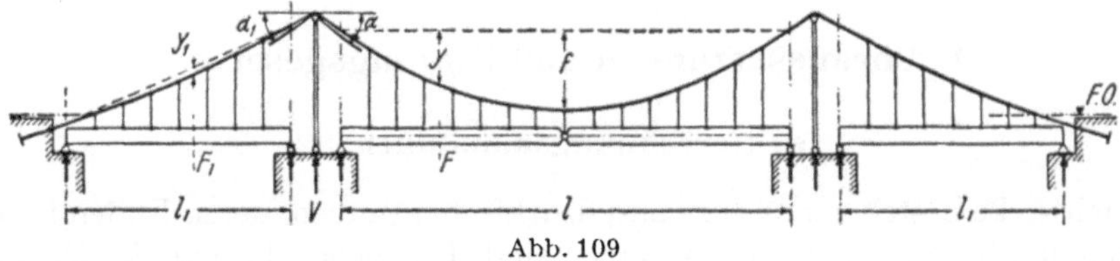

Abb. 109

werden. Die Horizontalkomponente H der Stabzugkraft ist über die ganze Brückenlänge konstant; es ist hier wieder

$$H = \frac{M_{0G}}{f}, \qquad M = M_0 - H \cdot y.$$

Die Pylonen haben die Ablenkungskraft V

$$V = H \cdot (\operatorname{tg} \alpha + \operatorname{tg} \alpha_1)$$

zu übertragen.

Die hier besprochenen verstärkten Balken mit Zwischengelenken (Abb. 106 bis 109) besitzen heute keine große praktische Bedeutung mehr; die Anordnung von Zwischengelenken vermindert gegenüber den entsprechenden statisch unbestimmten Tragwerken ohne Gelenke die Steifigkeit und verteuert die Ausführung. Die einfachere Berechnung eines statisch bestimmten Tragwerks gegenüber einem statisch unbestimmten rechtfertigt die Anordnung von Gelenken auf keinen Fall. Wir haben unsere Tragwerke so zu entwerfen, daß sie ihre Aufgabe, die Belastungen mit beabsichtigtem Sicherheitsgrad und genügender Steifigkeit zu übertragen, möglichst wirtschaftlich erfüllen können; es wäre eine Herabwürdigung der Baustatik und eine vollkommene Verkennung ihrer Aufgabe, wenn wir auf Kosten der Güte des Bauwerks und seiner einwandfreien baulichen Gestaltung durch Einschaltung von Gelenken die Berechnung zu vereinfachen suchen würden, wenn durch diese Anordnung von Gelenken keine baulichen Vorteile resultieren. Die Besprechung der statisch bestimmten verstärkten Balken (Abb. 106 bis 109) hatte in der Hauptsache den Sinn, auf das Verständnis der entsprechenden statisch unbestimmten Tragwerke ohne Zwischengelenke vorzubereiten, deren Arbeitsweise von der hier besprochenen sich grundsätzlich nur dadurch unterscheidet, daß die Größe der Horizontalkraft statt aus einer Gelenkbedingung $M_G = 0$ aus einer Elastizitäts- oder Formänderungsbedingung zu bestimmen ist. Diese Elastizitätsbedingung sagt aus, daß der Abstand der Stabzugendpunkte sich beim versteiften Stabbogen und der Hängebrücke nicht, beim LANGERschen Balken um den Betrag der elastischen Längenänderung des Balkens AB ändert.

IV. Statisch bestimmte ebene Fachwerke

1. Voraussetzungen und Bildungsgesetze

a) Berechnungsannahmen

Fachwerke bestehen aus zug- und druckfesten Stäben, deren Enden in den Knotenpunkten miteinander verbunden sind. Im ebenen Fachwerk, das stets Teil eines Raumtragwerkes ist, liegen die Stäbe (Stabaxen) und die angreifenden äußeren Kräfte in einer Ebene, der *Tragwerksebene*.

Zur Berechnung der *Stabkräfte* setzt man in der Konstruktionspraxis seit K. CULMANN, der diese Voraussetzung 1852 einführte, gelenkige und reibungsfreie Verbindung der Stabenden oder reibungsfreie *Gelenkknotenpunkte* voraus (Abb. 110a).

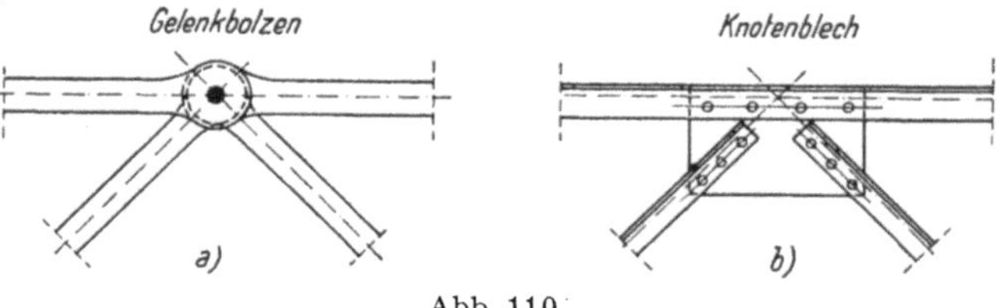

Abb. 110

In Wirklichkeit werden die Knotenpunkte jedoch nicht gelenkig ausgeführt, sondern die Stäbe werden mit Hilfe von Knotenblechen (Abb. 110b) durch Nieten, Schrauben oder auch durch Schweißung biegungssteif miteinander verbunden. Bei der Belastung des Fachwerkes suchen sich die Stäbe unter den Stabkräften elastisch zu verlängern oder zu verkürzen. Da die entsprechenden Winkeländerungen im Stabnetz durch die steifen Knotenpunkte verhindert werden, müssen die Stäbe etwas verbogen werden; es treten somit Zwängungsspannungen bei steifen Knotenpunkten auf, die wir als *Nebenspannungen* bezeichnen.

Neuere Versuche und theoretische Überlegungen zeigen nun aber, daß diese Nebenspannungen, obwohl sie an sich bedeutende Werte erreichen können, die Sicherheit eines Fachwerkes nicht wesentlich beeinflussen, so daß man die CULMANNsche Voraussetzung der reibungsfreien Gelenkknotenpunkte als Grundlage der normalen Theorie des ebenen Fachwerkes beibehalten darf, wenn durch richtige konstruktive Ausbildung der Fachwerke die Nebenspannungen verhältnismäßig klein gehalten werden.

In den Vereinigten Staaten von Amerika war während längerer Zeit noch die Ausbildung von Gelenkbolzenbrücken nach Abbildung 110a verbreitet, nicht so sehr aus Rücksicht auf die Nebenspannungen, als weil solche Fachwerke auch mit verhältnismäßig ungeübten und deshalb billigen Arbeitskräften zusammengebaut werden konnten. Diese Gelenkbolzenbrücken sind wegen ihrer Nachteile heute jedoch praktisch vollständig vom Fachwerk mit steifen Knotenpunkten verdrängt worden.

Damit die Stäbe nur durch Längskräfte, nicht aber durch Biegungsmomente beansprucht werden, sind noch einige weitere Bedingungen zu erfüllen:

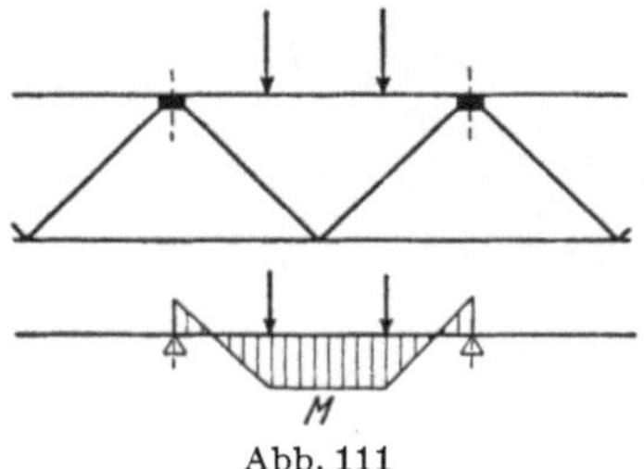

Abb. 111

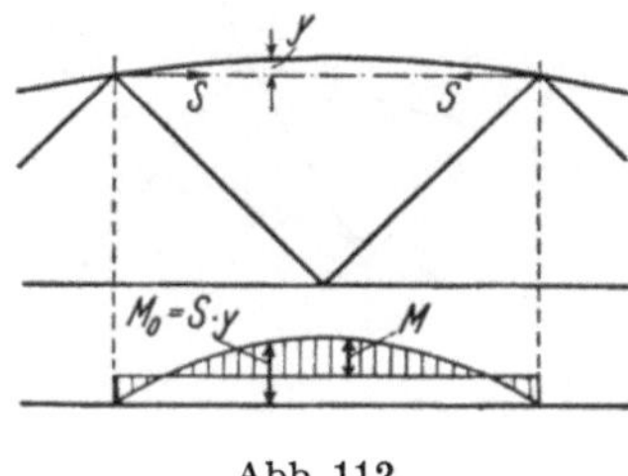

Abb. 112

Die äußern Lasten sollen nur in den Knotenpunkten wirken. Lasten, die zwischen den Knotenpunkten angreifen (Abb. 111), verursachen in den belasteten Stäben Biegungsmomente M; durch die steife Knotenpunktsausbildung werden auch auf die anschließenden Stäbe Biegungsmomente übertragen. Solche Momente sind für den Gleichgewichtszustand hier (im Gegensatz zu den Nebenspannungsmomenten) notwendig; sie sind bei der Bemessung zu berücksichtigen. Fachwerke mit direkt belasteten Stäben nach Abbildung 111 erfordern einen größern Materialaufwand als Fachwerke, die nur in den Knotenpunkten belastet sind; man wird somit solche Stabbelastungen nur in Ausnahmefällen zulassen. Die Berechnung der auftretenden Momente M im hochgradig statisch unbestimmten Tragwerk mit steifen Knoten überschreitet den Rahmen der Baustatik I; wir werden uns hier nur mit Knotenpunktslasten oder Knotenlasten beschäftigen. Genau genommen werden die Stäbe allerdings

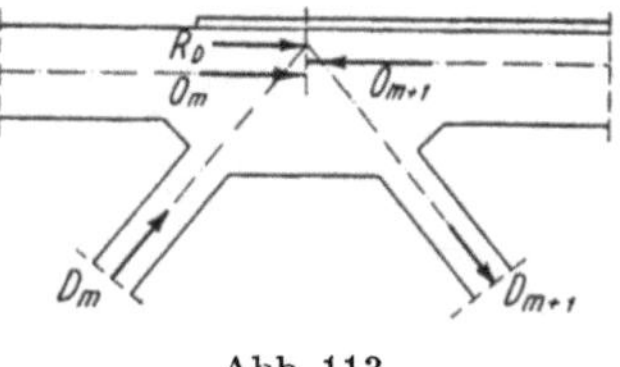

Abb. 113

durch ihr Eigengewicht auch zwischen den Knotenpunkten belastet; doch ist diese Belastung so klein, daß die durch sie verursachten Momente üblicherweise vernachlässigt werden.

Die Stabaxen sollen gerade sein. Bei gekrümmten Stäben kann die Stabkraft nicht mehr in der Stabaxe wirken, so daß Biegungsmomente M entstehen müssen (Abb. 112).

Die Stabaxen der in einem Knoten zusammenstoßenden Stäbe sollen sich in einem Punkt, dem theoretischen Knotenpunkt, schneiden. Diese Forderung ist bei zusammenhängenden Gurtstäben mit verschiedenem unsymmetrischem Querschnitt oft aus konstruktiven Gründen nicht zu erfüllen; die Stäbe sind dann wenigstens möglichst so zu «zentrieren», daß nicht nur Komponentengleichgewicht, sondern auch Momentengleichgewicht möglich ist (Abb. 113).

b) Statische Bestimmtheit

Ein Fachwerkträger ist dann statisch bestimmt, wenn alle Auflager- und Stabkräfte aus Gleichgewichtsbedingungen allein berechnet werden können.

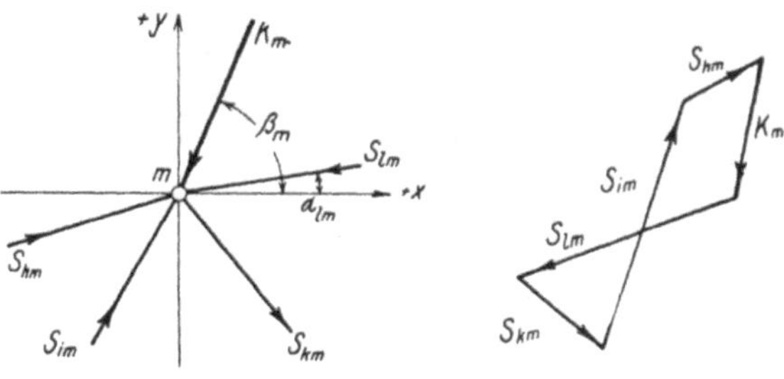

Abb. 114

Da die an einem Knotenpunkt m angreifenden Kräfte K und S miteinander im Gleichgewicht sein müssen, müssen die beiden Komponentengleichgewichtsbedingungen (19a)

$$\Sigma X = K_m \cdot \cos \beta_m + \Sigma S \cdot \cos \alpha = 0$$

$$\Sigma Y = K_m \cdot \sin \beta_m + \Sigma S \cdot \sin \alpha = 0$$

(61)

für Kräfte mit gemeinsamem Angriffspunkt erfüllt sein. Zeichnerisch bedeuten die Gleichgewichtsbedingungen (61), daß das Polygon der Kräfte S und K sich schließen muß. Besitzt das ebene Fachwerk k Knotenpunkte, so stehen zur Berechnung der unbekannten Stabkräfte und Auflagerkräfte, die an den Knotenpunkten angreifen, $2k$ Gleichgewichtsbedingungen zur Verfügung. Besitzt das Fachwerk s Stäbe und a Auflagergrößen, so muß die Bedingung

$$s + a = 2k \qquad (62)$$

erfüllt sein, damit das Fachwerk *statisch bestimmt* sein kann.

Das *einfachste Fachwerk* ist das Stabdreieck (Abb. 115); diese «*Grundfigur*» wird durch ein festes und ein bewegliches Auflager mit insgesamt drei Auflagergrößen unverschieblich gestützt.

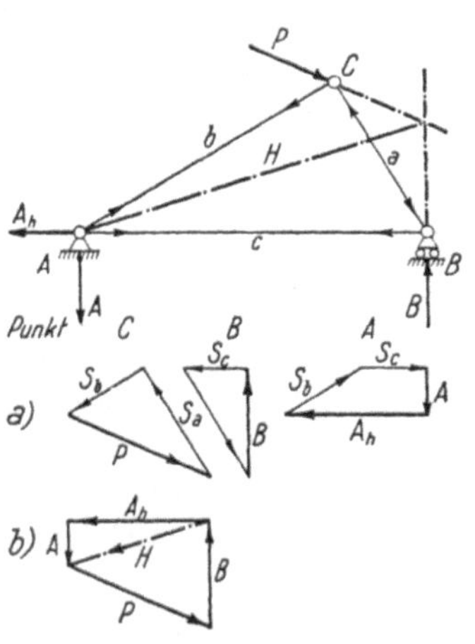

Abb. 115

Mit $s = 3$, $a = 3$, $k = 3$ ist die Bedingung $s + a = 2k$ erfüllt.

Zeichnerisch können wir die $2k$ Gleichgewichtsbedingungen $\Sigma X = 0$, $\Sigma Y = 0$ durch k Kräftepolygone, die sich schließen müssen, ersetzen; jedes dieser Kräftepolygone für die Knotenpunkte A, B und C liefert uns zwei unbekannte

Kräfte. Beginnen wir beim Knotenpunkt C, so finden wir die beiden unbekannten Stabkräfte S_a und S_b. Betrachten wir nun den Knotenpunkt B, so sind dort die Stabkraft S_c und die Auflagerkraft B als Unbekannte zu bestimmen, weil die Stabkraft S_a nun vom Knotenpunkt C her als bekannt eingeführt werden kann. Endlich greifen am Knotenpunkt A, nachdem die Stabkräfte S_b und S_c bestimmt sind, die unbekannten Auflagerkräfte A und A_h an, die durch ein drittes Kräftepolygon zu bestimmen sind.

Nun können wir allerdings die drei unbekannten Auflagerkräfte A, A_h und B auch direkt aus den drei Gleichgewichtsbedingungen der Ebene oder zeichnerisch nach CULMANN (Abb. 115b) bestimmen. Da die Auflagerkräfte aber an Knotenpunkten des Fachwerkes angreifen, müssen sie in den Knotenpunktsgleichungen enthalten sein, die Gleichgewichtsbedingungen der Ebene werden zu ihrer Bestimmung nicht benötigt, sondern sie stehen für *Rechenkontrollen* zur Verfügung.

c) Stabilität der Fachwerke

Die Bedingung $s + a = 2k$ ist zwar notwendig, aber nicht hinreichend, um die statische Bestimmtheit und die Stabilität der Fachwerke zu sichern. Für die beiden Fachwerke der Abbildungen 116 und 117 ist mit $s = 25$, $a = 3$, $k = 14$ die Bedingung

$$s + a = 28 = 2k = 28$$

erfüllt, doch ist nur das Fachwerk Abbildung 116 statisch bestimmt und stabil. Das Fachwerk 117 enthält dagegen ein Gelenkviereck und ist deshalb unstabil, und ferner sind in einem Feld zwei sich kreuzende Streben vorhanden, deren Stabkräfte nicht durch Gleichgewichtsbedingungen allein bestimmt werden könnten; das Fachwerk ist somit auch nicht statisch bestimmt.

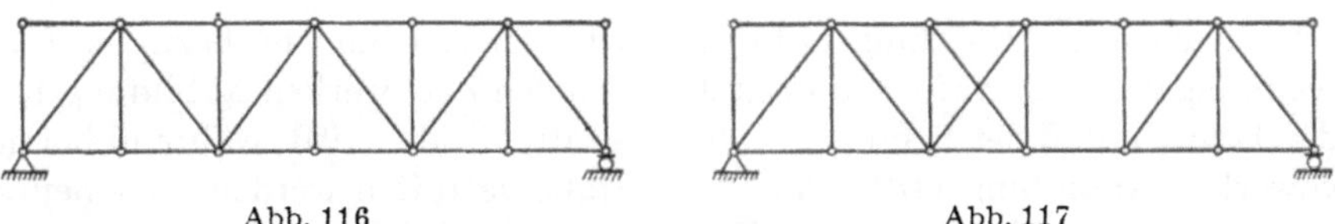

Abb. 116   Abb. 117

Die Bedingung (62) gewährleistet die statische Bestimmtheit nur für stabile ebene Fachwerke. Ein rechnerisches Kriterium für die Stabilität ergibt sich daraus, daß in einem stabilen Fachwerk aus allen möglichen endlichen Belastungen nur endliche Stabkräfte entstehen dürfen, woraus folgt, daß das System unstabil oder verschieblich ist, wenn die *Nennerdeterminante* des für die Gesamtheit aller k Knotenpunkte angeschriebenen Systems von $2k$ Gleichungen (61) verschwindet. Zeichnerisch führt eine *kinematische Untersuchung* (siehe IV, 7) zur Feststellung der Stabilität. Praktisch wird es jedoch kaum je notwendig sein, solche umfangreiche Sonderuntersuchungen durchzuführen, weil, in Verbindung mit Gleichung (62), die Brauchbarkeit eines Fachwerkes bei einiger Erfahrung auf den ersten Blick erkannt werden kann.

d) Bildung der Fachwerkscheiben

Die einfachste und gebräuchlichste Fachwerksform ist das *Dreiecksnetz*. Es wird dadurch gebildet, daß, ausgehend von einem Grunddreieck, jeder weitere Knotenpunkt durch zwei Stäbe angeschlossen wird (Abb. 118).

Da für jeden neuen Knotenpunkt zwei Gleichgewichtsbedingungen (61) angeschrieben werden können, die zur Bestimmung der beiden zu seinem Anschluß erforderlichen unbekannten Stabkräfte gerade ausreichen, bleibt die statische Bestimmtheit erhalten. Wir ändern auch nichts an der Zahl der Unbekannten und damit an der statischen Bestimmtheit, wenn wir nachträglich das Lager B

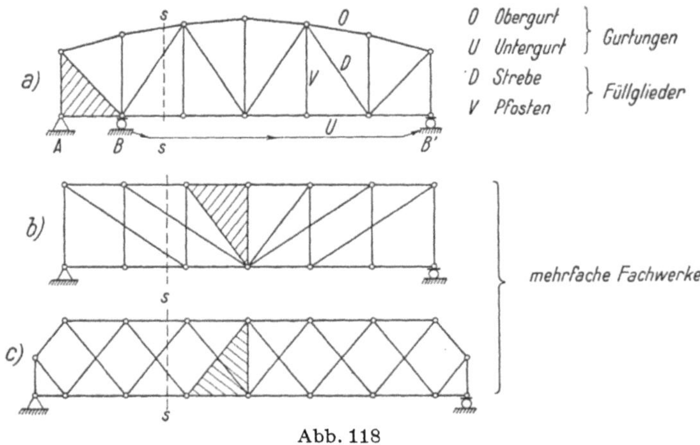

Abb. 118

nach B' verschieben. Da das Fachwerk sich nur aus unverschieblichen Dreiecken zusammensetzt, ist auch seine Unverschieblichkeit oder Stabilität gewährleistet.

Das Fachwerk Abbildung 118a unterscheidet sich nun in bezug auf die Berechnung der Stabkräfte grundsätzlich von den Fachwerken Abbildung 118b und c dadurch, daß der Schnitt $s-s$ hier nur drei Stäbe trifft, während bei den Fachwerken Abbildung 118b und c vier Stäbe getroffen werden. Wir nennen Fachwerke nach Abbildung 118a Fachwerke mit einfachem Strebenzug oder einfache Fachwerke oder auch Fachwerke mit einfachem Dreiecksnetz. Diese Bauart entspricht in ihrem Aufbau den Gleichgewichtsbedingungen (61) insofern am direktesten, als zur Bestimmung der unbekannten Stabkräfte das Gleichungssystem (61) durch voneinander unabhängige Gleichungen oder Gleichungsgruppen mit nur ein bis zwei Unbekannten ersetzt werden kann. Das Fachwerk mit einfachem Strebenzug bildet heute die Normalbauart des ebenen Fachwerkes; da bei ihm auch die Berechnung der Stabkräfte am einfachsten ist, werden wir uns zunächst nur mit ihm beschäftigen. Die Berechnung der mehrfachen Fachwerke, von denen die Abbildungen 118b und c Beispiele darstellen, soll dagegen in einem besonderen Abschnitt (IV, 6) behandelt werden.

Ebene Fachwerke können auch dadurch gebildet werden, daß wir an eine bestehende Scheibe einen neuen Knotenpunkt mit zwei Scheiben statt mit zwei Stäben anschließen; die drei dabei auftretenden Knotenpunkte 1, 2, 3 können dabei wirkliche Gelenke sein, wie in Abbildung 119a, oder sie können als ideelle Gelenke aus je zwei Stäben gebildet werden, wie in Abbildung 119b.

Durch passende Zerlegung der Belastung in Teilbelastungen können die Gelenkkräfte immer auf einfache Weise aus den Gleichgewichtsbedingungen der Ebene bestimmt werden; da damit aber alle äußern Kräfte der einzelnen

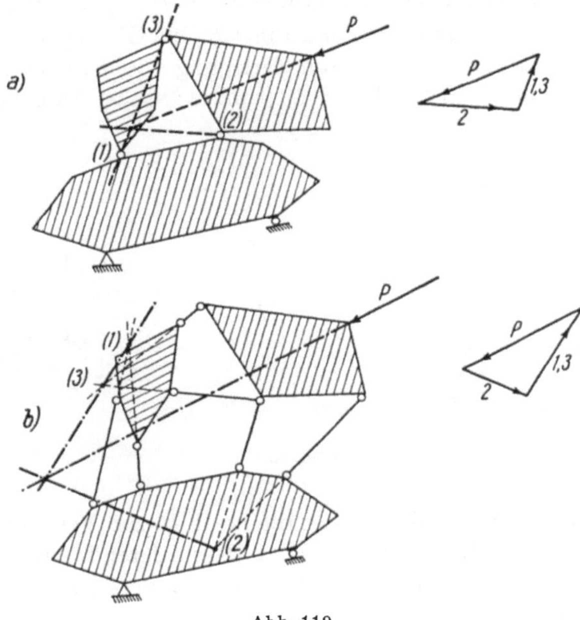

Abb. 119

Scheiben bekannt sind, können nun auch die Stabkräfte (bzw. die inneren Schnittgrößen bei vollwandigen Scheiben) mit den normalen Berechnungsverfahren berechnet werden.

2. Berechnungsverfahren nach CULMANN, A. RITTER und CREMONA

Diese drei statischen Berechnungsverfahren für Fachwerke mit einfachem Dreiecksnetz setzen voraus, daß alle an einer Fachwerkscheibe angreifenden Kräfte bekannt sind, daß also die Auflagerkräfte oder bei zusammengesetzten Fachwerken auch die Gelenkkräfte aus den Gleichgewichtsbedingungen der Ebene bestimmt worden sind. Das zeichnerische Verfahren von CULMANN und das rechnerische Verfahren von A. RITTER bestimmen die Stabkräfte durch Betrachtung des Gleichgewichtszustandes eines abgeschnitten gedachten Trägerteiles, während das Verfahren von CREMONA eine zeichnerische Auswertung der Gleichgewichtsbedingungen (61) für die Knotenpunkte darstellt.

a) Das CULMANNsche Schnittverfahren

Trennen wir die Fachwerkscheibe durch einen Schnitt $s-s$, so müssen die am linken (oder rechten) abgeschnittenen Trägerteil wirkenden Kräfte, einschließlich der drei unbekannten Stabkräfte O, D und U, miteinander im Gleichgewicht stehen. Nachdem die Auflagerkräfte A und B aus der gegebenen äußeren Belastung bestimmt sind, ermitteln wir die Resultierende R_l aller am linken Trägerteil angreifenden äußeren Kräfte A, P_1, P_2. Die Resultierende der gesuchten Stabkräfte O, D und U muß mit R_l im Gleichgewicht stehen; wir finden deshalb diese Stabkräfte durch Zerlegung von R_l nach den drei gegebenen Wirkungslinien von O, D und U (CULMANNsche Aufgabe), wobei uns

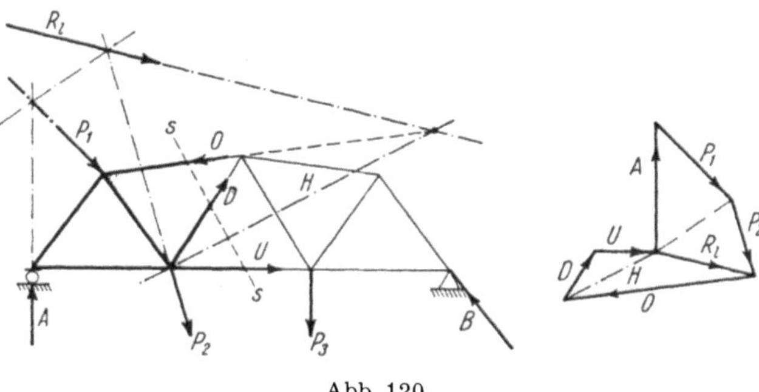

Abb. 120

drei Möglichkeiten für die Wahl der Hilfskraft H zur Verfügung stehen. In Abbildung 120 wurde die Hilfskraft H als Resultierende von D und U eingeführt. Durch Wiederholung des Verfahrens für verschiedene Schnitte $s-s$ werden der Reihe nach alle gesuchten Stabkräfte bestimmt. Das CULMANNsche Verfahren versagt für Schnitte $s-s$, die mehr als drei unbekannte Stabkräfte S treffen.

b) Das Momentenverfahren nach AUGUST RITTER

Das Momentenverfahren von A. RITTER beruht darauf, daß die drei Gleichgewichtsbedingungen der Ebene durch drei Momentengleichgewichtsbedingungen (20) für drei verschiedene Bezugspunkte ausgedrückt werden können. Durch passende Wahl der Bezugspunkte erreichen wir, daß in jeder der drei Gleichungen nur je eine unbekannte Stabkraft vorkommt, die drei Bestimmungsgleichungen also voneinander unabhängig werden.

Um die Stabkraft O im Obergurt zu finden, wählen wir als Momentenbezugspunkt oder «*Drehpol*» den Schnittpunkt o der andern beiden unbekannten Stabkräfte D und U (Abb. 121). Bezeichnen wir die Resultierende der am abgeschnitten gedachten Trägerteil wirkenden äußeren Kräfte wieder mit R_l und nehmen wir die gesuchte Stabkraft O zunächst als Zugkraft an, so lautet die Momentengleichung bezüglich o

$$R_l \cdot a_o + O \cdot r_o = 0$$

oder es ist

$$O = - \frac{R_l \cdot a_o}{r_o} \, . \tag{63a}$$

Analog finden wir

$$U = + \frac{R_l \cdot a_u}{r_u} \tag{63b}$$

und

$$D = - \frac{R_l \cdot a_d}{r_d} \, . \tag{63c}$$

Das RITTERsche Momentenverfahren ist besonders für die Bestimmung der Gurtkräfte O und U bequem; die dabei auftretenden Momente $M_o = R_l \cdot a_o$

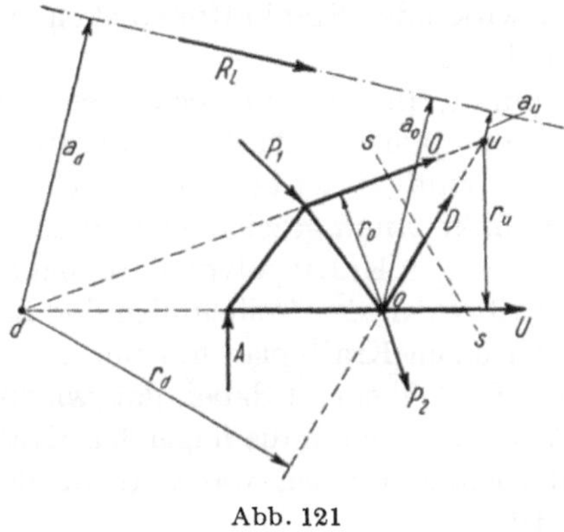

Abb. 121

und $M_u = R_l \cdot a_u$ können dabei aus einer Momentenfläche (Seilpolygon) entnommen werden.

Für die Diagonalen D eignet sich das Verfahren meist weniger gut, weil der Drehpol d als Schnittpunkt der Gurtstäbe O und U häufig sich aus einem schleifenden Schnitt ergibt und weit außerhalb des Trägers liegt. Die Gleichung (63c) kann aber durch eine Komponentengleichgewichtsbedingung ersetzt werden, die nur noch eine Unbekannte enthält, sobald die geschnittenen Gurtkräfte durch die Gleichungen (63a und b) bestimmt sind.

Auch das RITTERsche Momentenverfahren versagt, sobald durch den Schnitt $s-s$ mehr als drei unbekannte Stabkräfte getroffen werden.

c) Kräftepläne nach CREMONA

Wir können der Reihe nach alle Stabkräfte eines Fachwerkes bestimmen, wenn wir sukzessive für jeden Knotenpunkt die Gleichgewichtsbedingungen (61) anschreiben. Wenn es uns gelingt, der Reihe nach Knotenpunkte mit nur je zwei neuen unbekannten Stabkräften aufzufinden, so wird sich das System von $2k$ Gleichungen in k voneinander unabhängige Gleichungsgruppen mit nur je zwei Unbekannten auflösen; jede dieser unabhängigen Gleichungsgruppen läßt sich nun aber auch zeichnerisch dadurch lösen, daß das Polygon der im Knotenpunkt angreifenden Kräfte K und S (vergleiche Abb. 114) sich schließen muß. Um aber überhaupt mit Knotenpunkten beginnen zu können, an denen nur zwei unbekannte Kräfte angreifen, ist es im allgemeinen notwendig, die Auflagerkräfte (und die Gelenkkräfte bei zusammengesetzten Fachwerken) vorgängig der Stabkraftberechnung durch die Gleichgewichtsbedingungen der Ebene zu bestimmen.

In Abbildung 122 sind die Stabkräfte in einem Fachwerkbalken durch solche Kräftepläne, ausgehend vom Auflagerknotenpunkt A, bestimmt.

Am Auflagerknotenpunkt A ist bekannt die Auflagerkraft, gesucht sind dagegen die beiden Stabkräfte S_a und S_b; diese sind bestimmt durch das geschlossene Kräftepolygon der drei Kräfte A, S_a und S_b. Die Richtungen der auf den Knotenpunkt A wirkenden Stabkräfte ergeben sich aus dem stetigen Umlaufsinn des Kräftepolygons.

Der nächste Knotenpunkt, an dem nur noch zwei unbekannte Stabkräfte angreifen, ist nun der Knotenpunkt 2, da die Stabkraft S_a, mit umgekehrter Richtung, uns vom Knotenpunkt A her bekannt ist. Es kann also das Kräftepolygon für den Knotenpunkt 2 nun gezeichnet werden, indem wir die Stabkraft S_a aus dem vorhergehenden Kräftepolygon übernehmen.

Wir erkennen nun, daß wir in der Reihenfolge der Knotenpunkte 3, 4, 5 usw. fortschreitend immer einen Kräfteplan mit nur zwei unbekannten Stabkräften zeichnen können. Unbequem ist dabei, daß wir immer einzelne Stabkräfte aus früheren Kräftepolygonen in die folgenden Kräftepläne übertragen, im ganzen also zweimal zeichnen müssen, was stets mit der Gefahr von Ungenauigkeiten verbunden ist.

Wir können nun diesen Nachteil vermeiden, indem wir alle Einzelpläne in einem einzigen Kräfteplan, in einem «CREMONA*plan*», so genannt nach dem italienischen Ingenieur CREMONA (1830 —1903), vereinigen. Damit aber jede Kraft nur einmal gezeichnet werden muß, sind die beiden folgenden Regeln zu beachten:

Die Kräfte im Kräftepolygon eines Knotenpunktes sind stets so aneinanderzureihen, wie sie beim Umfahren des Knotenpunktes in einem bestimmten, für das ganze Fachwerk gleichbleibenden Umfahrungssinn angetroffen werden. Ebenso sind alle äußeren Kräfte in derjenigen Reihenfolge der Knotenpunkte aneinanderzureihen, die sich aus dem Umfahren der ganzen Fachwerkscheibe im gleichen Umfahrungssinn ergibt.

Die Richtigkeit dieser beiden Regeln erkennen wir an einem praktischen Beispiel sofort, wenn wir die Kräfte in einem Teilplan in einer andern Reihenfolge aneinanderreihen; ein solcher Teilplan paßt nicht mehr in den CREMONAplan. Im Beispiel der Abbildung 122 ist die Reihenfolge der Kräfte in den Kräfteplänen und damit auch die Reihenfolge der äußeren Kräfte im CREMONAplan entsprechend der Umfahrung im Sinne des Uhrzeigers angenommen. Das Kräftepolygon der äußeren Kräfte, wie es zur Bestimmung der Auflagerkräfte A und B aus der Resultierenden R verwendet wurde, kann also im allgemeinen für den CREMONAplan nicht oder nur teilweise verwendet werden; es muß hierfür neu aufgezeichnet werden. entsprechend der hier nötigen Reihenfolge.

Kräfte, die im Innern des Fachwerkes, an Kreuzungspunkten von sich kreuzenden Streben, angreifen, werden für das Zeichnen des CREMONAplans durch einen gedachten Zusatzstab auf einen ideellen Gurtknotenpunkt verschoben angenommen.

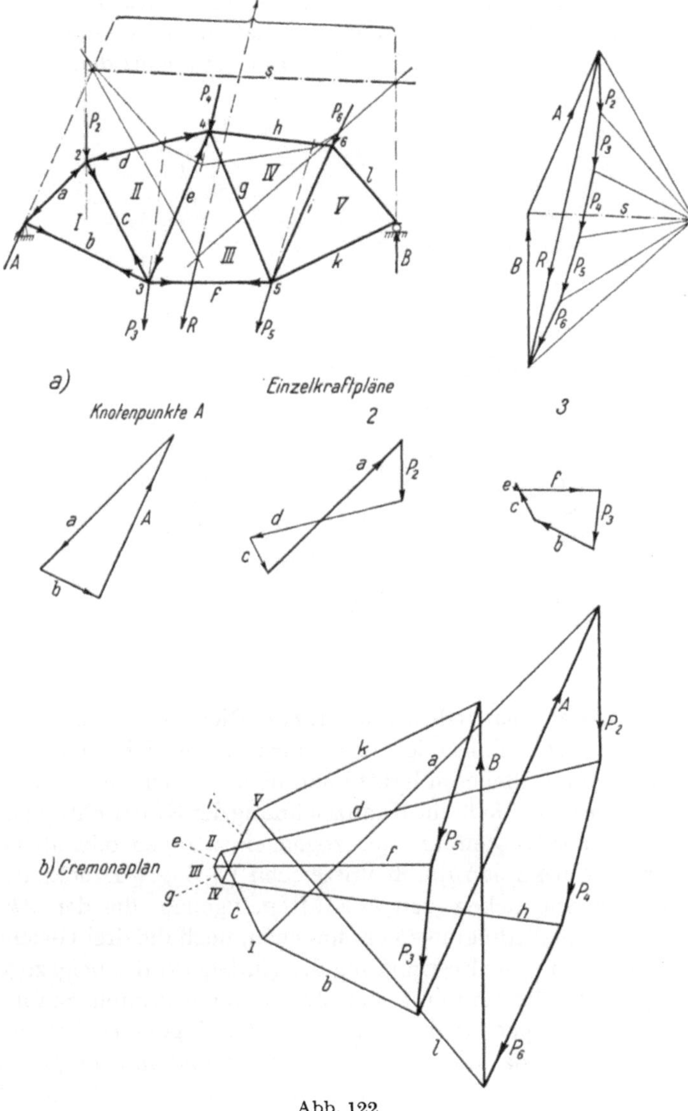

Abb. 122

Die richtige Reihenfolge der Stabkräfte im CREMONAplan ergibt sich auch aus der Beachtung der folgenden beiden Beziehungen, die wir aus dem Vergleich von Netzplan und CREMONAplan der Abbildung 122 herauslesen können:

Die Stabkraft in einem Randstab des Netzplans geht im CREMONA*plan durch den Schnittpunkt der beiden an den Enden des Randstabes angreifenden Knotenlasten*
und
Stabkräfte, deren Stabaxen im Netzplan ein Dreieck bilden, schneiden sich im CREMONA*plan in einem Punkt (I, II usw.).*

Die erste Beziehung ist in der zweiten enthalten, wenn wir uns die benachbarten Knotenlasten bis zu ihrem Schnittpunkt verlängert denken.

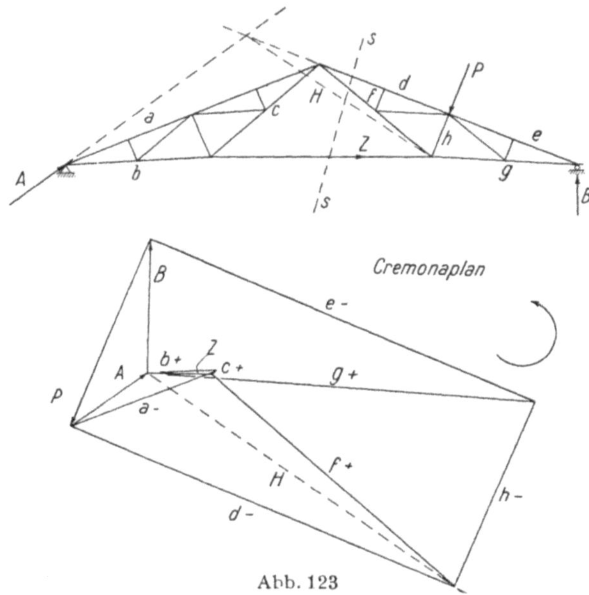

Abb. 123

Da nun im CREMONAplan jede Stabkraft zwei Richtungen besitzt, je nachdem sie auf den Knotenpunkt links oder rechts wirkt, ist es nicht mehr möglich, die Kraftrichtungen durch Pfeile im Kräfteplan übersichtlich zu kennzeichnen. Es empfiehlt sich daher, die Pfeile zur Kennzeichnung der Kraftrichtungen im Netzplan, auf die einzelnen Knotenpunkte bezogen, einzutragen, oder aber die Kraftrichtungen im CREMONAplan durch Vorzeichen (+ Zug, − Druck) festzulegen.

Dadurch, daß wir neben den k Kräftepolygonen, die den $2k$ Knotenpunkts-Gleichgewichtsbedingungen entsprechen, noch die drei Gleichgewichtsbedingungen der Ebene zur Bestimmung der Auflagerkräfte beigezogen haben, müssen sich bei der Bestimmung der $2k-3$ unbekannten Stabkräfte Genauigkeitskontrollen ergeben; die letzten Kräftepolygone enthalten nur noch eine oder gar keine unbekannte Stabkraft mehr und müssen sich trotzdem schließen. Es empfiehlt sich jedoch bei größeren CREMONAplänen schon etwa in Trägermitte die Genauigkeit durch eine Stabkraftbestimmung nach CULMANN oder A. RITTER zu überprüfen.

In zusammengesetzten Fachwerken kommt es vor, daß wir im Verlaufe der Stabkraftsbestimmung nur noch Knotenpunkte mit mehr als zwei unbekannten Stabkräften antreffen.

Ein solches Beispiel ist in Abbildung 123 dargestellt. Nun kann aber die Kraft Z durch einen Schnitt $s-s$ mit Hilfe der Gleichgewichtsbedingungen der Ebene sofort bestimmt und beim Knotenpunkt 4 als bekannte Kraft in den CREMONAplan eingeführt werden. Dafür werden sich zusätzliche Genauigkeitskontrollen ergeben.

Daneben besteht aber auch die Möglichkeit, den CREMONAplan direkt von der CULMANNschen Kräftezerlegung ausgehend zu zeichnen, wie dies in Abbildung 123 dargestellt ist. Der Umfahrungssinn, der beim Zeichnen der einzelnen Kräftepläne des CREMONAplanes zu beachten ist, kann allerdings nun nicht mehr frei gewählt werden, sondern ist durch die Reihenfolge der durch das Schnittverfahren bestimmten Kräfte festgelegt. Vereinfachungen können sich auch dadurch ergeben, dass vor Beginn des Kräfteplanes unbeanspruchte Stäbe ausgeschaltet gedacht werden.

3. Einfache Fachwerkbalken

a) Bauarten

In Abbildung 124 sind charakteristische Bauarten von einfachen Fachwerkbalken mit einfachen Dreiecksnetzen zusammengestellt.

Bei einer Unterscheidung nach der *Form der Gurtungen* erhalten wir folgende Trägerarten:

Parallelträger: Die beiden Gurtungen sind parallel oder die Trägerhöhe h ist konstant. Dank der einfachen Herstellung ist der Parallelträger heute die Normalbauart für die Hauptträger von Brücken kleiner und mittlerer Spannweite. Der Parallelträger mit abgeschrägten Enden (Abb. 124b und c) wird auch etwa als Trapezträger bezeichnet.

Parabelträger: Die Knotenpunkte der einen oder beider Gurtungen liegen auf einer Parabel, wobei beide Gurtaxen sich in den Auflagerpunkten schneiden. Für gleichmäßig verteilte Belastung werden die Horizontalkomponenten der Gurtstabkräfte konstant und die Streben spannungslos. Konstruktiv ist ungünstig, daß in den Auflagerknotenpunkten maximale Stabkräfte anzuschließen sind. Der Parabelträger wird heute bei Neubauten kaum mehr verwendet.

Halbparabelträger: Die Knotenpunkte der einen Gurtung liegen auf einer Parabel, die jedoch die Axe der andern Gurtung außerhalb der Spannweite schneidet. Für die Hauptträger von Balkenbrücken großer Spannweite ist der Halbparabelträger die wirtschaftlichste Bauart.

Schwedlerträger: Die eine Gurtung wird so geformt, daß in allen Diagonalen stets nur Zugkräfte auftreten. Die Diagonalen können dann als schlanke Zugstäbe («schlaffe Diagonalen») ausgebildet werden. Da heute schlaffe Stäbe wegen ihrer baulichen Nachteile nicht mehr verwendet werden, besitzt diese vom deutschen Ingenieur SCHWEDLER (1823—1894) erfundene Bauart heute keine praktische Bedeutung mehr.

Dachbinder: Durch die Anpassung der oberen Gurtung an die Dachneigung entstehen Sonderformen, von denen in Abbildung 124i und k zwei Beispiele dargestellt sind. Die Bauart nach Abbildung 124k wird gelegentlich auch als Brückenhauptträger verwendet.

Je nach der *Anordnung der Füllungsglieder* erhalten wir *Ständerfachwerke* (Abb. 124a, d, f, h, i), bei denen die Füllungsglieder abwechslungsweise lotrecht und nach der gleichen Seite geneigt sind, oder *Strebenfachwerke* mit fort-

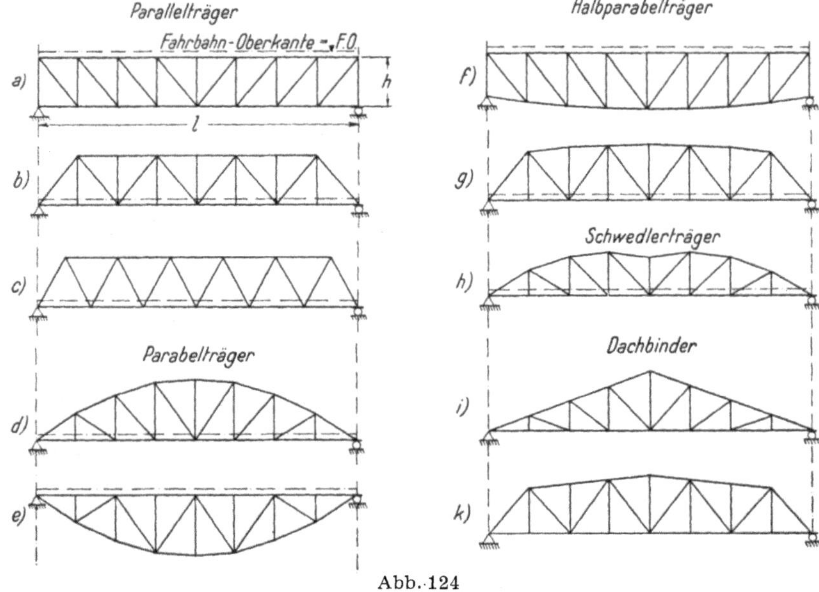

Abb. 124

laufendem Strebenzug, der durch Hilfsständer zur Übertragung von Zwischenknotenlasten unterteilt sein kann (Abb. 124b, e, g, k) oder nicht (Abb. 124c). Die heutige Konstruktionspraxis bevorzugt die Strebenfachwerke, die in der Regel wirtschaftlicher sind als die Ständerfachwerke. In den Mittelfeldern eines Balkens tritt bei beweglicher Belastung ein Vorzeichenwechsel der Querkraft und damit auch der Strebenkräfte auf; um nur mit schlanken Zugstreben auszukommen, ordnete man früher in den Mittelfeldern eine zweite Strebe mit umgekehrter Neigung, eine sogenannte Gegendiagonale, an, um die Querkräfte jeder Richtung mit einer Zugstrebe aufnehmen zu können; heute besitzen Fachwerke mit Gegendiagonalen keine praktische Bedeutung mehr.

b) Graphische Berechnung

Feste Belastung:

Die Stabkräfte infolge einer festen Belastung (ständige Last) werden zeichnerisch durch einen CREMONAplan bestimmt. Dabei ergeben sich bei lotrechter Belastung und Symmetrie in Netzplan und Belastung Vereinfachungen gegenüber dem allgemeinen Fall der Abbildung 122. In Abbildung 125 ist ein

CREMONAplan für einen symmetrischen und symmetrisch durch lotrechte Lasten belasteten Trapezträger bis zur Balkenmitte (Symmetrieaxe) gezeichnet.

Würden die Knotenlasten K_m und K_m' beide am Untergurtknotenpunkt m angreifen, so würden dadurch nur die Stabkräfte in den Hilfsständern V verändert, nicht aber in den Gurtungen und Streben.

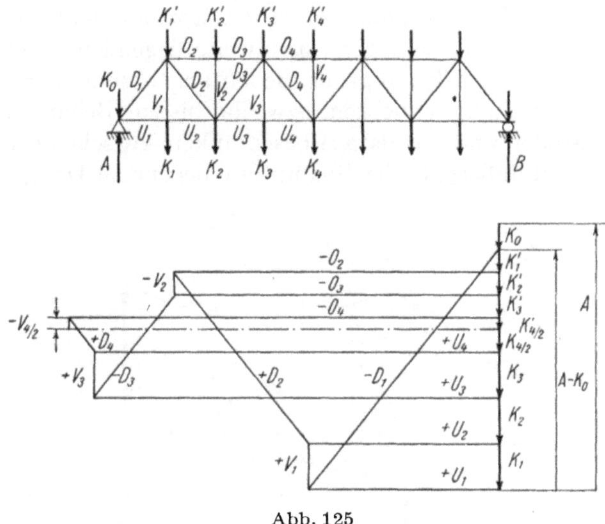

Abb. 125

Bewegliche Belastung:

Hier haben wir zu unterscheiden, ob für die gesuchte Stabkraft Teilbelastung oder Totalbelastung maßgebend ist. Wir betrachten je den Einfluß von Lasten P_l links und P_r rechts vom geschnittenen Feld (Abb. 126a):

Infolge von Lasten P_r rechts vom geschnittenen Feld berechnen wir die Stabkräfte O, D und U durch Gleichgewichtsbetrachtung am linken abgeschnitten gedachten Trägerteil, an dem als einzige äußere Belastung die Auflagerkraft A angreift; für die Lasten P_l berechnen wir die Stabkräfte aus der Auflagerkraft B. Wir erhalten so nach A. RITTER

<table>
<tr><td></td><td>für Lasten P_r</td><td>für Lasten P_l</td></tr>
<tr><td>die Stabkräfte</td><td>$O = -A \cdot \dfrac{a_o}{r_o}$</td><td>$O = -B \cdot \dfrac{b_o}{r_o}$</td></tr>
<tr><td></td><td>$D = +A \cdot \dfrac{a_d}{r_d}$</td><td>$D = -B \cdot \dfrac{b_d}{r_d}$</td></tr>
<tr><td></td><td>$U = +A \cdot \dfrac{a_u}{r_u}$</td><td>$U = +B \cdot \dfrac{b_u}{r_u}.$</td></tr>
</table>

In den Gurtstäben O und U erhalten wir für beide Lastgruppen P_r und P_l Stabkräfte gleichen Vorzeichens, in der Strebe D dagegen verschiedenen Vorzeichens. Betrachten wir noch den Träger Abbildung 126b, bei dem der Drehpol *d* der Strebe *D* innerhalb der Spannweite liegt, so finden wir für beide Lastgruppen P_r und P_l die Stabkraft *D* als Zugkraft. Wir können somit den Schluß ziehen, daß für Stäbe, deren *Drehpol innerhalb der Spannweite* liegt, alle Belastungen P_l und P_r gleichgerichtete Stabkräfte erzeugen; für solche Stäbe ist somit *Totalbelastung maßgebend*. Liegt dagegen der Drehpol *außerhalb* der Spannweite (Strebe *D* in Abb. 126a), so ist *Teilbelastung* maßgebend. Da der Fall der Strebe *D* mit innerhalb der Spannweite liegendem Drehpol *d* beim einfachen Balken praktisch keine große Bedeutung besitzt, können wir vorläufig auf seine Behandlung verzichten, bzw. ihn bis zur Behandlung der Einflußlinien zurückstellen und uns darauf beschränken, zwischen *Gurtungen* und *Füllungsgliedern* (mit außerhalb der Spannweite liegendem Drehpol) zu unterscheiden.

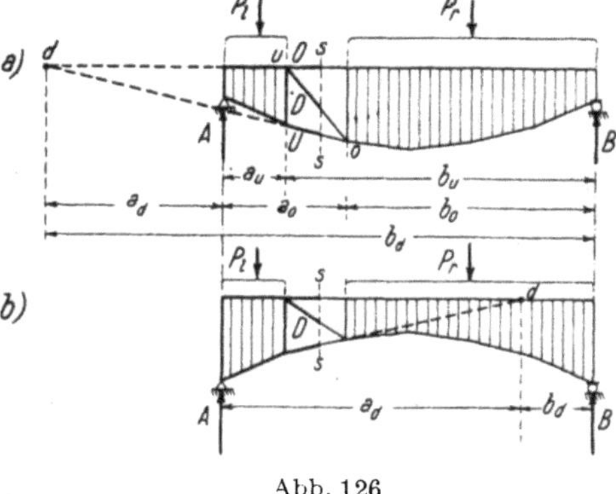

Abb. 126

Gurtungen (Totalbelastung maßgebend):

Bei *gleichmäßig verteilter beweglicher Belastung* erhalten wir die gesuchten größten Gurtstabkräfte aus Totalbelastung über die ganze Spannweite zeichnerisch aus einem CREMONAplan.

Um für einen *beweglichen Lastenzug* die größten Gurtstabkräfte zu finden, müssen wir zunächst die genaue Lage der maßgebenden Laststellung kennen. Da nach A. RITTER die Gurtstabkräfte proportional zu den statischen Momenten bezüglich des Drehpols sind, suchen wir zuerst die größten Momente M_o und M_u aus dem *Seilpolygon mit veränderlicher Schlußlinie* (siehe Abschnitt III, 1, Seite 62) und berechnen daraus die gesuchten Stabkräfte zu

$$O = -\frac{M_o}{r_o}, \qquad U = +\frac{M_u}{r_u}.$$

Graphisch lassen sich die Gurtstabkräfte grundsätzlich durch die CULMANNsche Zerlegung bestimmen, doch ist diese Konstruktion hier wegen der schleifenden Schnitte meistens nicht bequem.

Füllungsglieder (Teilbelastung maßgebend):

Um bei *gleichmäßig verteilter beweglicher Belastung* die maßgebende Belastungslänge zu kennen, müssen wir die *Belastungsscheide* bestimmen (Abb. 127).

Wir verlängern die (unbelastete) obere Gurtung bis zu den Schnittpunkten a und b mit den beiden Auflagersenkrechten; der Schnittpunkt der Verbindungsgeraden von a mit dem Knotenpunkt $m-1$ der belasteten Gurtung und von b mit m liefert die Belastungsscheide. Diese beiden Verbindungsgeraden können wir nämlich als ein Seilpolygon zur Last P_N auffassen; durch die

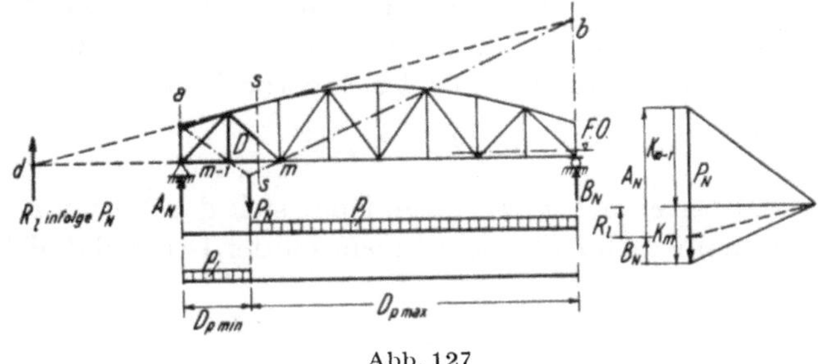

Abb. 127

Schlußlinie $(m-1)-m$ werden im Kräftepolygon die Knotenlasten K_{m-1} und K_m, durch die Schlußlinie $a-b$ dagegen die Auflagerkräfte A und B abgeschnitten. Die Resultierende $R_l = A - K_{m-1}$ aller Kräfte links vom Schnitt $s-s$ liegt im Lageplan im Schnittpunkt der beiden Schlußlinien, der mit dem Drehpol d identisch ist; P_N erzeugt somit keine Stabkraft in der Strebe D und liegt somit in der gesuchten Belastungsscheide.

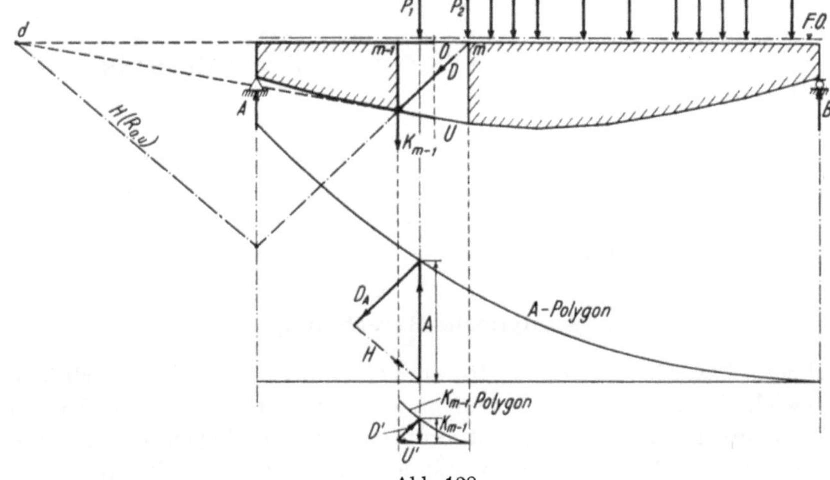

Abb. 128

Die durch die maßgebende Belastung verursachte Stabkraft D kann nun beispielsweise nach CULMANN bestimmt werden.

Für einen *beweglichen Lastenzug* ist die maßgebende Laststellung durch Probieren zu bestimmen, wobei die Verwendung des A-Polygons zweckmäßig ist. In Abbildung 128 ist die Untersuchung der Stabkraft D für die zweite Laststellung dargestellt.

Am linken abgeschnittenen Trägerteil wirken die Auflagerkraft A und die Knotenlast K_{m-1}. Die Auflagerkraft A, die wir im A-Polygon abgreifen können, läßt sich nach CULMANN mit der Hilfskraft H, die die Resultierende von O nnd U darstellt, und der Strebenkraft D_A ins Gleichgewicht setzen. Die Knotenlast K_{m-1} ergibt sich aus dem sekundären A-Polygon für die Knotenlast K_{m-1}; durch Zerlegung nach den Richtungen von D und U erhalten wir die durch sie verursachte Strebenkraft D'. Die gesamte gesuchte Strebenkraft D für die betrachtete Laststellung ergibt sich aus der Superposition

$$D = D_A - D'.$$

Für die erste Laststellung P_1/m vereinfacht sich das Verfahren dadurch, daß K_{m-1} und deshalb auch D' verschwinden. Ist der Drehpol d nicht zugäng-

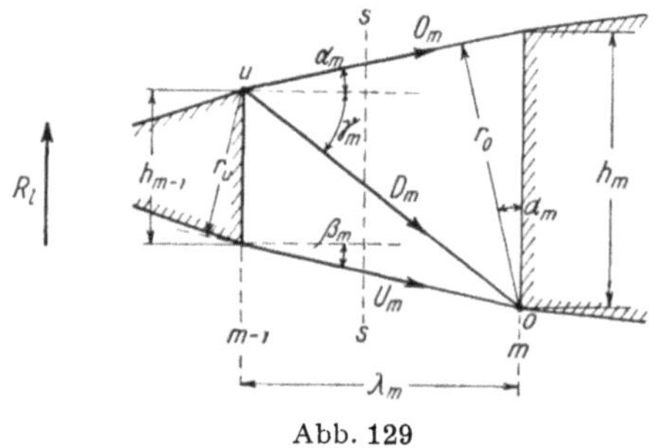

Abb. 129

lich, so müssen aus A alle drei Stabkräfte O, U und D nach CULMANN mit einer andern Hilfskraft bestimmt werden.

Für die Untersuchung der in Abbildung 128 dargestellten Aufgabe sind früher eine ganze Reihe von Sonderverfahren ausgearbeitet worden; sie sind heute jedoch deshalb nicht mehr von wesentlicher praktischer Bedeutung, weil heute die Stabkräfte aus beweglicher Belastung in der Regel mit Hilfe von Einflußlinien bestimmt werden.

c) Analytische Berechnung

Rechnerisch werden die Stabkräfte eines geschnittenen Feldes mit Hilfe der Gleichgewichtsbedingungen der Ebene, am einfachsten in Form der RITTERschen Momentengleichungen (63) bestimmt. Bei unzugänglichem Drehpol d der Strebe D (oder des Pfostens V beim Ständerfachwerk) ist eine Komponentengleichgewichtsbedingung beizuziehen.

Am einfachsten wird die Berechnung, wenn nur *lotrechte Lasten* wirken. Auf diesen Fall bezieht sich die folgende als Beispiel durchgeführte Berechnung (Abb. 129).

Die *Gurtkräfte* ergeben sich mit $M_o = M_m$, $M_u = M_{m-1}$ zu

$$O_m = -\frac{M_m}{r_o}, \qquad U_m = +\frac{M_{m-1}}{r_u}.$$

Setzen wir

$$r_o = h_m \cdot \cos \alpha_m = h_m \cdot \frac{\lambda_m}{o_m}$$

$$r_u = h_{m-1} \cdot \cos \beta_m = h_{m-1} \cdot \frac{\lambda_m}{u_m},$$

wobei o_m, u_m (und d_m) die Längen der Stäbe O, U (und D) bedeuten, so erhalten wir

$$O_m = - \frac{M_m}{h_m} \cdot \frac{o_m}{\lambda_m}, \qquad U_m = \frac{M_{m-1}}{h_{m-1}} \cdot \frac{u_m}{\lambda_m}. \qquad (64a)$$

Die *Strebenkraft* D_m können wir nun aus einer Komponentengleichung $\Sigma X = 0$ berechnen, zu der die lotrechte Resultierende R_l der äußern Kräfte keinen Beitrag liefert:

$$O_m \cdot \cos \alpha_m + U_m \cdot \cos \beta_m + D_m \cdot \cos \gamma_m = 0.$$

Setzen wir hier die Werte für O_m und U_m nach Gleichung (64a) ein und setzen wir wieder

$$\cos \alpha_m = \frac{\lambda_m}{o_m}, \qquad \cos \beta_m = \frac{\lambda_m}{u_m}, \qquad \cos \gamma_m = \frac{\lambda_m}{d_m},$$

so wird

$$D_m = \left[\frac{M_m}{h_m} - \frac{M_{m-1}}{h_{m-1}} \right] \cdot \frac{d_m}{\lambda_m}. \qquad (64b)$$

Sind die beiden Gurtungen im Feld m parallel, $h_{m-1} = h_m$, so wird mit

$$\frac{M_m - M_{m-1}}{\lambda_m} = Q_m$$

$$D_m = Q_m \cdot \frac{d_m}{h_m}. \qquad (64c)$$

Für horizontale Gurtungen ist insbesondere $\dfrac{d_m}{h_m} = \dfrac{1}{\sin \gamma_m}$ und es wird

$$D_m = \frac{1}{\sin \gamma_m} \cdot Q_m.$$

Bei einer von links nach rechts steigenden Strebe D ist γ negativ; die Stabkraft D ist bei positiver Querkraft eine Druckkraft.

Die Gleichungen (64) erlauben eine sehr übersichtliche tabellarische Berechnung der Stabkräfte, die vor allem bei der Untersuchung von fester Belastung zweckmäßig ist. Die Untersuchung von beweglicher Belastung setzt, wie beim vollwandigen Balken, die Kenntnis der maßgebenden Laststellung voraus.

d) Einflußlinien

Wir bestimmen zuerst die Einflußlinie η_u für die Stabkraft U des in Abbildung 130 skizzierten Fachwerkbalkens.

Wenn wir zunächst nur Lasten P_r rechts vom geschnittenen Feld $(m-1) - m$ betrachten, so greift am linken abgeschnittenen Trägerteil nur die Auflagerkraft A an, und die Stabkraft U_A beträgt nach A. Ritter

$$U_A = A \cdot U_{A=1} = A \cdot \frac{a_u}{r_u};$$

für diese Lasten P_r gilt somit die Einflußlinie

$$\eta_{U_A} = \eta_A \cdot \frac{a_u}{r_u};$$

die Einflußlinie η_{U_A}, oder die U_A-Linie, wie wir sie auch nennen können, ergibt sich als die mit $U_{A=1} = 1 \cdot \frac{a_u}{r_u}$ multiplizierte Einflußlinie der Auflagerkraft A. Analog finden wir für Lasten P_l die U_B-Linie als die mit $U_{B=1} = 1 \cdot \frac{b_u}{r_u}$ multiplizierte Einflußlinie der Auflagerkraft B; sie gilt vom Auflager A bis zum Knotenpunkt $m-1$ links vom geschnittenen Feld. Wir erhalten diese beiden Linien somit dadurch, daß wir unter dem Auflager A die Ordinate $1 \cdot \frac{a_u}{r_u}$ und unter B die Ordinate $1 \cdot \frac{b_u}{r_u}$ auftragen und damit die zu den Einflußlinien der Auflagerkräfte A und B ähnlichen Dreiecke zeichnen. Im Bereich des geschnittenen Feldes, das heißt von $m-1$ bis m, verläuft die Einflußlinie linear, entsprechend der Lastübertragung nach dem Hebelgesetz durch die sekundären Längsträger.

Die U_A- und die U_B-Linie müssen sich unter dem Drehpol u des Stabes U schneiden, weil sie dort die gleiche Ordinate

$$\frac{a_u}{r_u} \cdot \frac{b_u}{l} = \frac{b_u}{r_u} \cdot \frac{a_u}{l}$$

besitzen.

Die Stabkräfte $U_{A=1}$ und $U_{B=1}$ können statt aus einer Ritterschen Momentengleichung auch zeichnerisch nach Culmann oder durch einen Cremonaplan für $A=1$ bzw. $B=1$ bestimmt werden.

Die gleiche Einflußlinie η_U können wir übrigens auch aus Gleichung (63b)

$$U = \frac{M_u}{r_u}$$

erhalten, indem wir von der Einflußlinie η_{M_u} für das Biegungsmoment M_u bei indirekter Belastung ausgehen; es ist dann

$$\eta_U = \frac{1}{r_u} \cdot \eta_{M_u}.$$

In gleicher Weise wie η_U sind in Abbildung 130 auch die Einflußlinien η_O und η_D für die Stabkräfte O und D bestimmt worden; da die S_A- und die S_B-Linie sich unter dem Drehpol schneiden müssen, braucht jeweils nur eine der beiden Linien direkt bestimmt zu werden. Die Einflußlinie η_D zeigt, wie erwartet, einen Vorzeichenwechsel bei der Belastungsscheide.

In Abbildung 131 ist der Vollständigkeit halber noch die Einflußlinie η_D für eine Strebe D mit innerhalb der Spannweite liegendem Drehpol d skizziert.

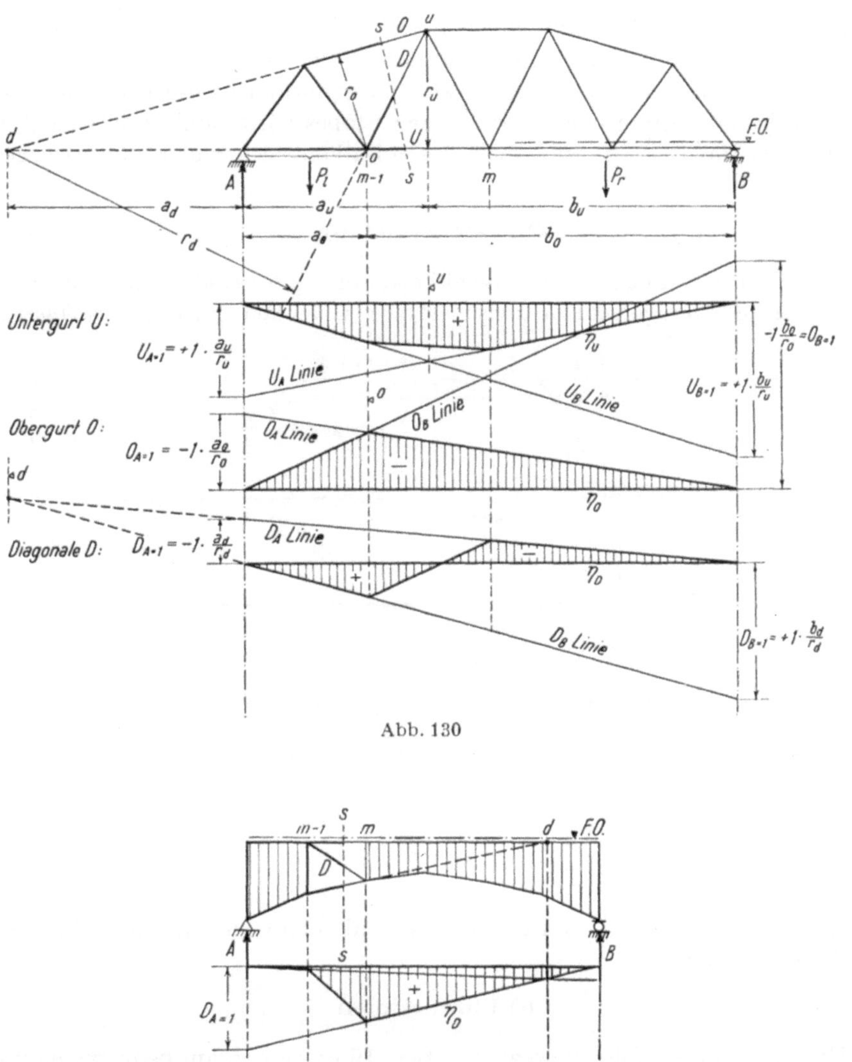

Abb. 130

Abb. 131

4. GERBERsche Fachwerkbalken

Schalten wir in einem über n Felder durchlaufenden Fachwerkbalken $n-1$ Zwischengelenke ein, so gewinnen wir zu den drei Gleichgewichtsbedingungen der Ebene $n-1$ Gelenkbedingungen $M_G = 0$, so daß wir die $n+2$ unbekannten Auflagergrößen aus Gleichgewichtsbedingungen allein berechnen können. Die $n-1$ Gelenke erhalten wir dadurch, daß wir $n-1$ Stäbe des Fachwerkes ent-

fernen oder verschieblich anschließen (Blindstäbe); dadurch wird für das
Dreiecksnetz auch die Bedingung $s + a = 2k$ erfüllt oder der Gelenkträger wird
statisch bestimmt. Als Blindstäbe wählen wir normalerweise Gurtstäbe; der
Drehpol des entfernten oder unwirksamen Stabes wird damit zum Gelenk G.

In dieser Bauart sind bisher die größten Balkenbrücken ausgeführt worden.

a) Feste Belastung

Nachdem die Auflager- und Gelenkkräfte bestimmt sind, können die Stabkräfte für jede Trägerscheibe zwischen zwei Gelenken entweder *zeichnerisch*

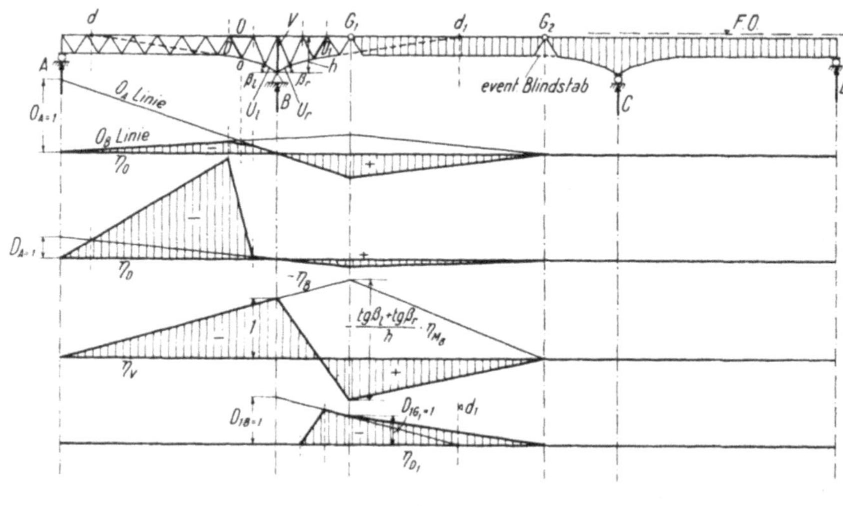

Abb. 132

durch einen CREMONA*plan* oder *rechnerisch* mit den Gleichungen (63 bzw. 64)
bestimmt werden.

b) Einflußlinien

Die Stabkräfte infolge beweglicher Belastung werden am bequemsten und
deshalb heute praktisch ausschließlich mit Hilfe von Einflußlinien bestimmt.
Im Beispiel der Abbildung 132 sind einige charakteristische Einflußlinien dargestellt.

Die Einflußlinien für Stabkräfte im ersten Feld AB werden, wie beim einfachen Balken, unter Beachtung des Gültigkeitsbereiches aus den S_A- und
S_B-Linien zusammengesetzt, die zu den Einflußlinien der Auflagerkräfte A und
B ähnlich verlaufen und deren Ordinaten sich aus den Stabkräften $S_{A=1}$ infolge
$A = 1$ und $S_{B=1}$ infolge $B = 1$ ergeben.

Die Einflußlinie η_V für die Pfostenkraft V über der Zwischenstütze B er-
fordert eine besondere Betrachtung, weil wir keinen nur drei Stäbe treffenden
Schnitt durch den Stab V legen können und deshalb das RITTERsche Schnitt-

verfahren versagt. Aus einer Komponentengleichgewichtsbedingung $\Sigma Y = 0$ für den Auflagerknotenpunkt B finden wir

$$V + B + U_l \cdot \sin \beta_l + U_r \cdot \sin \beta_r = 0$$

oder

$$V = - B - U_l \cdot \sin \beta_l - U_r \cdot \sin \beta_r .$$

Die Stabkräfte U_l und U_r finden wir aus RITTERschen Momentengleichungen für zwei lotrechte Schnitte links und rechts von B:

$$U_l \cdot \cos \beta_l = U_r \cdot \cos \beta_r = \frac{M_B}{h} ,$$

worauf wir durch Einsetzen die Pfostenkraft V finden zu

$$V = - B - \frac{M_B}{h} \cdot (\operatorname{tg} \beta_l + \operatorname{tg} \beta_r) ;$$

damit ergibt sich die gesuchte Einflußlinie η_V zu

$$\eta_V = - \eta_B - \frac{\operatorname{tg} \beta_l + \operatorname{tg} \beta_r}{h} \cdot \eta_{M_B} .$$

Als Beispiel für Einflußlinien für Stäbe im Kragarm BG_1 ist in Abbildung 132 die Einflußlinie η_{D_1} der Stabkraft D_1 dargestellt. Würde eine Last P im Punkt d_1 des verlängert gedachten Kragarmes BG_1 wirken, so wäre die Stabkraft $D_1 = 0$. Für eine Gelenkkraft $G_1 = 1$ bzw. für die Auflagerkraft $B = 1$ können die Stabkräfte $D_{G\,=\,1}$ bzw. $D_{B\,=\,1}$ nach RITTER bestimmt werden; damit ist die Einflußlinie zwischen dem Querträger rechts vom geschnittenen Feld und dem Gelenk G_1 bestimmt. Links vom linken Querträger sind die Ordinaten der Einflußlinie Null, während sie über das geschnittene Feld und über den eingehängten Träger $G_1 G_2$ je linear verlaufen.

c) GERBERträger mit Gelenkvierecken

Ein durchlaufender Fachwerkbalken kann auch dadurch statisch bestimmt gemacht werden, daß wir statt eines Gurtstabes einen *Füllstab* ausschalten. Dabei ist allerdings darauf zu achten, daß das Tragwerk oder Teile von ihm nicht unstabil werden; würden wir beispielsweise in einem Parallelträger eine Diagonale ausschalten, so könnten durch das entstehende Gelenkviereck keine Querkräfte mehr übertragen werden.

In Abbildung 133 ist als Beispiel für einen solchen GERBERträger ein über zwei Felder durchlaufender Balken mit Gelenkviereck über der Mittelstütze dargestellt.

In erster Linie handelt es sich nun darum, die Auflagerkräfte A, B, C infolge einer gegebenen Belastung zu bestimmen. Wir beschränken uns auf die Untersuchung lotrechter Lasten P. Sobald aber die Auflagerkräfte infolge einer Belastung P_B bekannt sind, sind sie wegen des geradlinigen Verlaufes der Einflußlinien auch für alle andern lotrechten Lasten gegeben.

Um die Auflagerkräfte A, B, C infolge einer Belastung P_B zu bestimmen, wählen wir einen Umweg, indem wir uns den Träger umgekehrt und durch die

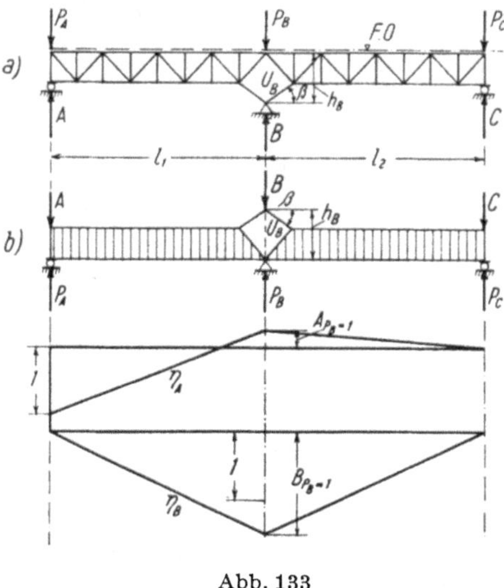

Abb. 133

Kräfte A, B und C belastet, durch die Kräfte P_A, P_B und P_C gestützt denken (Abb. 133 b). Für dieses leicht überblickbare Tragwerk betragen mit

$$U_B = \frac{B}{2 \sin \beta}$$

die Auflagerkräfte

$$P_A = A + \frac{1}{l_1} \cdot U_B \cdot \cos \beta \cdot h_B = A + B \cdot \frac{h_B}{2\,l_1} \cdot \frac{1}{\operatorname{tg} \beta}\,,$$

$$P_C = C + \frac{1}{l_2} \cdot U_B \cdot \cos \beta \cdot h_B = C + B \cdot \frac{h_B}{2\,l_2} \cdot \frac{1}{\operatorname{tg} \beta}\,,$$

$$P_B = A + B + C - P_A - P_C = B \cdot \left(1 - \frac{h_B}{2 \operatorname{tg} \beta} \cdot \frac{l_1 + l_2}{l_1 \cdot l_2} \right).$$

Für unser wirkliches Tragwerk, das nur durch P_B belastet sein soll ($P_A = 0$, $P_C = 0$), ergeben sich nun die Auflagerkräfte infolge P_B zu

$$B = P_B \cdot \frac{2 \operatorname{tg} \beta \cdot l_1 \cdot l_2}{2 \operatorname{tg} \beta \cdot l_1 \cdot l_2 - h_B \cdot (l_1 + l_2)}\,,$$

$$A = - B \cdot \frac{h_B}{2 \operatorname{tg} \beta \cdot l_1} = - P_B \cdot \frac{l_2 \cdot h_B}{2 \operatorname{tg} \beta \cdot l_1 \cdot l_2 - h_B \cdot (l_1 + l_2)}\,,$$

$$C = - B \cdot \frac{h_B}{2 \operatorname{tg} \beta \cdot l_2} = - P_B \cdot \frac{l_1 \cdot h_B}{2 \operatorname{tg} \beta \cdot l_1 \cdot l_2 - h_B \cdot (l_1 + l_2)}\,,$$

die sich für gleiche Felder, $l_1 = l_2 = l$, vereinfachen auf

$$B = \frac{l \cdot \mathrm{tg}\,\beta}{l \cdot \mathrm{tg}\,\beta - h_B} \cdot P_B, \qquad A = C = -\frac{h_B}{2\,(l \cdot \mathrm{tg}\,\beta - h_B)} \cdot P_B.$$

Für $l \cdot \mathrm{tg}\,\beta = h_B$ werden die Auflagerkräfte unendlich groß, oder das Tragwerk wird unbrauchbar.

In Abbildung 133 sind die Einflußlinien η_A und η_B für das Verhältnis $l \cdot \mathrm{tg}\,\beta = 3 h_B$,

$$B = \frac{3}{2}\,P_B, \qquad A = C = -\frac{1}{4}\,P_B$$

aufgezeichnet. Damit ist die Aufgabe grundsätzlich gelöst.

Wir erkennen aus der Einflußlinie η_A, daß die Momente und Querkräfte und damit die Stabkräfte, mit Ausnahme der nähern Umgebung der Mittelstütze, kleiner werden als im einfachen Balken gleicher Form. Dagegen wird dieses Tragwerk gegenüber dem statisch unbestimmten Durchlaufträger im allgemeinen keine Vorteile aufweisen.

5. Fachwerkbogen mit drei Gelenken

Wir gehen davon aus, daß die Auflagerkräfte des fachwerkförmigen Dreigelenkbogens gleich bestimmt werden können wie diejenigen des vollwandigen Dreigelenkbogens, daß wir also auch hier den Dreigelenkbogen durch einen einfachen Balken als Grundsystem unter Beachtung der Gelenkbedingung $M_G = 0$ ersetzt denken.

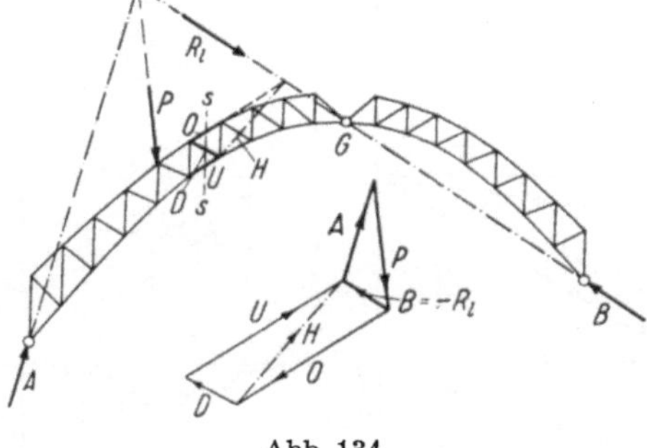

Abb. 134

a) Graphische Berechnung

Aus der Drucklinie, die ja die Resultierende der äußeren Kräfte auf einer Seite eines Schnittes s–s darstellt, ergeben sich die Stabkräfte eines geschnittenen Feldes direkt durch die CULMANNsche *Methode* (Abb. 134).

Sind alle Stabkräfte zu bestimmen, so führt ein CREMONA*plan* wohl stets rascher zum Ziel.

b) Analytische Berechnung

Die Gurtstabkräfte werden am einfachsten durch eine RITTERsche Momentengleichung aus den nach den Gleichungen (59 oder 60) für die Drehpole bestimmten Momenten M berechnet, während die Stabkräfte in den Füllungsgliedern meist einfacher aus einer Komponentengleichung berechnet werden können.

c) Einflußlinien

Die Einflußlinien ergeben sich aus der Superposition der Stabkräfte im Grundsystem

$$S = S_0 + H \cdot S_{H=1}$$

zu

$$\eta_S = \eta_{S_0} + S_{H=1} \cdot \eta_H.$$

Dabei bedeutet η_{S_0} die Einflußlinie der Stabkraft S im Grundsystem mit den Auflagerkräften A_0 und B_0, während $S_{H=1}$ die Stabkraft im Grundsystem

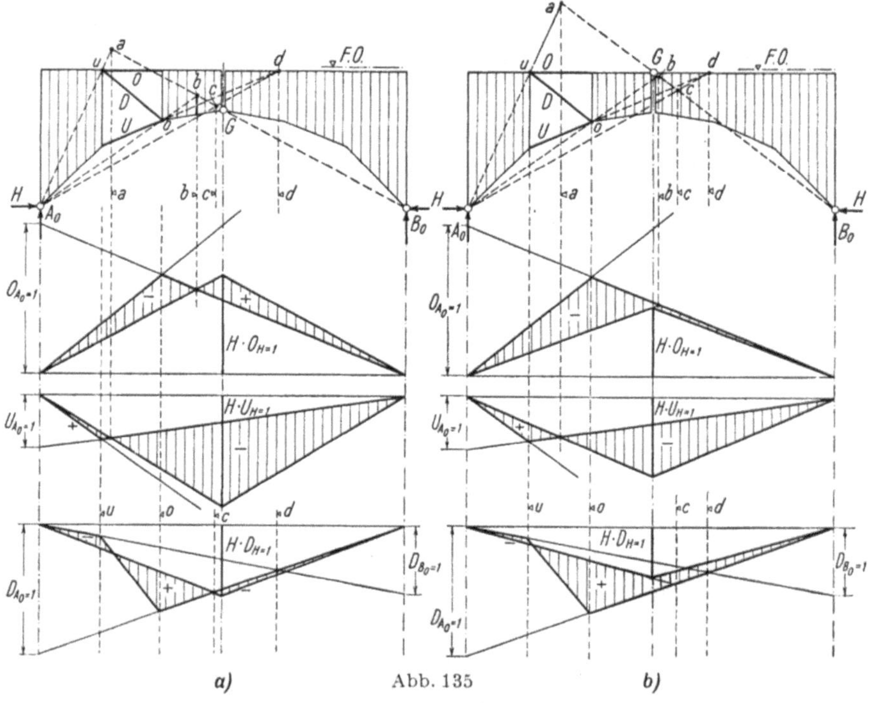

a)   Abb. 135   b)

infolge der Belastung $H = 1$ bedeutet. Die Stabkräfte $S_{H=1}$ können nach irgendeinem der bekannten Verfahren (CULMANN, RITTER, CREMONA) bestimmt werden, während die Einflußlinie η_{S_0} aus den S_A- und S_B-Linien des einfachen

Balkens gewonnen wird. Meist lassen sich die $S_{H=1}\cdot\eta_H$ auch einfacher direkt aus einer Belastungsscheide bestimmen; diese Belastungsscheide ist zu bestimmen als Wirkungslinie derjenigen Einzellast, deren Drucklinie durch den Drehpol des untersuchten Stabes geht.

In der Abbildung 135a und b sind charakteristische Einflußlinien für zwei Dreigelenkbogen dargestellt, die sich nur durch verschiedene Gelenklage unterscheiden. Verschieben wir das Scheitelgelenk G vom Untergurt (Abb. 135a) nach dem Obergurt (Abb. 135b), so wird die Pfeilhöhe f größer und der Horizontalschub H und damit sein Einfluß auf die Stabkräfte kleiner. Der Unterschied zwischen den Stabkräften für die beiden Gelenkanordnungen ist beträchtlich, weil er die kleine Differenz S zwischen den großen Werten S_0 und $H\cdot S_{H=1}$ beeinflußt.

In Abbildung 136 ist noch das Beispiel eines Dreigelenkbogens mit unsymmetrisch liegendem Gelenk G skizziert. Die Einflußlinie für den Endpfosten V ergibt sich aus der Superposition

$$V = V_0 + H\cdot V_{H=1}$$

zu

$$\eta_V = \eta_{V_0} + V_{H=1}\cdot\eta_H.$$

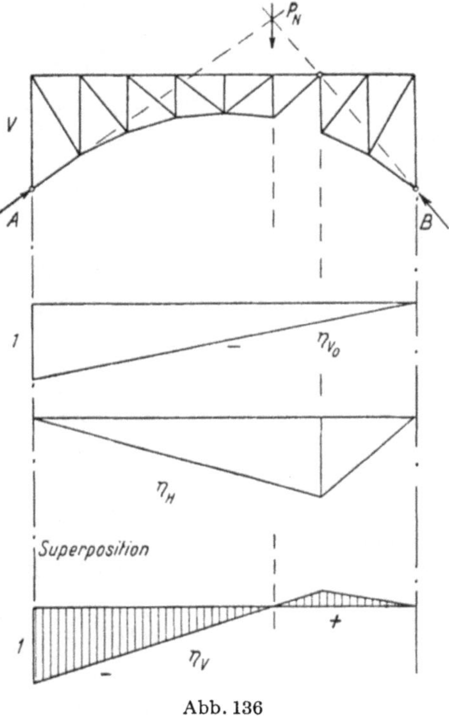

Abb. 136

Die η_{V_0}-Linie stimmt überein mit der Einflußlinie für die Auflagerkraft A des einfachen Balkens (Grundsystem), während der Beitrag $V_{H=1}\cdot\eta_H$ mit Hilfe einer Belastungsscheide leicht superponiert werden kann.

6. Mehrfache Fachwerke

a) Dreiecksnetz mit Unterteilung

Bei den Hauptträgern für weitgespannte Balkenbrücken werden die Normalfelder, die sich bei einer günstigen Strebenneigung ergeben, meist durch ein Hilfssystem unterteilt (Abb. 137), damit die Spannweite der sekundären Längsträger verkleinert werden kann. Die statische Bestimmtheit wird dadurch nicht berührt, da in jedem Feld den vier zusätzlichen Stabkräften zwei zusätzliche Knotenpunkte entsprechen, für welche vier zusätzliche Gleichgewichtsbedingungen angeschrieben werden können.

Die Zwischenknotenlast P wird durch das Hilfssystem auf die Knotenpunkte $m-1$ und m übertragen; durch diese Zwischenknotenlast werden somit

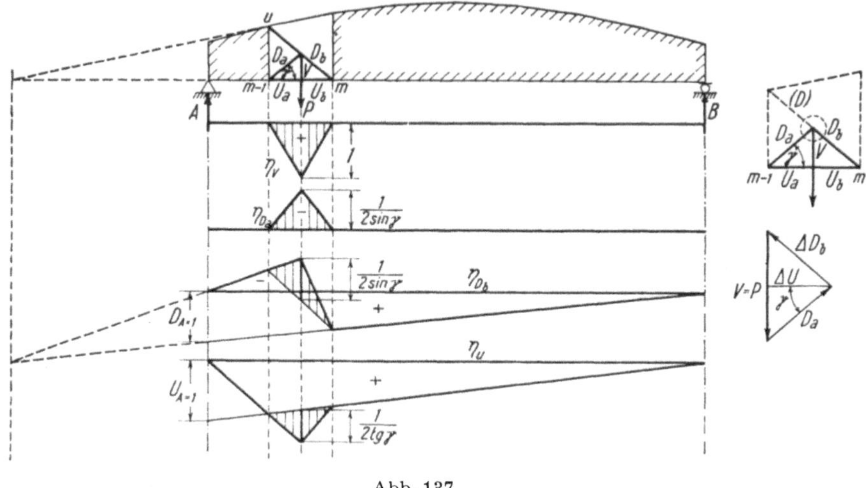

Abb. 137

nur die Einflußlinien der am Hilfssystem beteiligten Stäbe beeinflußt. Aus dem in Abbildung 137 skizzierten Kräfteplan ergibt sich

$$V = P, \qquad D_a = \Delta D_b = -\frac{P}{2 \cdot \sin \gamma}, \qquad \Delta U_a = \Delta U_b = \frac{P}{2 \cdot \operatorname{tg} \gamma}.$$

Damit können die in Abbildung 137 dargestellten Einflußlinien gezeichnet werden.

b) Das K-Fachwerk

Das K-Fachwerk wird wegen seiner zur Trägeraxe symmetrischen Bauart vor allem in Windverbänden, dann aber auch zur Ausfachung von Masten und Türmen verwendet.

Obwohl ein Trägerschnitt immer 4 Stäbe trifft, kann das CULMANNsche *Schnittverfahren* trotzdem verwendet werden, weil die Resultierende R_D der beiden Strebenkräfte in die Axe des anschließenden Pfostens fällt, ihre Wirkungslinie also bekannt ist (Abb. 138).

Indem wir die Hilfskraft H als Resultierende von R_D und G_r einführen, können wir die Resultierende R_s der oberhalb des Schnittes $s-s$ angreifenden äußern Kräfte nach den Richtungen von G_l und H zerlegen, worauf uns H zunächst G_r und R_D und anschließend aus R_D die Strebenkräfte D_l und D_r liefert.

Für dieses Fachwerk kann auch, von oben beginnend, ein CREMONAplan gezeichnet werden, ohne daß wir vorangehend die Auflagerkräfte aus den Gleichgewichtsbedingungen der Ebene bestimmen müßten; diese ergeben sich

vielmehr hier (ausnahmsweise) aus den letzten beiden Kräfteplänen des
CREMONAplans.

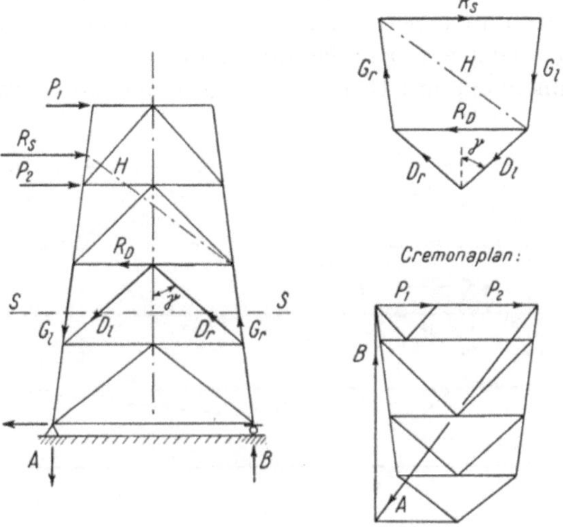

Abb. 138

Für Parallelträger unter lotrechter Belastung (Abb. 139a) ergeben sich aus
der Interpretation des Kräfteplanes der Abbildung 138 die Stabkräfte zu

$$U = -O = \frac{M_{m-1}}{h}$$

$$D_u = -D_o = \frac{Q_m}{2 \cdot \sin \gamma}$$

$$V_o = \frac{Q_m}{2} - P_o, \qquad V_u = -\frac{Q_m}{2} + P_u.$$

Bei diesem Fachwerk kann, je von den beiden Auflagern aus beginnend, je
ein CREMONAplan für jede Trägerhälfte gezeichnet werden.

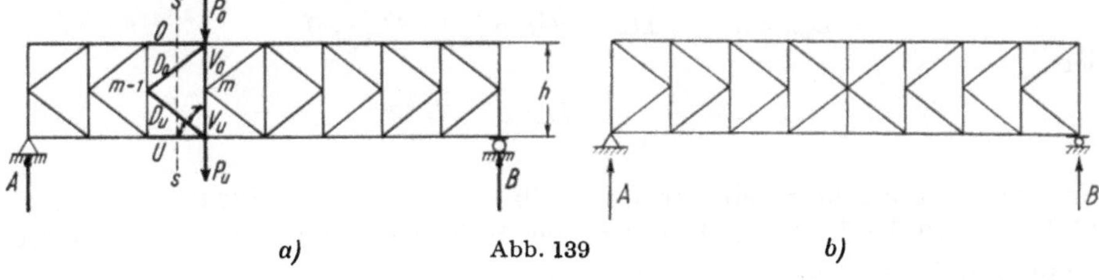

a)   Abb. 139   b)

Wenn wir die Streben des K-Fachwerkes der Abbildung 139a umkehren,
so entsteht ein K-Fachwerk, das die Bedingung $s + a = 2\,k$ nicht mehr erfüllt,
das also statisch unbestimmt ist (Abb. 139b). Die statische Unbestimmtheit
ist lokalisiert in den sich kreuzenden Streben des mittleren Doppelfeldes.

c) Das doppelte Ständerfachwerk

Diese Bauart des einfachen Fachwerkbalkens wurde früher gelegentlich ausgeführt, weil sich auch bei verhältnismäßig kleinen Feldweiten noch günstige Strebenneigungen ergeben. Heute ist die Untersuchung solcher Fachwerke im Zusammenhang mit Brückenverstärkungen noch etwa notwendig.

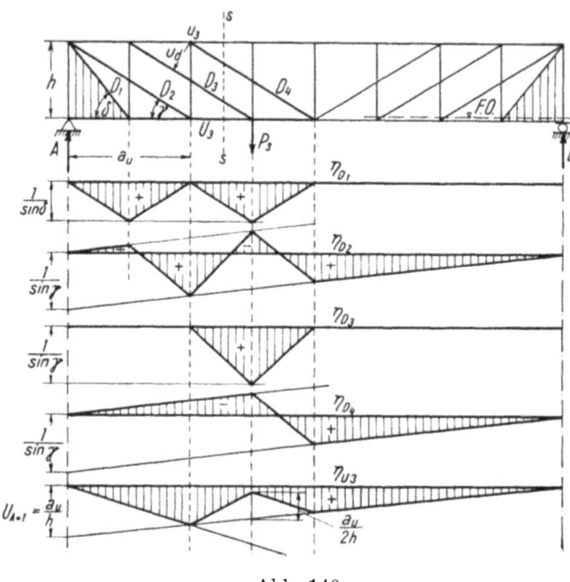

Abb. 140

Im Fachwerkbalken der Abbildung 140, den wir als Beispiel betrachten wollen, kann in den beiden der Balkenmitte benachbarten Feldern je ein Schnitt geführt werden, der nur drei Stäbe trifft. Die zugehörigen Stabkräfte können somit ohne weiteres nach CULMANN oder RITTER berechnet werden. In allen andern Feldern treffen wir mit einem Schnitt jedoch 4 Stäbe.

Für einen Schnitt $s - s$ durch das Feld m ergibt eine Komponentengleichung $\Sigma Y = 0$

$$D_m \cdot \sin \gamma_m + D_{m+1} \cdot \sin \gamma_{m+1} - Q_m = 0$$

oder

$$D_m = \frac{Q_m}{\sin \gamma_m} - D_{m+1} \cdot \frac{\sin \gamma_{m+1}}{\sin \gamma_m}.$$

Wir erhalten somit die Strebenkräfte der linken Trägerhälfte für unser Beispiel Abbildung 140 der Reihe nach, indem wir im Nachbarfeld links von der Mitte beginnen und für $\gamma_m = \gamma_{m+1} = \gamma$ zu

$$D_4 = \frac{1}{\sin \gamma} \cdot Q_4$$

$$D_3 = \frac{1}{\sin \gamma} \cdot (Q_3 - Q_4) = \frac{1}{\sin \gamma} \cdot P_3$$

$$D_2 = \frac{1}{\sin \gamma} \cdot (Q_2 - Q_3 + Q_4) = \frac{1}{\sin \gamma} (Q_2 - P_3)$$

$$D_1 = \frac{1}{\sin \delta} \cdot (Q_1 - Q_2 + Q_3 - Q_4) = \frac{1}{\sin \delta} \cdot (P_1 + P_3) .$$

Damit können auch die in Abbildung 140 dargestellten Einflußlinien η_D aufgetragen werden.

Um eine Gurtstabkraft U_m zu finden, schreiben wir für den Drehpol u_m eine RITTERsche Momentengleichung an

$$M_{u_m} - D_m \cdot u_d - U_m \cdot h = 0 ;$$

zerlegen wir D_m in vertikale und horizontale Komponenten, die wir am obern Anschlußpunkt der Strebe angreifen lassen, so können wir

$$D_m \cdot u_d \qquad \text{durch} \qquad D_m \cdot \sin \gamma \cdot \lambda$$

ersetzen, und es ist

$$U_m = \frac{1}{h} \cdot (M_{u_m} - D_m \cdot \sin \gamma \cdot \lambda) .$$

In Abbildung 140 ist für den Stab U_3 die Einflußlinie η_U

$$\eta_U = \frac{1}{h} \cdot (\eta_M - \sin \gamma \cdot \lambda \cdot \eta_D)$$

aufgetragen.

Die Pfostenkräfte ergeben sich aus den Strebenkräften durch Komponentengleichgewichtsbedingung $\Sigma Y = 0$ für die Knotenpunkte.

d) Der Rautenträger

Der Rautenträger (Abb. 141) wird wegen seiner ruhig wirkenden Gliederung in neuerer Zeit ebenfalls als Brückenhauptträger verwendet. Der Stabilisierungsstab V ist notwendig, um die Bedingung $s + a = 2k$ zu erfüllen, das heißt, um die Stabilität des aus Gelenkvierecken bestehenden Trägers zu sichern; er wird aus Symmetriegründen meist in Trägermitte angeordnet.

Die Schnittverfahren von CULMANN und RITTER können zur Berechnung der Stabkräfte nicht verwendet werden, da wir keine Schnitte legen können, die nur drei Stäbe treffen. Dagegen kann für jede Belastung für die linke Trägerhälfte von der Auflagerkraft A ausgehend und für die rechte Trägerhälfte von der Auflagerkraft B ausgehend je ein CREMONA*plan* gezeichnet werden. Eine Komponentengleichgewichtsbedingung $\Sigma Y = 0$ für den obern oder untern Knotenpunkt in Trägermitte liefert darauf die Stabkraft V im Stabilisierungsstab

$$V = - \frac{1}{\sin \gamma} \cdot (D_m + D_{m+1}) = - \frac{1}{\sin \gamma} \cdot (D_m' + D_{m+1}') .$$

Für Parallelträger lassen sich die Strebenkräfte D auch leicht ausrechnen; betrachten wir beispielsweise im Beispiel der Abbildung 141 (mit gerader

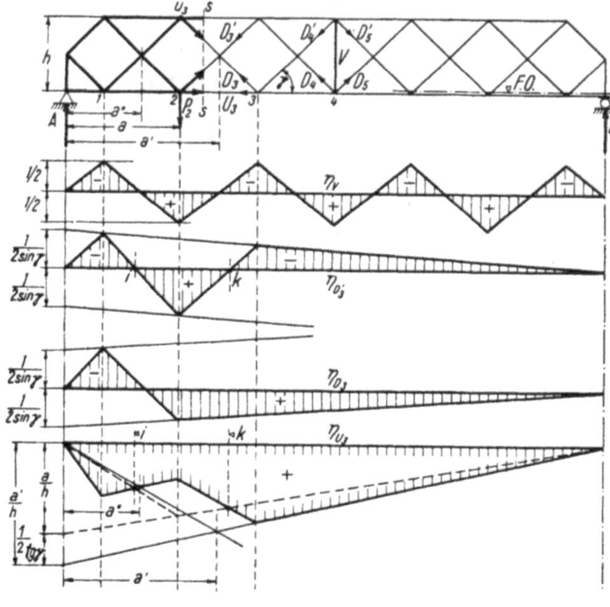

Abb. 141

Felderzahl m des halben Trägers) eine an einem Untergurt mit gerader Ordnungsnummer angreifende Last P_{m-2n}, so ist

$$D'_m \cdot \sin\gamma = -\frac{A}{2}, \qquad\qquad D_m \cdot \sin\gamma = \frac{A}{2} - P_{m-2n},$$

$$D'_{m+1} \cdot \sin\gamma = -\frac{B}{2}, \qquad\qquad D_{m+1} \cdot \sin\gamma = \frac{B}{2},$$

und es wird (wegen $A + B = P$)

$$V = -\left(-\frac{A}{2} - \frac{B}{2}\right) = -\left(\frac{A}{2} - P_{m-2n} + \frac{B}{2}\right) = \frac{P_{m-2n}}{2}.$$

Für Lasten P_{m-2n+1} in Knotenpunkten mit ungerader Ordnungsnummer wird analog

$$V = -\frac{P_{m-2n+1}}{2}.$$

Eine wandernde Einzellast erzeugt somit im Stabilisierungsstab abwechslungsweise Zug- und Druckkräfte; der Stabilisierungsstab wirkt seinerseits ausgleichend auf die Stabkräfte in den Streben. Die Strebenkräfte D und D' infolge einer wandernden Einzellast unterscheiden sich im Bereich zwischen Last und Stabilisierungsstab um den Betrag $P : \sin\gamma$; in den übrigen Teilen des Trägers sind sie (abgesehen vom Vorzeichen) gleich groß.

Um die Stabkraft im Untergurtstab U_m zu bestimmen, schreiben wir für den Gleichgewichtszustand des abgeschnittenen Trägerteils eine Momentengleichung in bezug auf den Schnittpunkt u der Strebe D_m mit dem Obergurt O_m an:

$$M_{u_m} - U_m \cdot h - D_m' \cdot \cos \gamma \cdot h = 0 \; ;$$

somit ist

$$U_m = \frac{M_{u_m}}{h} - D_m' \cdot \cos \gamma \; .$$

Analog ist

$$O_m = - \frac{M_{o_m}}{h} - D_m \cdot \cos \gamma \; .$$

Damit können nun auch die in Abbildung 141 dargestellten Einflußlinien aufgetragen werden.

Greifen die Belastungen P mit Hilfe von Zwischenständern von halber Trägerhöhe nur in den Strebenkreuzungspunkten an, so bleibt der Stabilisierungsstab unbeansprucht, und die Strebenkräfte D und D' teilen sich je zur Hälfte in die Aufnahme der Querkraft. Die Einflußlinien verlieren ihre Zickzackform und werden ähnlich zu den Einflußlinien des Dreiecksnetzes. Für Belastungen in den Haupt- und Zwischenknotenpunkten behalten die Einflußlinien grundsätzlich die Form der Abbildung 141, nur ist zu beachten, daß die Strebenkräfte links und rechts vom Zwischenknotenpunkt verschieden groß sind.

Bei steifen Knotenpunkten wird die ausgleichende Funktion des Stabilisierungsstabes teilweise durch die Biegungssteifigkeit der Gurtstäbe übernommen; das Tragwerk wird damit hochgradig statisch unbestimmt. Bei kräftigen durchlaufenden Gurtungen kann unter Umständen sogar der Stabilisierungsstab weggelassen werden, ohne daß dadurch Unstabilität des Tragwerks befürchtet werden müßte.

e) Statisch unbestimmte mehrfache Fachwerke

Mehrfache Fachwerke mit überzähligen Stäben können näherungsweise dadurch berechnet werden, daß wir sie in Teilsysteme mit entsprechender Teil-

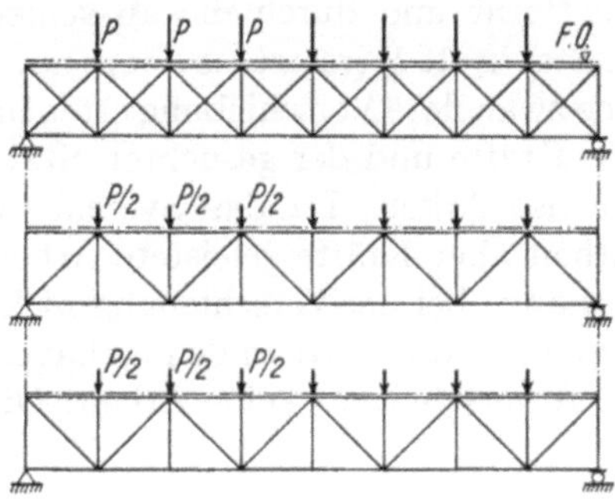

Abb. 142

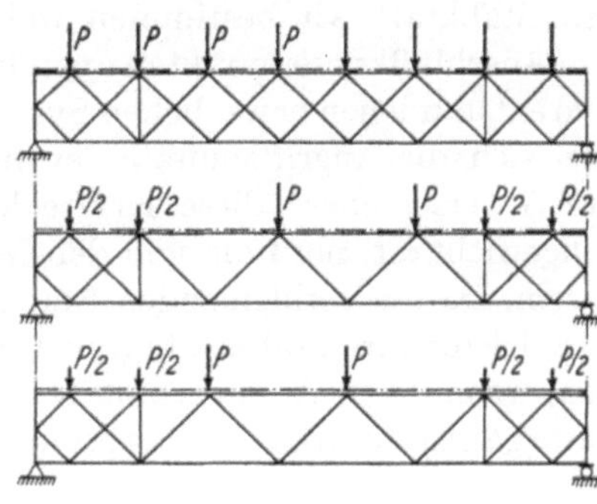

Abb. 143

belastung aufteilen. Die Abbildungen 142 und 143 zeigen zwei Beispiele für diese Zerlegung.

Die Stabkräfte in Stäben, die beiden Systemen angehören, ergeben sich aus der Superposition der Stabkräfte in den Teilsystemen.

7. Kinematische Fachwerktheorie

a) Grundlagen

Die Stabkräfte in statisch bestimmten Fachwerken können immer mit Gleichgewichtsbedingungen, mit *statischen Berechnungsmethoden* bestimmt werden, sei es, daß wir den Gleichgewichtszustand eines abgeschnitten gedachten Trägerteils oder eines Knotenpunktes betrachten oder aber, daß wir die beiden •Betrachtungsweisen kombinieren. Wir haben aber bei den vollwandigen Trägern gesehen, daß sich oft für die Einflußlinien eine sehr anschauliche und bequeme Berechnungsweise dadurch ergibt, daß wir diese als Biegungslinien infolge passend gewählter, willkürlicher Verschiebungen auffassen. Es erscheint deshalb erwünscht, auch für die Fachwerke ein solches *kinematisches Verfahren* zu besitzen, das hier, außer zur Bestimmung von *Einflußlinien*, auch dazu dienen kann, die *Stabilität* eines Fachwerks zu prüfen. Nachfolgend sollen deshalb die Grundzüge der kinematischen Betrachtungsweise skizziert werden.

Entfernen wir in einem statisch bestimmten und stabilen Fachwerk, das also die Bedingung

$$s + a = 2k$$

erfüllt, einen Stab, so erhalten wir ein bewegliches Gebilde, das wir verformen können, ohne daß die Längen der verbleibenden Stäbe oder Auflagerstäbe sich ändern müssen. Ein solches bewegliches Gebilde nennen wir eine *kinematische Kette*.

Diese kinematische Kette eignet sich nun zur Berechnung von Stabkräften (und Auflagerkräften). Denken wir uns den Fachwerkstab (oder Auflagerstab), dessen Stabkraft wir bestimmen wollen, entfernt und durch die an seinen beiden Anschlußknotenpunkten angreifende Stabkraft S ersetzt, so können wir dem so entstandenen beweglichen System eine zwanglose Verschiebung erteilen, bei der sich die Angriffspunkte der äußeren Kräfte und der gesuchten Stabkräfte S verschieben; diese Kräfte leisten also Arbeit. Da das System im Gleichgewicht ist, muß die von der Gesamtheit aller Kräfte geleistete Arbeit Null sein. Da die verbleibenden Stäbe ihre Länge bei der Verschiebung nicht ändern, leisten ihre Stabkräfte (mit Einschluß der Stabkräfte in den Auflagerstäben, wenn deren Auflagerpunkte sich nicht verschieben) keine Arbeit. Die gesamte geleistete Arbeit beträgt somit

$$-S \cdot \Delta s + \Sigma P \cdot v_P = 0, \tag{65}$$

wenn wir mit Δs die Verlängerung der Stablänge s des untersuchten Stabes S
und mit v_p die Komponenten der Knotenpunktsverschiebungen in Richtung
der Knotenlasten P bezeichnen. Dabei setzen wir (im Sinne unserer allgemeinen
baustatischen Voraussetzungen, siehe I, 2) voraus, daß die gegenseitige Lage
der Kräfte während der Verformung der kinematischen Kette nicht geändert
werde, die Verschiebungen also klein seien. Dabei hindert uns nichts, diese
unendlich klein gedachten Verschiebungen durch endliche Größen darzustellen.
Diese differentiellen Verschiebungen werden, um nicht mit unendlich kleinen
Größen rechnen zu müssen, gelegentlich auch durch ihre Differentialquotienten
nach der Zeit, das heißt durch ihre momentanen Geschwindigkeiten ersetzt.

Die Arbeitsgleichung (65) erlaubt uns, die Stabkraft S für irgendeine beliebige
Belastung P zu bestimmen. Beschränken wir unsere Untersuchung jedoch auf

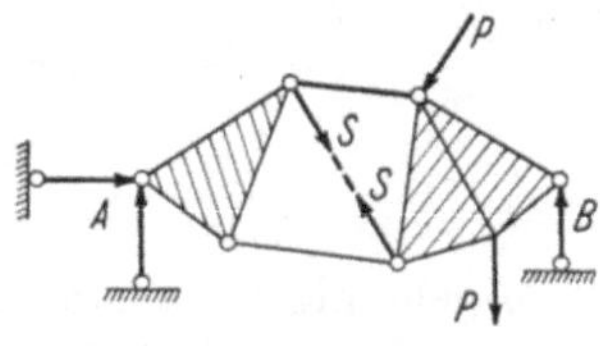

Abb. 144

lotrechte Lasten (oder, was auf dasselbe herauskommt, da wir uns das ganze
System gedreht denken können, auf parallele Lasten) und wählen wir die gegenseitige Verschiebung der Angriffspunkte von S, das heißt die Stabverlängerung,
$\Delta s = 1$, so erhalten wir mit den lotrechten Verschiebungskomponenten η die
gesuchte Stabkraft S zu

$$S = \Sigma P \cdot \eta ;$$

die lotrechten Verschiebungskomponenten η der kinematischen Kette infolge
der Verschiebung $\Delta s = 1$ stellen somit die Ordinaten η_S der Einflußlinie für die
gesuchte Stabkraft S dar.

Die Verschiebungen η der kinematischen Kette könnten wir nun dadurch
erhalten, daß wir die Verschiebungen der einzelnen Knotenpunkte berechnen.
Einfacher und übersichtlicher erhalten wir jedoch die gesuchten Biegungslinien
dadurch, daß wir die Formänderungen einer aus miteinander gelenkig verbundenen starren Scheiben bestehenden Kette betrachten.

b) Die Formänderungen einer kinematischen Kette

Jede Bewegung einer starren Scheibe kann als Drehung um einen momentanen Drehpol aufgefaßt werden. Die gegenseitige Verschiebung von zwei starren Scheiben ist eine gegenseitige Drehung um einen Nebenpol, den Drehpol
ihrer Relativbewegung. Ein Gelenk ist somit Nebenpol der beiden angeschlossenen Scheiben. Zwischen Polen und Nebenpolen bestehen die folgenden Beziehungen:

Das Gelenk *G*, das heißt der Nebenpol (I, II) der beiden Scheiben I und II, muß sich als Bestandteil der Scheibe I auf einem Kreis bewegen, dessen Mittelpunkt der Pol (I) ist. Da wir kleine Verschiebungen voraussetzen, kann dieser Kreis durch seine Tangente in (I, II) ersetzt werden; der Nebenpol (I, II) muß sich somit normal zur Geraden (I) — (I, II) verschieben (Abb. 145). Anderseits ist das Gelenk auch Bestandteil der Scheibe II; seine Verschiebung muß also auch normal zur Geraden (I, II) — (II) gerichtet sein. *Daraus folgt, daß der Nebenpol (I, II) und die beiden Pole (I) und (II) von zwei gelenkig miteinander verbundenen Scheiben auf einer Geraden liegen müssen.*

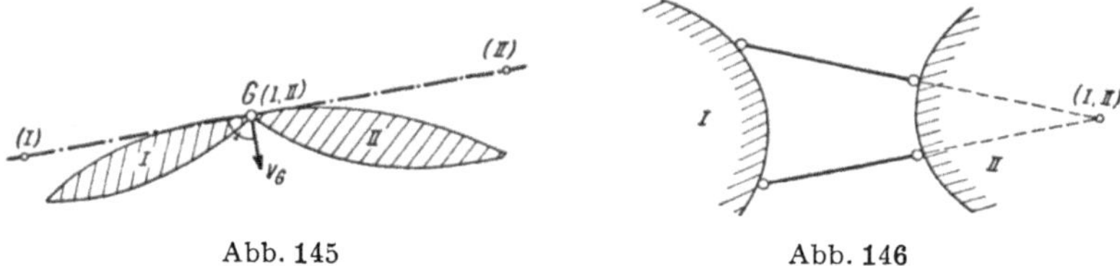

Abb. 145   Abb. 146

Denken wir uns von drei je gelenkig miteinander verbundenen Scheiben I, II und III die Scheibe III festgehalten (Abb. 147), so ist der Nebenpol (I, III) Drehpol der Scheibe I, und der Nebenpol (II, III) ist Drehpol der Scheibe II. Da sich der Nebenpol (I, II) als gemeinsamer Bestandteil (Gelenk) der beiden Scheiben I und II sowohl senkrecht zur Geraden (I, III) — (I, II) wie senkrecht zur Geraden (I, II) — (II, III) bewegen muß, *folgt, daß die drei Nebenpole (I, II), (II, III) und (I, III) auf einer Geraden liegen müssen.*

Diese beiden Beziehungen erlauben uns, alle Pole und Nebenpole einer zwangsläufigen kinematischen Kette oder einer Kette mit einem Freiheitsgrad zu konstruieren. Sie gelten auch, wenn zwei Scheiben I und II statt durch ein wirkliches Gelenk durch ein aus zwei Stäben gebildetes ideelles Gelenk miteinander verbunden sind (Abb. 146).

c) Einflußlinien

Wenn wir nun die Einflußlinien als lotrechte Biegungslinien der kinematischen Kette bestimmen wollen, so haben wir zu beachten, daß zu jeder starren Scheibe die Biegungslinie eine Gerade ist, deren Gültigkeitsgrenzen lotrecht unter den beiden äußersten möglichen Lastangriffspunkten der Scheibe liegen. Da sich der Drehpol einer Scheibe relativ zur Scheibe nicht bewegt, *liegt unter jedem Drehpol ein Nullpunkt der Einflußlinie.* Die Biegungslinien zweier Scheiben schneiden sich im Drehpol ihrer Relativbewegung; *die Schnittpunkte der Einflußgeraden liegen somit unter den Nebenpolen.* Damit kann aus der Lage der Pole und Nebenpole die *Form* der gesuchten Einflußlinie bestimmt werden; ihr *Maßstab* oder die Größe einer Ordinate ergibt sich aus der Größe der gewählten Verschiebung $\Delta s = 1$.

In Abbildung 147 ist so die Einflußlinie η_S der Untergurtstabkraft S eines Dreigelenkbogens bestimmt.

Der Pol (II) der Scheibe II ergibt sich daraus, daß er sowohl auf der Geraden (I) — (I, II) wie auf der Geraden (III) — (II, III) liegen muß, während der Nebenpol (I, III) sich als Schnittpunkt der Geraden (I, II) — (II, III) und (I) — (III) ergibt. Verlängern wir die Stablänge s des gesuchten Stabes S um die (klein gedachte) Strecke $\Delta s = 1$, so müssen sich die Scheiben I und II gegenseitig um

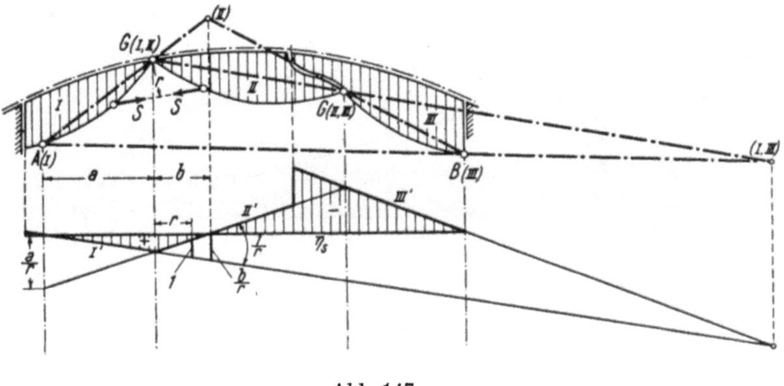

Abb. 147

den (kleinen) Winkel $\dfrac{\Delta s}{r} = \dfrac{1}{r}$ drehen; wir erhalten somit die Größe der Einflußordinaten, indem wir unter dem Pol (I) die Ordinate $\dfrac{a}{r}$ oder unter dem Pol (II) die Ordinate $\dfrac{b}{r}$ auftragen und davon ausgehend die Einflußlinie zeichnen.

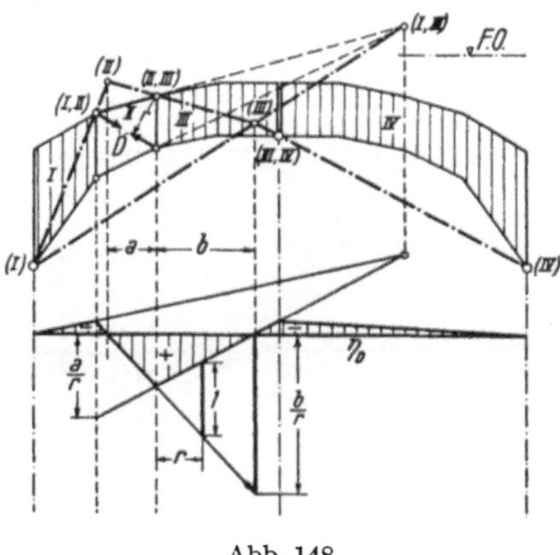

Abb. 148

In Abbildung 148 ist analog die Einflußlinie η_D für die Strebenkraft D eines Dreigelenkbogens bestimmt, wobei wir den Obergurtstab O des geschnittenen Feldes als Scheibe II betrachten. Aus den gegebenen Polen und Nebenpolen (I), (IV), (I, II), (II, III) und (III, IV) werden die Pole (II) und (III) sowie der Nebenpol (I, III) konstruiert.

In Abbildung 149 ist die Einflußlinie η_D der Strebe D eines Rautenträgers mit veränderlicher Trägerhöhe gezeichnet. Nach Entfernen des Stabes D erhalten wir eine kinematische Kette mit den Scheiben I, II, III und IV und den Nebenscheiben V und VI.

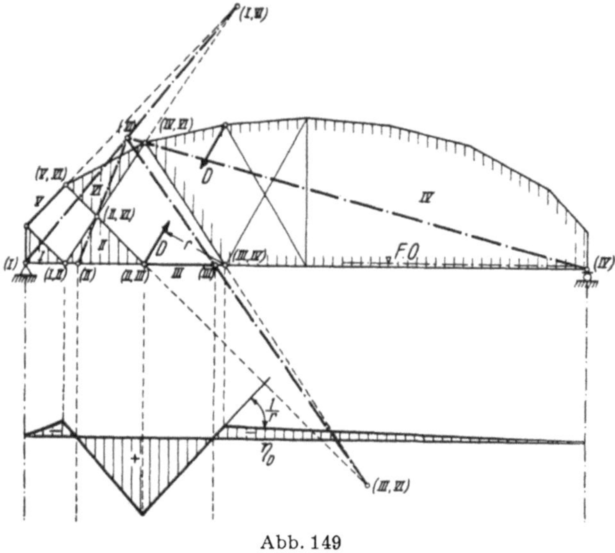

Abb. 149

Weil der Pol I sowie die Nebenpole (I, II), (II, III) und (III, IV) auf dem waagrechten Untergurt liegen, müssen sich auch die Pole II, III und IV auf

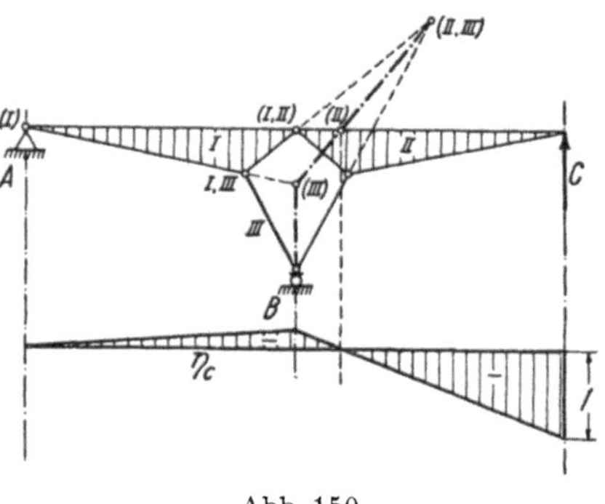

Abb. 150

dem Untergurt befinden. Der Pol IV ist ferner durch die Senkrechte zur Verschiebungsbahn bestimmt. Nun suchen wir den Pol der Nebenscheibe VI, der sich als Schnittpunkt der Geraden (I) − (I, VI) und (IV) − (IV, VI) ergibt. Durch die Nebenpole (II, VI) und (III, VI) sind nun auch die Pole II und VI auf dem Untergurt bestimmt und die Einflußlinie η_D kann gezeichnet werden.

In Abbildung 150 ist die Einflußlinie η_C für den Auflagerdruck C eines über zwei Felder durchlaufenden Balkens mit Gelenkviereck bestimmt.

Der Pol (III) ergibt sich als Schnittpunkt der Geraden (I) − (I, III) mit der Normalen zur Verschiebungsbahn des Auflagers B; damit ist der gesuchte Pol (II) der Scheibe II als Schnittpunkt der Geraden (I) − (I, II) und (III) − (II, III) bestimmt.

Führen wir die gleiche Konstruktion zur Bestimmung des Pols (II) für einen Träger durch, der die früher gefundene Unstabilitätsbedingung $l \cdot \mathrm{tg}\,\beta = h$ erfüllt (Abb. 151), so finden wir, daß der Pol (II) mit dem Auflager C zusammenfällt; eine Auflagerkraft C vermag somit die Scheibe II nicht an einer Bewegung zu verhindern: das Tragwerk der Abbildung 151 ist *unstabil*.

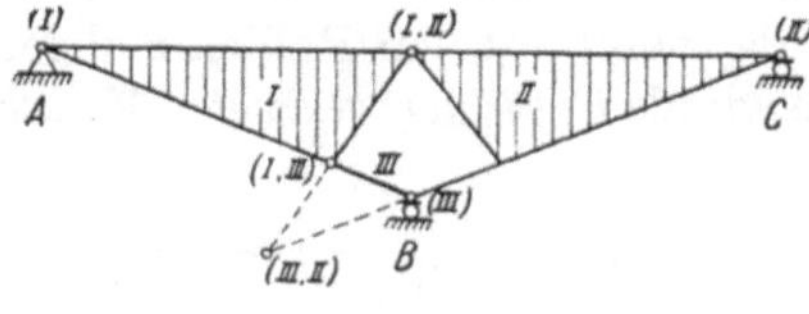

Abb. 151

Diese kinematische Methode kann auch zur Bestimmung von Einflußlinien für vollwandige Tragwerke verwendet werden. Als Beispiel sei in Abbildung 152 die Einflußlinie η_Q für die Querkraft Q eines vollwandigen Dreigelenkbogens bestimmt.

Als willkürliche Verschiebung führen wir die Querverschiebung um den Betrag «eins» im Schnitt F ein, die wir als Relativdrehung um den unendlich

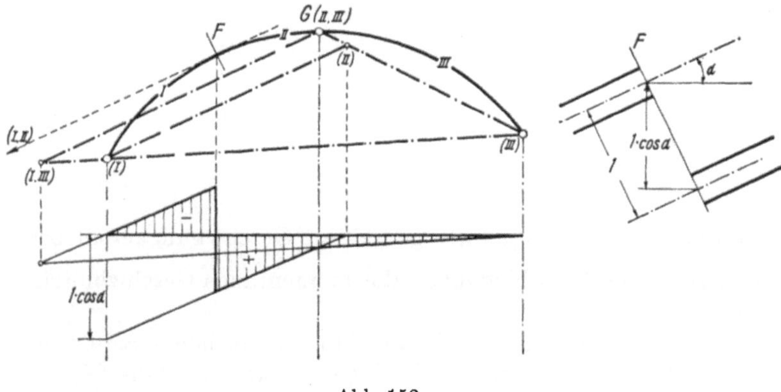

Abb. 152

fernen Nebenpol (I, II) auffassen; in diesem Nebenpol müssen sich die Geraden (I, III) − (II, III) und (I) − (II) schneiden.

d) Die Figur der gedrehten Verschiebungen

Eine starre Scheibe ABC, welche wir die Figur F nennen wollen, drehe sich um ihren momentanen Drehpol O (Abb. 153). Da der Drehwinkel α für alle

Punkte A, B, C gleich groß ist, sind die Verschiebungen v proportional zum Abstand r der einzelnen Punkte vom Drehpol O:

$$v = r \cdot \alpha;$$

dabei setzen wir wieder die Verschiebungen v als klein voraus. Damit folgt aber

$$\frac{v_A}{r_A} = \frac{v_B}{r_B} = \frac{v_C}{r_C} = \text{konst.} \tag{66}$$

Denken wir uns nun die Verschiebungen v um einen rechten Winkel im Uhrzeigersinn gedreht, das heißt auf den Radien r abgetragen, so bilden ihre Enden die Figur F', die wir als *Figur der gedrehten Verschiebungen* bezeichnen.

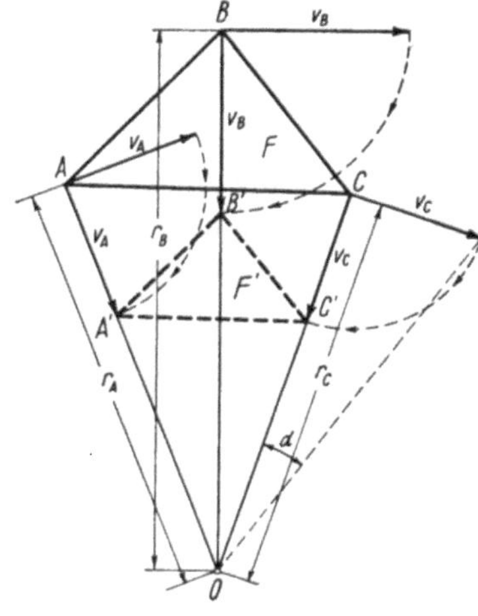

Abb. 153

Sie wird auch etwa als Figur der gedrehten Geschwindigkeiten bezeichnet, wenn man statt der Verschiebungen die momentanen Geschwindigkeiten $\dfrac{dv}{dt}$ betrachtet.

Aus Gleichung (66) folgt nun direkt, daß entsprechende Seiten der beiden Figuren F und F' parallel sind; *ist die Figur F starr, so ist die Figur F' zu ihr ähnlich.*

Die Umkehrung dieses Satzes: *Gelingt es, zu einem Fachwerksnetz F, selbstverständlich unter Beachtung der Auflagerbedingungen, eine Figur F' mit zu F parallelen Seiten zu zeichnen, die zu F nicht ähnlich ist, so ist das System unstabil,* ist ein übersichtliches Kriterium für die Stabilität bzw. Unstabilität von Fachwerken.

In Abbildung 154 ist die Figur F' zum Tragwerk der Abbildung 151 eingezeichnet. Dabei ist zu beachten, daß die Auflagerpunkte B und C lotrecht unverschieblich sind, ihre gedrehten Verschiebungen somit entweder lotrecht gerichtet oder Null sein müssen. Wegen der Parallelität der Seiten fallen damit die Punkte B' mit B und C' mit C zusammen, wenn wir von $A' = A$ ausgehen.

Drehen wir die gedrehten Verschiebungen entgegen dem Uhrzeigersinn um einen rechten Winkel zurück, so erkennen wir die Art der Verformung des (unendlich wenig) verschieblichen Systems.

Die Figur F' der gedrehten Verschiebungen kann auch zur Konstruktion von Einflußlinien verwendet werden. Wir zeichnen (Abb. 155) im Netz des schon in Abbildung 149 untersuchten Rautenträgers die Figur F' ein, indem wir

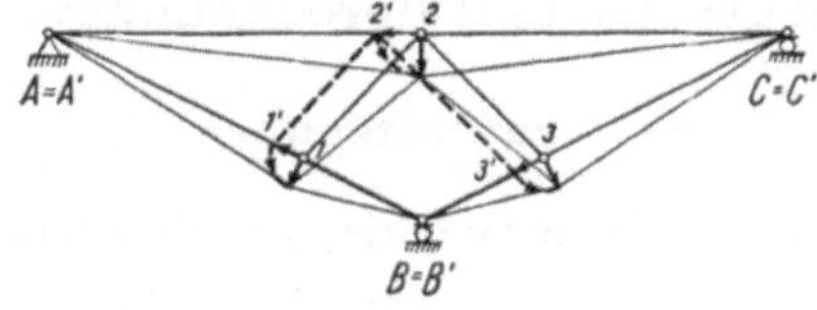

Abb. 154

von der starren Scheibe $5 = 5'$, $6 = 6'$, $B = B'$, die wir uns festgehalten denken, ausgehen. Als Verschiebung führen wir die Verlängerung $\Delta s = 1$ der gesuchten Diagonale D im Punkt 4 ein, die wir um einen rechten Winkel drehen, wobei wir hier den Gegenuhrzeigersinn wählen. Damit erhalten wir den Punkt 4', von dem aus wir durch Zeichnen von Parallelen die Figur F' für den restlichen

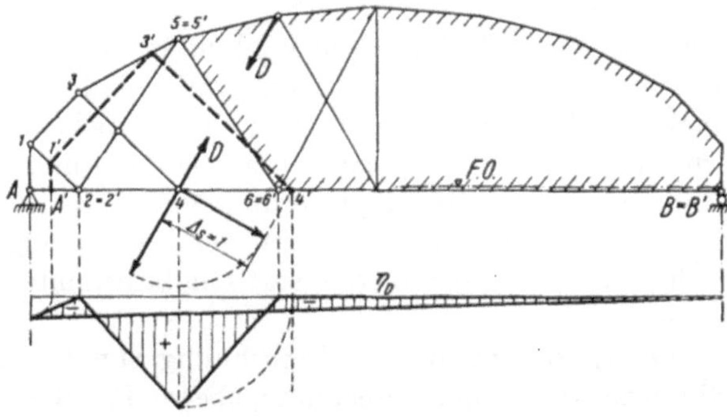

Abb. 155

linken Trägerteil konstruieren können. Projizieren wir die gedrehten Verschiebungen der Untergurtknotenpunkte auf eine horizontale Gerade, so erhalten wir durch Rückwärtsdrehen die lotrechte Biegungslinie infolge $\Delta s = 1$, bezogen auf den festgehaltenen rechten Trägerteil und daraus durch Erfüllen der Auflagerbedingung bei A (Einziehen der Schlußlinie) die gesuchte Einflußlinie η_D. Die eingezeichnete Größe von $\Delta s = 1$ liefert uns den Maßstab der Einflußlinie.

V. Statisch bestimmte Raumfachwerke

1. Bildungsgesetze und Berechnungsverfahren

a) Voraussetzungen

Unsere Tragwerke sind räumliche Gebilde; sie müssen imstande sein, beliebig gerichtete, also räumliche Kräfte aufzunehmen und auf die Auflager zu übertragen. In vielen und sogar den meisten praktisch vorkommenden Fällen ist es allerdings möglich, Raumtragwerke derart aus ebenen Scheiben zusammenzusetzen, bzw. bei der Berechnung in ebene Scheiben zerlegt zu denken, daß diese unabhängig von den Nachbarscheiben, also ohne Berücksichtigung der räumlichen Zusammenhänge, für sich allein unter der in ihrer Scheibenebene wirkenden äußeren Belastung berechnet werden dürfen. So ist es üblich, Brückentragwerke für die Bemessung in ebene Scheiben zerlegt zu denken und die Hauptträger, die Windverbände und die Querverbände je für sich allein als ebene Tragwerke zu untersuchen.

Nun kann aber eine solche Zerlegung zu Fehlschlüssen in der Beurteilung des inneren Kräftespiels führen. Auch sind Tragwerke vorhanden, bei denen eine solche Betrachtung herausgelöst gedachter ebener Scheiben nicht zum Ziel führt und die Vernachlässigung der räumlichen Zusammenhänge eine Berechnung der inneren Kräfte überhaupt verunmöglicht. Es ist deshalb notwendig, daß wir uns auch mit den Grundlagen der Berechnung von Raumtragwerken, und hier im besonderen von statisch bestimmten Raumfachwerken beschäftigen.

Die *Voraussetzungen*, die wir bei der Berechnung von Raumfachwerken einführen, sind ähnliche wie bei der Berechnung ebener Fachwerke:

Ein Raumfachwerk besteht aus zug- und druckfesten Stäben, die in den Knotenpunkten durch reibungsfreie Gelenke miteinander verbunden sind. Die äußeren Lasten (einschließlich des Gewichts der Stäbe, die wir uns also gewichtslos vorstellen oder deren Gewicht wir uns in die Knotenpunkte reduziert denken) sollen nur in den Knotenpunkten angreifen. Endlich sollen die Formänderungen des belasteten Tragwerks so klein bleiben, daß wir die Kräfte am unverformt gedachten Tragwerk wirkend annehmen können, so daß wir mit dem Superpositionsgesetz rechnen dürfen.

Es sei hier gleich festgestellt, daß die Voraussetzung reibungsfreier Gelenke hier eine einschneidendere Wirkung besitzt als beim ebenen Fachwerk. Beim ebenen Fachwerk wird nämlich die Größe der Stabkräfte und der Formänderungen infolge biegungssteifer Ausbildung der Knoten gegenüber dem Gelenkfachwerk im allgemeinen (vielleicht mit Ausnahme des Rautenträgers) nicht wesentlich verändert; bei gewissen Raumfachwerken, nämlich bei Fachwerkkuppeln, wie wir Raumtragwerke bezeichnen, deren Knotenpunkte auf einer Schale liegen, wird bei biegungssteifer Ausbildung der Knotenpunkte ein oft beträchtlicher Teil der äußeren Belastung durch Biegungsbeanspruchung einzelner Bauteile und nicht mehr nur durch Zug- und Druckbeanspruchung der Stäbe aufgenommen. Ein Raumfachwerk mit steifen Knoten ist nun aber ein hochgradig statisch unbestimmtes Tragwerk, dessen Berechnung wir hier noch nicht behandeln können. Die Untersuchung statisch bestimmter Raumfachwerke, wie wir sie nachstehend in den Grundzügen skizzieren wollen, stellt somit nur eine Näherungsuntersuchung oder eine erste Stufe der Berechnung des wirklichen Kräftespiels dar.

b) Statische Bestimmtheit und einfachster Aufbau

An jedem Knotenpunkt eines Raumfachwerkes können wir die drei Komponentengleichgewichtsbedingungen (27a) anschreiben:

$$P_x + \Sigma S \cdot \cos \alpha = 0$$
$$P_y + \Sigma S \cdot \cos \beta = 0$$
$$P_z + \Sigma S \cdot \cos \gamma = 0.$$

Besitzt das Fachwerk k Knotenpunkte, so stehen uns zur Berechnung der s unbekannten Stabkräfte und der a unbekannten Auflagerkräfte $3k$ Gleichgewichtsbedingungen zur Verfügung; reichen diese Gleichgewichtsbedingungen zur Berechnung der Unbekannten aus, ist also

$$s + a = 3k, \tag{67}$$

so ist das Raumfachwerk *statisch bestimmt*, wenn wenigstens außerdem noch seine Unverschieblichkeit gesichert ist. Die beim ebenen Fachwerk gefundene Bedingung $s + a = 2k$ ist als Sonderfall der Gleichung (67) aufzufassen.

Mit den $3k$ Gleichgewichtsbedingungen (27a) können wir die Stab- und Auflagerkräfte in jedem statisch bestimmten und stabilen Raumfachwerk berechnen. Wenn wir aber dabei alle $3k$ Gleichungen in einem allgemeinen Gleichungssystem mit $3k$ Unbekannten anschreiben müssen, so wird der Aufwand an Rechnungsarbeit für die Auflösung dieses Gleichungssystems außerordentlich groß. Eine wesentliche Vereinfachung wird sich aber dann ergeben, wenn wir an einem Knotenpunkt mit nur drei unbekannten Stabkräften beginnend und derart von Knotenpunkt zu Knotenpunkt fortschreitend, daß wir an jedem neuen Knotenpunkt nur drei neue unbekannte Kräfte antreffen, das System der $3k$ Gleichungen in k voneinander unabhängige Gruppen mit nur je drei Gleichungen und Unbekannten aufspalten können. Dann können wir nämlich an jedem Knotenpunkt die drei Gleichungen (27a) für sich allein lösen, indem wir die bekannten Stabkräfte mit den äußeren Knotenlasten zusammen zu einer Resultierenden P (P_x, P_y, P_z) zusammenfassen. Ein solches Fachwerk, bei dem diese Aufspaltung möglich ist, nennen wir ein *Raumfachwerk einfachster Art*. Dem Raumfachwerk einfachster Art entsprechen somit in der Ebene diejenigen Fachwerke, für die wir einen CREMONAplan zeichnen können.

Zeichnerisch können wir die drei Gleichgewichtsbedingungen nach CULMANN in zwei Stufen lösen (Abb. 46). Am übersichtlichsten und einfachsten wird jedoch die Lösung nach dem Konjugationsverfahren nach B. MAYOR gefunden (siehe Abschnitt II, 4c), das sich in einer einzigen Zeichnungsebene darstellen läßt.

Raumfachwerke einfachster Art lassen sich nun aufbauen auf Grund des Umstandes, daß ein Knotenpunkt im Raum durch drei nicht in der gleichen

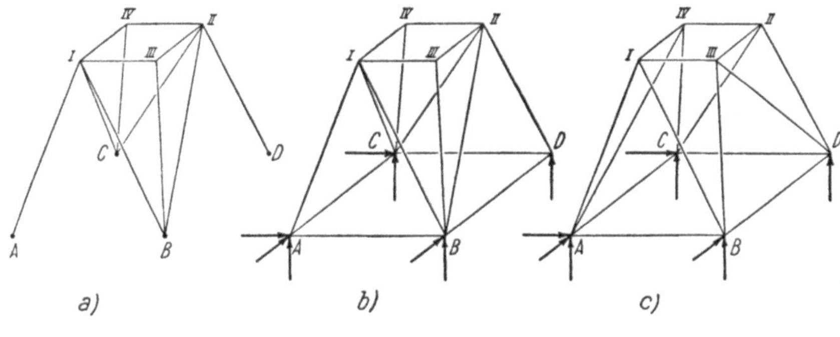

Abb. 156

Ebene liegende Stäbe unverschieblich festgehalten wird. Die drei Stützstäbe können sich dabei auf den Baugrund oder aber auf bereits bestehende unverschiebliche Teile des Raumfachwerkes abstützen. Indem wir auf diese Weise jeden neuen Knotenpunkt mit drei neuen Stäben unverschieblich anschließen, erhalten wir ein Raumfachwerk einfachster Art, weil am zuletzt angeschlossenen Knotenpunkt nur drei unbekannte Stäbe angreifen und wir in umgekehrter Reihenfolge zum Aufbau rückwärtsschreitend stets Knotenpunkte mit nur drei unbekannten Kräften finden werden.

In Abbildung 156a ist ein einfaches Raumfachwerk einfachster Art dargestellt: Von den drei festen Knotenpunkten A, B und C aus schließen wir zuerst den Knotenpunkt I mit drei Stäben an, darauf den Knotenpunkt II an die Auflagerpunkte B, C und D. Darauf wird der Knotenpunkt III an den Auflagerpunkt B und die Knotenpunkte I und II und endlich der Knotenpunkt IV an C, I und II angeschlossen. Das entstandene Raumfachwerk ist einfachster Art, weil wir in der Reihenfolge IV, III, II, I stets nur Knotenpunkte mit nur drei unbekannten Stabkräften antreffen. Durch Vermehrung der Auflagerknotenpunkte und der Stockwerke lassen sich auf diese Weise weitere Raumfachwerke einfachster Art bilden.

Wir ändern offensichtlich nichts an der Stabilität und statischen Bestimmtheit des Raumfachwerks, wenn wir es statt von festen Auflagerpunkten von einem unverschieblichen *Fußring* aus aufbauen (Abb. 156b). Die Auflagerung des Fußrings auf dem Baugrund ist durch die Auflagerkräfte dargestellt. Mit $k=8$, $a=8$, $s=16$ ist die Bedingung $s+a=3k$ erfüllt. Das Fachwerk ist immer noch einfachster Art, weil wir in der Reihenfolge IV, III, II, I, D, C, B, A stets nur Knotenpunkte mit nur drei neuen Stab- und Auflagerkräften antreffen.

Da alle Knotenpunkte des Fußrings lotrecht gestützt sind, können sie sich höchstens in der waagrechten Grundrißebene verschieben. Die Verschieblichkeit des ebenen Stabzuges $ABCD$ und damit des darauf aufgebauten Raumfachwerks können wir nun aber mit einem Plan der gedrehten Verschiebungen (siehe IV, 7) untersuchen. In Abbildung 157 sind zwei Lagerungsarten eines quadratischen Fußrings auf diese Weise untersucht. Zum Fußring der Abbil-

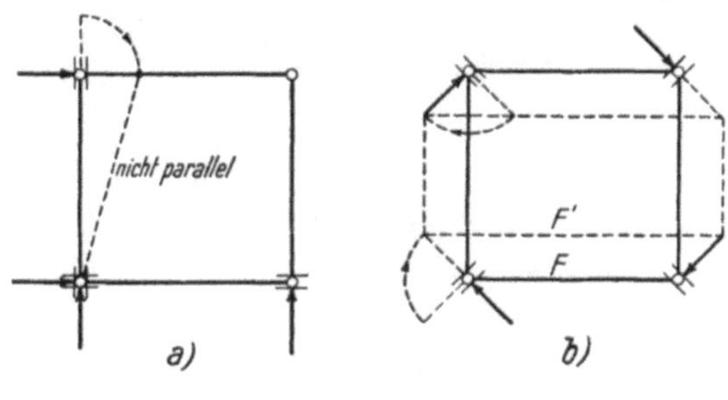

Abb. 157

dung 156b (Abb. 157a) läßt sich keine unähnliche Figur F' mit parallelen Seiten zeichnen: der Fußring ist unverschieblich und damit das Raumfachwerk stabil. Die Knotenpunkte des Fußrings der Abbildung 157b sind radial geführt; es läßt sich eine zur Figur F unähnliche Figur F' mit parallelen Seiten zeichnen: der Fußring nach Abbildung 157b ist (wenigstens mit gerader Seitenzahl) verschieblich, und ein darauf aufgebautes Raumfachwerk ist unstabil oder unbrauchbar.

c) Methode der Stabvertauschung

Entfernen wir im Tragwerk der Abbildung 156b die Stäbe C I und B II und ordnen wir dafür Stäbe A IV und D III an, so bleibt im so entstandenen Tragwerk der Abbildung 156c die statische Bestimmtheit und die Stabilität erhalten, aber das neue Tragwerk ist nicht mehr einfachster Art, weil wir an ihm keinen Knotenpunkt mit nur drei unbekannten Kräften finden, an dem wir unsere Berechnung der Stabkräfte beginnen können. In solchen Fällen führt die *Methode der Stabvertauschung* zum Ziel. Genau so, wie wir von einem Fachwerk einfachster Art durch Stabvertauschung zu einem solchen nicht einfachster Art gelangen können, können wir auch von einem nicht einfachsten Fachwerk durch Stabvertauschung zu einem solchen einfachster Art gelangen, bei dem die Stabkräfte durch voneinander unabhängige Gruppen von je drei Gleichungen zu berechnen sind.

In Abbildung 158 ist das aus Abbildung 156c durch Vertauschung eines einzigen Stabes hervorgegangene Fachwerk einfachster Art im Grundriß dargestellt. Die entfernten Stäbe, die wir im allgemeinen mit Z_1, Z_2, Z_3 usw. bezeichnen wollen, denken wir durch die in ihnen wirkenden Stabkräfte Z ersetzt, während die neu eingefügten Stäbe mit S_a, S_b, S_c usw. bezeichnet werden sollen.

Im Ersatzsystem einfachster Art können nun die Stabkräfte infolge jedes beliebigen Belastungszustandes einfach berechnet werden. Wir untersuchen zuerst die Stabkräfte S_i infolge der gegebenen äußeren Lasten P; diese Stabkräfte seien mit S_{i0} bezeichnet. In den entfernten Stäben können dabei selbstverständlich keine Stabkräfte auftreten. Nun untersuchen wir der Reihe nach

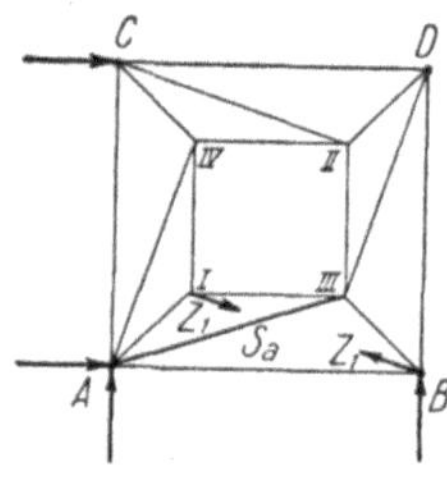

Abb. 158

die Belastungen $Z_1 = 1$, $Z_2 = 1$, $Z_3 = 1$ usw.; die daraus entstehenden Stabkräfte seien mit S_{i1}, S_{i2}, S_{i3} bezeichnet. Durch Superposition finden wir die Stabkräfte S_i zu

$$S_i = S_{i0} + Z_1 \cdot S_{i1} + Z_2 \cdot S_{i2} + Z_3 \cdot S_{i3} + \ldots, \tag{68}$$

wobei die Kräfte Z_1, Z_2, $Z_3 \ldots$ die vorläufig noch unbekannten Stabkräfte in den entfernten Stäben bedeuten. Nun sind aber die neu eingefügten Ersatzstäbe S_a, S_b, $S_c \ldots$ in Wirklichkeit nicht vorhanden; ihre Stabkräfte müssen deshalb Null sein, und es ist

$$S_a = S_{a0} + Z_1 \cdot S_{a1} + Z_2 \cdot S_{a2} + Z_3 \cdot S_{a3} + \ldots = 0$$
$$S_b = S_{b0} + Z_1 \cdot S_{b1} + Z_2 \cdot S_{b2} + Z_3 \cdot S_{b3} + \ldots = 0 \tag{69}$$
$$S_c = S_{c0} + Z_1 \cdot S_{c1} + Z_2 \cdot S_{c2} + Z_3 \cdot S_{c3} + \ldots = 0$$

usw.

Da für jeden entfernten Stab Z ein Ersatzstab angeordnet wurde, besitzen wir gerade soviel Gleichungen (69), wie unbekannte Kräfte Z vorhanden sind; wir können somit die gesuchten Kräfte Z durch Auflösen des Gleichungssystems (69) bestimmen und daraus durch Einsetzen in die Gleichungen (68) die übrigen Stabkräfte und die Auflagerkräfte durch Superposition berechnen. Es ist beachtenswert, daß wir, wie aus dem Beispiel der Abbildungen 156c und 158 hervorgeht, nicht unbedingt gleichviel Stäbe vertauschen müssen, um vom Fachwerk nicht einfachster Art zu einem solchen einfachster Art zu gelangen, als wir vertauschen mußten, um aus dem Tragwerk der Abbildung 156b das Tragwerk der Abbildung 156c zu erhalten, sondern daß wir offenbar unter Umständen auch mit einer geringeren Zahl von Vertauschungen auskommen. Das ist natürlich im Interesse einer möglichst einfachen Berechnung erwünscht.

Die Methode der Stabvertauschung, die wir hier am Raumfachwerk kennengelernt haben, kann selbstverständlich in genau gleicher Form auch zur Berechnung solcher ebener Fachwerke verwendet werden, deren Stabkräfte sich nicht oder nur umständlich durch die dort besprochenen Berechnungsverfahren berechnen lassen. Dabei wird es sich aber wohl meistens um solche Fachwerke handeln, die in der Konstruktionspraxis nur eine untergeordnete Rolle spielen und auf die wir deshalb nicht näher eintreten.

d) Aufteilung der äußeren Belastung

Wir haben bis jetzt über die Orientierung des Koordinatensystems x, y, z, auf das die Gleichgewichtsbedingungen (27a) bezogen sind, noch nicht besonders verfügt; wir können dieses Koordinatensystem somit immer noch beliebig legen.

Liegen beispielsweise an einem Knotenpunkt alle Stäbe S mit Ausnahme des Stabes S_i in einer Ebene E, so können wir die Stabkraft S_i aus einer einzigen, unabhängigen Gleichgewichtsbedingung

$$P_z + S_i \cdot \cos \gamma_i = 0$$

berechnen, wenn wir die x-y-Ebene mit der Ebene E zusammenfallen lassen. *Ist der Knotenpunkt unbelastet, $P_z = 0$, so ist auch $S_i = 0$.*

Dadurch können wir oft von vorneherein eine Reihe von Stäben als unbeansprucht aus der Berechnung ausschalten und damit das zu untersuchende räumliche Stabsystem vereinfachen. *Erhalten wir dabei unbelastete Knotenpunkte, an denen mit Ausnahme von zweien, S_k und S_l, nur unbeanspruchte Stäbe angreifen, so sind auch die Stabkräfte S_k und S_l gleich Null, sofern sie nicht in der gleichen Wirkungslinie wirken.*

Wenn wir nun die äußere Belastung derart aufteilen, daß wir der Reihe nach nur einzelne Knotenpunkte belasten, während gleichzeitig alle andern Knotenpunkte unbelastet sind, so gelingt es uns oft, mit diesen beiden Feststellungen so viele Stäbe als unbeansprucht auszuscheiden, daß das übrigbleibende Fachwerk ein solches einfachster Art wird und es somit nicht notwendig wird, die Methode der Stabvertauschung anzuwenden.

Das Tragwerk der Abbildung 159 sei beispielsweise nur durch eine Knotenlast P in I belastet. Am unbelasteten Knotenpunkt IV greifen vier unbekannte Stabkräfte an, die jedoch mit Ausnahme des Ringstabes IV — II in der gleichen Ebene liegen. Der Ringstab IV — II kann deshalb als unbeansprucht ausgeschaltet werden, ebenso aus dem gleichen Grund die Ringstäbe II — III und III — I. In den unbelasteten Knotenpunkten II und III greifen jetzt nur noch zwei von Null verschiedene unbekannte Stabkräfte an; da sie jedoch nicht in eine Gerade fallen, sind sie ebenfalls als unbeansprucht auszuschalten. Endlich können noch die Stäbe BD und DC des Fußringes sowie die Auflagerkraft D eliminiert werden. Das für die Untersuchung übrigbleibende, in Abbildung 159 kräftig gezeichnete Fachwerk ist einfachster Art; seine Stabkräfte und Auflagerkräfte können in der Reihenfolge der Knotenpunkte I, IV, B, C, A berechnet werden.

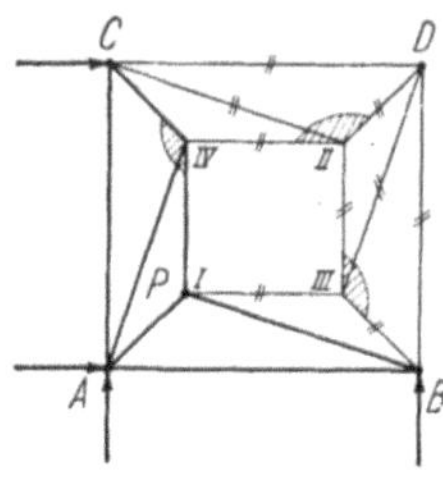

Abb. 159

Durch eine Aufteilung der äußeren Belastung in einzelne Knotenlasten und, bei punktsymmetrischen Tragwerken, durch zyklische Vertauschung und Superposition der Stabkräfte kann somit die Berechnung eines solchen Raumfachwerkes wesentlich vereinfacht werden.

e) Geschlossenes Vielflach

Das bisher besprochene Raumfachwerk ist an sich kein unverschieblicher Körper, sondern wird es erst in Verbindung mit den Auflagerstäben. Genau so waren auch der GERBERträger und der Dreigelenkbogen keine an sich unverschieblichen ebenen Tragwerke, sondern auch sie wurden es erst dadurch, daß wir zu ihrer Stützung mehr Stäbe anordneten, als zur unverschieblichen Stützung einer starren Scheibe notwendig sind.

Wir können nun jedoch auch an sich unverschiebliche Raumfachwerke bilden, die dann zu ihrer unverschieblichen Stützung nur noch sechs Auflagerstäbe benötigen. Von diesen sechs Stäben dürfen dabei höchstens drei sich im gleichen Punkt schneiden und höchstens drei in der gleichen Ebene liegen, oder der starre Körper muß in mindestens drei Punkten, die nicht in derselben Geraden liegen, gestützt werden.

Der einfachste starre Körper ist das aus sechs Stäben gebildete Tetraeder ABC I (Abb. 160), das in den drei Auflagerpunkten A, B, C durch insgesamt sechs Auflagerstäbe unverschieblich gestützt ist. Mit vier Knotenpunkten, $k = 4$, wird die Bedingung $s + a = 3k$ erfüllt.

An diese *Grundfigur* können wir nun durch je drei Stäbe sukzessive die neuen Knotenpunkte II, III, IV bis XIII anschließen. Entfernen wir nun noch den Stab II $-B$ und ersetzen wir ihn durch den gestrichelt eingezeichneten Stab X $-$ XIII, so ist das entstandene geschlossene Vielflach offenbar unverschieblich und mit $a = 6$ Auflagerstäben auch unverschieblich gelagert. Wenn wir zuletzt noch das Auflager B nach $B' = X$ verschieben, so ändern wir dadurch nichts an der Unverschieblichkeit der Lagerung und der statischen Bestimmtheit des Tragwerks.

Das so erhaltene geschlossene Vielflach, das durch einfachsten Aufbau und Stabvertauschung aus der Grundfigur des Tetraeders mit vier Knotenpunkten und sechs Stäben entstanden ist, enthält bei insgesamt k Knotenpunkten nun s Stäbe:

$$s = 6 + (k - 4) \cdot 3 = 3k - 6 . \tag{70}$$

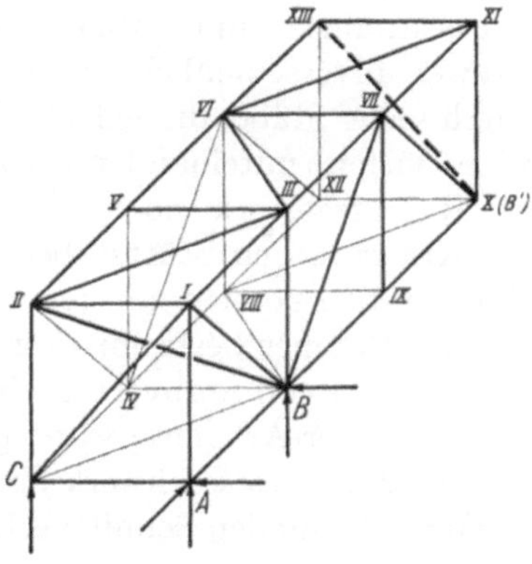

Abb. 160

Mit $a = 6$ Auflagerstäben ist es wegen

$$s + a = 3k - 6 + 6 = 3k$$

statisch bestimmt. Wie wir aus seinem Aufbau erkennen, kann es durch Stabvertauschung auf ein Fachwerk einfachster Art zurückgeführt und damit berechnet werden.

Gleichung (70) kann übrigens aus dem EULERschen *Satz über Polyeder*

$$l = k + f - 2 \tag{71}$$

in allgemeiner Form abgeleitet werden; wir bezeichnen die Zahl der Kanten mit l, diejenige der Flächen mit f, während k die Zahl der Ecken oder Knotenpunkte bedeutet. Wenn alle Flächen Dreiecke sind, so besitzt jede Fläche drei Kanten; jede Kante gehört jedoch zu zwei Flächen. Die Zahl der Kanten, die wir hier der Zahl der Stäbe gleichsetzen können, beträgt somit

$$l = s = \frac{3}{2} \cdot f . \tag{72}$$

Setzen wir daraus f in die Gleichung (71) ein, so ergibt sich für das geschlossene Vielflach mit Dreiecksnetz

$$s = 3k - 6$$

in Übereinstimmung mit Gleichung (70). Wird das geschlossene Vielflach durch
mehr als sechs Auflagerstabe gestützt, so ist es statisch unbestimmt. Wollten
wir also beispielsweise das Tragwerk der Abbildung 160 durch einen vierten
lotrechten Auflagerstab, etwa bei XII, stützen, ohne die statische Bestimmtheit zu verändern, so müßte dafür ein Fachwerkstab, etwa eine Strebe des
obern Windverbandes, entfernt werden.

f) Zusammengesetzte Raumfachwerke

Wir können ein statisch bestimmtes und stabiles Raumfachwerk auch dadurch gewinnen, daß wir zwei unverschiebliche Raumfachwerke, etwa zwei
geschlossene Vielflache, durch sechs Stäbe, die jedoch nicht von einer einzigen
Geraden geschnitten werden dürfen, miteinander verbinden, und das so gewonnene unverschiebliche Raumtragwerk noch unverschieblich mit sechs
Stäben stützen. Sowohl die Kräfte in den Stützstäben wie auch anschließend
diejenigen in den Verbindungsstäben können nun je aus den sechs räumlichen
Gleichgewichtsbedingungen des Raumes bestimmt werden.

Wenn es mit einer kleineren Zahl von Stabvertauschungen, als zur Zurück-
führung auf ein Fachwerk einfachster Art nötig wäre, gelingt, ein Raumfachwerk auf ein solches zusammengesetztes Fachwerk zurückzuführen, so kann
dieses durch ein *Schnittverfahren*, das zu den Schnittverfahren des ebenen Tragwerks analog ist, berechnet werden.

2. Fachwerkkuppeln

Trotzdem grundsätzlich im Raum die Möglichkeit zu einer viel größeren
Mannigfaltigkeit von Bauformen besteht als in der Ebene, haben sich für Fachwerkkuppeln in der Konstruktionspraxis nur einige wenige Bauformen einzuführen vermocht.

a) SCHWEDLERkuppeln

Abbildung 161 zeigt eine zweistöckige, sechsseitige SCHWEDLER*kuppel*. Sie
weist drei Gruppen von Stäben auf: die Ringstäbe, die auf den gleichen Par-
allelkreisen liegende benachbarte Knotenpunkte verbinden, die Gratstäbe oder
Sparren in Meridionalebenen und die Streben, die die durch je zwei Ringstäbe
und Sparren gebildeten ebenen trapezförmigen Flächen aussteifen. Die Fuß-
knotenpunkte werden meist durch einen Fußring miteinander verbunden; die
Knotenpunkte dieses Fußrings sind dann noch durch je zwei Stäbe (unter
Sicherung der Unverschieblichkeit) zu stützen. Der Aufbau der SCHWEDLER-
kuppel aus einem Fachwerk einfachster Art ergibt sich aus dem Vergleich der
Abbildung 156c mit Abbildung 156a. Sie wird am einfachsten durch Aufteilung
der Belastung und zyklische Vertauschung berechnet. Unter symmetrischer
Belastung bleiben die Streben unbeansprucht.

Werden die aufeinanderfolgenden Gratstäbe in die gleiche Gerade gelegt, so entsteht aus der SCHWEDLERkuppel das *offene Turmdach* (Abb. 162). Stehen insbesondere die Gratstäbe noch lotrecht, so erhalten wir ein bei den Führungsgerüsten von Gasbehältern häufig verwirklichtes Tragwerk, das, ebenso wie das offene Turmdach, durch Zerlegung in ebene Scheiben einfach berechnet werden kann.

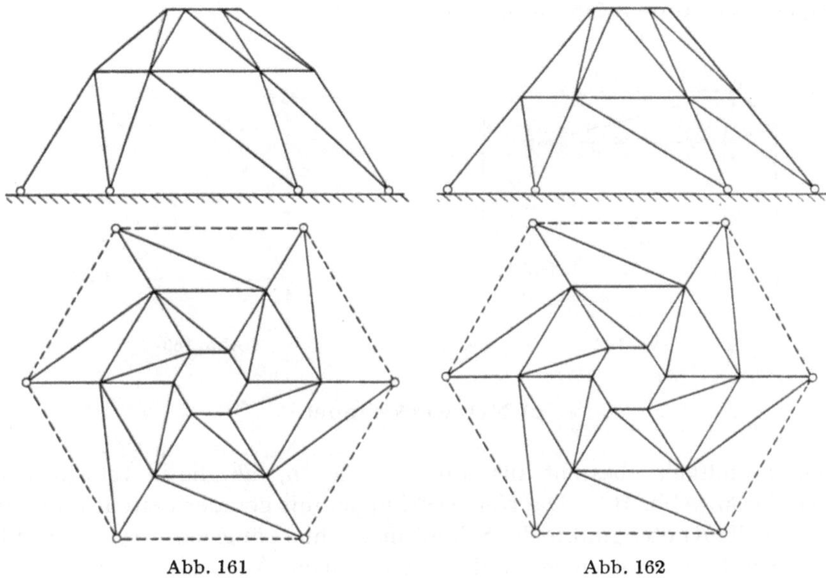

Abb. 161   Abb. 162

Besteht die Kuppel nur aus verhältnismäßig wenigen ebenen Scheiben, die durch Strebenzüge ausgefacht werden, so erhalten wir die *Scheibenkuppel* (Abb. 163); die Zwischenknotenpunkte des Fußrings sind durch einzelne lot-

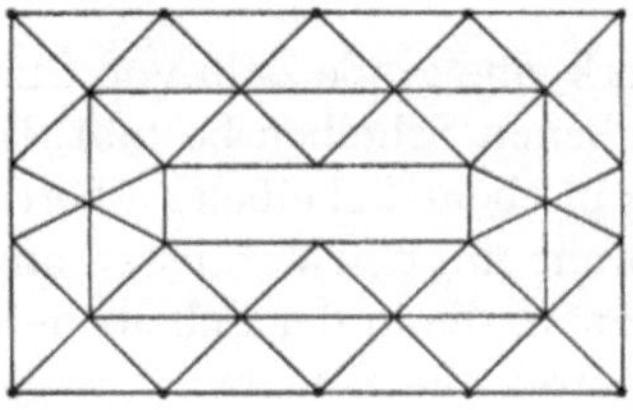

Abb. 163

rechte Stützstäbe zu stützen, während die Zwischenknotenpunkte des oberen Schlußrings unbelastet bleiben müssen, weil alle an ihnen angreifenden Stäbe in einer Ebene liegen. Besser allerdings wird der Schlußring zur Aufnahme der Zwischenknotenlasten biegungssteif ausgebildet.

b) ZIMMERMANNkuppel

Die ZIMMERMANNkuppel ist dadurch gekennzeichnet, daß der obere Schluß-
ring nur halb so viel Stäbe aufweist wie der benachbarte untere Ring (Abb. 164).
Die Kuppel der Abbildung 164 können wir auf eine Kuppel mit achtseitigem
Schlußring aufsetzen und auf diese Weise mehrstöckige oder zusammengesetzte
Kuppeln ZIMMERMANNscher Bauart bilden. Zur Berechnung der Stabkräfte
muß das Ersatzstabverfahren beigezogen werden.

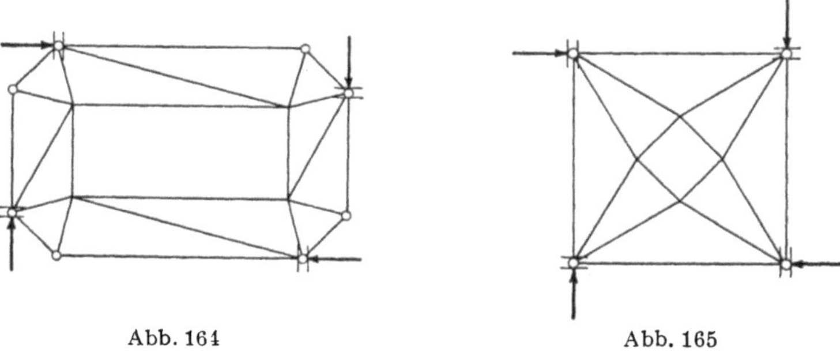

Abb. 164   Abb. 165

c) Netzwerkkuppel

Die Mantelfläche besteht aus lauter Dreiecken, die alle in verschiedenen
Ebenen liegen (Abb. 165). Die Netzwerkkuppel mit gerader Seitenzahl ist unstabil, weil die Knotenpunkte des Schlußringes ohne Längenänderung der Stäbe
sich abwechslungsweise heben und senken können. Auch die Kuppel mit ungerader Seitenzahl besitzt keine nennenswerte praktische Bedeutung.

3. Berechnung durch Zerlegung in ebene Scheiben

Wenn ein Raumfachwerk eine große Zahl von Stäben besitzt, aber aus nur
verhältnismäßig wenigen ebenen Scheiben besteht, ist es oft zweckmäßig, das
Tragwerk durch Zerlegung in ebene Scheiben zu berechnen[1]). Da die einzelnen
Scheiben (in Übereinstimmung mit den Voraussetzungen der Fachwerktheorie)
nur Kräfte aufnehmen können, die in der Scheibenebene wirken, können zwei
in einer Kante aneinanderstoßende Scheiben nur gegenseitige Reaktionen L
aufeinander ausüben, die in die gemeinsame Kante fallen. Diese *Kantenkräfte L*
sind, neben den Auflagerkräften, die gesuchten Unbekannten des Problems.
Sobald die Kantenkräfte bekannt sind, können auch die Stabkräfte der einzelnen Scheiben bestimmt werden.

---

[1]) Diese Berechnungsweise wurde m. W. erstmals von H. SCHWYZER in seiner Diss. «Statische
Untersuchung der aus ebenen Tragflächen zusammengesetzten räumlichen Tragwerke», Zürich 1920,
vorgeschlagen.

a) Grundgleichungen

Jede der f ebenen Scheiben, aus denen das Raumtragwerk besteht, muß unter der Einwirkung der auf sie entfallenden äußeren Lasten und Auflagerkräfte sowie der Kantenkräfte L im Gleichgewicht sein. Für jede ebene Scheibe können somit die drei Gleichgewichtsbedingungen der Ebene angeschrieben werden. Zur Bestimmung der l unbekannten Kantenkräfte und a Auflagerkräfte stehen somit $3f$ Gleichgewichtsbedingungen zur Verfügung; das Raumtragwerk ist statisch bestimmt, wenn die Bedingung

$$l + a = 3f \tag{73}$$

erfüllt ist.

Wir setzen dabei voraus, daß die äußeren Kräfte P nur in Kanten angreifen oder dann durch besondere biegungssteife Elemente auf Kanten übertragen werden. Eine in einer Kante angreifende äußere Last P zerlegen wir in zwei in die benachbarten Scheibenebenen fallende Komponenten, die «Scheibenlasten». Greift eine Last P in einer Ecke an, in der drei oder mehr Scheiben zusammenstoßen, so ändern wir nichts am Kräftespiel, wenn wir diese Last um eine unendlich kleine Strecke in Richtung einer Kante aus der Ecke hinaus verschoben denken, um sie eindeutig in zwei Scheibenlasten zerlegen zu können. Fällt eine äußere Last in eine Kante, so können wir sie der einen oder der andern anstoßenden Scheibe zuweisen, da die Gurtstabkräfte des Raumtragwerkes sich aus den Gurtstabkräften der angrenzenden Scheiben zusammensetzen.

Stoßen in einer Kante drei in drei verschiedenen Ebenen liegende Scheiben u, v und w zusammen, so wirken hier zwei unbekannte Kantenkräfte L_{uv} und L_{vw}; eine solche Kante können wir etwa als Doppelkante bezeichnen.

Liegen zwei der drei Scheiben u, v, w mit gemeinsamer Kante, beispielsweise u und v, in der gleichen Ebene, so ist von der Kantenkraft L_{uv} nicht nur die Größe, sondern auch die Wirkungslinie unbekannt; es sind hier somit an einer

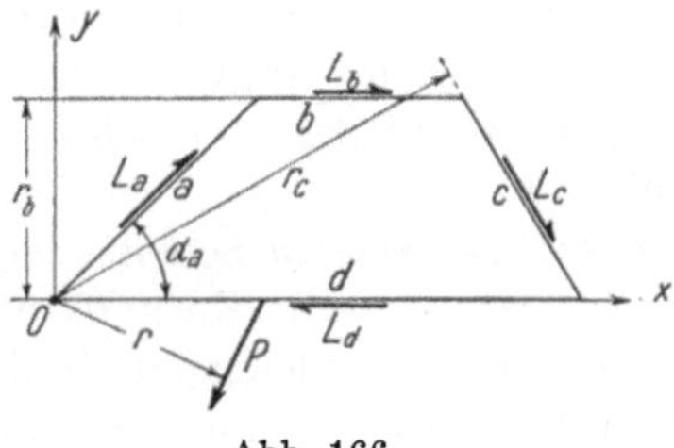

Abb. 166

solchen Kante insgesamt vier unbekannte Größen zu bestimmen. In solchen Fällen ist es deshalb bequemer, die in der gleichen Ebene liegenden Scheiben u und v als eine einzige Scheibe zu betrachten; damit bleibt als einzige Unbekannte die Kantenkraft L_w der dritten Scheibe w zu ermitteln.

An einer freien Kante wirken keine unbekannten Kantenkräfte.

In Abbildung 166 sei der Gleichgewichtszustand einer *trapezförmigen* ebenen Scheibe untersucht; die auf die betrachtete Scheibe wirkenden eingetragenen Kantenkräfte seien als positiv bezeichnet (Uhrzeigersinn).

Die drei Gleichgewichtsbedingungen der Ebene lauten

$$P_x + \Sigma L \cdot \cos \alpha = 0$$
$$P_y + \Sigma L \cdot \sin \alpha = 0$$
$$P \cdot r + \Sigma L \cdot r = 0\,;$$

da sie die Bestimmung von nur drei der vier unbekannten Kantenkräfte erlauben, kann der Gleichgewichtszustand der Scheibe nur im Zusammenhang
mit den Nachbarscheiben untersucht werden.

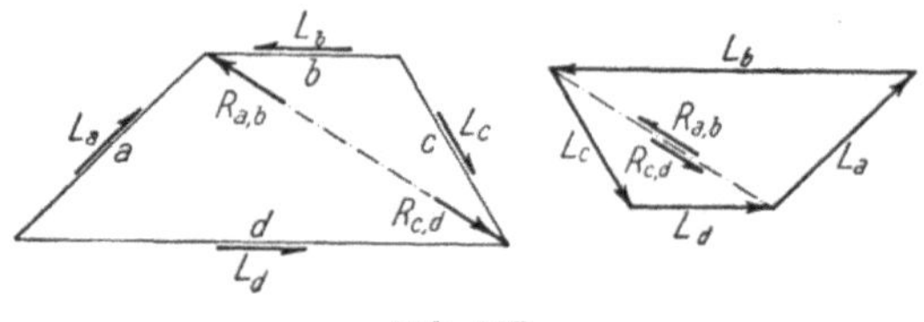

Abb. 167

Ist die betrachtete Scheibe weder durch äußere Kräfte noch durch Auflagerkräfte belastet (Abb. 167), so muß die Resultierende R_{ab} von L_a und L_b mit
der Resultierenden R_{cd} von L_c und L_d im Gleichgewicht sein; die Wirkungslinie
dieser Teilresultierenden ist somit durch eine Trapezdiagonale bestimmt. Wenn
eine der vier Kantenkräfte bekannt ist, so sind die drei andern sofort durch
einen Kräfteplan bestimmbar.

Aus dem Vergleich der Scheibenform (mit den Kantenlängen a, b, c und d)
mit dem Kräfteplan ergibt sich unmittelbar die Beziehung

$$L_a : L_b : L_c : L_d = a : -d : c : -b\,. \tag{74}$$

Ist somit eine Kante einer unbelasteten Scheibe frei, die entsprechende Kantenkraft also Null, so verschwinden auch die andern drei Kantenkräfte. Auf diese
Weise gelingt es häufig, in einem Raumtragwerk die Zahl der zu berechnenden
Kantenkräfte durch Ausschalten unbelasteter Scheiben mit einer freien Kante
erheblich zu vermindern.

Bei einer unbelasteten *dreieckförmigen* Scheibe zeigt eine Momentengleichgewichtsbedingung für eine Ecke, daß die Kantenkräfte null sein müssen. Ist
eine Kante frei, so fällt die Momentengleichgewichtsbedingung für die gegen-
überliegende Ecke überhaupt aus ($0 = 0$); eine dreieckförmige Scheibe mit einer
freien Kante liefert somit nur noch zwei Gleichgewichtsbedingungen zur Bestimmung der unbekannten Kanten- und Auflagerkräfte, und die Gleichung (73)
muß entsprechend erweitert werden. Besitzt ein Raumtragwerk f' dreieckförmige Scheiben mit einer freien Kante neben f weiteren Scheiben, so lautet
hier die Bedingung für die statische Bestimmtheit

$$l + a = 3f + 2f'\,. \tag{73a}$$

Sobald die Kantenkräfte einer Scheibe durch Auflösen der $3f$ bzw. $3f + 2f'$
Gleichgewichtsbedingungen bekannt sind, können nun auch ohne Schwierigkeit

die *Stabkräfte* der Scheibe bestimmt werden, indem wir die Kantenkräfte L und die äußeren Lasten P (einschließlich der an der Scheibe angreifenden Auflagerkräfte) als Belastungen der Scheibe einführen (Abb. 168). Da die Kantenstäbe zu zwei Scheiben gehören und somit ihre Stabkräfte sich aus der Superposition der entsprechenden Stabkräfte von je zwei Scheiben ergeben, ist es gleichgültig, an welchem Knotenpunkt eines Kantenstabes wir die Kantenkraft anbringen.

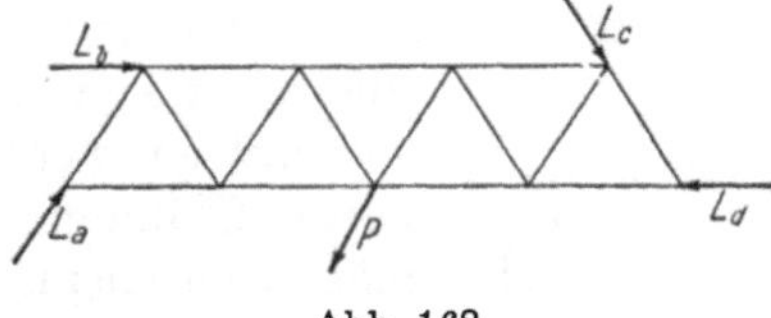

Abb. 168

Bei statisch bestimmten Raumtragwerken sind die Kantenkräfte von der Art der Gliederung der Einzelscheiben unabhängig.

b) Anwendungen

In den Abbildungen 169 und 170 sind die beiden gebräuchlichen Ausbildungsformen von *einfachen Balkenbrücken* skizziert.

Abbildung 169 zeigt eine Brücke mit zwei Hauptträgern, einem Windverband und der zur räumlichen Stützung der Obergurtknotenpunkte erforderlichen Anzahl von Querverbänden, die durch vier lotrechte und drei waag-

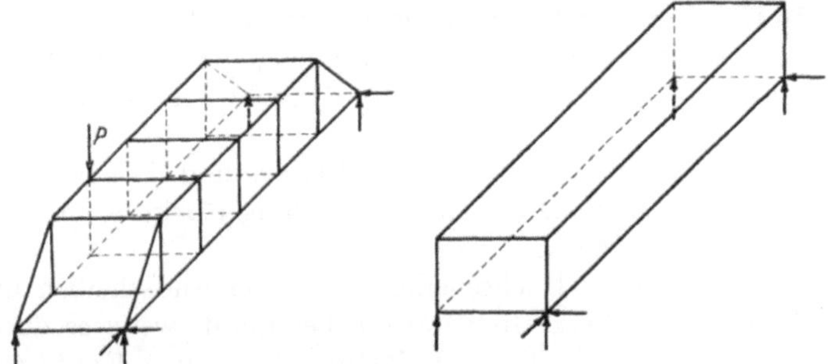

Abb. 169 und 170

rechte Auflagerstäbe gestützt ist. Fassen wir die beiden Hauptträger und den Windverband je als eine Scheibe auf, so besitzt das Tragwerk bei n Querverbänden $n+3$ Scheiben; bei 7 Auflagerstäben und $2+3n$ unbekannten Kantenkräften ist die Bedingung $l+a=3f$ erfüllt und das Tragwerk statisch bestimmt.

Wirken nur lotrechte Lasten P auf das Tragwerk, so sind alle Querverbände unbelastet, und wegen der freien Kante sind auch ihre Kantenkräfte Null. Wir erkennen, daß auch die beiden Kantenkräfte zwischen den Hauptträgern und dem Windverband Null sein müssen; die ebenen Tragwände beeinflussen sich somit gegenseitig nicht. Das statisch bestimmte Brückentragwerk kann somit (auch für waagrechte Lasten) durch Zerlegen in ebene Scheiben ohne Berücksichtigung räumlicher Zusatzwirkungen berechnet werden.

Die Balkenbrücke Abbildung 170 mit zwei Hauptträgern, zwei Windverbänden und zwei Endquerverbänden ist mit sieben Auflagerstäben und 12 unbekannten Kantenkräften einfach statisch unbestimmt: den $3f = 18$ Gleichgewichtsbedingungen stehen $7 + 12 = 19$ Unbekannte gegenüber. Die Scheiben des Tragwerks bilden zusammen ein geschlossenes Vielflach, das an sich stabil ist und zur statisch bestimmten und stabilen Lagerung nur sechs Auflagerstäbe (die nicht von einer einzigen Geraden geschnitten werden dürfen) benötigt. Diese Stützung mit der theoretisch möglichen Kleinstzahl von Stützstäben wird praktisch jedoch nie ausgeführt. Bei der statisch unbestimmten Lagerung nach Abbildung 170 treten zwischen den ebenen Scheiben Kantenkräfte oder räumliche Zusatzwirkungen auf, die jedoch, abgesehen von schiefen Brücken und von Brücken mit gekrümmten Hauptträgern, nicht groß sind; immerhin können bei ungleicher Belastung der beiden Hauptträger die Zusatzwirkungen auf die beiden Windverbände grundsätzlich nicht mehr vernachlässigt werden. Dies führt dazu, daß bei solchen Brücken die Windverbände kräftiger bemessen werden müssen, als der Belastung aus Winddruck allein entsprechen würde.

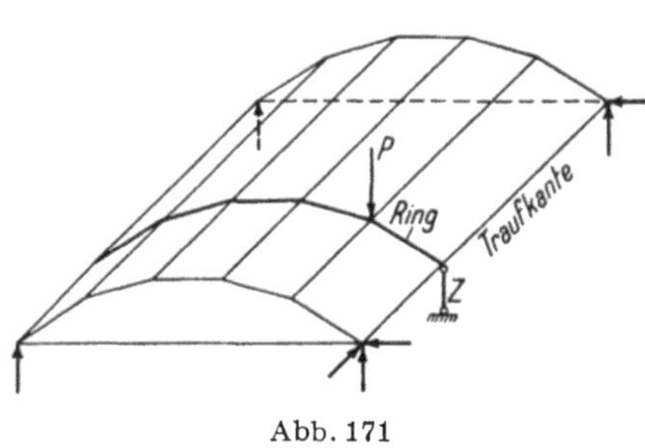

Abb. 171

Aus diesen Überlegungen für das Tragwerk der Abbildung 170 geht übrigens hervor, daß jeder an sich stabile Körper, also auch jeder räumlich beanspruchte biegungs- und torsionssteife Stab bei mehr als sechs Stützstäben statisch unbestimmt gelagert ist.

Ein weiteres Anwendungsbeispiel für die Berechnung eines Raumfachwerks durch Zerlegung in ebene Scheiben ist in Abbildung 171 in Form eines *tonnenförmigen Flechtwerks* skizziert.

Das Tragwerk ist bei n Dachscheiben und zwei Endscheiben und damit $3n - 1$ unbekannten Kantenkräften statisch bestimmt, wenn es durch sieben Stützstäbe gestützt ist. Durch eine Belastung P in einer Kante werden die beiden benachbarten Dachscheiben sowie die beiden Endscheiben beansprucht. Damit auch durch die Knotenpunkte der Traufkante beliebige Belastungen P aufgenommen werden können, müssen diese durch zusätzliche Stützstäbe Z unterstützt werden. Auf das Raumtragwerk wirkt an einem solchen Knotenpunkt nur die Resultierende aus Knotenlast und Stützstabkraft.

Werden in einem solchen Tragwerk beispielsweise die Pfosten der einzelnen Dachscheiben biegungssteif miteinander zu Ringen verbunden, so übertragen diese Ringe einen meist wesentlichen Teil der Lasten P direkt auf die Stützstäbe Z der beiden Traufkanten; das Kräftespiel im Tonnenflechtwerk mit steifen Knoten unterscheidet sich damit wesentlich vom Kräftespiel im idealen Raumfachwerk.

VI. Die klassische Biegungslehre

Als klassische Biegungslehre bezeichnen wir die in ihren Grundzügen durch L. NAVIER eingeführte Berechnung der Spannungen in schlanken, geraden Stäben mit konstantem Vollquerschnitt. Abweichungen von diesen Voraussetzungen erfordern Erweiterungen der klassischen Biegungslehre, die im VIII. Kapitel dargestellt werden sollen. Der Spannungsberechnung soll zunächst die Ermittlung der dabei benötigten Querschnittswerte vorangestellt werden.

1. Querschnittswerte

a) Der Schwerpunkt ebener Flächen

Wir denken uns die ebene Fläche F mit einer gleichmäßig verteilten Flächenbelastung $p = 1$ belastet. Die Resultierende F

$$F = \int_0^F 1 \cdot dF$$

dieser Belastung geht durch den Schwerpunkt S des Querschnittes. Der Schwerpunkt einer ebenen Fläche wird also dadurch bestimmt, daß wir die Lage der Resultierenden von parallelen Kräften im Raum bestimmen.

Können wir die Fläche F in endliche Teilflächen F_i mit bekannten Teilschwerpunkten zerlegen, so ist die Lage der Resultierenden F

$$F = \sum^F F_i$$

der endlichen Teilkräfte F_i zu bestimmen.

Zeichnerisch können die Koordinaten x_s, y_s des Schwerpunktes S einer in der xy-Ebene liegenden Fläche F durch zwei Seilpolygone bestimmt werden (Abbildung 172); das Seilpolygon in der yz-Ebene bestimmt den Abstand y_s, das Seilpolygon in der zx-Ebene bestimmt den Abstand x_s. Die parallel zu sich selbst in den Schwerpunkt S verschobenen Axen x_s, y_s nennen wir Schweraxen.

Die Bestimmung der Schwerpunktsabstände x_s, y_s bleibt auch dann richtig, wenn wir uns die beiden Seilpolygone aus der yz- und zx-Ebene in die xy-Ebene umgeklappt denken; die Bestimmung des Schwerpunktes S kann damit in einer Zeichnungsebene, der Ebene der Fläche F, durchgeführt werden.

In Abbildung 173 ist die zeichnerische Bestimmung des Schwerpunktes S in einer Zeichnungsebene durchgeführt; dabei können wir uns hier auf die Darstellung des einen der beiden im allgemeinen erforderlichen Seilpolygone beschränken, um Wiederholungen zu vermeiden.

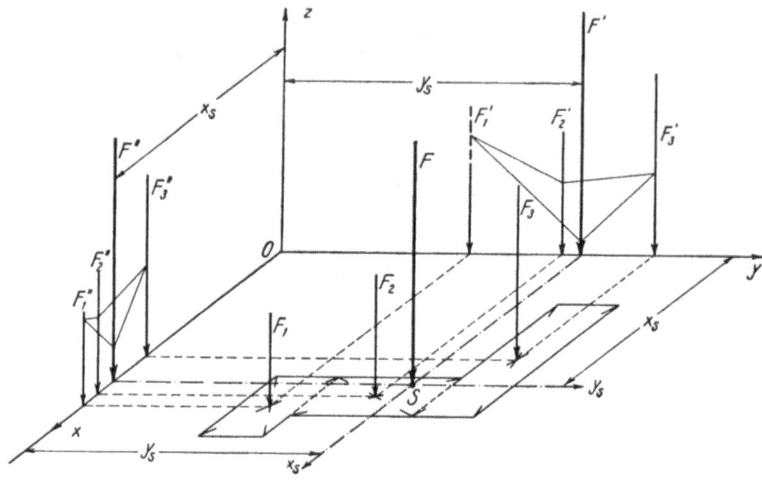

Abb. 172

Für die Schweraxe x_s heben sich die statischen Momente $H \cdot a$ der oberhalb und unterhalb x_s liegenden Querschnittsteile gegenseitig auf. Für eine beliebige x-Axe sind die statischen Momente $S_x = c \cdot H$ der Einzelflächen F_i und der resultierenden Fläche $F = \Sigma F_i$ einander gleich:

$$S_x = c \cdot H = y_s \sum^{F} F_i = \sum^{F} y_i \cdot F_i,$$

oder es ergibt sich die Schwerpunktlage rechnerisch zu

$$y_s = \frac{\Sigma\, y_i \cdot F_i}{\Sigma\, F_i}\,; \quad \text{analog} \quad x_s = \frac{\Sigma\, x_i \cdot F_i}{\Sigma\, F_i}. \tag{75a}$$

Bei unendlich kleinen Teilflächen ist

$$y_s = \frac{\int^{F} y \cdot dF}{\int^{F} dF}\,; \qquad x_s = \frac{\int^{F} x \cdot dF}{\int^{F} dF}. \tag{75b}$$

Beispiele

Dreieck

Wir teilen das Dreieck Abbildung 174 in unendlich schmale Streifen $dF = b \cdot dy$ ein, wobei

$$b = a \cdot \frac{y}{h},$$

und finden nach Gleichung 75b

$$y_s = \frac{\displaystyle\int_0^h y \cdot a \cdot \frac{y}{h} \cdot dy}{\displaystyle\int_0^h a \cdot \frac{y}{h} \cdot dy} = \frac{2}{3} \cdot h \,.$$

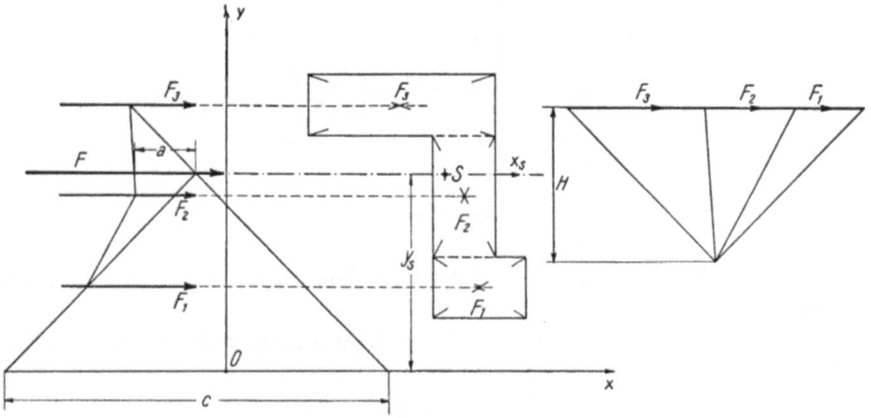

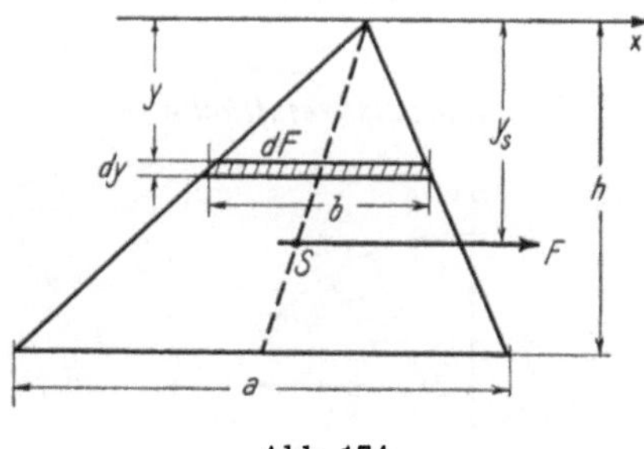

Abb. 173

Zudem liegt der Schwerpunkt S auf der Geraden, die alle Streifenbreiten b halbiert; es ist hier somit nur ein Seilpolygon zu zeichnen oder nur y_s nach Gleichung (75b) zu bestimmen.

Abb. 174

Trapez

Wir teilen das Trapez (Abb. 175a) in zwei Dreiecke, deren Schwerpunkte nun bekannt sind, und finden nach Gleichung (75a) mit den Teilflächen

$$F_1 = \frac{a \cdot h}{2}\,, \qquad F_2 = \frac{b \cdot h}{2}$$

den Schwerpunktsabstand y_s zu

$$y_s = \frac{\dfrac{a\,h}{2}\cdot\dfrac{h}{3}+\dfrac{b\,h}{2}\cdot\dfrac{2\,h}{3}}{\dfrac{a\,h}{2}+\dfrac{b\,h}{2}} = \frac{h}{3}\cdot\frac{a+2\,b}{a+b}\,.$$

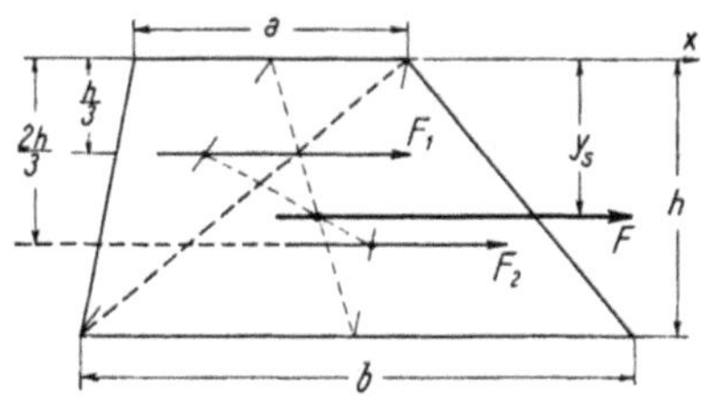

Abb. 175a

Außerdem liegt der Schwerpunkt auf der Geraden, die die beiden Seiten a und b halbiert.

Abbildung 175b zeigt zwei zeichnerische Bestimmungen der Schwerpunktslage des Trapezes:

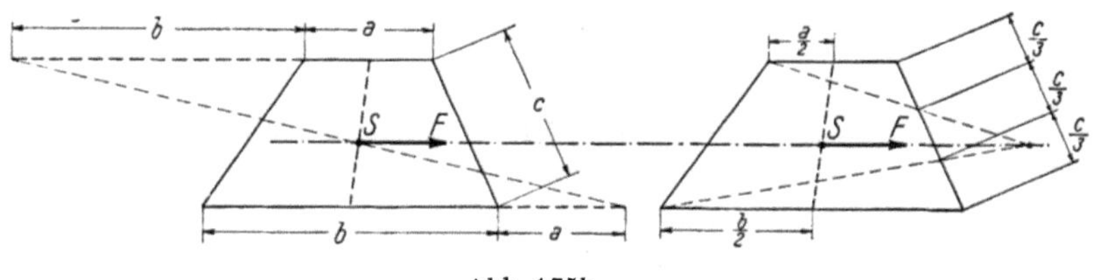

Abb. 175b

Viertelskreisfläche

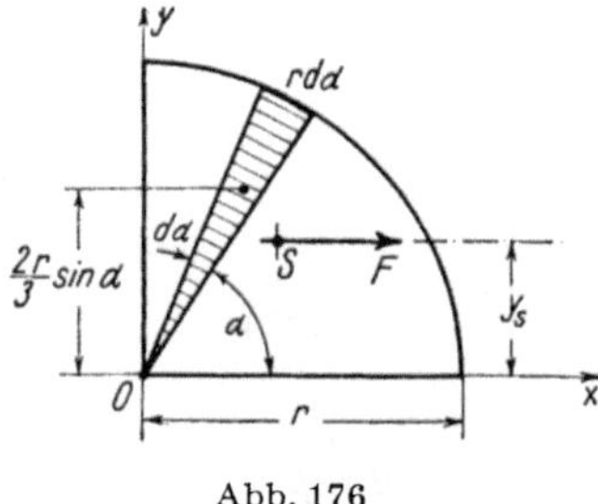

Abb. 176

Als Teilflächen wählen wir (Abb. 176) schmale Sektordreiecke mit

$$dF = \frac{r\cdot r\cdot d\alpha}{2}\quad\text{und}\quad y = \frac{2\,r}{3}\cdot\sin\alpha\,,$$

woraus sich der gesuchte Schwerpunktsabstand y_s zu

$$y_s = \frac{\displaystyle\int_0^{\frac{\pi}{2}} \frac{r^2}{2} \cdot d\alpha \cdot \frac{2r}{3}\sin\alpha}{\displaystyle\int_0^{\frac{\pi}{2}} \frac{r^2}{2} \cdot d\alpha} = \frac{4}{3\pi} \cdot r = 0{,}4244 \cdot r$$

ergibt.

Ausrundungsfläche

Die Schwerpunktslage ergibt sich, wenn wir die Ausrundungsfläche (Abb. 177) als Differenzfläche von Quadrat (F_1) und Viertelskreis (F_2) betrachten:

$$y_s = \frac{r^2 \cdot \dfrac{r}{2} - \dfrac{\pi r^2}{4} \cdot \dfrac{4r}{3\pi}}{r^2 - \dfrac{\pi r^2}{4}} = \frac{r}{6 - \dfrac{3\pi}{2}} = 0{,}7766 \cdot r.$$

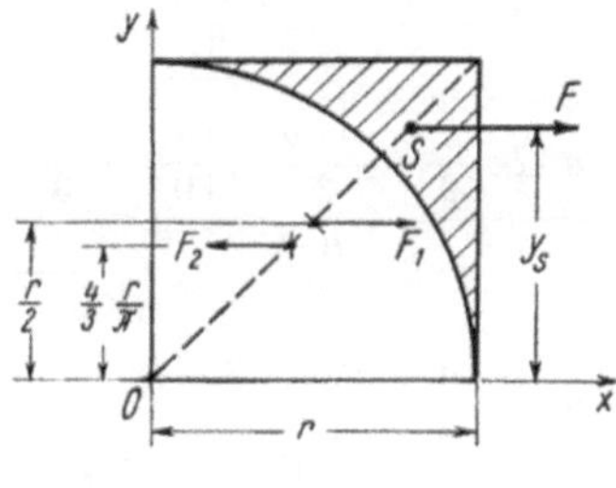

Abb. 177

Parabelfläche

Die Schwerpunktslage der durch die Parabel

$$y = \frac{b}{a^2} \cdot x^2$$

begrenzten Parabelfläche der Abbildung 178 ergibt sich mit

$$dF = \frac{b}{a^2} \cdot x^2 \cdot dx \,, \qquad F = \int_0^a \frac{b}{a^2} \cdot x^2 \cdot dx = \frac{a \cdot b}{3}$$

zu

$$y_s = \frac{\dfrac{1}{2}\left(\dfrac{b}{a^2}\right)^2 \cdot \displaystyle\int_0^a x^4 \cdot dx}{\dfrac{a \cdot b}{3}} = \frac{3}{10} \cdot b$$

und

$$x_s = \frac{\dfrac{b}{a^2} \cdot \displaystyle\int x^3 \cdot dx}{\dfrac{a \cdot b}{3}} = \frac{3}{4} \cdot a.$$

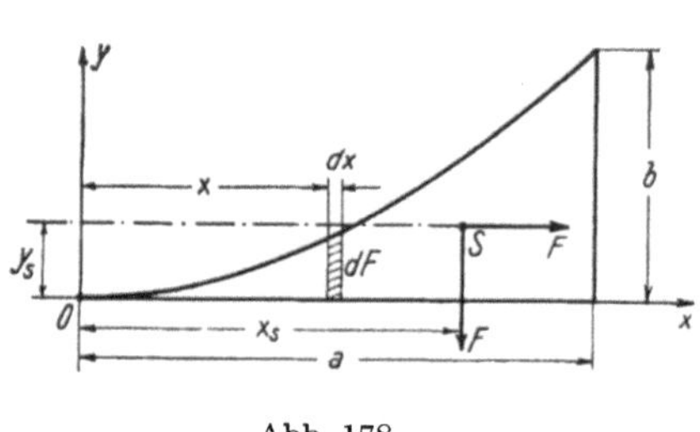

Abb. 178

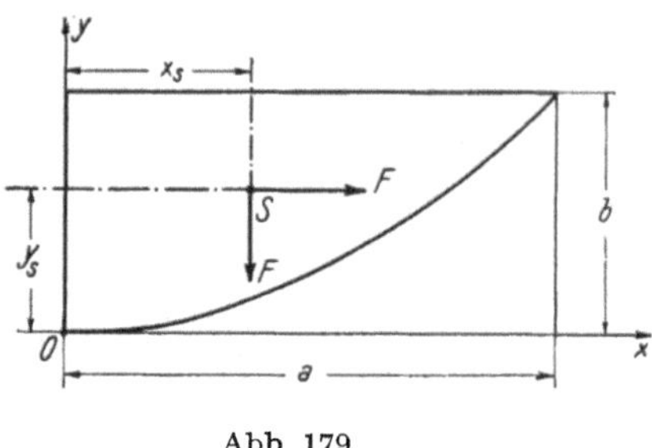

Abb. 179

Für die Parabelfläche nach Abbildung 179, die als Differenz eines Rechteckes und einer Parabelfläche nach Abbildung 178 betrachtet werden kann, ergibt sich mit

$$F = a \cdot b - \frac{a \cdot b}{3} = \frac{2\,a \cdot b}{3}$$

$$y_s = \frac{a \cdot b \cdot \dfrac{b}{2} - \dfrac{a \cdot b}{3} \cdot \dfrac{3b}{10}}{a \cdot b - \dfrac{a \cdot b}{3}} = \frac{3}{5} \cdot b$$

$$x_s = \frac{a \cdot b \cdot \dfrac{a}{2} - \dfrac{a \cdot b}{3} \cdot \dfrac{3a}{4}}{a \cdot b - \dfrac{a \cdot b}{3}} = \frac{3}{8} \cdot a.$$

Beliebig geformte Flächen werden in Teilflächen zerlegt, deren Schwerpunkte bekannt sind. Am einfachsten wird dabei meist eine Zerlegung in Streifen durch Schnitte parallel zur angenommenen Kraftrichtung F_i sein; die Zerlegung wird also für die Bestimmung von x_s und y_s nicht dieselbe sein müssen. Die Berechnung der Schwerpunktsabstände nach Gleichung (75a) wird am übersichtlichsten in Tabellenform angeordnet.

b) Trägheits- und Zentrifugalmomente ebener Flächen

Zur Bestimmung des Schwerpunktes einer ebenen Fläche haben wir die statischen Momente oder «Momente erster Ordnung» $\Sigma F_i \cdot y_i$ verwendet. Analog können wir nun «höhere Momente» n-ter Ordnung $\Sigma F_i \cdot y_i^n$ definieren. Bei der Spannungsberechnung benötigen wir die Momente zweiter Ordnung oder die Trägheits- und Zentrifugalmomente ebener Flächen. Wir unterscheiden (Abb. 180):

Axiale Trägheitsmomente

bezüglich x-Axe:
$$J_x = \int\limits^{F} y^2 \cdot dF$$

bezüglich y-Axe:
$$J_y = \int\limits^{F} x^2 \cdot dF.$$

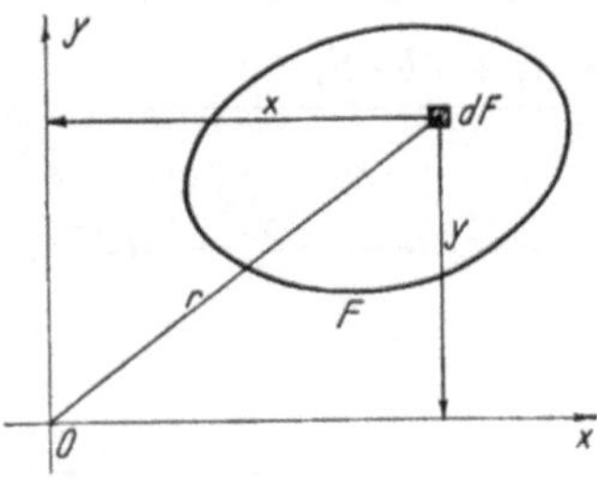

Abb. 180

Durch Einführen des Trägheitsradius i zu

$$i_x = \sqrt{\frac{J_x}{F}}\,, \qquad i_y = \sqrt{\frac{J_y}{F}}, \qquad i_p = \sqrt{\frac{J_p}{F}}$$

können wir die Trägheitsmomente auch in der Form

$$J_x = i_x^2 \cdot F\,, \qquad J_y = i_y^2 \cdot F$$

anschreiben.

Polares Trägheitsmoment

bezüglich Punkt 0:
$$J_p = \int\limits^{F} r^2 \cdot dF = i_p^2 \cdot F.$$

Wegen $x^2 + y^2 = r^2$ ist für jedes rechtwinklige Koordinatensystem $x,\ y$

$$J_p = \int\limits^{F} (x^2 + y^2)\, dF = \int\limits^{F} x^2 \cdot dF + \int\limits^{F} y^2 \cdot dF = J_y + J_x \qquad (76)$$

und
$$i_p^2 = i_x^2 + i_y^2.$$

Zentrifugalmoment

bezüglich der Axen $x,\ y$:
$$Z_{xy} = \int\limits^{F} x \cdot y \cdot dF.$$

Verschieben wir *die Axen x, y* je *parallel* um die Beträge a, b in die Lage

x', y' (Abb. 181), so wird mit

$$y' = y + a , \qquad x' = x + b$$

$$J_{x'} = \int y'^2 \cdot dF = \int (y+a)^2 \cdot dF$$

$$J_{x'} = \int y^2 \cdot dF + 2a \int y \cdot dF + a^2 \int dF$$

$$J_{x'} = J_x + 2a \cdot S_x + a^2 \cdot F . \tag{77a}$$

Analog ist
$$J_{y'} = J_y + 2b \cdot S_y + b^2 \cdot F . \tag{77b}$$

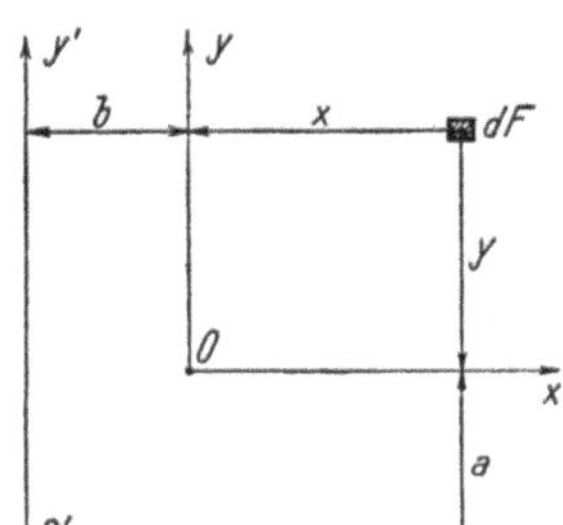

Abb. 181

Aus $Z_{x'y'} = \int x' \cdot y' \cdot dF = \int (x+b)(y+a) \cdot dF$ folgt

$$Z_{x'y'} = Z_{xy} + b \cdot S_x + a \cdot S_y + a \cdot b \cdot F . \tag{77c}$$

Die Abstände a und b sind die Koordinaten des ursprünglichen Nullpunktes O im verschobenen Koordinatensystem x', y'; damit sind auch ihre Vorzeichen bestimmt.

Sind die Axen x, y Schweraxen, so werden die statischen Momente zu Null, $S_x = 0$, $S_y = 0$, und die Beziehungen der Gleichungen (77) gehen über in

$$\left.\begin{aligned} J_{x'} &= J_x + a^2 \cdot F \\ J_{y'} &= J_y + b^2 \cdot F \\ Z_{x'y'} &= Z_{xy} + a \cdot b \cdot F . \end{aligned}\right\} \tag{78}$$

Die Trägheitsmomente sind stets positiv, während die Zentrifugalmomente positives oder negatives Vorzeichen besitzen können. Von allen Trägheitsmomenten bezüglich paralleler Axen ist dasjenige bezüglich der Schweraxe das Kleinste.

Für einfach geformte Querschnitte lassen sich die Trägheitsmomente in geschlossener Form berechnen, wie die folgenden Beispiele zeigen:

Rechteck

Mit $dF = b \cdot dy$ (Abb. 182) ist

$$J_{x'} = \int_0^h y'^2 \cdot b \cdot dy = \frac{b \cdot h^3}{3}$$

und

$$J_x = 2\int_0^{\frac{h}{2}} y^2 \cdot b \cdot dy = \frac{b \cdot h^3}{12}.$$

Der Trägheitsradius i_x beträgt

$$i_x = \sqrt{\frac{J_x}{F}} = \frac{h}{\sqrt{12}} = 0{,}289 \cdot h .$$

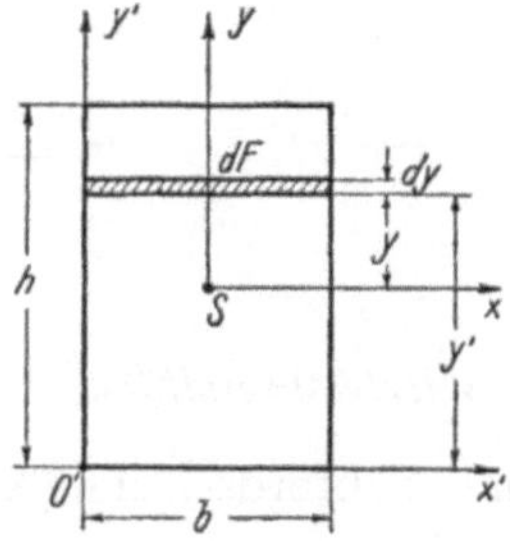

Abb. 182

Analog ergibt sich

$$J_y = \frac{h \cdot b^3}{12},$$

und es ist

$$Z_{xy} = 0, \qquad Z_{x'y'} = \frac{b^2 \cdot h^2}{4}.$$

Dreieck

Mit $b = \frac{a}{h} \cdot y'$, $dF = b \cdot dy$ (Abb. 183) finden wir

$$J_{x'} = \int_0^h y'^2 \cdot \frac{a}{h} \cdot y' \cdot dy = \frac{a \cdot h^3}{4},$$

woraus sich, unter Verwendung von Gleichung (78), J_x zu

$$J_x = \frac{a h^3}{4} - \left(\frac{2h}{3}\right)^2 \cdot \frac{a h}{2} = \frac{a h^3}{36}$$

ergibt.

Ferner finden wir

$$J_{x''} = \frac{a h^3}{36} + \left(\frac{h}{3}\right)^2 \cdot \frac{a h}{2} = \frac{a h^3}{12}.$$

Trapez

Wir denken uns das Trapez in zwei Dreiecke zerlegt (Abb. 184) und finden durch Addition der Trägheitsmomente der beiden Teilflächen

$$J_{x'} = \frac{a\,h^3}{12} + \frac{b\,h^3}{4} = \frac{(a+3b)\cdot h^3}{12}$$

und für die Schweraxe

$$J_x = J_{x'} - y_s'^2 \cdot F = \frac{h^3}{36} \cdot \frac{a^2 + 4\,ab + b^2}{a+b}.$$

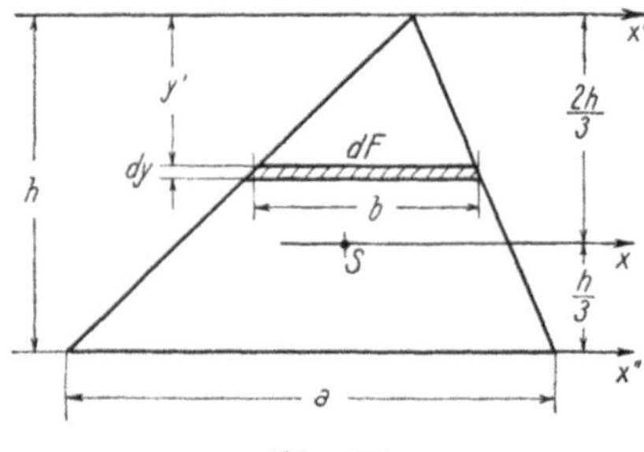

Abb. 183   Abb. 184

Viertelskreisfläche

Durch Einteilung in schmale Sektordreiecke (Abb. 185) finden wir

$$J_p = \int_0^{\frac{\pi}{2}} \frac{r\cdot d\alpha \cdot r^3}{4} = \frac{\pi \cdot r^4}{8}$$

und wegen $J_{x'} = J_{y'}$, $\quad J_{x'} + J_{y'} = J_p$

$$J_{x'} = J_{y'} = \frac{\pi \cdot r^4}{16}.$$

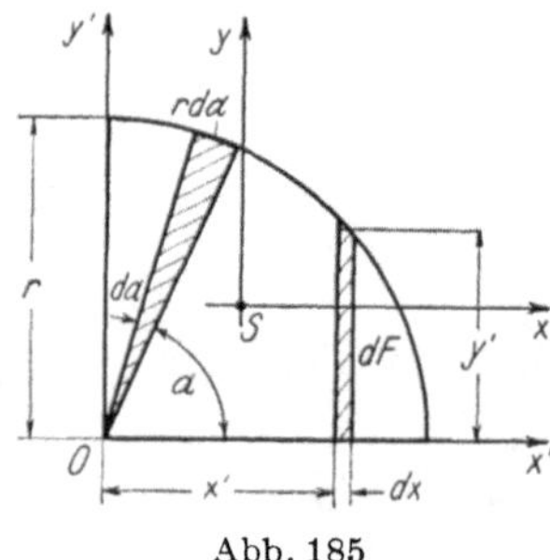

Abb. 185

Für die Schweraxen x, y ist

$$J_x = J_y = \frac{\pi\,r^4}{16} - \left(\frac{4\,r}{3\,\pi}\right)^2 \cdot \frac{\pi\,r^2}{4} = \left(\frac{\pi}{16} - \frac{4}{9\,\pi}\right) r^4 = 0{,}0549 \cdot r^4.$$

Endlich ist, mit Einteilung in Rechtecke $y' \cdot dx$ das Zentrifugalmoment bezüglich x', y'

$$Z_{x'y'} = \int_0^r x' \cdot \frac{y'}{2} \cdot y' \cdot dx = \frac{1}{2} \int_0^r x' \cdot (r^2 - x'^2) \cdot dx = \frac{r^4}{8}.$$

c) Trägheitsmomente beliebig geformter Flächen

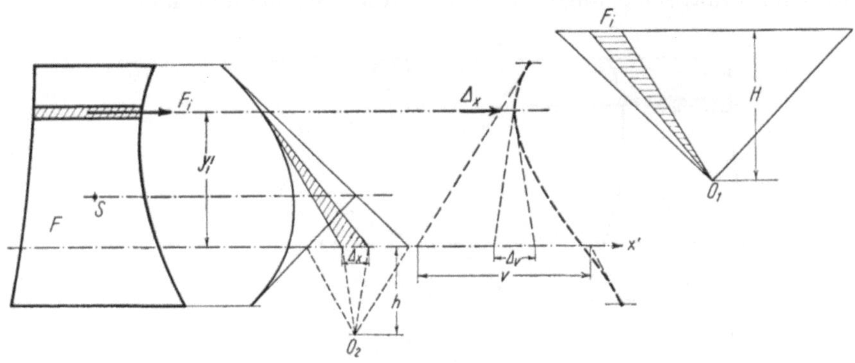

Abb. 186

Die graphische Bestimmung des Trägheitsmomentes nach K. CULMANN geht davon aus, daß wir statische Momente $F_i \cdot y_i$ durch ein Seilpolygon darstellen können. Durch ein zweites Seilpolygon, zu dem wir die statischen Momente $F_i \cdot y_i$ als Kräfte einführen, ergeben sich die «statischen Momente» $(F_i \cdot y_i) \cdot y_i$ oder die gesuchten Momente zweiter Ordnung $F_i \cdot y_i^2$. In Abbildung 186 ist diese Bestimmung des Trägheitsmomentes für eine beliebig geformte Fläche F in bezug auf die beliebige x'-Axe durchgeführt:

Wir teilen die Fläche F in zur x'-Axe parallele Flächenstreifen F_i. Das erste Kräfte- und Seilpolygon (H) liefert uns

$$F_i \cdot y_i' = H \cdot \Delta x$$

oder
$$\Delta x = \frac{y_i' \cdot F_i}{H}.$$

Zeichnen wir nun ein zweites Kräfte- und Seilpolygon (h) zu den Kräften Δx, so ist

$$\Delta x \cdot y_i' = h \cdot \Delta v$$

oder
$$\Delta v \cdot h \cdot H = y_i'^2 \cdot F_i$$

das Trägheitsmoment des Flächenstreifens F_i bezüglich der x'-Axe. Das Trägheitsmoment der ganzen Fläche F beträgt deshalb

$$J_{x'} = \int y'^2 \cdot dF \cong \Sigma y_i'^2 \cdot F_i = H \cdot h \cdot \Sigma \Delta v = H \cdot h \cdot v.$$

Beim Vergleich mit Gleichung (78) stellen wir allerdings fest, daß beim CUL-MANNschen Verfahren die «Eigenträgheitsmomente» der Flächenstreifen F_i vernachlässigt werden; das Verfahren ist deshalb nur dann genügend genau, wenn die Flächenstreifen F_i genügend schmal gewählt werden oder wenn das Ergebnis um die rechnerisch zu bestimmende Summe der Eigenträgheitsmomente aller Flächenstreifen F_i vergrößert wird. Wenn wir beispielsweise einen Rechteckquerschnitt in n gleiche Streifen F_i einteilen, so liefert das CULMANNsche Verfahren das Trägheitsmoment mit einem Fehler von $(100 : n^2)\%$ zu klein. Es dürfte somit praktisch genügen, wenn die größte Streifenhöhe kleiner ist als ein

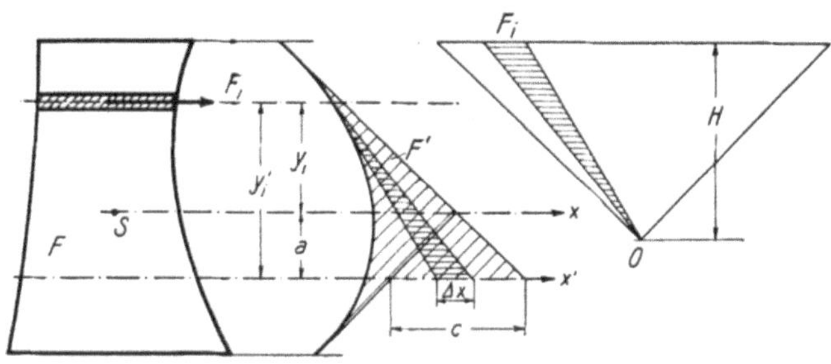

Abb. 187

Zehntel der Querschnittshöhe. Der Hauptvorzug des CULMANNschen Verfahrens liegt darin, daß aus der Zeichnung nur Längen zu entnehmen sind.

Eine weitere graphische Berechnung des Trägheitsmomentes hat O. MOHR angegeben; dieses Verfahren, das auf der Flächenberechnung im Seilpolygon beruht, ist in Abbildung 187 dargestellt.

Es ist wie früher

$$F_i \cdot y_i' = H \cdot \Delta x \, .$$

Der Inhalt F_i' des Dreieckes $y_i' - \Delta x$ beträgt

$$F_i' = \frac{1}{2} \cdot y_i' \cdot \Delta x = \frac{1}{2} \cdot y_i' \cdot \frac{y_i' \cdot F_i}{H} \, ,$$

oder es ist

$$\Delta J_{x'} = y_i'^2 \cdot F_i = 2 H \cdot F_i' \, .$$

Durch Summation aller dieser Dreiecksflächen zur «Seilpolygonfläche» F' erhalten wir

$$\underline{J_{x'} = 2 H \cdot F'} \, .$$

Beachten wir, daß mit immer schmaler gewählten Flächenstreifen F_i das Seilpolygon in eine stetig gekrümmte Seilkurve übergeht, so werden die Eigenträgheitsmomente der Teilstreifen dadurch berücksichtigt, daß wir das Seilpolygon zur Seilkurve ausrunden.

Wählen wir speziell im Kräfteplan $H = \frac{1}{2} F$, so wird

$$\underline{J_{x'} = F \cdot F'} \, .$$

Die MOHRsche Darstellung zeigt besonders übersichtlich den Einfluß einer parallelen Axverschiebung. Zwischen der beliebigen Axe x' und der Schweraxe x ergibt sich als Unterschied der Seilpolygonflächen F' das Dreieck

$$\Delta F' = \frac{c \cdot a}{2}.$$

Es ist somit

$$J_{x'} = J_x + 2H \cdot \frac{c \cdot a}{2}.$$

Da aus Ähnlichkeitsgründen

$$c : a = F : H,$$

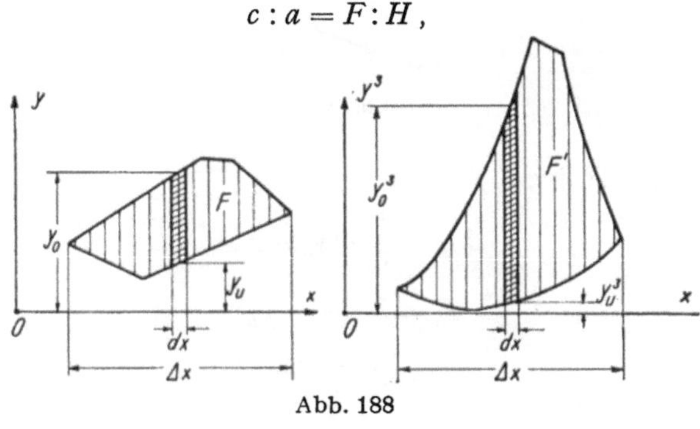

Abb. 188

so ist

$$c = a \cdot \frac{F}{H},$$

und es wird

$$J_{x'} = J_x + H \cdot a^2 \cdot \frac{F}{H} = J_x + a^2 \cdot F$$

in Übereinstimmung mit Gleichung (78).

Eine halbgraphische Methode zur Bestimmung des Trägheitsmomentes hat M. BAUMANN[1]) angegeben:

Wir teilen die Fläche in senkrecht zur x-Axe stehende Streifen dF ein (Abb. 188); es ist das Trägheitsmoment eines solchen Streifens

$$dJ_x = \frac{1}{3}(y_o^3 - y_u^3) \cdot dx$$

und das Trägheitsmoment der ganzen Fläche F ist

$$J_x = \frac{1}{3}\int^{\Delta x}(y_o^3 - y_u^3) \cdot dx.$$

Zeichnen wir nun eine zu F entsprechende Figur F', indem wir jedem Punkt x, y des Umfanges der Fläche F einen Punkt x, y^3 zuordnen, so ist (unter Berücksichtigung des passend gewählten Maßstabes)

$$J_x = \frac{1}{3}F'.$$

---

[1]) Schweiz. Bauzeitung vom 15. 9. 1934.

Rechnerisch wird das Trägheitsmoment am einfachsten durch Zerlegung der Fläche F in zur x-Axe parallele Streifen F_i bestimmt (Abb. 189).

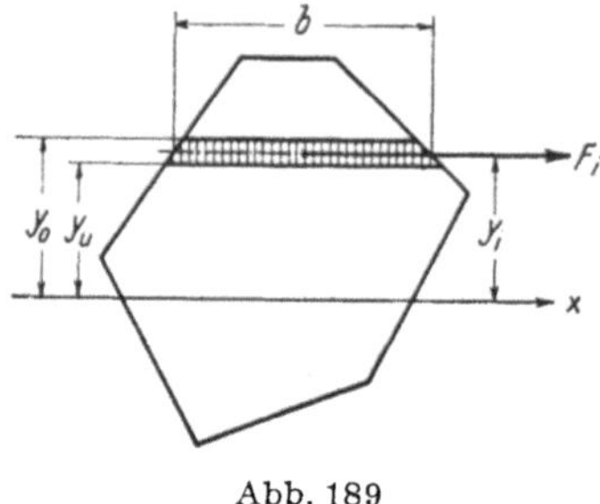

Abb. 189

Für den Streifen F_i ist

$$\Delta J_x = \frac{b}{3} \cdot (y_o^3 - y_u^3) \,.$$

Setzen wir

$$F_i = b \cdot (y_o - y_u)$$

$$y_i = \frac{y_o + y_u}{2} \,,$$

so ist wegen

$$\frac{b}{3} \cdot (y_o^3 - y_u^3) = b \cdot (y_o - y_u) \cdot \left(\frac{y_o + y_u}{2}\right)^2 + \frac{b}{12} \cdot (y_o - y_u)^3$$

$$\Delta J_x \quad = \quad F_i \cdot y_i^2 \quad\qquad + \quad J_{i_o}$$

oder das ganze Trägheitsmoment

$$J_x = \sum F_i \cdot y_i^2 + \sum J_{i_o} \,, \tag{79}$$

wobei J_{i_o} das Eigenträgheitsmoment der Teilfläche F_i bezüglich der eigenen Schweraxe bedeutet.

d) Trägheits- und Zentrifugalmomente bei gedrehtem Axenkreuz

Die Trägheitsmomente und das Zentrifugalmoment

$$J_x = \int y^2 \cdot dF \,, \qquad J_y = \int x^2 \cdot dF \,, \qquad Z_{xy} = \int x \cdot y \cdot dF$$

einer Fläche F bezüglich eines *rechtwinkligen Axenkreuzes* x, y seien bekannt.

Wir suchen die drei Flächenmomente zweiter Ordnung J_u, J_v, Z_{uv} in bezug auf die Axen u, v, die sich aus den Axen x, y durch Drehung um die Winkel α bzw. β, positiv im Gegenuhrzeigersinn gerechnet, ergeben (Abb. 190).

Die Koordinaten x, y des Elementes dF gehen über in

$$\left.\begin{aligned} u &= x \cdot \cos \beta + y \cdot \sin \beta, \\ v &= y \cdot \cos \alpha - x \cdot \sin \alpha, \end{aligned}\right\} \tag{80}$$

und es wird

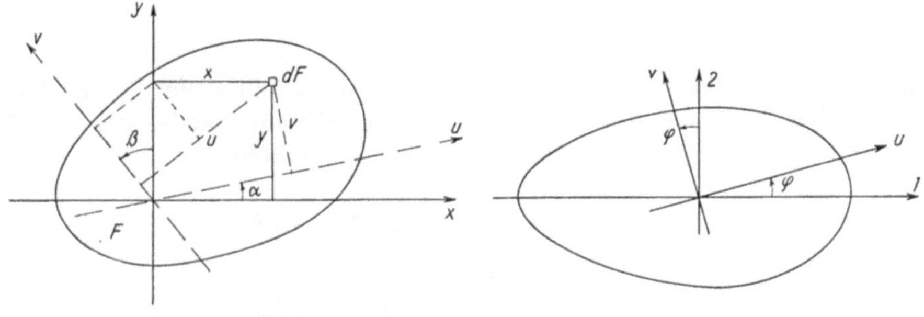

Abb. 190   Abb. 191

$$J_u = \int v^2 \cdot dF = \cos^2 \alpha \cdot \int y^2 \cdot dF + \sin^2 \alpha \cdot \int x^2 \cdot dF - 2 \sin \alpha \cdot \cos \alpha \cdot \int x \cdot y \cdot dF,$$

$$J_v = \int u^2 \cdot dF = \cos^2 \beta \cdot \int x^2 \cdot dF + \sin^2 \beta \cdot \int y^2 \cdot dF + 2 \sin \beta \cdot \cos \beta \cdot \int x \cdot y \cdot dF,$$

$$Z_{uv} = \int u \cdot v \cdot dF = \sin \beta \cdot \cos \alpha \cdot \int y^2 \cdot dF - \sin \alpha \cdot \cos \beta \int x^2 \cdot dF +$$

$$+ (\cos \alpha \cdot \cos \beta - \sin \alpha \cdot \sin \beta) \cdot \int x \cdot y \cdot dF$$

oder

$$\left.\begin{aligned} J_u &= \cos^2 \alpha \cdot J_x + \sin^2 \alpha \cdot J_y - 2 \sin \alpha \cdot \cos \alpha \cdot Z_{xy}, \\ J_v &= \cos^2 \beta \cdot J_y + \sin^2 \beta \cdot J_x + 2 \sin \beta \cdot \cos \beta \cdot Z_{xy}, \\ Z_{uv} &= \sin \beta \cdot \cos \alpha \cdot J_x - \sin \alpha \cdot \cos \beta \cdot J_y + (\cos \alpha \cdot \cos \beta - \sin \alpha \cdot \sin \beta) Z_{xy}. \end{aligned}\right\} \tag{81}$$

Aus diesen Gleichungen (81) haben wir nun einige Folgerungen zu ziehen. In erster Linie interessiert uns diejenige Lage der Axen u und v, für die die Trägheitsmomente J_u und J_v maximale oder minimale Werte annehmen. Durch Differentiation der ersten Gleichung (81)

$$\frac{d J_u}{d \alpha} = 0 = - 2 \sin \alpha \cdot \cos \alpha \, J_x + 2 \sin \alpha \cdot \cos \alpha \, J_y - 2 (\cos^2 \alpha - \sin^2 \alpha) Z_{xy}$$

finden wir mit

$$2 \sin \alpha \cdot \cos \alpha = \sin 2 \alpha; \qquad \cos^2 \alpha - \sin^2 \alpha = \cos 2 \alpha$$

die gesuchte Extremalbedingung zu

$$0 = \sin 2\,\alpha\,(J_y - J_x) - 2\cos 2\,\alpha \cdot Z_{xy}$$

oder

$$\operatorname{tg} 2\,\alpha = -\frac{2\,Z_{xy}}{J_x - J_y}. \tag{82}$$

Analog ergibt sich aus der zweiten Gleichung (81)

$$\operatorname{tg} 2\,\beta = -\frac{2\,Z_{xy}}{J_x - J_y},$$

und wir stellen aus $\alpha = \beta$ fest, daß diejenigen Axen u und v, für die die Trägheitsmomente extremale Werte annehmen, senkrecht aufeinander stehen. Setzen wir nun in der dritten Gleichung (81) $\alpha = \beta$, so erhalten wir

$$Z_{uv} = \sin\alpha \cdot \cos\alpha \cdot (J_x - J_y) + (\cos^2\alpha - \sin^2\alpha)\,Z_{xy}$$

oder auch

$$Z_{uv} = \frac{J_x - J_y}{2} \cdot \sin 2\,\alpha + Z_{xy} \cdot \cos 2\,\alpha \tag{83}$$

für senkrecht aufeinanderstehende Axenkreuze; setzen wir den Winkel $2\,\alpha$ nach Gleichung (82) ein, so stellen wir fest, dass das Zentrifugalmoment Z_{uv} für dasjenige rechtwinklige Axenkreuz verschwindet, für das die Trägheitsmomente extremal werden. Wir nennen diese Axen die *Hauptaxen 1, 2 des Querschnittes* und die zugehörigen extremalen Trägheitsmomente die *Hauptträgheitsmomente* J_1, J_2. Gehen diese Axen durch den Schwerpunkt des Querschnittes, so sprechen wir von «*Hauptschweraxen*» oder «*Hauptzentralaxen*». Normalerweise wird mit $J_1 = J_{\max}$ das größere, mit $J_2 = J_{\min}$ das kleinere der beiden Hauptträgheitsmomente bezeichnet.

Für senkrecht aufeinanderstehende Axen u, v folgt aus den Gleichungen (81) unmittelbar mit $\alpha = \beta$

$$\left.\begin{aligned}
J_u &= \cos^2\alpha \cdot J_x + \sin^2\alpha \cdot J_y - 2\sin\alpha \cdot \cos\alpha \cdot Z_{xy}, \\
J_v &= \sin^2\alpha \cdot J_x + \cos^2\alpha \cdot J_y + 2\sin\alpha \cdot \cos\alpha \cdot Z_{xy}, \\
Z_{uv} &= \sin\alpha \cdot \cos\alpha\,(J_x - J_y) + (\cos^2\alpha - \sin^2\alpha) \cdot Z_{xy}.
\end{aligned}\right\} \tag{81a}$$

Gehen wir, statt von Axen x, y, von den Hauptaxen 1, 2 aus, so finden wir mit $Z_{12} = 0$ und durch Einführung des Winkels φ die Beziehungen (Abb. 191)

$$\left.\begin{aligned}
J_u &= \cos^2\varphi \cdot J_1 + \sin^2\varphi \cdot J_2, \\
J_v &= \sin^2\varphi \cdot J_1 + \cos^2\varphi \cdot J_2, \\
Z_{uv} &= \sin\varphi \cdot \cos\varphi\,(J_1 - J_2).
\end{aligned}\right\} \tag{81b}$$

Die Gleichungen (81a) und (81b) erlauben uns nun, zwei grundsätzlich wichtige Beziehungen über die Trägheits- und Zentrifugalmomente bezüglich senkrechter Axenkreuze aufzustellen: Addieren wir je die beiden ersten Gleichungen, so ergibt sich die uns bereits bekannte Beziehung Gleichung (76)

$$J_x + J_y = J_u + J_v = J_1 + J_2 = J_p \qquad (84\text{a})$$

Berechnen wir ferner den Wert von $J_u \cdot J_v - Z_{uv}^2$, so finden wir nach kurzer Zwischenrechnung

$$J_x \cdot J_y - Z_{xy}^2 = J_u \cdot J_v - Z_{uv}^2 = J_1 \cdot J_2. \qquad (84\text{b})$$

Die Gleichungen (84) stellen *Invarianten des Querschnitts* bezüglich aller rechtwinkligen Axenkreuze durch einen Koordinatenursprung 0 dar.

Aus diesen beiden Invarianten läßt sich nun auch sehr einfach die Größe der Hauptträgheitsmomente J_1 und J_2 berechnen; setzen wir in der zweiten Invariante

$$J_1 \cdot J_2 = J_x \cdot J_y - Z_{xy}^2$$

den Wert von J_2 aus der ersten,

$$J_2 = J_x + J_y - J_1,$$

ein, so erhalten wir die quadratische Gleichung

$$J_1^2 - J_1 \cdot (J_x + J_y) + J_x \cdot J_y - Z_{xy}^2 = 0$$

deren Lösung uns die beiden Werte J_1 und J_2 liefert:

$$J_{1,2} = \frac{1}{2}(J_x + J_y) \pm \frac{1}{2}\sqrt{(J_x - J_y)^2 + 4\,Z_{xy}^2}. \qquad (85)$$

Es sei noch darauf hingewiesen, daß wir das Zentrifugalmoment Z_{xy} statt durch direkte Bestimmung auch nach einer der ersten beiden Gleichungen (81) aus drei Trägheitsmomenten berechnen können.

Wir greifen noch einmal die dritte der Gleichungen (81) heraus:

$$Z_{uv} = \sin\beta \cdot \cos\alpha \cdot J_x - \sin\alpha \cdot \cos\beta \cdot J_y + (\cos\alpha \cdot \cos\beta - \sin\alpha \cdot \sin\beta)\,Z_{xy}$$

und bestimmen die gegenseitige Lage derjenigen Axen u, v, für die das Zentrifugalmoment Z_{uv} verschwindet; solche Axen, die uns mit Rücksicht auf spätere Anwendungen bei der Spannungsberechnung interessieren, nennen wir *konjugierte Axen*.

Dividieren wir die Gleichung für Z_{uv} durch $\cos\alpha \cdot \cos\beta$ und setzen $Z_{uv} = 0$, so erhalten wir

$$0 = J_x \cdot \operatorname{tg}\beta - J_y \cdot \operatorname{tg}\alpha + Z_{xy}(1 - \operatorname{tg}\alpha \cdot \operatorname{tg}\beta).$$

Die Aufgabe stellt sich nun meist so, daß wir zu einer gegebenen Axe u (α gegeben) die konjugierte Axe v bestimmen müssen (β gesucht); durch Auflösung nach tg β finden wir

$$\operatorname{tg}\beta = \frac{J_y \cdot \operatorname{tg}\alpha - Z_{xy}}{J_x - Z_{xy}\cdot \operatorname{tg}\alpha}\,. \tag{86}$$

Für die zur x-Axe konjugierte η-Axe ist insbesondere mit $\alpha = 0$

$$\operatorname{tg}\beta = \frac{-Z_{xy}}{J_x}\,. \tag{86a}$$

Die Hauptaxen sind diejenigen konjugierten Axen, die senkrecht aufeinanderstehen, $\alpha = \beta$:

$$\operatorname{tg}\alpha = \frac{J_x - J_y}{2Z_{xy}} \pm \sqrt{\left(\frac{J_x - J_y}{2Z_{xy}}\right)^2 + 1}\,; \tag{87}$$

der Vergleich mit Gleichung (82) zeigt, daß für die Bestimmung der Hauptaxen die Umformung auf tg 2α bequemer ist.

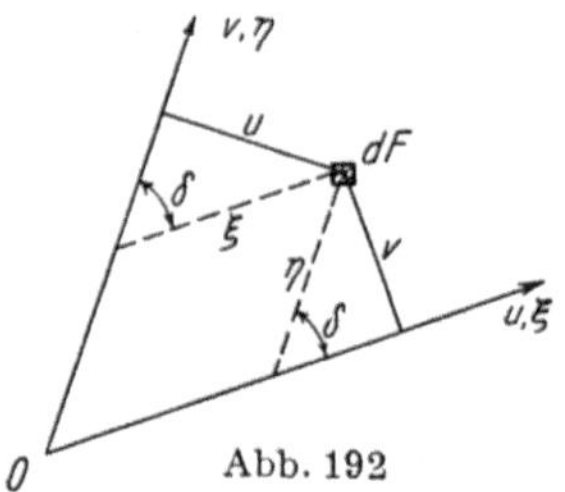

Abb. 192

Schiefwinklige Koordinaten

Nach Abbildung 192 ist mit

$$\xi = \frac{u}{\sin\delta}\,, \qquad \eta = \frac{v}{\sin\delta}$$

$$
\left.
\begin{aligned}
J_\xi &= \int \eta^2 \cdot dF = \frac{J_u}{\sin^2\delta}\\[4pt]
J_\eta &= \int \xi^2 \cdot dF = \frac{J_v}{\sin^2\delta}\\[4pt]
Z_{\xi\eta} &= \int \xi \cdot \eta \cdot dF = \frac{Z_{uv}}{\sin^2\delta}\,.
\end{aligned}
\right\} \tag{88}
$$

Ist somit $Z_{uv} = 0$, so ist auch $Z_{\xi\eta} = 0$.

e) Der MOHRsche Trägheitskreis

Eine außerordentlich übersichtliche und leistungsfähige graphische Darstellung der Zusammenhänge zwischen den Trägheits- und Zentrifugalmomenten bezüglich verschiedener Axen durch den gleichen Punkt gibt uns der MOHRsche *Trägheitskreis* (Abb. 193):

Wir betrachten zuerst das Zentrifugalmoment dZ_{xy} eines Flächenelementes dF bezüglich der beliebigen Axen x, y. Wegen

$$x = r \cdot \sin \varphi_2, \qquad y = r \cdot \sin \varphi_1$$

ist

$$dZ_{xy} = x \cdot y \cdot dF = r^2 \cdot dF \cdot \sin \varphi_1 \cdot \sin \varphi_2 = dJ_p \cdot \sin \varphi_1 \cdot \sin \varphi_2.$$

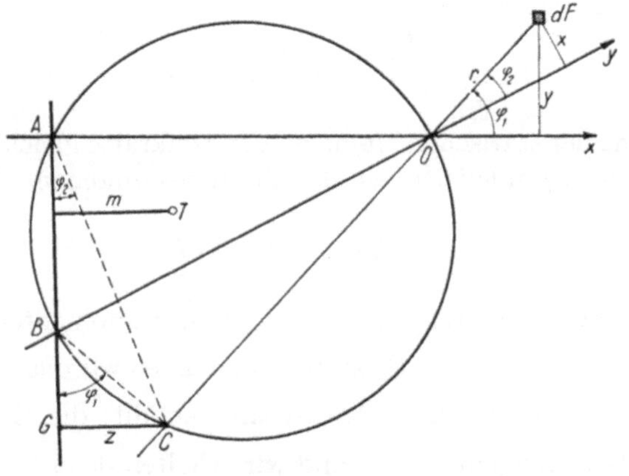

Abb. 193

Wir legen nun durch den Axenschnittpunkt O einen im übrigen beliebig gelegenen Kreis, dessen Durchmesser gleich dem polaren Trägheitsradius i_p,

$$i_p = \sqrt{\frac{J_p}{F}},$$

ist, und denken uns das Flächenelement dF auf den Bildpunkt C, den Schnittpunkt der Geraden $dF-O$ mit dem Kreis, abgebildet. Behaften wir diesen Bildpunkt C mit dem Gewicht dG

$$dG = \frac{r^2 \cdot dF}{i_p} = \frac{dJ_p}{i_p},$$

so beträgt sein statisches Moment dM in bezug auf die Bezugsaxe AB, die durch die Schnittpunkte A und B der Axen x und y mit dem Kreis bestimmt ist,

$$dM = dG \cdot z.$$

Nun ist aber, weil zur Sehne CA der Peripheriewinkel φ_1 zugehört,

$$CA = i_p \cdot \sin \varphi_1,$$

und deshalb ist

$$z = i_p \cdot \sin \varphi_1 \cdot \sin \varphi_2,$$

oder es ist das statische Moment dM des Bildpunktes C mit dem Gewicht dG bezüglich der Axe AB

$$dM = dG \cdot z = \frac{dJ_p}{i_p} \cdot i_p \cdot \sin \varphi_1 \cdot \sin \varphi_2 = dZ_{xy}.$$

Wir haben somit das Zentrifugalmoment dZ_{xy} als ein statisches Moment darstellen können.

Denken wir uns nun alle Flächenelemente dF der ganzen Fläche F auf gleiche Weise auf dem «*Trägheitskreis*» abgebildet, so können wir den Schwerpunkt T aller Gewichte dG der Bildpunkte C bestimmen. Diesen Schwerpunkt T nennen wir den *Trägheitsschwerpunkt* der Fläche F in bezug auf den Trägheitskreis. Das im Trägheitsschwerpunkt T konzentriert gedachte Gewicht G aller Bildpunkte C beträgt

$$G = \int^{F} \frac{dJ_p}{i_p} = \frac{J_p}{i_p} = F \cdot i_p \, .$$

Da die Summe der statischen Momente der Teilkräfte gleich dem statischen Moment der Resultierenden ist, ist das Zentrifugalmoment Z_{xy} des ganzen Querschnittes

$$Z_{xy} = G \cdot m = F \cdot i_p \cdot m \, .$$

Um aus dem Trägheitskreis statt des Zentrifugalmomentes $Z_{xy} = \int x y \, dF$ das *Trägheitsmoment* $J_x = \int y^2 \, dF$ zu finden, müssen wir uns die y-Axe so weit gedreht denken, bis sie mit der x-Axe zusammenfällt: die Kreissehne $A - B$ wird damit zur Kreistangente $a - a$, und wir erhalten das gesuchte Trägheitsmoment J_x (Abb. 194) zu

$$J_x = F \cdot i_p \cdot s \, .$$

Analog ist

$$J_y = F \cdot i_p \cdot t \, .$$

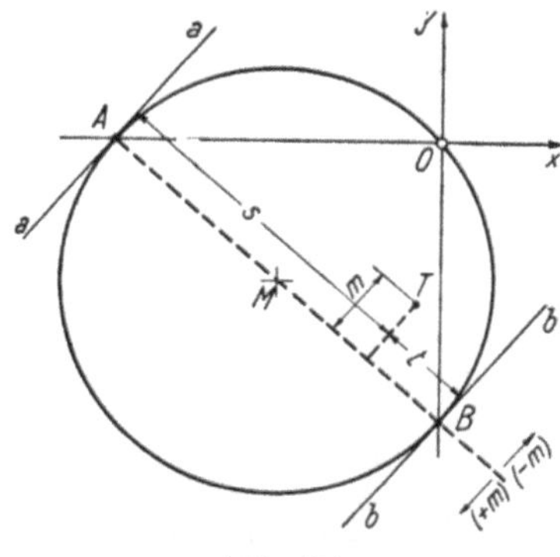

Abb. 194

Sind x und y rechtwinklige Axen, wie in Abbildung 194, so wird mit $J_x + J_y = J_p$

$$s + t = i_p \, ,$$

da wir ja als Durchmesser des Trägheitskreises den polaren Trägheitsradius gewählt haben.

Der Trägheitskreis kann somit aus den drei Werten s, t und m bzw. J_x, J_y und Z_{xy} konstruiert werden, sofern wenigstens auch das polare Trägheitsmoment J_p bekannt ist. Es ist deshalb naheliegend, den Trägheitskreis von rechtwinkligen Axen ausgehend zu bestimmen.

Statt nun aber den Trägheitskreis aus den Strecken

$$s = \frac{J_x}{F \cdot i_p}, \qquad t = \frac{J_y}{F \cdot i_p}, \qquad m = \frac{Z_{xy}}{F \cdot i_p}$$

zu zeichnen, können wir ihn direkt durch passende Wahl des Zeichnungsmaßstabes aus den Größen J_x, J_y und Z_{xy} auftragen (Abb. 195); der Trägheitskreis liefert uns dann für alle Axen durch O direkt die zugehörigen Trägheits- und Zentrifugalmomente.

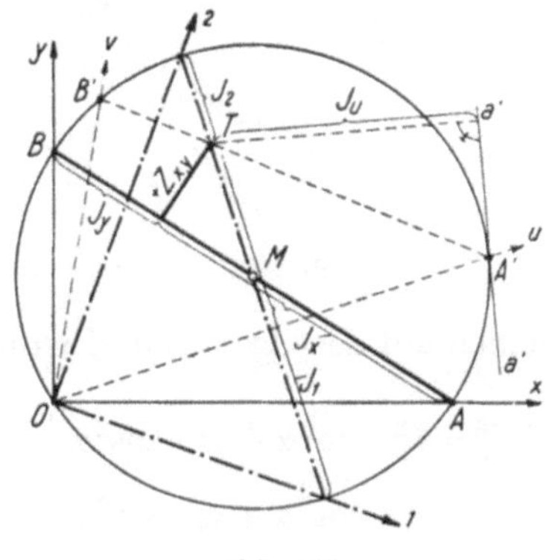

Abb. 195

Für *konjugierte Axen* u, v muß das Zentrifugalmoment Z_{uv} verschwinden, oder die Kreissehne $A'B'$ muß durch den Trägheitsschwerpunkt T gehen (Abb. 195). Fällt der Trägheitsschwerpunkt T nicht mit dem Kreismittelpunkt M zusammen, so stehen alle konjugierten Axen u und v schiefwinklig aufeinander, mit Ausnahme desjenigen Axenpaares, für das die Kreissehne durch T zum Durchmesser durch T und M wird; dieses rechtwinklige konjugierte Axenpaar 1, 2 ist das *Hauptaxenpaar* des Querschnittes für den Axenschnittpunkt O.

In der praktischen Spannungsberechnung werden die Querschnittswerte in der Regel auf Schweraxen durch den Schwerpunkt S des Querschnittes bezogen; die Hauptaxen werden dann zu *Hauptschweraxen*. Diese sind in Abbildung 196 für einen ungleichschenkligen Winkelquerschnitt aus den Werten J_x, J_y und Z_{xy} bezüglich der rechtwinkligen Schweraxen x, y bestimmt. Dabei wurde der Kreismittelpunkt M auf der x-Axe angenommen. Zu beachten ist, daß hier das Zentrifugalmoment Z_{xy} negativ ist, also in Richtung der negativen y-Axe abzutragen ist.

Eine andere graphische Darstellung dieser Zusammenhänge war früher in Form der *Trägheitsellipse* (CAUCHY, POINSOT, CULMANN) üblich. Diese Trägheitsellipse (Abb. 197) wird auf die Hauptaxen 1, 2 bezogen und besitzt die

Halbaxen i_1 und i_2. Um für ein gegenüber den Hauptaxen 1, 2 um den Winkel α gedrehtes rechtwinkliges Axenkreuz x, y die Trägheitsmomente zu finden, zeichnen wir die zu x und y parallelen Tangenten an die Ellipse, die diese in den Punkten C_1 und C_2 berühren.

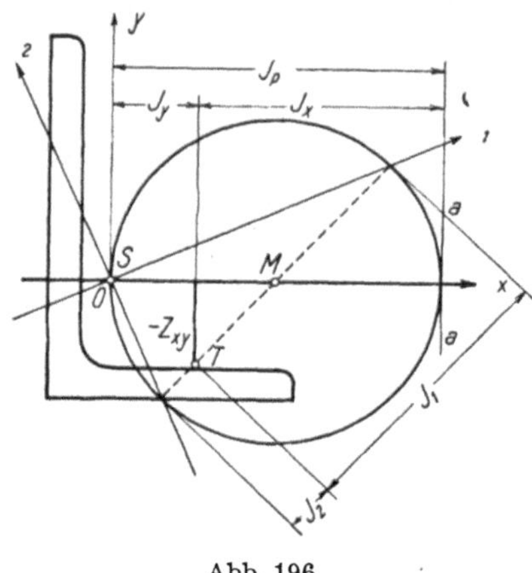

Abb. 196

Diese Tangenten schneiden auf den Axen x und y die Abschnitte i_y und i_x ab, wobei

$$i_y^2 = i_1^2 \cdot \sin^2\alpha + i_2^2 \cdot \cos^2\alpha$$

$$i_x^2 = i_1^2 \cdot \cos^2\alpha + i_2^2 \cdot \sin^2\alpha \, .$$

Es ist somit

$$J_x = i_x^2 \cdot F \qquad \text{und} \qquad J_y = i_y^2 \cdot F$$

und ferner

$$Z_{xy} = i_x \cdot c_y \cdot F = i_y \cdot c_x \cdot F \, .$$

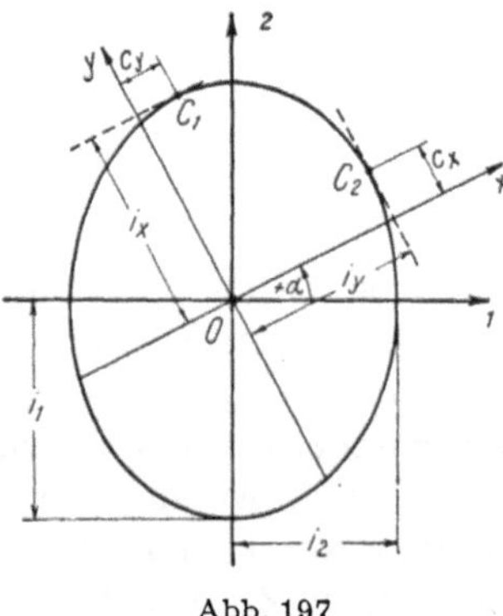

Abb. 197

Da die Trägheitsellipse gegenüber dem MOHRschen Trägheitskreis keine praktische Bedeutung mehr besitzt, begnügen wir uns hier mit diesem kurzen Hinweis.

2. Normalspannungen

a) Die Gleichgewichtsbedingungen

Wir untersuchen die Beanspruchungen in *schlanken, prismatischen, geraden* Stäben. Eine Schnittebene normal zur Stabaxe z schneidet den Stab in der Querschnittsfläche F; die Fläche F ist die kleinste Fläche, in der der Stab an der Stelle z durch eine Schnittebene getroffen werden kann, und die Stabaxe ist die Verbindungslinie (Gerade) der Schwerpunkte aller Flächen F des Stabes.

In der Querschnittsfläche F wirken, im Gleichgewicht mit den äußeren Kräften am abgeschnitten gedachten Stabteil, die inneren Schnittkräfte, die wir uns in die *Normalkraft N*, normal zur Schnittebene wirkend, und in die *Querkraft Q*, in der Schnittebene wirkend, reduziert denken (Abb. 198).

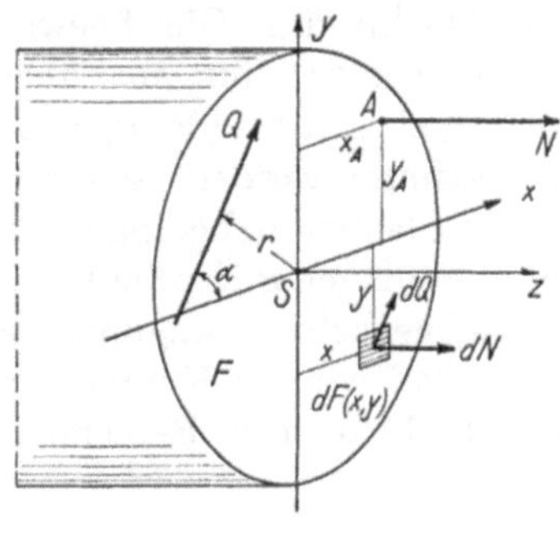

Abb. 198

Auf ein kleines Element dF der Fläche F wirken entsprechend die Kräfte dN und dQ; wir definieren die Werte

$$\sigma = \frac{dN}{dF} \quad als\ Normalspannungen$$

und

$$\tau = \frac{dQ}{dF} \quad als\ Schubspannungen$$

des Elementes $dF\ (x,\ y)$. Sie besitzen die Dimension Kraft durch Fläche und werden meist in t/cm^2 oder kg/cm^2 berechnet.

Diese Spannungen σ, τ müssen mit den Schnittkräften N und Q im Gleichgewicht stehen; dieser Gleichgewichtszustand wird in der klassischen, durch L. NAVIER begründeten technischen Biegungslehre durch die folgenden sechs räumlichen Gleichgewichtsbedingungen umschrieben:

$$\left.\begin{aligned} N &= \int \sigma \cdot dF \\[1em] N \cdot x_A &= \int \sigma \cdot x \cdot dF \\[1em] N \cdot y_A &= \int \sigma \cdot y \cdot dF. \end{aligned}\right\} \quad (89a)$$

$$\left.\begin{aligned} Q \cdot \cos\alpha = Q_x &= \int \tau_x \cdot dF \\[1em] Q \cdot \sin\alpha = Q_y &= \int \tau_y \cdot dF \\[1em] Q \cdot r &= \int \tau \cdot r_{xy} \cdot dF. \end{aligned}\right\} \quad (89b)$$

Diese Gleichgewichtsbedingungen zerfallen in zwei voneinander unabhängige Gleichungsgruppen: die Gleichungen (89a) enthalten nur die Normalkraft N und die Normalspannungen σ, während in den Gleichungen (89b) nur die Querkraft Q und die Schubspannungen τ vorkommen. Wir werden später sehen, daß infolge von Torsionsmomenten $Q \cdot r$ unter gewissen Umständen, im Gegensatz zu den Gleichgewichtsbedingungen (89), auch Normalspannungen σ vorkommen müssen, und in diesem Umstand liegt einer der wesentlichen Gründe dafür, daß die klassische technische Biegungslehre nicht allgemeingültig ist, sondern für gewisse Fälle, wie für die Verdrehung von aus schlanken Scheiben zusammengesetzten dünnwandigen Stäben (I-Träger und ähnliche) zu erweitern sein wird.

Zur Berechnung der Normalspannungen σ (im Rahmen der technischen Biegungslehre nach NAVIER) benötigen wir die Gleichungsgruppe (89a), die in eine Komponentengleichgewichtsbedingung und in zwei Momentengleichgewichtsbedingungen zerfällt. Diesen drei Gleichgewichtsbedingungen genügt jedoch eine Vielzahl von Spannungsverteilungen σ über den Querschnitt F; die Normalspannungen σ können somit nicht eindeutig aus den drei Gleichgewichtsbedingungen (89a) allein bestimmt werden, sondern wir müssen noch eine *Formänderungsbedingung* oder Elastizitätsbedingung zur Lösung der Aufgabe beiziehen. Sobald aber die Spannungen σ in zwei benachbarten Querschnitten bekannt sind, sind durch Gleichgewichtsbedingungen auch die Schubspannungen τ infolge Q bestimmt, so daß wir die Komponentengleichgewichtsbedingungen der Gleichungsgruppe (89b) auch zur Berechnung der Schubspannungen nicht mehr benötigen.

b) Die Formänderungsbedingung

Die zur Bestimmung der Normalspannungen σ noch notwendige Formänderungs- oder Elastizitätsbedingung liefert uns die von JAKOB BERNOULLI 1705 aufgestellte und von LOUIS NAVIER in die Biegungslehre eingeführte *Hypothese vom Ebenbleiben der Querschnitte*: ursprünglich ebene Querschnitte sollen auch nach der Formänderung eben bleiben.

Die Richtigkeit dieser Hypothese im Rahmen der praktisch erforderlichen Genauigkeit wurde durch Versuche an schlanken Stahlstäben mit Rechteckquerschnitt (Versuche von MEYER) nachgewiesen und bis vor kurzem als allgemeingültig für alle Baustoffe und Querschnittsformen vorausgesetzt. Neuere Untersuchungen zeigen dagegen, daß die Hypothese von BERNOULLI-NAVIER bei zusammengesetzten und anisotropen Stäben nicht mehr genügend genau zutrifft, daß sie jedoch für die elementare Spannungsberechnung (mit Ausnahme der Torsionsuntersuchung dünnwandiger zusammengesetzter Stäbe) beibehalten werden darf, weil sie uns in einfacher Form eine Beurteilung der Sicherheit eines Bauteiles erlaubt.

Rechnerisch ist die BERNOULLI-NAVIERsche Hypothese wie folgt zu formulieren: Wir denken uns ein Stabelement dz durch die Schnittebenen z und $z + dz$ herausgeschnitten. Unter den Beanspruchungen σ verlängern sich nun die einzelnen Fasern (x, y) des Elementes dz um die Beträge $\varepsilon \cdot dz$; wenn die

Schnittebenen auch nach der Verformung noch eben bleiben sollen, so müssen die spezifischen Dehnungen ε der Gleichung einer Ebene gehorchen:

$$\varepsilon = A + B \cdot x + C \cdot y \ . \tag{90}$$

Um diese Formänderungsbedingung in die Spannungsberechnung einführen zu können, muß uns noch der Zusammenhang zwischen den spezifischen Dehnungen ε und den Normalspannungen σ bekannt sein. Dieser Zusammenhang ist durch das HOOKEsche *Gesetz* von der Proportionalität zwischen Spannung und Dehnung («ut tensio sic vis») gegeben, das in seiner hier benötigten, einfachsten Form lautet

$$\varepsilon = \frac{\Delta l}{l} = \frac{\sigma}{E} \ . \tag{91}$$

E ist dabei der *Elastizitätsmodul*; er beträgt beispielsweise für Stahl $E = 2100 \ t/cm^2$. Die spezifischen Dehnungen werden meist in Promille berechnet.

Das HOOKEsche Gesetz und die daraus abgeleiteten Spannungsberechnungen bleiben nur gültig, solange die Spannungen σ die Proportionalitätsgrenze σ_P (Abb. 1) nicht überschreiten oder solange das Spannungsdehnungsdiagramm (mit genügender Genauigkeit) linear verläuft, das heißt solange, als für das Flächenelement dF ein konstanter Elastizitätsmodul E oder ein konstantes Dehnungsmaß $\frac{1}{E}$ vorausgesetzt werden darf.

c) Querschnitte mit einheitlichem Dehnungsmaß

Besitzen alle Stabelemente $dz \cdot dF$ der Querschnittsfläche F den gleichen Elastizitätsmodul E, so folgt aus der ebenen Dehnungsverteilung Gleichung (90) und dem HOOKEschen Gesetz Gleichung (91) eine ebene Spannungsverteilung:

$$\sigma = a + b \cdot x + c \cdot y \ . \tag{92}$$

Die Endpunkte der von der Schnittebene F aus aufgetragenen Spannungen σ liegen auf einer Ebene, welche die Schnittebene F in der «Nullinie», $\sigma = 0$, schneidet.

Zur Bestimmung der drei unbekannten Koeffizienten a, b und c der Spannungsgleichung (92) stehen uns die drei Gleichgewichtsbedingungen (89a) zur Verfügung. Setzen wir Gleichung (92) in Gleichung (89a) ein, so erhalten wir

$$N = \int (a + b \cdot x + c \cdot y) \cdot dF,$$

$$N \cdot x_A = \int (a + b \cdot x + c \cdot y) \cdot x \cdot dF,$$

$$N \cdot y_A = \int (a + b \cdot x + c \cdot y) \cdot y \cdot dF$$

oder mit

$$\int dF = F, \qquad \int x \cdot dF = S_y, \qquad \int y \cdot dF = S_x,$$

$$\int y^2 \cdot dF = J_x, \qquad \int x^2 \cdot dF = J_y, \qquad \int xy \cdot dF = Z_{xy}$$

die Bestimmungsgleichungen:

$$\left.\begin{aligned}
N &= a \cdot F + b \cdot S_y + c \cdot S_x, \\
N \cdot x_A &= a \cdot S_y + b \cdot J_y + c \cdot Z_{xy}, \\
N \cdot y_A &= a \cdot S_x + b \cdot Z_{xy} + c \cdot J_x.
\end{aligned}\right\} \tag{93}$$

Die Auflösung dieses Gleichungssystemes (93) für ein beliebiges Axensystem x, y ist wohl ohne grundsätzliche Schwierigkeiten möglich, aber sie führt zu unbequemen und schwerfälligen Ausdrücken für die drei gesuchten Koeffizienten a, b und c. Wählen wir jedoch die Axen x, y als *Schweraxen*, so verschwinden die statischen Momente S_x und S_y und die Gleichungen (93) vereinfachen sich auf

$$N = a \cdot F$$

$$N \cdot x_A = b \cdot J_y + c \cdot Z_{xy}$$

$$N \cdot y_A = b \cdot Z_{xy} + c \cdot J_x,$$

woraus sich die Koeffizienten a, b und c ergeben zu

$$a = \frac{N}{F}$$

$$b = \frac{N \cdot (x_A \cdot J_x - y_A \cdot Z_{xy})}{J_x \cdot J_y - Z_{xy}^2}$$

$$c = \frac{N \cdot (y_A \cdot J_y - x_A \cdot Z_{xy})}{J_x \cdot J_y - Z_{xy}^2}$$

und die Spannungsgleichung (92) geht durch Einsetzen der Koeffizienten a, b und c über in die *Spannungsformel für beliebige Schweraxen:*

$$\sigma = \frac{N}{F} + \frac{N \cdot (x_A \cdot J_x - y_A \cdot Z_{xy})}{J_x \cdot J_y - Z_{xy}^2} \cdot x + \frac{N \cdot (y_A \cdot J_y - x_A \cdot Z_{xy})}{J_x \cdot J_y - Z_{xy}^2} \cdot y. \tag{94}$$

Es ist zu beachten, daß im Nenner des zweiten und dritten Gliedes der Ausdruck $J_x \cdot J_y - Z_{xy}^2$ steht, der nach Gleichung (84b) für alle senkrechten Axenkreuze x, y durch den gleichen Punkt denselben Wert besitzt.

Setzen wir ferner $Z_{xy} = 0$, das heißt, wählen wir *konjugierte* Schweraxen, so vereinfacht sich Gleichung (94) auf

$$\sigma = \frac{N}{F} + \frac{N \cdot x_A}{J_y} \cdot x + \frac{N \cdot y_A}{J_x} \cdot y. \tag{95}$$

Die Gleichungen (94) und (95) gelten sowohl für rechtwinklige wie für schiefwinklige Axenkreuze x, y. Gehen wir bei letzteren auf schiefwinklige Koordinaten ξ, η über, so bleibt unter Beachtung von Abbildung 192 und Gleichung (88) die Form der Spannungsgleichungen (94) und (95) erhalten; insbesondere erhalten wir für konjugierte Schweraxen

$$\sigma = \frac{N}{F} + \frac{N \cdot \xi_A}{J_\eta} \cdot \xi + \frac{N \cdot \eta_A}{J_\xi} \cdot \eta \ . \tag{95a}$$

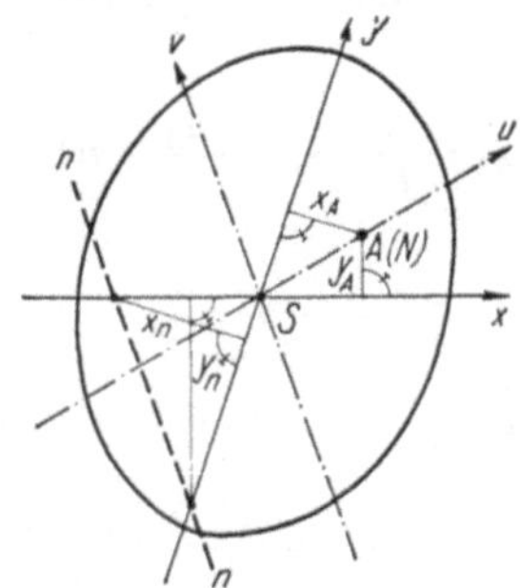

Abb. 199

Bei der Anwendung der Gleichung (95a) ist zu beachten, daß der MOHRsche Trägheitskreis sich nicht auf die Trägheits- und Zentrifugalmomente J_ξ, J_η, $Z_{\xi\eta}$ mit schiefen Koordinaten bezieht, die infolgedessen aus den Werten J_x, J_y, Z_{xy} nach Gleichung (88) besonders berechnet werden müssen.

Wir werden uns im folgenden auf die Anwendung der Spannungsformel (95) beschränken.

Aus Gleichung (95) ergibt sich die Gleichung der *Nullinie*, $\sigma = 0$, zu

$$0 = \frac{1}{F} + \frac{x_A \cdot x}{J_y} + \frac{y_A \cdot y}{J_x} \ . \tag{96}$$

Die Schnittpunkte der Nullinie mit den konjugierten Schweraxen x, y besitzen die Koordinaten (Abb. 199)

$$\left. \begin{aligned} (x = 0) \qquad y_n &= - \frac{J_x}{F \cdot y_A} = - \frac{i_x^2}{y_A} \\[2mm] (y = 0) \qquad x_n &= - \frac{J_y}{F \cdot x_A} = - \frac{i_y^2}{x_A} \ . \end{aligned} \right\} \tag{96a}$$

Verschieben wir den Angriffspunkt A der Normalkraft N auf der «*Kraftlinie*» u $(A - S)$, so bleibt das Verhältnis $x_A : y_A$ konstant, und es ist

$$\frac{x_n}{y_n} = \frac{i_y^2}{i_x^2} \cdot \frac{y_A}{x_A} = \text{konstant};$$

die Nullinie wird somit parallel verschoben, oder die Nullinienrichtung bleibt erhalten.

Wählen wir insbesondere die Kraftlinie u als eine der beiden konjugierten Schweraxen u, v, so wird wegen

$$v_A \cdot v_n = - \frac{J_u}{F}$$

mit $v_A = 0$ der Abstand $v_n = \infty$; die Nullinie ist also parallel zur v-Axe, die ihrerseits zur u-Axe konjugiert ist: *Nullinienrichtung und Kraftlinie sind einander zugeordnet* $(Z_{uv} = 0)$.

Für diesen Fall geht die dreigliedrige Spannungsformel (95) wegen $v_A = 0$ in die zweigliedrige

$$\sigma = \frac{N}{F} + \frac{N \cdot u_A}{J_v} \cdot u \tag{97}$$

über. Beachten wir, daß

$$\frac{J_v}{u_A} = - F \cdot u_n$$

ist, so finden wir aus Gleichung (97) *die eingliedrige Nullinienformel*

$$\sigma = \frac{u_A}{J_v} \left(- \frac{N}{F} \cdot F \cdot u_n + N \cdot u \right) = \frac{N \cdot u_A \, (- u_n + u)}{J_v} = \frac{N \cdot u_A \cdot u'}{J_v} \tag{97a}$$

in der $u' = - u_n + u$ den Abstand des Punktes (uv), für den wir die Spannung berechnen, von der Nullinie $n - n$ bedeutet. Selbstverständlich können wir auch beim schiefwinkligen Axensystem u, v auf schiefwinklige Koordinaten übergehen.

Wir haben nun noch einige *besondere Fälle* zu besprechen, wobei wir von Gleichung (95) ausgehen wollen:

Reiner Zug oder Druck

Die Normalkraft N greift im Schwerpunkt S an; es ist $x_A = 0$, $y_A = 0$ und deshalb

$$\sigma = \frac{N}{F} . \tag{98a}$$

Wir wollen dabei normalerweise Zugkräfte N und Zugspannungen σ positiv, Druck dagegen negativ bezeichnen.

Die Nullinie liegt für diesen Fall mit

$$x_n = - \frac{i_y^2}{x_A} = \infty , \qquad y_n = - \frac{i_x^2}{y_A} = \infty$$

im Unendlichen; die Spannungen σ sind über den ganzen Querschnitt konstant.

Biegung

Wir führen die Biegungsmomente M_x und M_y, linksdrehend auf den linken abgeschnittenen Stabteil als positiv bezeichnet, ein; es ist

$$M_x = - N \cdot y_A , \qquad M_y = + N \cdot x_A$$

und wir erhalten aus Gleichung (95)

$$\sigma = \frac{N}{F} + \frac{M_y}{J_v} \cdot x - \frac{M_x}{J_x} \cdot y \,. \qquad (95b)$$

Wirken im Schnitt F nur Momente M_x und M_y, ist dagegen die Längskraft N gleich Null, so wird

$$\sigma = - \frac{M_x}{J_x} \cdot y + \frac{M_y}{J_v} \cdot x \,. \qquad (98b)$$

Die Nullinie gehorcht dabei der Gleichung

$$0 = - \frac{M_x}{J_x} \cdot y_n + \frac{M_y}{J_v} \cdot x_n \,;$$

für $x_n = 0$ ist auch $y_n = 0$, oder die Nullinie geht für $N = 0$ durch den Schwerpunkt. Ist ferner auch $M_y = 0$, so wird die Spannung

$$\sigma = - \frac{M_x}{J_x} \cdot y \,. \qquad (98c)$$

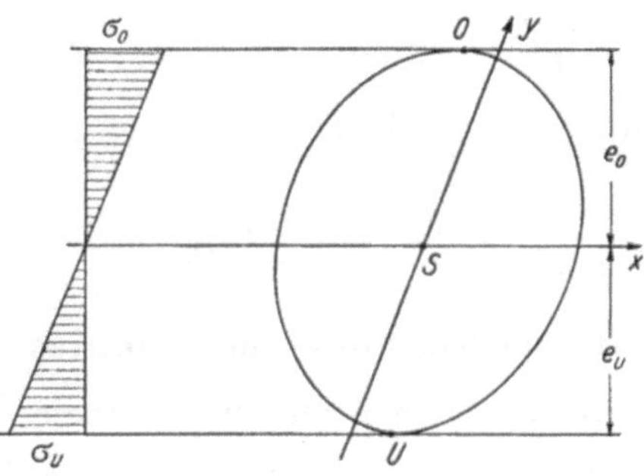

Abb. 200

Wir sind immer in der Lage, zwei Momente M_x und M_y zu einem resultierenden Moment M_u zusammenzusetzen und die Spannungsberechnung auf die konjugierten Schweraxen u, v ($M_v = 0$) zu beziehen und dadurch die einfache eingliedrige Spannungsformel (98c) zu verwenden.

Es interessieren uns nun für diesen Fall besonders die größten Werte der Spannungen σ, die wir für die größten Werte von y erhalten werden. Für die beiden Randpunkte O und U (Abb. 200), die die größten Abstände y von der x-Axe besitzen, ergeben sich diese größten Spannungen oder Randspannungen mit $e_0 = y_0$, $e_u = - y_u$ zu

$$\sigma_o = - \frac{M_x}{J_x} \cdot e_0 \,; \qquad\qquad \sigma_u = + \frac{M_x}{J_x} \cdot e_u \,.$$

Zur Vereinfachung führen wir den Begriff des «*Widerstandsmomentes*» W_x ein; es ist

$$W_{xo} = \frac{J_x}{e_0} \,; \qquad\qquad W_{xu} = \frac{J_x}{e_u}$$

und die Randspannungen betragen

$$\sigma_0 = -\frac{M_x}{W_{xo}}\ , \qquad \sigma_u = \frac{M_x}{W_{xu}}\ . \tag{99}$$

Da es uns in vielen Fällen für die Bemessung eines Tragwerksteiles genügt, die größte auftretende Spannung am Querschnittsrand zu kennen, besitzt das Widerstandsmoment W besondere praktische Bedeutung.

Wir wollen nun noch die Formänderung des Elementes $F \cdot dz$ infolge des Momentes M_x betrachten:

Die Faser der Länge dz im Punkt U verlängert sich um den Betrag

$$\varepsilon_u \cdot dz = \frac{\sigma_u}{E} \cdot dz = \frac{M_x}{E \cdot W_{xu}} \cdot dz \ ;$$

gleichzeitig verkürzt sich die Faser im Punkt O um $\varepsilon_0 \cdot dz$. Die in der Nullinie, die mit der x-Axe zusammenfällt, liegenden Fasern erleiden wegen $\sigma = 0$ keine Längenänderungen. Die Schnittebene $z + dz$ dreht sich um die Nullinie gegenüber der Ebene z um den kleinen Winkel

$$d\alpha = \frac{\varepsilon_u \cdot dz}{e_u} = \frac{M_x}{E \cdot W_{xu} \cdot e_u} \cdot dz = \frac{M_x}{E \cdot J_x} \cdot dz \ ,$$

oder es ist die Krümmung des Stabelementes

$$\frac{d\alpha}{dz} = \frac{1}{\varrho} = \frac{M_x}{E J_x}\ . \tag{100}$$

d) Der Kern des Querschnittes

Wir betrachten (Abb. 201) einen auf die konjugierten Schweraxen $x. y$ bezogenen Querschnitt F. Für einen auf der y-Axe liegenden Angriffspunkt A der Normalkraft N ist die Nullinie parallel zur x-Axe. Zu einer solchen Nullinie

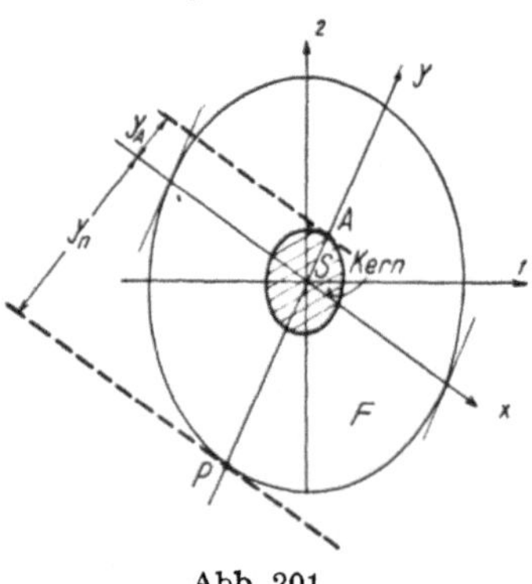

Abb. 201

$n-n$, die beispielsweise den untern Querschnittsrand im Punkt P berührt, liefert die Gleichung (96a) sinngemäß den Abstand y_A des zugehörigen Angriffspunktes aus

$$y_A \cdot y_n = -\frac{J_x}{F}\ .$$

Lassen wir nun die Nullinie n—n auf dem Querschnittsumfang abrollen, so umschreibt der zugehörige Angriffspunkt A den Kern des Querschnittes. Der Kern ist also durch die Querschnittsform eindeutig bestimmt.

Wegen der Vertauschbarkeit von y_A und y_n in Gleichung (96a) ist auch eine duale Definition des Kernes möglich: Bewegt sich der Angriffspunkt A auf der Umhüllenden des Querschnittes, so rollt die Nullinie n—n auf dem Kernrand ab.

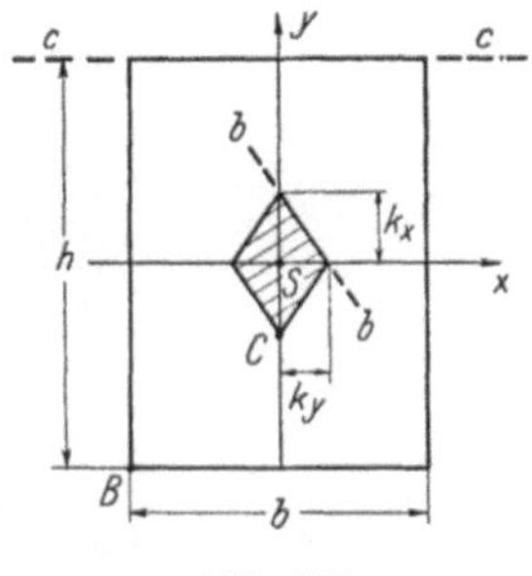

Abb. 202

Aus dem gleichen Grunde können wir auch folgern, daß einer Drehung der Nullinie um einen Punkt B eine Bewegung des Angriffspunktes auf einer Geraden b—b entspricht. Einer Ecke B des Querschnittes enspricht somit eine geradlinige Begrenzung b—b des Kernes; die Gerade b—b gehört als Nullinie zum Angriffspunkt B. Ebenso entspricht einer geraden Seite c—c des Querschnittsumfanges eine Ecke C des Kerns (Abb. 202). Für beliebig geformte Querschnitte F kann somit der Kern Punkt für Punkt bestimmt werden; zur Bestimmung der dabei erforderlichen Trägheitsmomente für die verschiedenen konjugierten Schweraxenpaare wird zweckmäßig der MOHRsche Trägheitskreis verwendet.

Beispiele

Rechteckquerschnitt (Abb. 202)

Die Kernweite $y_A = k_x$ ergibt sich mit $J_x = \dfrac{b h^3}{12}$, $F = b \cdot h$, $y_n = -\dfrac{h}{2}$ zu

$$k_x = -\frac{J_x}{F \cdot y_n} = \frac{b h^3}{12 \, b h \cdot \dfrac{h}{2}} = \frac{h}{6} .$$

Analog ist

$$k_y = \frac{b}{6} .$$

Kreisring (Abb. 203)

Mit $\qquad J = \dfrac{\pi}{4} \left(R^4 - r^4 \right) , \qquad F = \pi \left(R^2 - r^2 \right) , \qquad y_n = - R$

wird
$$k = - \frac{J}{F \cdot y_n} = \frac{\frac{\pi}{4}(R^4 - r^4)}{\pi (R^2 - r^2) R} = \frac{R^2 + r^2}{4 R}.$$

Für die *Kreislinie* $(R = r)$ wird
$$k = \frac{R}{2}$$

und für den *Vollkreis* $(r = 0)$
$$k = \frac{R}{4}.$$

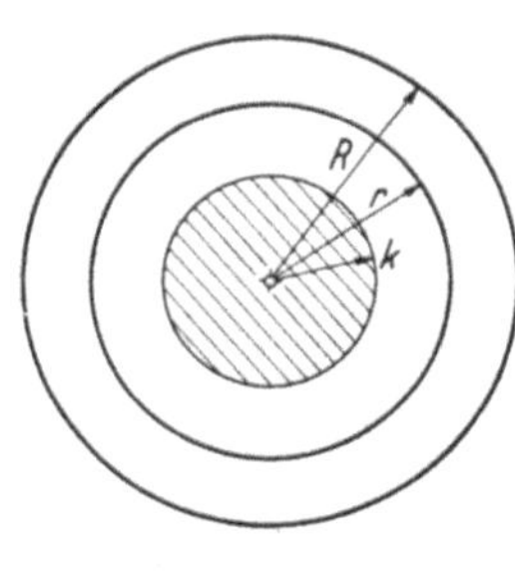

Abb. 203

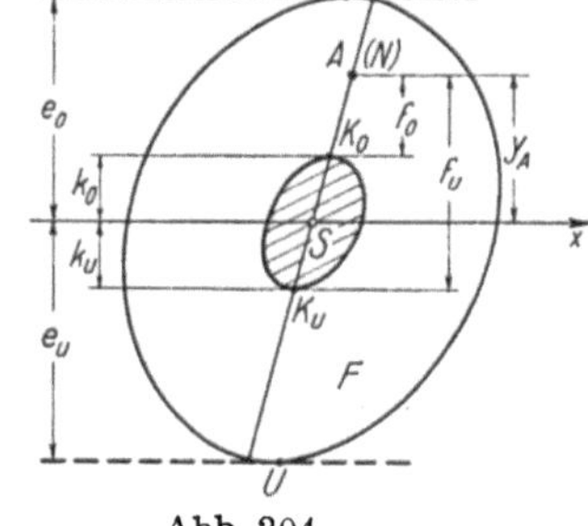

Abb. 204

Für den Kern ergeben sich nun zwei wichtige praktische Anwendungen:

Erste Anwendung

Bei Tragwerken aus Mauerwerk oder Beton, die wohl eine gute Druckfestigkeit, aber nur eine sehr geringe, praktisch vernachlässigbare Zugfestigkeit besitzen, ist es oft wichtig, Zugspannungen und damit Rißbildungen auszuschließen. Solche Tragwerke sind deshalb so zu formen, daß die Normalkraft N (Druck) in allen Querschnitten F innerhalb des Kernes verläuft, weil dann die Nullinien außerhalb der Querschnitte liegen.

Zweite Anwendung

Der Kern erlaubt eine übersichtliche Berechnung der Randspannungen σ_o und σ_u.

Der Querschnitt F (Abb. 204) sei auf die konjugierten Schweraxen xy bezogen und werde durch eine Normalkraft N, deren Angriffspunkt A auf der y-Axe liege, beansprucht.

Die Beanspruchung σ_u im untern Randpunkt U beträgt (mit $e_u = - y_u$)
$$\sigma_u = \frac{N}{F} - \frac{N \cdot y_A}{J_x} \cdot e_u.$$

Nun ist aber
$$\frac{J_x}{e_u} = W_{x\,u}$$

und wegen $k_o \cdot e_u = \dfrac{J_x}{F}$ auch
$$\frac{J_x}{e_u} = k_o \cdot F;$$

somit ist

$$W_{xu} = k_o \cdot F \ \ \Bigg\}$$
$$W_{xo} = k_u \cdot F \ \ \Bigg\} \qquad (101)$$

und die Randspannung σ_u ergibt sich zu

$$\sigma_u = \frac{N}{F} - \frac{N \cdot y_A}{W_{xu}} = \frac{N \cdot k_o}{W_{xu}} - \frac{N \cdot y_A}{W_{xu}}.$$

Setzen wir

$$f_o = y_A - k_o,$$

und führen wir das «*Kernmoment* M_{Ko}»

$$M_{Ko} = - N \cdot f_o = M_s - N \cdot k_o$$

ein, so wird

$$\sigma_u = \frac{M_{Ko}}{W_{xu}}. \qquad (102a)$$

Analog ergibt sich mit

$$M_{Ku} = - N \cdot (y_A + k_u) = - N \cdot f_u = M_s - N \cdot k_u$$

die obere Randspannung σ_o zu

$$\sigma_o = \frac{N}{F} + \frac{N \cdot y_A}{J_x} \cdot e_o = \frac{N}{W_{xo}} \cdot (k_u + y_A),$$

$$\sigma_o = - \frac{M_{Ku}}{W_{xo}}. \qquad (102b)$$

Die Vorzeichenregelung für die Kernmomente wurde derart gewählt, daß infolge positiver Momente am obern Rand Druckspannungen, am untern Zugspannungen auftreten.

In den Kernformeln (102) hängen die Randspannungen nur von *einer* statischen Größe, dem Kernmoment, ab. Ihre Verwendung ist also besonders dann zweckmäßig, wenn sowohl die Größe als auch die Lage der Normalkraft N sich mit der äußeren Belastung ändern. Während in solchen Fällen bei Verwendung der gewöhnlichen Spannungsformeln die ungünstigste Belastungsanordnung aus der ungünstigsten Kombination der einzelnen Glieder der Spannungsformel gefunden werden müßte, reduziert sich diese Aufgabe bei Verwendung der Kernformeln auf die Ermittlung der ungünstigsten Kernmomente. Allerdings liefern uns die Kernformeln dafür nicht den Verlauf der Normalspannungen σ über den ganzen Querschnitt, sondern nur deren Größtwerte σ_o, σ_u an den Querschnittsrändern. Diese Werte genügen aber beinahe immer für die praktische Bemessung. Die Spannungsberechnung mit Hilfe der Kernformeln oder auf Grund der Kernmomente ist somit bei Bogenträgern besonders zweckmäßig; die Kernmomente infolge beweglicher Belastung werden dabei am übersichtlichsten mit Hilfe von Einflußlinien für die Kernmomente bestimmt.

e) Querschnitte mit verschiedenem Dehnungsmaß

Besitzen die verschiedenen Querschnittselemente verschiedene Dehnungsmaße oder ist also der Elastizitätsmodul E über den Querschnitt F veränderlich, so sind nicht mehr die Spannungen σ, sondern, nach der Hypothese von BERNOULLI-NAVIER, nur noch die spezifischen Dehnungen ε von einer Ebene begrenzt:

$$\varepsilon = A + B \cdot x + C \cdot y. \tag{90}$$

Schreiben wir statt der Dehnungen

$$\varepsilon = \frac{\sigma}{E}$$

die mit einem beliebigen «Vergleichs-Elastizitätsmodul» E_c multiplizierten Werte $\varepsilon \cdot E_c$

$$\varepsilon \cdot E_c = \sigma' = \sigma \cdot \frac{E_c}{E} = \frac{\sigma}{n}$$

an, so geht Gleichung (90) über in

$$\sigma' = \frac{\sigma}{n} = a + b \cdot x + c \cdot y. \tag{103}$$

Es sind also nicht mehr die Spannungen σ, sondern die «reduzierten» Spannungen σ' von einer Ebene begrenzt. Das Verhältnis

$$n = \frac{E}{E_c}$$

nennen wir die «*Wertigkeit*» des im Flächenelement dF vorhandenen Baustoffs.

Die Gleichgewichtsbedingungen (89a) gehen mit

$$\sigma = n \cdot \sigma' = n \cdot (a + b x + c \cdot y)$$

über in

$$N = \int (a + b \cdot x + c \cdot y) \cdot n \cdot dF$$

$$N \cdot x_A = \int (a + b \cdot x + c \cdot y) \cdot x \cdot n \cdot dF$$

$$N \cdot y_A = \int (a + b \cdot x + c \cdot y) \cdot y \cdot n \cdot dF$$

oder mit

$$F_n = \int n \, dF, \qquad S_{xn} = \int y \cdot n \cdot dF, \qquad S_{yn} = \int x \cdot n \cdot dF,$$

$$J_{xn} = \int y^2 \cdot n \cdot dF, \qquad J_{yn} = \int x^2 \cdot n \cdot dF, \qquad Z_{xyn} = \int x \cdot y \cdot n \cdot dF$$

in

$$\left. \begin{array}{l} N = a \cdot F_n + b \cdot S_{yn} + c \cdot S_{xn} \\[4pt] N \cdot x_A = a \cdot S_{yn} + b \cdot J_{yn} + c \cdot Z_{xyn} \\[4pt] N \cdot y_A = a \cdot S_{xn} + b \cdot Z_{xyn} + c \cdot J_{xn}. \end{array} \right\} \tag{104}$$

Diese Gleichungen (104) zur Bestimmung der drei Koeffizienten a, b und c stimmen mit den Gleichungen (93) vollständig überein, nur sind hier an Stelle der gewöhnlichen Querschnittswerte die «reduzierten Querschnittswerte», bezogen auf den reduzierten Querschnitt F_n mit den Flächenelementen $n\,dF$ getreten. Es müssen sich aus Gleichung (104) auch zu den Gleichungen (94ff.) analoge Spannungsformeln ergeben. Beziehen wir beispielsweise den reduzierten Querschnitt auf *konjugierte Schweraxen*, derart daß S_{xn}, S_{yn} und Z_{xyn} verschwinden, so wird

$$\sigma' = \frac{N}{F_n} + \frac{N \cdot x_A}{J_{yn}} \cdot x + \frac{N \cdot y_A}{J_{xn}} \cdot y \, . \tag{105}$$

Die wirklichen Spannungen σ ergeben sich daraus zu

$$\sigma = n \cdot \sigma' \, .$$

So bequem es an sich wäre, die Spannungen in solchen «inhomogenen» Querschnitten F_n mit gleichgebauten Spannungsformeln wie für homogene Querschnitte berechnen zu können, so versagt diese Berechnungsweise in vielen und praktisch wichtigen Fällen deshalb, weil häufig die Wertigkeit n der einzelnen Querschnittsteile erst bekannt ist, wenn wir die Spannung σ selbst kennen.

Solche Fälle bilden die Regel im Eisenbetonbau. Der Beton besitzt keine Zugfestigkeit; damit ein Betonkörper aber trotzdem Zugkräfte bzw. Biegungsmomente aufnehmen kann, werden in ihn Stahlstangen («Rundeisen») eingelegt, um die fehlende Zugfestigkeit zu kompensieren: der Beton wird «armiert» («Eisenbeton» oder heute auch «Stahlbeton»). Im Bereich der Zugspannungen wird der Beton als gerissen oder nicht wirksam ($n=0$) angenommen. Die Schwierigkeit der

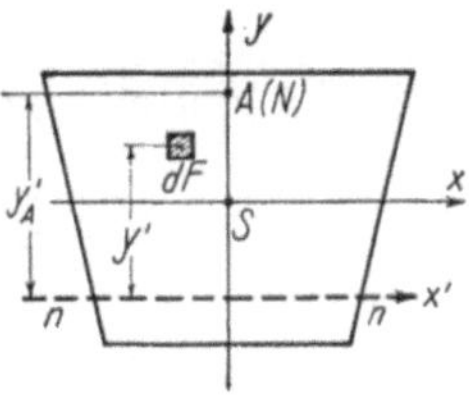

Abb. 205

Theorie des Eisenbetons beruht also darauf, daß wir die Spannungsverteilung oder wenigstens die Lage der Nullinie kennen sollten, bevor wir die reduzierten Querschnittswerte und damit die Spannungen σ berechnen können. Die Spannungsberechnung ist somit im allgemeinen nur durch wiederholtes Probieren durchführbar.

Nun ist es aber glücklicherweise möglich, die Spannungsberechnung für einen praktisch besonders wichtigen *Sonderfall*, nämlich den *symmetrischen Querschnitt mit Kraftangriff in der Symmetrieaxe*, so zu formulieren, daß dieses Probieren in einfacher und übersichtlicher Form durchgeführt werden kann oder oft sogar ganz wegfällt, weil hier aus Symmetriegründen das Zentrifugalmoment verschwindet, $Z_{xy} = 0$, und weil deshalb die Nullinie senkrecht zur Kraftlinie steht.

Aus der auf die Nullinie $n-n$ bezogenen Momentengleichgewichtsbedingung (Abb. 205)

$$N \cdot y'_A = \int \sigma \cdot y' \cdot dF = \int \sigma' \cdot y' \cdot n \cdot dF$$

und der Komponentengleichgewichtsbedingung

$$N = \int \sigma \cdot dF = \int \sigma' \cdot n \cdot dF$$

ergibt sich

$$y'_A = \frac{\int \sigma' \cdot n \cdot dF \cdot y'}{\int \sigma' \cdot n \cdot dF}.$$

Die Spannungen σ' sind proportional zum Abstand von der Nullinie:

$$\sigma' = c \cdot y',$$

und damit wird

$$y'_A = \frac{c \cdot \int y'^2 \cdot n \cdot dF}{c \cdot \int y' \cdot n \cdot dF} = \frac{J_{x'n}}{S_{x'n}}. \tag{106}$$

Die Spannungen ergeben sich mit

$$N = c \cdot \int y' \cdot n \cdot dF = c \cdot S_{x'n}; \qquad c = \frac{N}{S_{x'n}}$$

oder

$$N \cdot y'_A = c \cdot \int y'^2 \cdot n \cdot dF = c \cdot J_{x'n}; \qquad c = \frac{N \cdot y'_A}{J_{x'n}},$$

sobald die Nullinie nach Gleichung (106) gefunden ist, zu

$$\sigma = n \cdot \sigma' = n \cdot \frac{N}{S_{x'n}} \cdot y' = n \cdot \frac{N \cdot y'_A}{J_{x'n}} \cdot y'. \tag{107}$$

[Die Gleichungen (107) sind mit den Nullinienformeln (97a) nicht zu verwechseln, da sich hier y'_A und $J_{x'n}$ auf die Nullinie beziehen.]

Wir zeigen die Anwendung der Gleichungen (106) und (107) an einigen Beispielen:

Erstes Beispiel

Der symmetrische Querschnitt (Abb. 206) sei durch die Druckkraft N in A beansprucht. Die oberhalb der (zunächst als bekannt vorausgesetzten) Nulllinie $n-n$ liegenden Flächenelemente werden auf Druck beansprucht; der Beton wirkt also mit. Unterhalb der Nullinie, in der Zugzone, wird der Beton als gerissen und damit unwirksam angenommen; die Zugspannungen oder Zugkräfte sind den Armierungseinlagen F_z allein zuzuweisen. Zur Bestimmung von y'_A, das heißt der Lage der Nullinie nach Gleichung (106), benötigen wir das statische Moment $S_{x'n}$ und das Trägheitsmoment $J_{x'n}$ des reduzierten Querschnittes F_n; beide Werte ergeben sich aus einem Kräfte- und Seilpolygon.

Wir zeichnen deshalb ein Kräftepolygon zu den n-fachen Querschnittsflächen als Kräften, wobei wir diese Kräfte für die Druckzone im Querschnitt von oben beginnend von einer Vertikalen durch den Pol O nach links und für die Zugzone von unten im Querschnitt beginnend nach rechts abtragen. Durch

diese Trennung der Zug- und Druckzone erreichen wir, daß wir das Kräfte-
und Seilpolygon auch bei geänderter Nullinie nicht mehr neu zeichnen müssen.

Im zugehörigen Seilpolygon ist nun

$$S_{x'n} = H \cdot \Delta x$$

und, nach MOHR,

$$J_{x'n} = 2H \cdot F',$$

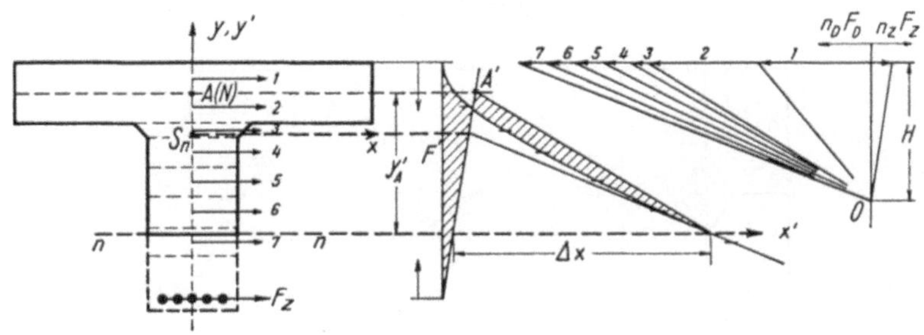

Abb. 206

oder es ist nach Gleichung (106)

$$y_A' = \frac{J_{x'n}}{S_{x'n}} = \frac{2F'}{\Delta x}.$$

Die Lage der Nullinie ist somit dann richtig gewählt, wenn

$$F' = \frac{y_A' \cdot \Delta x}{2}$$

oder gleich dem Inhalt des Dreieckes mit der Höhe y_A' über Δx ist. Ist der
Flächeninhalt F' nicht gleich der Dreiecksfläche, so ist die Nullinie solange zu
verschieben (zu probieren), bis die Flächengleichheit erreicht ist.

Das Seilpolygon (bei richtiger Lage der Nullinie) liefert uns auch gleichzeitig die für die Spannungsberechnung notwendigen Zahlenwerte; es ist

$$\underline{\sigma = n \cdot \sigma' = n \cdot \frac{N}{H \cdot \Delta x} \cdot y' = n \cdot \frac{N \cdot y_A'}{2H \cdot F'} \cdot y'.}$$

Zweites Beispiel

Abbildung 207 enthält die Spannungsberechnung in einem nicht armierten
Mauerwerkskörper rechteckigen Querschnittes aus nicht zugfestem Material
bei Druckbelastung außerhalb des Kernes.

Wir finden die Nullinie zeichnerisch wie im letzten Beispiel aus der Gleich-
heit der Fläche F' mit der Fläche $\frac{y_A' \cdot \Delta x}{2}$ des Dreieckes durch Probieren (Flächenausgleich in Abbildung 207), und es ist

$$\sigma' = \frac{N}{H \cdot \Delta x} \cdot y'.$$

Rechnerisch ergibt sich, bei der vorliegenden einfachen Querschnittsform und mit $n_D = 1$, $(n_Z = 0)$

$$y_A' = \frac{J_{x'n}}{S_{x'n}} = \frac{\frac{1}{3} b \cdot d^3}{\frac{1}{2} b \cdot d^2} = \frac{2}{3} \cdot d \,.$$

Damit wird

$$d = e + y_A' = e + \frac{2}{3} d = 3e$$

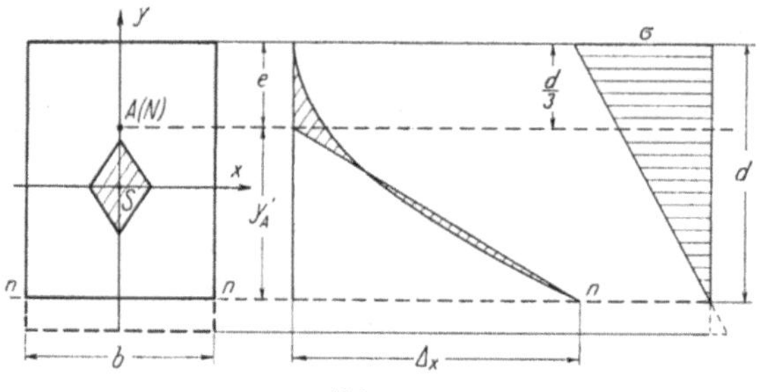

Abb. 207

und

$$\sigma' = \frac{N}{S_{x'n}} \cdot y' = \frac{2N}{b \cdot d^2} \cdot y' \,;$$

$$\sigma_{\max} = \sigma'_{\max} = \frac{2N}{b \cdot d} = \frac{2}{3} \frac{N}{b \cdot e} \,.$$

Der Lastangriffspunkt A fällt für Rechteckquerschnitte mit dem Schwerpunkt des Spannungsdreieckes zusammen.

Drittes Beispiel

Eine Eisenbetonplatte mit der Nutzhöhe h und der Breite b (Abb. 208) sei durch ein Biegungsmoment M beansprucht.

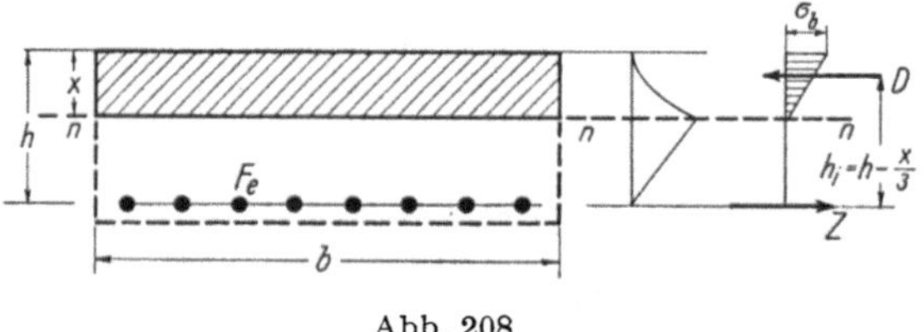

Abb. 208

Wegen $N = 0$ geht die Nullinie durch den Schwerpunkt des reduzierten Querschnittes; der Nullinienabstand x ergibt sich deshalb mit $n_b = 1$, $n_e = n$ aus

$$b \cdot x \cdot \frac{x}{2} = n \cdot F_e (h - x) \,,$$

$$x^2 + \frac{2n F_e}{b} \cdot x - \frac{2n F_e}{b} \cdot h = 0$$

zu
$$x = \frac{n\,F_e}{b}\left(-1 + \sqrt{1 + \frac{2\,h\,b}{n\,F_e}}\,\right).$$

Mit
$$D = Z = \frac{M}{h_i} = \frac{M}{h - \dfrac{x}{3}}$$

und
$$D = \frac{1}{2}\,b \cdot x \cdot \sigma_b\,, \qquad Z = F_e \cdot \sigma_e$$

ergeben sich die Spannungen

$$\sigma_b = \frac{2\,D}{b \cdot x} = \frac{2\,M}{b \cdot x \cdot \left(h - \dfrac{x}{3}\right)}\,,$$

$$\sigma_e = \frac{Z}{F_e} = \frac{M}{F_e \cdot \left(h - \dfrac{x}{3}\right)}\,.$$

Allgemeinere Fälle werden in der Theorie des Eisenbetonbaues behandelt.

3. Schubspannungen

Wir untersuchen getrennt die Schubspannungen infolge der durch den Schwerpunkt gehenden *Querkraft* Q_y, bzw. Q_x und infolge des *Torsionsmomentes* $Q \cdot r$ [siehe Abb. 198, Gl. (89b)].

a) Querkräfte

Wir betrachten zunächst einen Stab mit *Rechteckquerschnitt*; im Schnitt z wirke die Querkraft Q_y, die die Stabaxe z schneidet (Abb. 209).

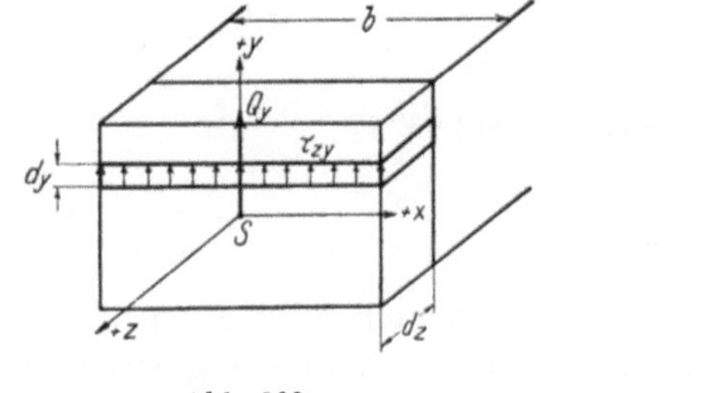

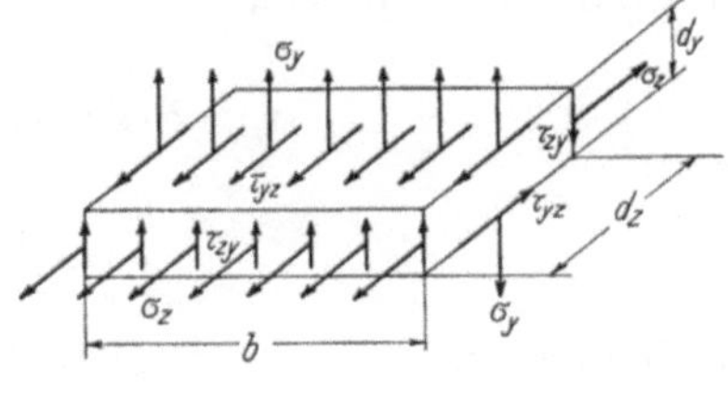

Abb. 209   Abb. 210

Die Komponentengleichgewichtsbedingung

$$Q_y = \int \tau_y \cdot dF$$

aus Gleichung (89b) reicht zur Bestimmung der Schubspannungen nicht aus; wir sind gezwungen, über die Verteilung der Schubspannungen eine *Voraus-*

setzung zu treffen. Wir nehmen an, daß im untersuchten Rechteckquerschnitt die Schubspannungen parallel zur Querkraft Q_y und gleichmäßig über die Querschnittsbreite b verteilt seien. Diese beiden Annahmen treffen (wie genauere Untersuchungen nach der Elastizitätstheorie zeigen) für schmale Rechtecke genau zu; bei größerer Breite b sind sie praktisch genügende Näherungsannahmen.

Wir schneiden aus unserm Stab (Abb. 209) das Element $b \cdot dy \cdot dz$ heraus (Abb. 210); damit Momentengleichgewicht bestehen kann, müssen den Schubspannungen τ_{zy} in den Querschnittsebenen Schubspannungen τ_{yz} in den waagrechten Begrenzungsebenen des Elementes entgegenwirken.

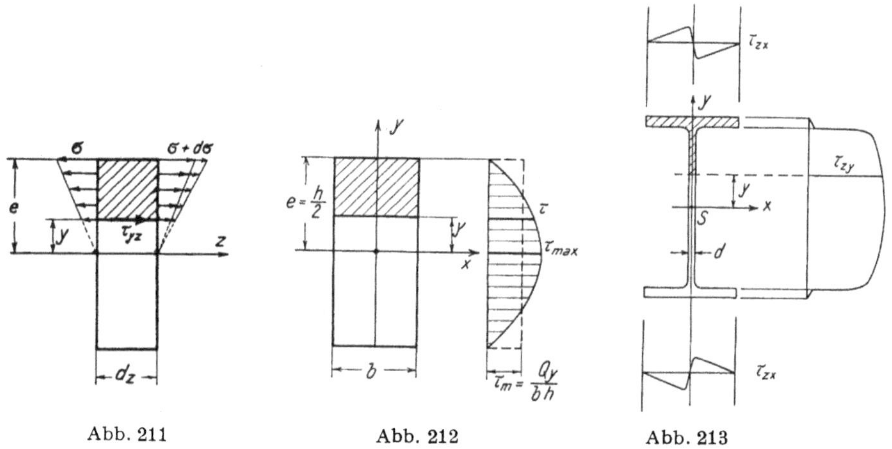

Abb. 211   Abb. 212   Abb. 213

Die Schubspannungen sollen durch den Doppelindex so bezeichnet werden, daß der erste Index die Schnittnormale der Ebene, in der die Schubspannung wirkt, und der zweite die Schubspannungsrichtung angibt. Aus der Gleichheit der Momente ergibt sich

$$(\tau_{zy} \cdot b \cdot dy) \cdot dz = (\tau_{yz} \cdot b \cdot dz) \cdot dy$$

oder

$$\tau_{zy} = \tau_{yz} ; \tag{108}$$

die Schubspannungen in zwei senkrecht aufeinanderstehenden Ebenen sind gleich groß und beide auf die Schnittlinie zu oder beide von ihr weg gerichtet. Diese Feststellung gilt allgemein.

Nun stehen aber die Schubspannungen τ_{yz} in Beziehung zu den Normalspannungen $\sigma_z = \sigma$, die auf die Schnitte z und $z + dz$ wirken; wir bestimmen deshalb die Größe von $\tau_{zy} = \tau_{yz}$ aus einer Gleichgewichtsbetrachtung am Balkenelement dz (Abb. 211); die Gleichgewichtsbedingungen (89b) werden dadurch ersetzt und werden zur Berechnung der Schubspannungen nicht benötigt.

Die Komponentengleichgewichtsbedingung $\Sigma Z = 0$ am betrachteten Element $b \cdot (e - y) \cdot dz$ lautet

$$\tau_{yz} \cdot b \cdot dz + \int\limits_{y}^{e} (\sigma + d\sigma) \cdot dF - \int\limits_{y}^{e} \sigma \cdot dF = 0,$$

$$\tau_{yz} \cdot b \cdot dz = - \int\limits_{y}^{e} d\sigma \cdot dF.$$

Nun ist aber

$$\sigma = \frac{N}{F} - \frac{M_x}{J_x} \cdot y$$

und mit

$$\frac{d M_x}{d z} = Q_y$$

nach Gleichung (36) wird für $N = $ konst.

$$\frac{d\sigma}{dz} = - \frac{Q_y}{J_x} \cdot y$$

und

$$\tau_{yz} = - \frac{1}{b} \cdot \int\limits_{y}^{e} \frac{d\sigma}{dz} \cdot dF = \frac{1}{b} \cdot \frac{Q_y}{J_x} \cdot \int\limits_{y}^{e} y \cdot dF$$

$$\tau_{yz} = \frac{Q_y \cdot S_x}{b \cdot J_x} = \tau_{zy}. \tag{109}$$

Für den betrachteten Rechteckquerschnitt ist (Abb. 212)

$$S_x = \int\limits_{y}^{\frac{h}{2}} y \cdot dF = \int\limits_{y}^{\frac{h}{2}} b \cdot y \cdot dy = \frac{b}{2} \left(\frac{h^2}{4} - y^2 \right);$$

die Schubspannungen sind parabolisch verteilt.

Die größte Schubspannung τ_{max} tritt im Schwerpunkt, $y = 0$, auf und beträgt wegen

$$S_{x\,max} = \frac{b h^2}{8}, \qquad J_x = \frac{b h^3}{12}$$

$$\tau_{max} = \frac{Q_y}{b} \cdot \frac{\dfrac{b h^2}{8}}{\dfrac{b h^3}{12}} = \frac{3}{2} \cdot \frac{Q_y}{b h}.$$

Aus dem Inhalt der Schubspannungsfläche folgt

$$\int \tau \cdot dF = \frac{2}{3}\, \tau_{max} \cdot b \cdot h = Q_y;$$

die Komponentengleichgewichtsbedingungen (89b) sind erfüllt.

Bei einem I-*Querschnitt* (Abb. 213) trifft bei der Berechnung der Schubspannungen $\tau_{yz} = \tau_{zy}$ die Voraussetzung eines schmalen Rechteckes für den Steg sehr gut zu, nicht mehr aber für die Flanschen. Die Gleichung (109) wird uns also die Schubspannungen τ_{zy} im Steg recht zutreffend liefern, dagegen können diese in den Flanschen wegen der freien Ränder nicht mehr der angenommenen einfachen Verteilung entsprechen; da sie aber hier viel kleiner sind als im Steg, brauchen sie für die praktische Bemessung nicht nachgewiesen zu werden. Andererseits trifft die Voraussetzung schmaler Rechtecke für die Berechnung der Schubspannungen τ_{zx} in den Flanschen zu.

Für die im Stahlbau verwendeten I-Walzprofile ist annähernd für die Schweraxe

$$\frac{J_x}{S_x} \cong \frac{h}{1,15}$$

und

$$\tau_{\max} \cong 1,15 \frac{Q_y}{d \cdot h} \; ;$$

es wird mit guter Annäherung die ganze Querkraft Q_y allein durch den Steg aufgenommen.

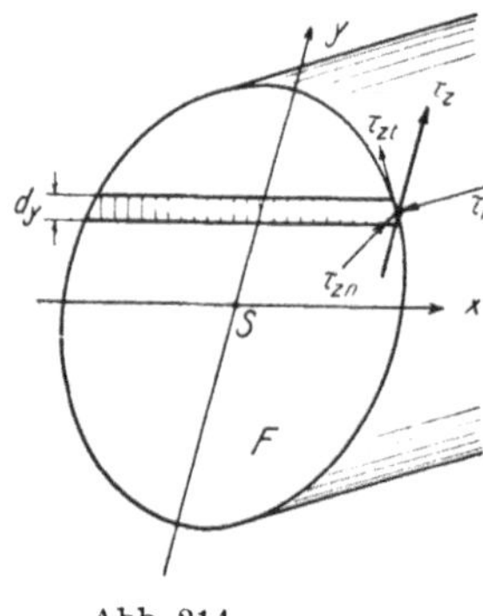

Abb. 214

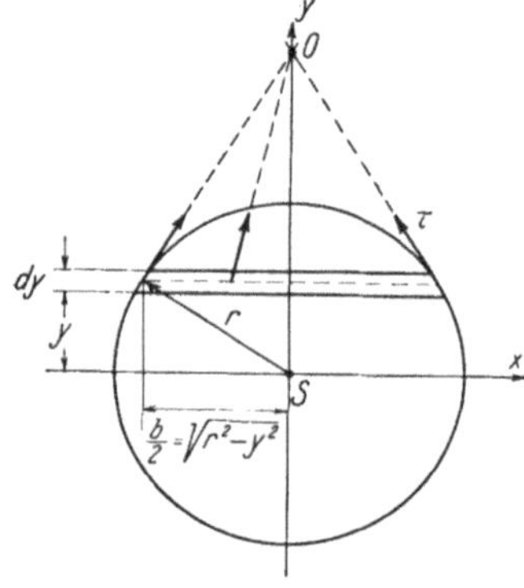

Abb. 215

Bei *beliebig geformten Querschnittsflächen* F führt die Annahme paralleler Schubspannungen zu einem Widerspruch mit den Randbedingungen (Abb. 214).

Nehmen wir in einem Randpunkt des Querschnittes F eine beliebig bzw. parallel zur y-Axe gerichtete Schubspannung τ_z an, so können wir diese in Richtung der Randtangente τ_{zt} und normal dazu τ_{zn} zerlegen. Der Schubspannung τ_{zn} muß wegen Gleichung (108) auf der Oberfläche des Stabes eine gleich große Schubspannung τ_{nz} entsprechen. Bei unbelasteter Staboberfläche ist aber aus Gleichgewichtsgründen $\tau_{nz} = 0$; somit muß, wegen

$$\tau_{zn} = \tau_{nz} = 0 \, ,$$

die Schubspannung τ_z am Rand tangential gerichtet sein.

Beim *Kreisquerschnitt* (Abb. 215) nehmen wir in bezug auf die Verteilung der Schubspannungen an, daß alle Schubspannungen τ des gleichen Streifens $b \cdot dy$ auf den gleichen Punkt 0 gerichtet seien, daß aber ihre Vertikalkomponenten τ_{vert} über die Streifenbreite b konstant seien. Damit ergibt sich, analog zum Rechteckquerschnitt,

$$\tau_{\text{vert}} = \frac{Q_y \cdot S_x}{b \cdot J_x} \, .$$

Mit

$$S_x = \int\limits_y^r b \cdot dy \cdot y = \int\limits_y^r 2 \cdot \sqrt{r^2 - y^2} \cdot y \cdot dy = \frac{2}{3}(r^2 - y^2)^{\frac{3}{2}}$$

wird

$$\tau_{\text{vert}} = \frac{Q_y \cdot \dfrac{2}{3}(r^2 - y^2)^{\frac{3}{2}}}{2 \cdot \sqrt{r^2 - y^2} \cdot J_x} = \frac{Q_y \cdot (r^2 - y^2)}{3 J_x}$$

und (am Rand) mit $J_x = \dfrac{\pi \cdot r^4}{4}$

$$\tau = \tau_{\text{vert}} \cdot \frac{r}{\sqrt{r^2 - y^2}} = \frac{4}{3} \cdot \frac{Q_y \cdot \sqrt{r^2 - y^2}}{\pi \cdot r^3}.$$

In der Schweraxe wird die Schubspannung am größten; sie beträgt dort mit $y = 0$

$$\tau_{\text{max}} = \frac{4 Q_y}{3 \pi \cdot r^2} = \frac{4 Q_y}{3 F}.$$

Inhomogene Querschnitte

Für Querschnitte mit verschiedenem Dehnungsmaß erhalten wir aus der Gleichgewichtsbedingung zwischen den Schubspannungen τ und den Normalspannungsänderungen $d\sigma$

$$\tau \cdot b \cdot dz = \int\limits_y^e d\sigma \cdot dF$$

mit

$$\frac{d\sigma}{dz} = \frac{n \cdot Q_y \cdot y}{J_{xn}}$$

die Schubspannung τ (oder ihre vertikale Komponente) zu

$$\tau = \frac{Q_y \cdot S_{xn}}{b \cdot J_{xn}}$$

analog zu Gleichung (109).

In einer auf *Biegung* beanspruchten *Eisenbetonplatte* wird mit

$$J_{xn} = \frac{b \cdot x^3}{3} + n \cdot F_e (h - x)^2 = \frac{b \cdot x^2}{2} \cdot \left(h - \frac{x}{3}\right)$$

und

$$\max S_{xn} = \frac{b \cdot x^2}{2}$$

die Schubspannung τ_{max} in der Nullinie

$$\tau_{\text{max}} = \frac{Q_y \cdot b \cdot \dfrac{x^2}{2}}{b \cdot \dfrac{b \cdot x^2}{2} \cdot \left(h - \dfrac{x}{3}\right)} = \frac{Q_y}{b \cdot \left(h - \dfrac{x}{3}\right)}.$$

Der Schubspannungsverlauf ist in Abbildung 216 skizziert.

Die mit der Breite b multiplizierte Schubspannung ist gleich der Änderung dZ der Eisenzugspannung Z:

$$dZ = \frac{Q_v \cdot dz}{h - \dfrac{x}{3}}.$$

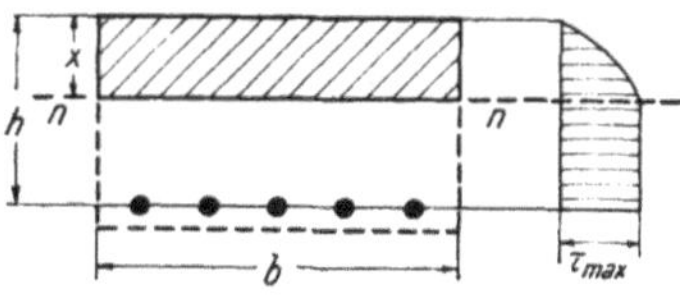

Abb. 216

Diese Kraft wird am Umfang der Armierungseisen auf den Beton übertragen; die entsprechenden Haftspannungen τ' betragen somit, wenn d den Durchmesser eines Rundeisens bedeutet:

$$\tau' = \frac{dZ}{dz} : \pi \cdot \sum d = \frac{b \cdot \tau_{max}}{\pi \cdot \Sigma d}.$$

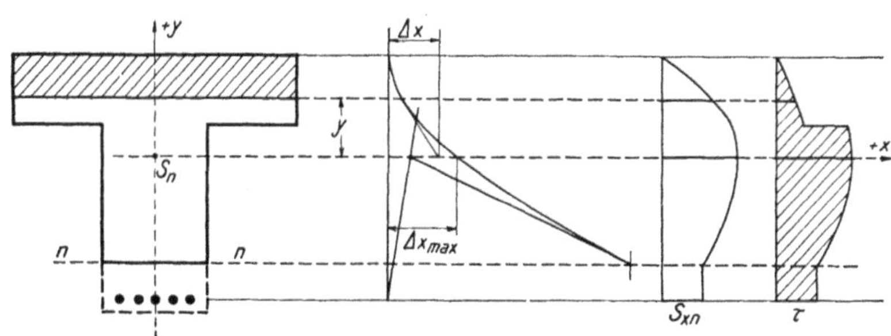

Abb. 217

Im Beispiel der Abbildung 206 mit im Angriffspunkt A angreifender Druckkraft N können die statischen Momente S_{xn} für jeden Schnitt y im Seilpolygon auf der Schweraxe des reduzierten Querschnittes zwischen den entsprechenden Seilstrahlen herausgelesen werden:

$$S_{xn} = H \cdot \Delta x.$$

Damit ist
$$\tau = \frac{Q_v \cdot S_{xn}}{b \cdot J_{xn}}$$

bestimmbar. In Abbildung 217 ist die Bestimmung der Abschnitte Δx sowie der Verlauf von S_{xn} und τ dargestellt.

Wir haben noch auf die durch die Schubspannungen verursachten Formänderungen hinzuweisen. Ein Element $dy \cdot dz \cdot b$ verformt sich unter den Schubspannungen $\tau_{yz} = \tau_{zy}$ in der in Abbildung 218 dargestellten Weise.

Der *Schubwinkel* γ ist im Rahmen der Elastizitätstheorie und in Analogie zum HOOKEschen Gesetz proportional zur Schubspannung τ anzunehmen:

$$\gamma_{yz} = \frac{\tau_{yz}}{G} \, . \tag{110}$$

Dabei bedeutet G den *Schubmodul*, auf dessen Größe wir zurückkommen werden [Gl. (139)]. Während der Schiebung γ ändern die Kanten des Elementes $dy \cdot dz \cdot b$ ihre Länge nicht.

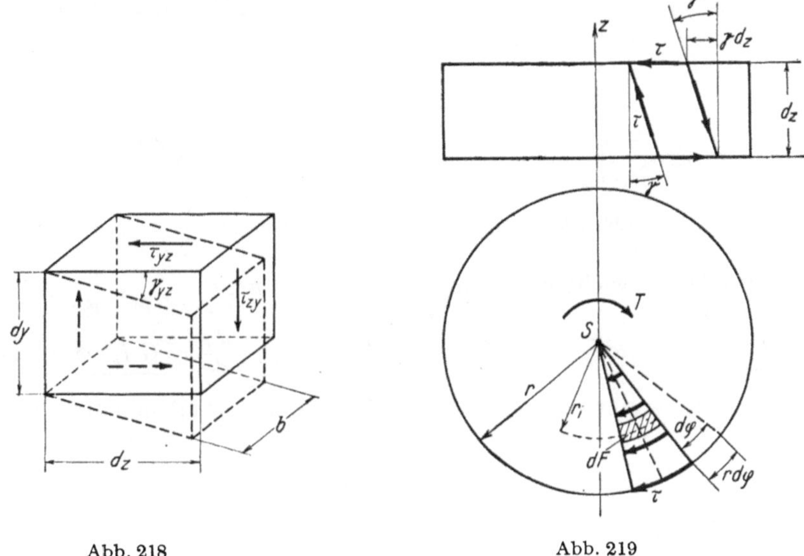

Abb. 218　　　　　　　Abb. 219

b) Torsion

Die Schubspannungen infolge von Torsionsmomenten $T = Q \cdot r$ können nur bei Stäben mit Kreis- oder Kreisringquerschnitten auf elementare Weise bestimmt werden. Für die Untersuchung anderer Querschnittsformen muß die höhere Elastizitätstheorie beigezogen werden.

Kreisquerschnitt

Infolge des Torsionsmomentes T verdrehen sich die benachbarten Querschnitte im Abstand dz gegenseitig um den Winkel $d\varphi$ (Abb. 219).

Ein Flächenelement an der Staboberfläche erleidet infolge der Schubspannungen τ eine Schiebung γ

$$\gamma = \frac{\tau}{G} \, .$$

Nach Abbildung 219 ist
$$\gamma \cdot dz = r \cdot d\varphi,$$

oder es ist
$$\tau = G \cdot \gamma = G \cdot r \cdot \frac{d\varphi}{dz}. \tag{111}$$

Für entsprechende Elemente im Innern des Stabes würde sich analog ergeben
$$\tau_i = G \cdot r_i \cdot \frac{d\varphi}{dz};$$

die Schubspannungen τ_i sind proportional zum Abstand vom Schwerpunkt.

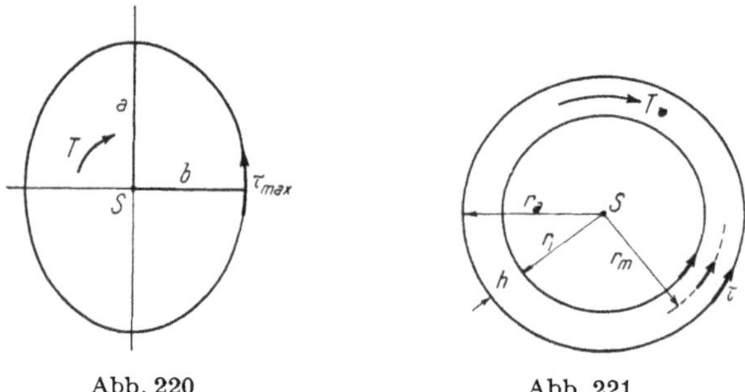

Abb. 220   Abb. 221

Aus der Gleichgewichtsbedingung der Momente folgt

$$T = \int^r \tau_i \cdot r_i \cdot dF = G \cdot \frac{d\varphi}{dz} \cdot \int^r r_i^2 \cdot dF = G \cdot J_p \cdot \frac{d\varphi}{dz} = G J_p \cdot \varphi'. \tag{112}$$

Die Größe von τ ergibt sich nun aus den Gleichungen (111) und (112) zu

$$\tau = G \cdot r \cdot \frac{d\varphi}{dz} = G \cdot r \cdot \frac{T}{G \cdot J_p} = \frac{T \cdot r}{J_p}. \tag{113}$$

Mit $J_p = \dfrac{\pi \cdot r^4}{2}$ ist $\qquad\qquad \tau = \dfrac{2\,T}{\pi \cdot r^3}.$

Für den *elliptischen Querschnitt* (Abb. 220) liefert die Elastizitätstheorie den dazu analogen Wert

$$\tau_{\max} = \frac{2\,T}{\pi \cdot a \cdot b^2} \qquad (a > b).$$

Kreisring

Mit den Bezeichnungen der Abbildung 221 ist nach Gleichung (113)

$$\tau_{\max} = \frac{T \cdot r_a}{J_p} = \frac{2\,T \cdot r_a}{\pi \,(r_a^4 - r_i^4)}.$$

Bei kleiner Wandstärke $h = r_a - r_i$ darf gleichmäßige Verteilung der Schubspannungen über die Wandstärke h angenommen werden, und es ist damit

$$T = \tau \cdot h \cdot r_m \cdot 2\pi \cdot r_m = \tau \cdot h \cdot 2\pi \cdot r_m^2; \qquad \tau = \frac{T}{h \cdot 2\pi \cdot r_m^2}.$$

$\pi \cdot r^2$ ist die Fläche des Kreises mit Radius r_m. Die Resultierende der Schubspannungen τ über die Wandstärke h, $\tau \cdot h$, wird oft als «Schubfluß» $s = \tau \cdot h$ bezeichnet, der sich, wenn wir mit

$$F_m = \pi \cdot r_m{}^2$$

die von der Ringmittellinie eingeschlossene Fläche bezeichnen, auch zu

$$s = \frac{T}{2F_m}$$

ergibt.

Rechteckquerschnitte

Für Rechteckquerschnitte mit der Breite b und der Höhe h ($b < h$) können wir die Ergebnisse der Elastizitätstheorie in der Form zusammenfassen

$$\tau_{\max} = \frac{T}{\eta_1 \cdot b^2 h}, \qquad \varphi' = \frac{T}{G \cdot \eta_2 \cdot b^3 h}.$$

Für schmale Rechtecke, $h > 3b$, wird annähernd

$$\eta_1 \eqsim \eta_2 = \eta \eqsim \frac{1}{3}\left(1 - 0,6 \cdot \frac{b}{h}\right).$$

Setzen wir

$$J_d = \eta \cdot b^3 \cdot h = \frac{b^3 \cdot (h - 0.6 \cdot b)}{3}$$

($J_d = $ «Verdrehungsträgheitsmoment»), so können wir schreiben

$$\tau_{\max} = \frac{T \cdot b}{J_d}; \qquad \varphi' = \frac{T}{G \cdot J_d} = \frac{T}{C},$$

wenn wir noch die «Verdrehungssteifigkeit» $C = G \cdot J_d$ einführen. Für sehr schmale Rechtecke wird

$$J_d = \frac{h \cdot b^3}{3}.$$

Walzprofile

Walzprofile können wir uns aus schmalen Rechtecken zusammengesetzt denken, und es ist

$$J_d \cong \sum \frac{h \cdot b^3}{3}.$$

Durch die Ausrundungen zwischen den einzelnen Rechteckteilen können sich gewisse Vergrößerungen des «Verdrehungsträgheitsmomentes» J_d ergeben, die jedoch hier noch nicht behandelt werden können.

Die größte Schubspannung $\tau_{\max}$ tritt im Teilrechteck mit der größten Breite b auf, und es ist dort

$$\tau_{\max} = \frac{T}{J_d} \cdot b_{\max}.$$

Bei Walzprofilen, die aus mehr als zwei Teilrechtecken bestehen, wie beispielsweise I-Profile, haben wir es auch näherungsweise nicht mehr mit reiner Torsion zu tun. Bei einer Verdrehung des Querschnittes um den Winkel φ (Abb. 222) werden die Flanschen ausgebogen. Für einen symmetrischen I-Träger ist die Ausbiegung η

$$\eta = \frac{h}{2} \cdot \varphi.$$

Dieser Ausbiegung widersetzen sich nun die Flanschen dank ihrer Biegungssteifigkeit und nehmen dadurch einen Anteil $\mathfrak{Q} \cdot h$ des Momentes T auf «Flanschbiegung» auf. $\mathfrak{Q}$ ist die Flanschquerkraft. Wir werden dieses Problem der «Torsion mit Flanschbiegung» im Abschnitt VIII näher untersuchen.

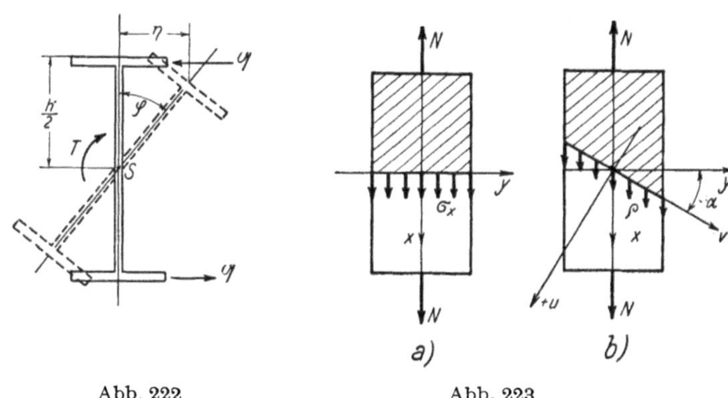

Abb. 222   Abb. 223

4. Allgemeine Spannungszustände

Wir untersuchen den Zusammenhang zwischen den Spannungen in verschiedenen Ebenen eines Körperelementes.

a) Der lineare Spannungszustand

Wir betrachten einen durch die in der Stabaxe x wirkende Normalkraft N beanspruchten Zugstab. In einem Normalschnitt zur Stabaxe (Abb. 223a) treten die Spannungen σ_x auf:

$$\sigma_x = \frac{N}{F}.$$

Legen wir dagegen einen schrägen Schnitt (Abb. 223b), so vergrößert sich die Schnittfläche auf

$$F_u = \frac{F}{\cos \alpha}$$

und die (in Richtung der x-Axe wirkenden) Spannungen ϱ betragen

$$\varrho = \frac{N}{F_u} = \frac{N}{F} \cdot \cos \alpha = \sigma_x \cdot \cos \alpha .$$

Die Spannungen ϱ sind nun in die Normalspannungen σ_u und die Schubspannungen τ_{uv} zu zerlegen; diese betragen

$$\left. \begin{aligned} \sigma_u &= \varrho \cdot \cos \alpha = \sigma_x \cdot \cos^2 \alpha = \sigma_x \cdot \frac{1 + \cos 2\alpha}{2} \\[2mm] \tau_{uv} &= \varrho \cdot \sin \alpha = \sigma_x \cdot \sin \alpha \cdot \cos \alpha = \sigma_x \cdot \frac{\sin 2\alpha}{2} . \end{aligned} \right\} \tag{114}$$

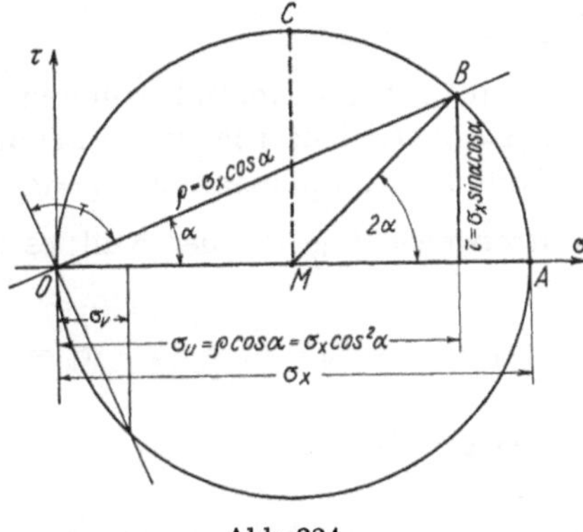

Abb. 224

Für einen zum Schnitt v senkrecht stehenden Schnitt u würden wir erhalten:

$$\sigma_v = \sigma_x \cdot \cos^2 \left(\alpha + \frac{\pi}{2} \right) = \sigma_x \cdot \sin^2 \alpha = \sigma_x \cdot \frac{1 - \cos 2\alpha}{2}$$

$$\tau_{vu} = \sigma_x \cdot \cos \alpha \cdot \sin \alpha = \sigma_x \cdot \frac{\sin 2\alpha}{2} .$$

Für senkrecht aufeinanderstehende Schnitte u, v ist also

$$\sigma_u + \sigma_v = \sigma_x , \qquad \tau_{uv} = \tau_{vu} .$$

Die Grenzwerte der Spannungen σ_u und τ_{uv} ergeben sich zu

$$\sigma_{u\,max} = \sigma_x \quad \text{für} \quad \cos 2\alpha = 1 , \qquad \alpha = 0$$

$$\tau_{max} = \frac{\sigma_x}{2} \quad \text{für} \quad \sin 2\alpha = 1 , \qquad \alpha = \frac{\pi}{4} = 45^0 .$$

Wird ein Zugstab einer bis zur Fließgrenze wachsenden Beanspruchung σ_x unterzogen, so erkennt man bei polierter Oberfläche das Fließen des Metalls annähernd längs den geneigten Ebenen der maximalen Schubspannungen.

Wir können nun die Zusammenhänge der Gleichung (114) sehr anschaulich und übersichtlich darstellen durch den Mohr*schen Spannungskreis* (Abb. 224):

Im rechtwinkligen Koordinatensystem σ, τ zeichnen wir über der σ-Axe einen Kreis mit dem Durchmesser $\sigma_x = \overline{OA}$. Eine vom Ursprung O aus unter dem Winkel α gegen die σ-Axe geneigte Gerade schneidet den Kreis im Punkt B. Aus der Scheitelgleichung des Kreises ergibt sich

$$\overline{OB} = \sigma_x \cdot \cos \alpha = \varrho \, ,$$

und die Zerlegung von ϱ in die beiden Komponenten $\varrho \cdot \cos \alpha$ und $\varrho \cdot \sin \alpha$ zeigt, daß die Koordinaten des Punktes B die gesuchten Spannungen σ_u und τ_{uv} darstellen.

Ebenso ergibt sich aus dem MOHRschen Spannungskreis die größte Schubspannung $\tau_{\mathrm{max}} = \overline{MC} = \dfrac{\sigma_x}{2}$.

Wir nennen die größte auftretende Normalspannung die «*Hauptspannung*» σ_1; sie ist hier gleich σ_x $(\alpha = 0)$. Gleichzeitig ist die Schubspannung in der zugehörigen Schnittebene Null. Die Hauptspannung $\sigma_2 = \sigma_y$, die kleinste Normalspannung, für die Schnittebene $\alpha = \dfrac{\pi}{2}$ ist hier Null; es ist also auch für die Hauptspannungen:

$$\sigma_1 + \sigma_2 = \sigma_u + \sigma_v = \sigma_x + \sigma_y = \text{konst.} \, ,$$

ferner ist

$$\tau_{1,2} = 0 \, .$$

Die Hauptspannungen σ_1, σ_2 sind somit durch zwei Eigenschaften charakterisiert: sie *sind Extremwerte der Normalspannungen und für ihre Ebenen verschwinden die Schubspannungen.*

Der lineare Spannungszustand ist der Sonderfall $\sigma_2 = 0$ des ebenen Spannungszustandes.

b) Der ebene Spannungszustand

Wir betrachten den Gleichgewichtszustand eines durch Spannungen in der x—y-Ebene beanspruchten prismatischen Körperelementes der Breite 1 (Abb. 225):

Aus den Komponentengleichgewichtsbedingungen $\Sigma U = 0$, $\Sigma V = 0$ finden wir

$$\left.\begin{aligned}
\sigma_u &= \sigma_x \cdot \cos^2 \alpha + \sigma_y \cdot \sin^2 \alpha - 2\,\tau_{xy} \cdot \sin \alpha \cdot \cos \alpha \\[4pt]
\sigma_v &= \sigma_y \cdot \cos^2 \alpha + \sigma_x \cdot \sin^2 \alpha + 2\,\tau_{xy} \cdot \sin \alpha \cdot \cos \alpha \\[4pt]
\tau_{uv} &= \tau_{xy} \cdot (\cos^2 \alpha - \sin^2 \alpha) + (\sigma_x - \sigma_y) \sin \alpha \cdot \cos \alpha
\end{aligned}\right\} \qquad (115\,\mathrm{a})$$

oder mit

$$\cos^2 \alpha = \frac{1 + \cos 2\alpha}{2}, \qquad \sin^2 \alpha = \frac{1 - \cos 2\alpha}{2}, \qquad 2 \sin \alpha \cdot \cos \alpha = \sin 2\alpha$$

erhalten wir

$$\sigma_u = \frac{\sigma_x + \sigma_y}{2} + \frac{\sigma_x - \sigma_y}{2} \cdot \cos 2\alpha - \tau_{xy} \cdot \sin 2\alpha$$

$$\sigma_v = \frac{\sigma_x + \sigma_y}{2} - \frac{\sigma_x - \sigma_y}{2} \cdot \cos 2\alpha + \tau_{xy} \cdot \sin 2\alpha \qquad (115\,\mathrm{b})$$

$$\tau_{uv} = \frac{\sigma_x - \sigma_y}{2} \cdot \sin 2\alpha + \tau_{xy} \cdot \cos 2\alpha \,.$$

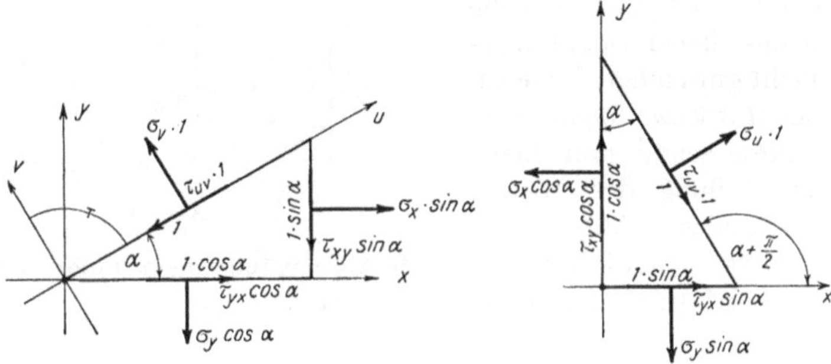

Abb. 225

Die *Ebenen der Hauptspannungen* σ_1, σ_2 ergeben sich nun sowohl aus der Extremalbedingung für die Normalspannungen σ_u und σ_v:

$$\frac{d\,\sigma_u}{d\,\alpha} = 0\,, \qquad \frac{d\,\sigma_v}{d\,\alpha} = 0$$

wie auch aus

$$\tau_{uv} = 0$$

zu

$$\mathrm{tg}\,2\alpha = \frac{-\,2\,\tau_{xy}}{\sigma_x - \sigma_y}\,. \qquad (116)$$

Die Größe der Hauptspannungen selbst wird durch Einsetzen von $\mathrm{tg}\,2\alpha$ nach Gleichung (116) mit

$$\cos 2\alpha = \frac{1}{\sqrt{1 + \mathrm{tg}^2\,2\alpha}}\,, \qquad \sin 2\alpha = \frac{\mathrm{tg}\,2\alpha}{\sqrt{1 + \mathrm{tg}^2\,2\alpha}}$$

gefunden zu

$$\sigma_1 = \frac{\sigma_x + \sigma_y}{2} + \frac{1}{2}\sqrt{(\sigma_x - \sigma_y)^2 + 4\,\tau_{xy}^2}$$

$$\sigma_2 = \frac{\sigma_x + \sigma_y}{2} - \frac{1}{2}\sqrt{(\sigma_x - \sigma_y)^2 + 4\,\tau_{xy}^2}\,. \qquad (117)$$

Die Beziehungen zwischen den Normal- und Schubspannungen für verschiedene senkrecht aufeinanderstehende Schnittebenen zeigen eine vollständige formale Analogie zu den Beziehungen zwischen den Trägheits- und Zentrifugalmomenten für verschiedene rechtwinklige Axenpaare. Nur auf einen Unterschied ist zunächst hinzuweisen: während die Trägheitsmomente immer positive Werte besitzen, können die Normalspannungen positive oder negative Werte (Zug oder Druck) annehmen. Dies ist ein Grund dafür, daß sich eine Übertragung des MOHRschen Trägheitskreises auf die Darstellung des ebenen Spannungszustandes nicht gut eignet. Dagegen liefert uns der MOHRsche *Spannungskreis* eine umfassende und übersichtliche Darstellung des ebenen Spannungszustandes (Abb. 226).

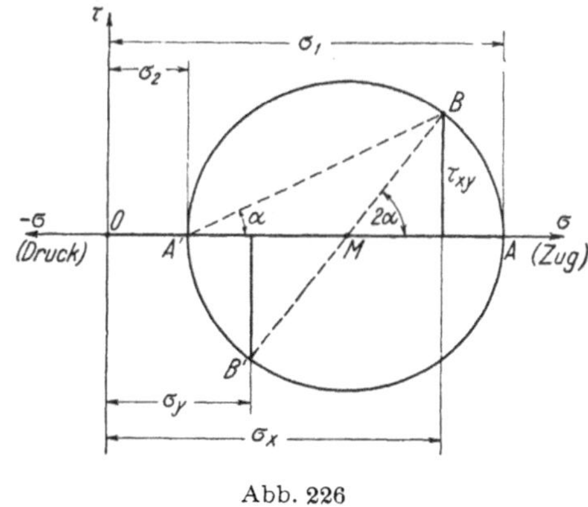

Abb. 226

Wir zeichnen im rechtwinkligen Koordinatensystem $\sigma - \tau$ einen Kreis mit Mittelpunkt M auf der σ-Axe und mit dem Radius r

$$r = \frac{1}{2} \sqrt{(\sigma_x - \sigma_y)^2 + 4\tau_{xy}^2} = \frac{\sigma_1 - \sigma_2}{2}.$$

Der Abstand $\overline{OM}$ beträgt

$$\overline{OM} = \frac{\sigma_x + \sigma_y}{2}.$$

Die durch den Kreismittelpunkt M mit der Neigung 2α gelegte Gerade trifft den Kreis in Punkten B und B', deren Koordinaten die zugehörigen Normal- und Schubspannungen darstellen. Die Größe der Hauptspannungen beträgt

$$\sigma_1 = \overline{OA}, \qquad \sigma_2 = \overline{OA}'$$

in Übereinstimmung mit den Gleichungen (117).

Der MOHRsche Spannungskreis ist also auf die Hauptspannungsrichtungen orientiert. Gehen wir von den Hauptspannungen σ_1, σ_2 aus, so erhalten wir mit $\tau_{1,2} = 0$ aus den Gleichungen (115 b) die Beziehungen

$$\left.\begin{aligned} \sigma_{x,y} &= \frac{\sigma_1 + \sigma_2}{2} \pm \frac{\sigma_1 - \sigma_2}{2} \cdot \cos 2\alpha \\[2mm] \tau_{xy} &= \frac{\sigma_1 - \sigma_2}{2} \cdot \sin 2\alpha, \end{aligned}\right\} \tag{118}$$

die uns gestatten, aus den Hauptspannungen σ_1, σ_2 für beliebige Schnittrichtungen die zugehörigen Spannungen zu berechnen. Die größte Schubspannung ergibt sich daraus für $\sin 2\alpha = 1$ zu

$$\tau_{\max} = \frac{\sigma_1 - \sigma_2}{2} = \frac{1}{2} \sqrt{(\sigma_x - \sigma_y)^2 + 4\tau_{xy}^2}. \tag{119}$$

Die formale Übereinstimmung zwischen den Gleichungen (81a) (Trägheits- und Zentrifugalmomente) und (115) (Spannungen σ und τ) könnte dazu veranlassen, den MOHRschen Spannungskreis auch für die Darstellung der Zusammenhänge zwischen Trägheits- und Zentrifugalmomenten zu verwenden. Dies wäre jedoch nicht zweckmäßig, weil die Darstellung des Spannungskreises sich auf rechtwinklige Axenkreuze beschränkt und somit die dort besonders wichtigen Zusammenhänge zwischen konjugierten Axen (mit Ausnahme der Hauptaxen) nicht erfassen kann.

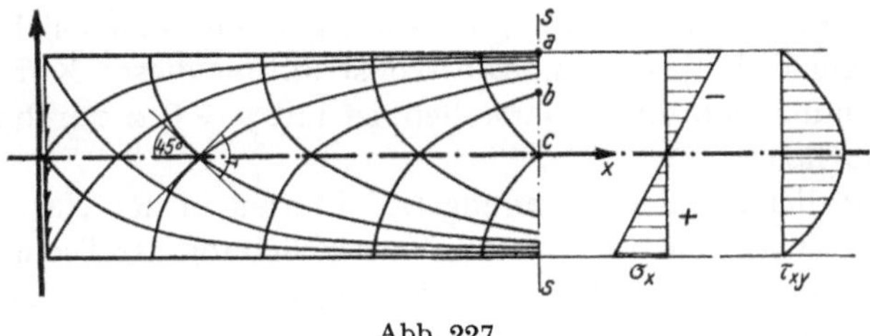

Abb. 227

Beispiel

Im Schnitt $s-s$ eines auf Biegung beanspruchten Balkens mit Rechteckquerschnitt (Abb. 227) wirken die Spannungen σ_x und τ_{xy}; gleichzeitig sei $\sigma_y = 0$. Die Hauptspannungen ergeben sich aus Gleichung (117) für diesen Fall zu

$$\sigma_{1,2} = \frac{\sigma_x}{2} \pm \frac{1}{2} \cdot \sqrt{\sigma_x^2 + 4\,\tau_{xy}^2}\ ,$$

und ihre Richtung ist gegeben durch

$$\mathrm{tg}\,2\alpha = -\,\frac{2\,\tau_{xy}}{\sigma_x}\ .$$

Für die drei Punkte a, b und c des Schnittes $s-s$ lassen sich die in Abbildung 228 angegebenen drei MOHRschen Spannungskreise zeichnen.

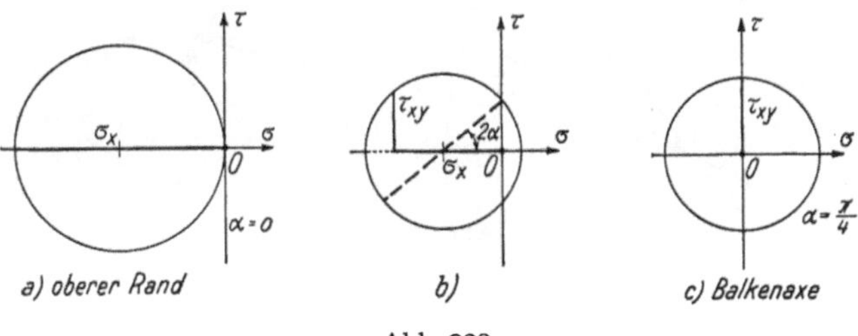

Abb. 228

Denken wir uns die Hauptspannungsrichtungen von Punkt zu Punkt fortschreitend aufgezeichnet, so erhalten wir die *Spannungstrajektorien* (Abb. 227).

Sie sind bestimmt durch Gleichung (116), oder wenn wir von $\operatorname{tg} 2\alpha$ auf $\operatorname{tg}\alpha$ übergehen,

$$\operatorname{tg} 2\alpha = \frac{2\operatorname{tg}\alpha}{1-\operatorname{tg}^2\alpha} = -\frac{2\,\tau_{xy}}{\sigma_x - \sigma_y},$$

durch die quadratische Gleichung

$$\operatorname{tg}^2\alpha - \operatorname{tg}\alpha \cdot \frac{\sigma_x - \sigma_y}{\tau_{xy}} - 1 = 0.$$

Die beiden Lösungen der Gleichung entsprechen den beiden sich stets rechtwinklig kreuzenden Trajektorien. Die Konstruktion dieser Kurven, die uns die Hauptspannungsrichtungen darstellen, ist mit $y' = \operatorname{tg}\alpha$ durch angenäherte Integration möglich.

Eine Verwirklichung der Spannungstrajektorien in der Natur finden wir beim Knochenaufbau, eine angenäherte Verwirklichung der Technik im Eisenbetonbau, wo die zugfesten Armierungen angenähert in Richtung der Zugtrajektorien in den Beton eingelegt werden.

c) Der räumliche Spannungszustand

Der Spannungszustand in einem Körperpunkt O sei gegeben durch die Normalspannungen σ_x, σ_y, σ_z und die Schubspannungen τ_{xy}, τ_{yz} und τ_{zx}, bezogen auf das rechtwinklige Axensystem x, y, z. Um die Spannungen σ_u und τ_u in einer beliebigen Ebene u normal zur Axe u zu finden, betrachten wir den Gleichgewichtszustand am kleinen Tetraeder der Abbildung 229.

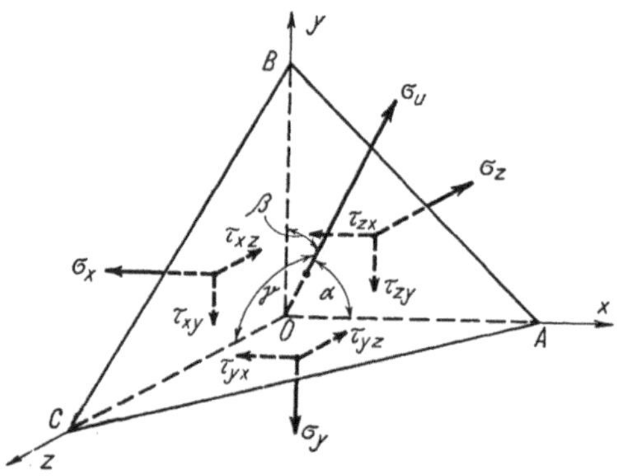

Abb. 229

Bezeichnen wir die Winkel (ux), (uy) und (uz) mit α, β und γ, und die Fläche (ABC) mit dF, so werden die Flächen (OBC), (OCA) und (OAB) gleich $dF\cdot\cos\alpha$, $dF\cdot\cos\beta$ und $dF\cdot\cos\gamma$. Aus einer Komponentengleichgewichtsbedingung für die Richtung u finden wir aus Abbildung 229 (in der nur die

Spannungen und nicht die auf die einzelnen Flächen wirkenden Kräfte eingetragen sind):

$$\sigma_u = \sigma_x \cdot \cos^2 \alpha + \sigma_y \cdot \cos^2 \beta + \sigma_z \cdot \cos^2 \gamma + 2\,\tau_{xy} \cdot \cos \alpha \cdot \cos \beta +$$

$$+ 2\,\tau_{yz} \cdot \cos \beta \cdot \cos \gamma + 2\,\tau_{zx} \cdot \cos \gamma \cdot \cos \alpha .$$

Analog können auch die Schubspannungen τ_{uv} und τ_{wu} und (aus Tetraedern mit Ebenen $x\,y\,z\,v$ und $x\,y\,z\,w$) ferner die Spannungen σ_v, σ_w, τ_{vw} gefunden werden.

Für jeden Körperpunkt O existiert nun ein rechtwinkliges Axensystem 1, 2, 3, für welches die Schubspannungen τ_{12}, τ_{23} und τ_{31} verschwinden. Diese Axen sind die *Hauptaxen*. Ihre Lage finden wir durch Nullsetzen der Schubspannungen, und die Größe der *Hauptspannungen* kann damit aus den Gleichungen für $\sigma_u = \sigma_1$ usw. gefunden werden. Wir können hier auf die Durchführung dieser Rechnung verzichten.

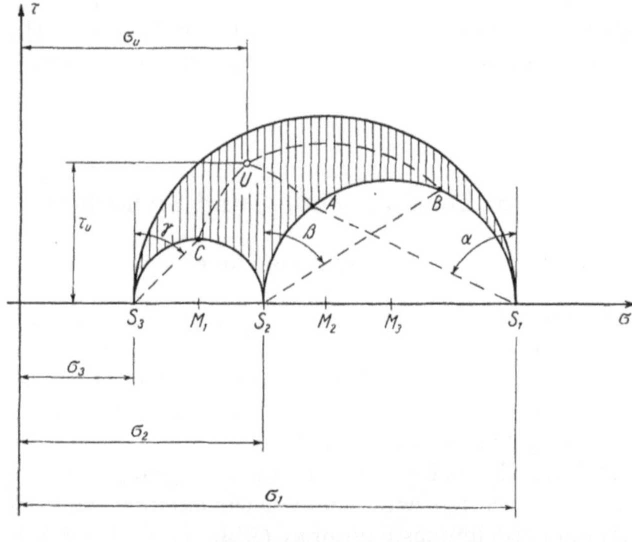

Abb. 230

Eine *ebene Abbildung* des räumlichen Spannungszustandes durch *drei* MOHRsche *Kreise* verdanken wir O. MOHR (Abb. 230). Für Schnittebenen parallel zu einer Hauptaxe verschwindet die zugehörige Hauptspannung, und für solche Schnittebenen ist der Spannungszustand ein ebener und kann durch einen MOHRschen Kreis dargestellt werden. Entsprechend den drei Gruppen von Parallelebenen zu den Hauptaxen existieren drei solcher Kreise, die durch die Hauptspannungen σ_1, σ_2, σ_3 bestimmt sind. Dabei sei angenommen $\sigma_1 > \sigma_2 > \sigma_3$.

Für eine beliebige Schnittebene u, deren Normale u zu den Axen 1, 2 und 3 die Winkel α, β und γ einschließt, sind die Normalspannung σ_u und die resultierende Schubspannung τ_u durch die Koordinaten σ_u und τ_u des Punktes U gegeben.

Die Konstruktion des Punktes u ist aus Abbildung 230 ersichtlich; wegen $\cos^2 \alpha + \cos^2 \beta + \cos^2 \gamma = 1$ ist der Punkt U aus zwei Winkeln bestimmbar, während der dritte Winkel eine Zeichnungskontrolle liefert. Für die Beweisführung sei auf MOHRS «Abhandlungen aus dem Gebiete der technischen Mechanik» verwiesen.

Für alle beliebigen Ebenen u (α, β, γ) liegen die zugehörigen Punkte U innerhalb des durch die drei Spannungskreise begrenzten, in Abbildung 230 schraffierten Bogendreiecks. Wir erkennen, daß zu einer bestimmten Normalspannung σ_u verschiedene Ebenen mit verschiedenen Schubspannungen τ_u gehören können. Die größte Schubspannung ist durch den größten der drei Spannungskreise, den *Hauptkreis* $\sigma_1 \sigma_3$, bestimmt.

Der räumliche Spannungszustand kann außer durch die 6 Spannungen σ_x, σ_y, σ_z, τ_{xy}, τ_{yz}, τ_{zx} auch durch die drei Hauptspannungen σ_1, σ_2, σ_3 und die Lage der Hauptaxen bestimmt werden. Wird eine Hauptspannung Null, so liegt ein ebener Spannungszustand vor; verschwinden zwei Hauptspannungen, so haben wir es mit dem linearen Spannungszustand zu tun.

5. Beanspruchung und Sicherheit

a) Sicherheit

Die Spannungen, die infolge der gegebenen Belastungen in unsern Tragwerken auftreten, müssen unter denjenigen Beanspruchungswerten liegen, bei denen eine Zerstörung oder ein Unbrauchbarwerden eines Tragwerksteiles auftreten könnte. Das Verhältnis zwischen der «gefährlichen» und der «vorhandenen» Belastung nennen wir *Sicherheit*.

In einem Zugstab aus Baustahl, der einer langsam und stetig anwachsenden Belastung P unterworfen wird, können wir entsprechend dem dabei maßgebenden Spannungsdehnungsdiagramm (Abb. 1) zwei gefährliche Belastungsstufen, die *Fließbelastung* $P_F = \sigma_F \cdot F$ und die *Bruchbelastung* $P_B = \sigma_B \cdot F$ unterscheiden. Wir kennen deshalb für diesen Zugstab auch zwei Werte der Sicherheit, nämlich die

$$\text{Sicherheit gegen Fließen } n_1 = \frac{P_F}{P_{\text{vorh}}}$$

und die

$$\text{Sicherheit gegen Bruch } n_2 = \frac{P_B}{P_{\text{vorh}}} .$$

Im Fall des Zugstabes wachsen die Spannungen σ

$$\sigma = \frac{P}{F}$$

proportional zur Belastung P, und wir können deshalb die Sicherheit n auch als Verhältnis von Spannungen definieren:

$$n_1 = \frac{\sigma_F}{\sigma_{\mathrm{vorh}}}, \qquad n_2 = \frac{\sigma_B}{\sigma_{\mathrm{vorh}}}.$$

In gewissen Fällen, die von der normalen Konstruktionspraxis aus als Ausnahmefälle betrachtet werden können (Spannungsprobleme höherer Ordnung, statisch unbestimmte Tragwerke bei Beanspruchung oberhalb der Proportionalitätsgrenze) ist keine Proportionalität zwischen Belastung und Spannung mehr vorhanden; hier muß die Sicherheit als Lastverhältnis bestimmt werden. In den meisten Fällen aber ist die bequemere Festlegung der Sicherheit als Spannungsverhältnis zulässig, und die übliche Bemessung von Tragwerken, der «Spannungsnachweis», geht auch von dieser Vorstellung der Sicherheit aus. Durch die Sicherheit n können wir nämlich von den gefährlichen Spannungen aus die «zulässigen» Spannungen bestimmen

$$\sigma_{\mathrm{zul}} = \frac{\sigma_F}{n_1} \qquad \text{oder} \qquad \sigma_{\mathrm{zul}} = \frac{\sigma_B}{n_2}. \tag{120}$$

Die beiden Sicherheiten n_1 und n_2 sind demnach miteinander durch das Verhältnis

$$\frac{n_1}{n_2} = \frac{\sigma_F}{\sigma_B}$$

verbunden. Die Bemessung eines Bauteiles ist nun so durchzuführen, daß nachgewiesen wird, daß die größte vorhandene Spannung σ_{vorh} die zulässige Spannung σ_{zul} nicht überschreitet:

$$\sigma_{\mathrm{vorh}} \leqq \sigma_{\mathrm{zul}}. \tag{121}$$

Für $\sigma_{\mathrm{vorh}} = \sigma_{\mathrm{zul}}$ ist der beabsichtigte Sicherheitsgrad gerade eingehalten; für $\sigma_{\mathrm{vorh}} < \sigma_{\mathrm{zul}}$ ist der Baustoff nicht ausgenützt.

Die Größe der zulässigen Spannungen σ_{zul} wird in den meisten Ländern durch amtliche Verordnungen festgelegt. Dieser Festlegung liegen Sicherheiten n zugrunde, die sich aus der Erfahrung an ausgeführten Bauwerken als genügend erwiesen haben. Die Sicherheit n hat die Unsicherheiten zu decken, mit denen der Spannungsnachweis belastet ist und die in Abweichungen der in der Berechnung angenommenen Werte der Belastung, der Querschnittswerte gegenüber der Wirklichkeit, in Streuungen der Festigkeitswerte des Baustoffes, in Ungenauigkeiten der Ausführung und in einer nur angenäherten Erfassung der Arbeitsweise des Tragwerkes (Voraussetzungen) begründet sind. Je hochwertiger der Baustoff ist, je zuverlässiger seine Festigkeitseigenschaften gewährleistet werden können, um so kleiner braucht die Sicherheit n zu sein. So können wir uns bei Tragwerken aus Stahl mit wesentlich kleineren Sicherheiten begnügen als bei Tragwerken aus Beton oder Holz. Bei Baustahl unter ruhender Belastung darf eine Sicherheit $n_1 \gtrless 1,5$ gegen Fließen oder das Eintreten bleibender Verformung oder $n_2 \gtrless 2$ gegen Bruch als noch ausreichend angesehen werden, wenn alle möglichen Belastungen in ungünstigster Kombination gleichzeitig berücksichtigt sind.

b) Oft wiederholte Beanspruchung

Die Festigkeit eines Zugstabes ist von der zeitlichen Wirkungsweise der Belastung abhängig. Für eine einmalige, langsam und stetig bis zum Bruch gesteigerte Belastung, die wir abgekürzt als «ruhende» oder «statische» Belastung bezeichnen, tritt der Bruch beim Erreichen der «statischen Zugfestigkeit» σ_B ein, die einen charakteristischen Punkt des Spannungsdehnungsdiagrammes darstellt. Besteht der Zugstab beispielsweise aus Baustahl, so tritt vor dem Bruch eine gewisse Lokalisierung der plastischen Formänderungen ein; den großen Dehnungen entspricht eine Querschnittsverkleinerung, eine Einschnürung an der Stelle, an der der Bruch eintreten wird. Der Bruch erfolgt durch ein gegenseitiges Gleiten kleinster Teile; wir sprechen von einem *Gleitungsbruch*.

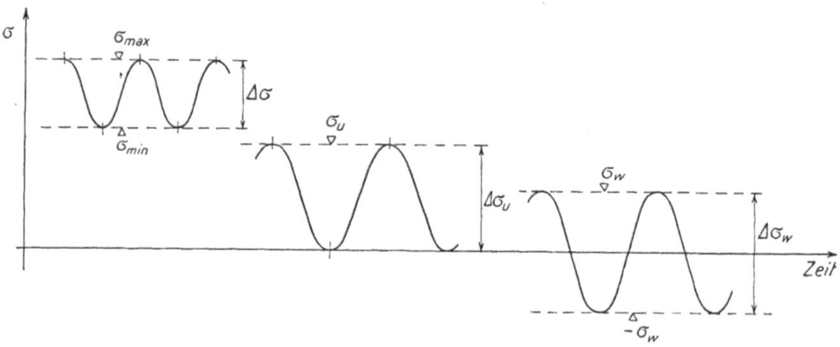

Abb. 231

Gegenüber dieser einmaligen oder statischen Belastung zeigen sich charakteristische Unterschiede, wenn die Belastung *oftmals wiederholt* wird. Auf Grund von Versuchen an Stahlstäben hat WÖHLER festgestellt, daß der Bruch des Materials sich nicht nur durch eine ruhende Belastung (σ_B), sondern auch durch oftmals wiederholte Belastungen zwischen den Grenzen σ_{max} und σ_{min} herbeiführen lasse, wobei $\sigma_{max} < \sigma_B$. Mit wachsender Größe der Spannungsdifferenz oder Schwingungsweite $\Delta\sigma = \sigma_{max} - \sigma_{min}$ nimmt die Größe der tragbaren Spannung σ_{max} ab (Abb. 231).

.Von Einfluß auf die Größe der tragbaren Spannung σ_{max} bei gegebener Schwingungsweite $\Delta\sigma$ ist die Zahl der durchgeführten Lastwechsel. Die Wöhler*linie* (Abb. 232) zeigt den versuchsmäßig gefundenen Zusammenhang zwischen der Lastwechselzahl i und der (bei bestimmter Schwingungsweite) erreichbaren Spannung σ_{max}. Wir bezeichnen als *Arbeitsfestigkeit* σ_a denjenigen Wert von σ_{max}, der beliebig oft ertragen werden kann.

Es zeigt sich, daß die Arbeitsfestigkeit im Versuch durch einige Millionen Lastwechsel erreicht werden kann oder mit andern Worten, daß eine Spannung σ_{max}, die einige Millionen Male wiederholt werden kann, vom Baustoff

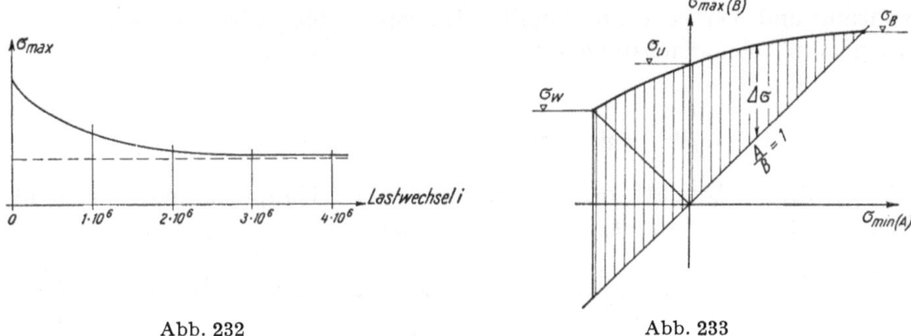

Abb. 232   Abb. 233

auch beliebig oft ertragen wird. Praktisch wird die Größe der Arbeitsfestigkeit von Baustahl meist für 2 Millionen Lastwechsel bestimmt.

Als ausgezeichnete Werte der Arbeitsfestigkeit σ_a bezeichnen wir besonders die *Ursprungsfestigkeit* σ_U, bei der $\sigma_{min} = 0$ ist und die *Wechselfestigkeit* σ_W mit $\sigma_{min} = -\sigma_{max}$.

Für $\sigma_{min} = \sigma_{max}$ muß die Arbeitsfestigkeit in die statische Zugfestigkeit σ_B übergehen.

Der Verlauf der Arbeitsfestigkeiten kann recht übersichtlich in einem Diagramm mit σ_{min} als Abszissen, σ_{max} als Ordinaten dargestellt werden (Abb. 233); auch die Größe der tragbaren Schwingungsweite $\Delta\sigma$ ist in diesem Diagramm ersichtlich.

Bei oft wiederholter Beanspruchung von Stahlstäben erfolgt der Bruch, im Gegensatz zum Gleitungsbruch, in einer zur Zugspannung σ_{max} senkrechten Ebene; wir sprechen hier vom *Trennbruch*. Trennbrüche können auch vorkommen bei statischer Belastung spröder Baustoffe.

Durch Einführen der Sicherheit n_a ergibt sich aus der Arbeitsfestigkeit σ_a die zulässige Beanspruchung σ_{zul}

$$\sigma_{zul} = \frac{\sigma_a}{n_a}$$

mit Berücksichtigung der Spannungsgrenzwerte. Ihre Festlegung ist Sache der amtlichen Bauvorschriften, wobei meist ein verhältnismäßig kleiner Sicherheitsgrad, $n \cong 1{,}3$ für Ursprungsbelastung, gewählt wird.

c) Bruchtheorien

Die Festigkeit eines Baustoffes kann besonders einfach für den linearen Spannungszustand (Zug- oder Druck-Versuch) bestimmt werden. Um von diesen Versuchsergebnissen aus auch die Gefährlichkeit ebener und räumlicher Spannungszustände beurteilen zu können, muß ein Vergleichsmittel in Form einer *Bruchtheorie* gefunden werden. Je nachdem, ob wir die Beurteilung des Spannungszustandes auf die Fließgrenze oder die Bruchgrenze beziehen, können wir diese Theorien als *Fließbedingung* oder als *Bruchbedingung* formulieren. Die wichtigsten dieser Bruchtheorien, deren Richtigkeit nur durch die Erfahrung und Versuche an räumlich beanspruchten Körpern nachgewiesen werden kann, sollen nachstehend kurz dargestellt werden.

Theorie der größten Hauptspannung (LAMÉ, CLAPEYRON, RANKINE)

Diese älteste Bruchtheorie nimmt die größte Hauptspannung als maßgebend an. Es lautet somit, auf die Hauptspannungen σ_1, σ_2, σ_3 bezogen, die

Fließbedingung: $\quad \sigma_1 \lesseqgtr \pm \sigma_F$, $\quad \sigma_2 \lesseqgtr \pm \sigma_F$, $\quad \sigma_3 \lesseqgtr \pm \sigma_F \quad$ (122a)

und die

Bruchbedingung: $\quad \sigma_1 \lesseqgtr \pm \sigma_B$, $\quad \sigma_2 \lesseqgtr \pm \sigma_B$, $\quad \sigma_3 \lesseqgtr \pm \sigma_B.\quad$ (122b)

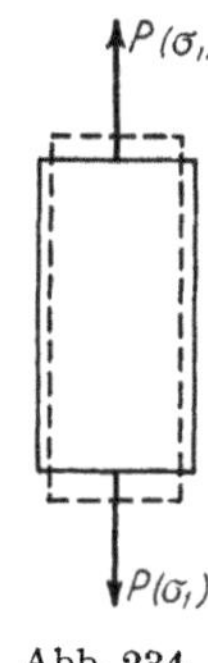

Abb. 234

Gegen diese Theorie sprechen z. B. die Beobachtungen beim statischen Zugversuch eines Stahlstabes, bei dem der Bruch nicht in Flächen größter Zugspannung, sondern in geneigten Gleitflächen auftritt; ebenso ist es ein Widerspruch zu dieser Theorie, daß Gestein einen sehr großen allseitigen Druck (Gebirgsdruck) ertragen kann.

Theorie der größten Dehnung (PONCELET, DE ST. VENANT)

Als Fließbedingung formuliert, sagt diese Theorie aus, daß das Fließen des Materiales dann beginnt, wenn die größte (positive) spezifische Dehnung den gleichen Wert besitzt wie die Fließdehnung im Zugversuch.

Ein unter der Spannung σ_1 stehendes Element verlängert sich um

$$\varepsilon_1 = \frac{\sigma_1}{E}$$

in Richtung von σ_1; gleichzeitig erleidet es aber spezifische Verkürzungen (POISSONsche Querdehnung oder Querkontraktion), (Abb. 234)

$$\varepsilon_2 = -\frac{v \cdot \sigma_1}{E}, \qquad \varepsilon_3 = -\frac{v \cdot \sigma_1}{E}$$

in den beiden andern Hauptrichtungen. Für ein unter den Spannungen σ_1, σ_2,

σ_3 stehendes Element betragen somit die gesamten spezifischen Dehnungen

$$\left.\begin{aligned}
\varepsilon_1 &= \frac{1}{E}\left(\sigma_1 - \nu\,(\sigma_2 + \sigma_3)\right) \\[2mm]
\varepsilon_2 &= \frac{1}{E}\left(\sigma_2 - \nu\,(\sigma_3 + \sigma_1)\right) \\[2mm]
\varepsilon_3 &= \frac{1}{E}\left(\sigma_3 - \nu\,(\sigma_1 + \sigma_2)\right).
\end{aligned}\right\} \tag{123}$$

Gleichung (123) ist die verallgemeinerte Form des HOOKEschen Gesetzes. ν heißt die Querdehnungszahl.

Setzen wir nun diese spezifischen Dehnungen höchstens gleich der Fließdehnung des Zugversuchs $\dfrac{\sigma_F}{E}$ (bei idealisiertem Spannungsdehnungsdiagramm), so erhalten wir nach Multiplikation mit E die Fließbedingung

$$\left.\begin{aligned}
\sigma_1 - \nu\,(\sigma_2 + \sigma_3) &\lesseqgtr \pm\,\sigma_F \\[2mm]
\sigma_2 - \nu\,(\sigma_3 + \sigma_1) &\lesseqgtr \pm\,\sigma_F \\[2mm]
\sigma_3 - \nu\,(\sigma_1 + \sigma_2) &\lesseqgtr \pm\,\sigma_F.
\end{aligned}\right\} \tag{124}$$

Auch gegen diese Theorie bestehen Einwände ähnlicher Art wie gegen die Hauptspannungstheorie.

Theorie der größten Schubspannung (COULOMB, GUEST)

Als maßgebend für die Anstrengung wird nach dieser Theorie die größte Schubspannung $\tau_{\max}$ angesehen. Für die Hauptspannungen $\sigma_1 > \sigma_2 > \sigma_3$ ist

$$\tau_{\max} = \frac{\sigma_1 - \sigma_3}{2}$$

während beim Fließbeginn im Zugversuch

$$\tau_{\max} = \frac{\sigma_F}{2},$$

beträgt. Aus dem Vergleich dieser Werte ergibt sich allgemein

$$\left.\begin{aligned}
\sigma_1 - \sigma_3 &\lesseqgtr \sigma_F \qquad (\sigma_1 > \sigma_2 > \sigma_3) \\[2mm]
\sigma_2 - \sigma_1 &\lesseqgtr \sigma_F \qquad (\sigma_2 > \sigma_3 > \sigma_1) \\[2mm]
\sigma_3 - \sigma_2 &\lesseqgtr \sigma_F \qquad (\sigma_3 > \sigma_1 > \sigma_2).
\end{aligned}\right\} \tag{125}$$

Bei statischer Beanspruchung zäher Stoffe (Gleitungsbruch) stimmt diese Theorie der größten Schubspannung gut mit der Erfahrung überein.

Bruchtheorie von MOHR

Auch MOHR betrachtet die größte Schubspannung und damit in der Darstellung des räumlichen Spannungszustandes mit MOHRschen Kreisen (Abb.

230) den Hauptkreis als maßgebend. Er nimmt aber, in Erweiterung der COULOMB-GUESTschen Schubspannungstheorie, an, daß der Durchmesser des Hauptkreises von den extremen Hauptspannungen abhängig sei. In Abbildung 235 seien beispielsweise die drei aus Versuchen gewonnenen MOHRschen Kreise für Zug, Schub und Druck aufgezeichnet; nach MOHR sind nun alle diejenigen Spannungszustände maßgebend oder gefährlich, deren Hauptkreise die HÜLL-*Kurve* an diese drei Kreise tangieren.

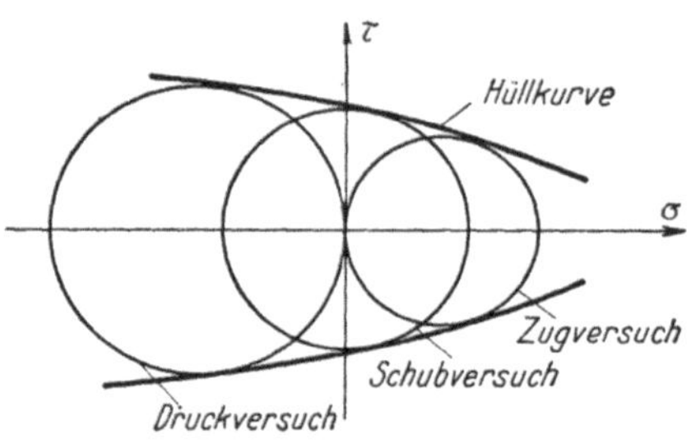

Abb. 235

Im praktisch wichtigen Bereich läßt sich meist die HÜLLkurve durch die Tangenten an zwei Kreise (Zug- und Druckversuch) annähern. Da die größte Schubspannung (Hauptkreis) maßgebend ist, ist nach dieser Theorie von MOHR die mittlere Hauptspannung ohne Einfluß auf den Fließbeginn, was nicht genau mit einigen neueren Versuchen über räumliche Spannungszustände übereinstimmt. Dagegen besitzt die MOHRsche Theorie den Vorteil, daß sie dem Verhalten von Baustoffen mit verschiedener Zug- und Druckfestigkeit (Gußeisen) angepaßt werden kann.

Fließtheorie der konstanten Gestaltänderungsarbeit
(HUBER, v. MISES, HENCKY)

An einem würfelförmigen Körperelement mit der Kantenlänge «eins» (Volumeneinheit), leistet die Hauptspannung σ_1 während der Dehnung ε_1 die spezifische *Formänderungsarbeit*

$$A_1 = \frac{1}{2} \cdot \sigma_1 \cdot \varepsilon_1 = \frac{1}{2} \cdot \sigma_1 \cdot \frac{1}{E} \left(\sigma_1 - \nu \left(\sigma_2 + \sigma_3 \right) \right)$$

$$A_1 = \frac{1}{2E} \left(\sigma_1^2 - \nu \cdot \sigma_1 \left(\sigma_2 + \sigma_3 \right) \right).$$

Durch alle drei Hauptspannungen wird somit die Formänderungsarbeit A

$$A = \frac{1}{2E} \left[\left(\sigma_1^2 + \sigma_2^2 + \sigma_3^2 \right) - 2\nu \left(\sigma_1 \cdot \sigma_2 + \sigma_2 \cdot \sigma_3 + \sigma_3 \cdot \sigma_1 \right) \right] \qquad (126)$$

geleistet. BELTRAMI hat diese gesamte spezifische Formänderungsarbeit als

maßgebend für die Anstrengung angesehen; aus dem Vergleich mit der Formänderungsarbeit der Fließspannung σ_F im Zugversuch

$$A = \frac{\sigma_F^2}{2E}$$

ergibt sich die zugehörige Fließbedingung zu

$$\sigma_1^2 + \sigma_2^2 + \sigma_3^2 - 2\nu\,(\sigma_1 \cdot \sigma_2 + \sigma_2 \cdot \sigma_3 + \sigma_3 \cdot \sigma_1) \leqq \sigma_F^2. \tag{127}$$

Diese Fließtheorie der Formänderungsarbeit von BELTRAMI wurde durch
M. T. HUBER und unabhängig von ihm durch v. MISES und HENCKY auf
Grund folgender Überlegung verfeinert: Da unsere Baustoffe offenbar sehr
große hydrostatische Pressungen ohne zu fließen aufnehmen können, soll die
spezifische Formänderungsarbeit A in zwei Teile, die spezifische Volumenänderungsarbeit A_v und die spezifische Gestaltänderungsarbeit A_g aufgeteilt werden:

$$A = A_v + A_g.$$

Da die Volumenänderungsarbeit A_v, die ja auch bei hydrostatischem Druck
geleistet wird, offenbar keinen Einfluß auf die Gefährlichkeit eines Spannungszustandes besitzt, soll als Maß der Anstrengung nur die *spezifische Gestaltänderungsarbeit A_g*,

$$A_g = A - A_v$$

betrachtet werden.

Bezeichnen wir die durchschnittliche Spannung mit σ_m,

$$\sigma_m = \frac{\sigma_1 + \sigma_2 + \sigma_3}{3}$$

und die spezifische Volumendehnung mit ΔV,

$$\Delta V = (1 + \varepsilon_1) \cdot (1 + \varepsilon_2) \cdot (1 + \varepsilon_3) - 1 = \varepsilon_1 + \varepsilon_2 + \varepsilon_3$$

so beträgt die spezifische Volumenänderungsarbeit A_v

$$A_v = \frac{1}{2}\,\sigma_m \cdot \Delta V = \frac{1 - 2\nu}{6E} \cdot (\sigma_1 + \sigma_2 + \sigma_3)^2. \tag{128}$$

Aus den Gleichungen (126) und (128) ergibt sich nun die gesuchte spezifische
Gestaltänderungsarbeit A_g zu

$$A_g = A - A_v = \frac{1 + \nu}{3E}\,(\sigma_1^2 + \sigma_2^2 + \sigma_3^2 - \sigma_1 \cdot \sigma_2 - \sigma_2 \cdot \sigma_3 - \sigma_3 \cdot \sigma_1). \tag{129}$$

Aus dem Vergleich mit der Gestaltänderungsarbeit A_g im linearen Spannungszustand (Zugversuch) an der Fließgrenze

$$A_g = \frac{1 + \nu}{3E} \cdot \sigma_F^2$$

ergibt sich die Fließbedingung der Theorie von der *Konstanz der spezifischen Gestaltänderungsarbeit* zu

$$\sigma_1^2 + \sigma_2^2 + \sigma_3^2 - \sigma_1 \cdot \sigma_2 - \sigma_2 \cdot \sigma_3 - \sigma_3 \cdot \sigma_1 \leqq \sigma_F^2 \tag{130a}$$

oder für beliebige Schnittrichtungen x, y, z:

$$\sigma_x^2 + \sigma_y^2 + \sigma_z^2 - \sigma_x \cdot \sigma_y - \sigma_y \cdot \sigma_z - \sigma_z \cdot \sigma_x + 3\tau_{xy}^2 + 3\tau_{yz}^2 + 3\tau_{zx}^2 \leqq \sigma_F^2. \tag{130b}$$

Die mittlere Hauptspannung hat nach dieser Theorie im Gegensatz zur Schubspannungstheorie von GUEST-MOHR, jedoch in Übereinstimmung mit Versuchen von Roš-EICHINGER, einen Einfluß auf die Größe der maßgebenden Anstrengung. Die Abweichungen gegenüber der Schubspannungstheorie bleiben jedoch kleiner als 15%.

Da die linke Seite der Gleichung (130a) auch durch die den drei Hauptkreisen entsprechenden größten Schubspannungen

$$\tau_3 = \frac{\sigma_1 - \sigma_2}{2}, \qquad \tau_1 = \frac{\sigma_2 - \sigma_3}{2}, \qquad \tau_2 = \frac{\sigma_1 - \sigma_3}{2}$$

ausgedrückt werden kann, läßt sich die Theorie von der Konstanz der spezifischen Gestaltänderungsarbeit mit

$$(\sigma_1 - \sigma_2)^2 + (\sigma_2 - \sigma_3)^2 + (\sigma_3 - \sigma_1)^2 = 2\,\sigma_F{}^2$$

auch als erweiterte Schubspannungstheorie deuten.

Eine weitere Bruchtheorie, diejenige von SANDEL, beurteilt die Anstrengung von der resultierenden Dehnung ε_{res} aus,

$$\varepsilon_{\text{res}} = \sqrt{\varepsilon_1^2 + \varepsilon_2^2 + \varepsilon_3^2}.$$

Für den plastischen Zustand von Stahl (Fließbedingung) geht die Hypothese von SANDEL in die Bruchtheorie von der Konstanz der Gestaltänderungsarbeit über.

d) Vergleich der Fließtheorien für den ebenen Spannungszustand

Wir stellen nachstehend die maßgebenden Grenzzustände des ebenen Spannungszustandes, bezogen auf die Hauptspannungen σ_1 und σ_2, zeichnerisch dar:

Größte Hauptspannung (Abb. 236)

Aus $\qquad\qquad\qquad \sigma_1 \leqq \pm\,\sigma_F, \qquad \sigma_2 \leqq \pm\,\sigma_F$

folgt, daß der maßgebende Anstrengungsbereich durch ein Quadrat mit der halben Seitenlänge σ_F begrenzt wird.

Größte Dehnung (Abb. 237)

Aus
$$\sigma_1 - \nu \cdot \sigma_2 \lesseqgtr \pm \sigma_F, \qquad \sigma_2 - \nu \cdot \sigma_1 \lesseqgtr \pm \sigma_F$$

ergibt sich für den maßgebenden Anstrengungsbereich ein Rhombus, der aus dem Quadrat der Abbildung 236 durch Drehung der Seiten um den Winkel φ,

$$\operatorname{tg} \varphi = \nu,$$

hervorgeht.

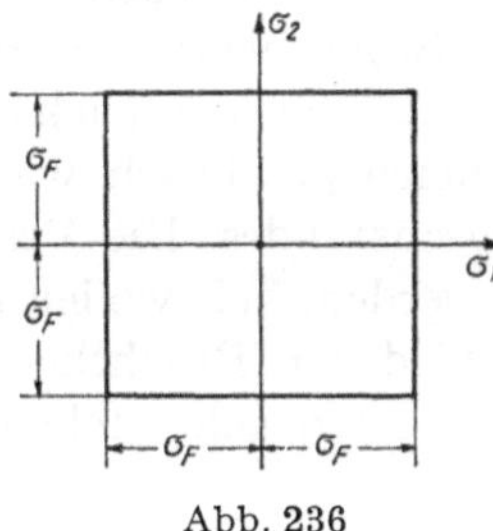

Abb. 236

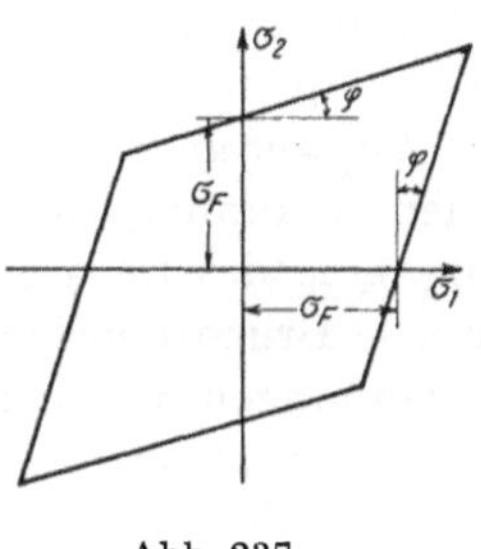

Abb. 237

Größte Schubspannung (Abb. 238)

Aus Gleichung (125) ergibt sich für $\sigma_3 = 0$:

$$\sigma_1 \lesseqgtr \pm \sigma_F$$
$$\sigma_2 - \sigma_1 \lesseqgtr \pm \sigma_F$$
$$\sigma_2 \lesseqgtr \pm \sigma_F.$$

In den Quadranten $(+\sigma_1, +\sigma_2)$ und $(-\sigma_1, -\sigma_2)$ stimmt die Schubspannungstheorie mit der Hauptspannungstheorie überein; in den andern beiden Quadranten wird der maßgebende Anstrengungsbereich durch unter 45^0 steigende Gerade mit den Axabschnitten $\pm \sigma_F$ begrenzt.

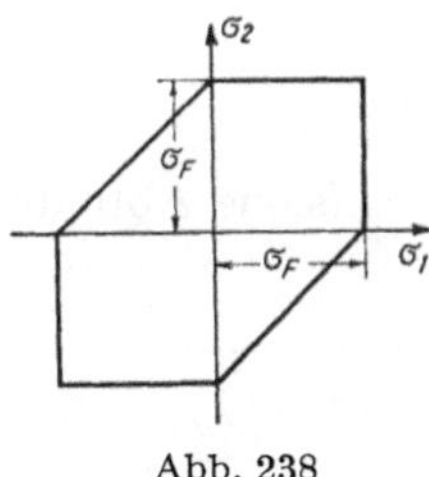

Abb. 238

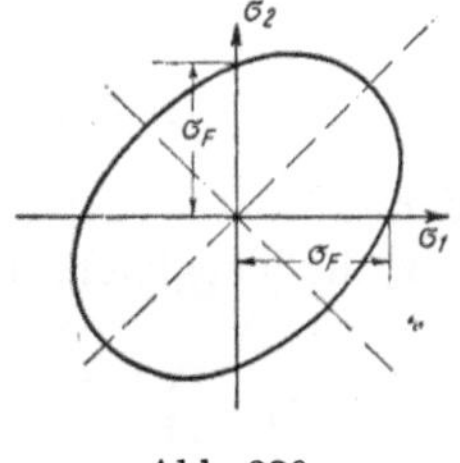

Abb. 239

Konstante Gestaltänderungsarbeit (Abb. 239)

Aus
$$\sigma_1^2 + \sigma_2^2 - \sigma_1 \cdot \sigma_2 = \sigma_F^2$$

ergibt sich für den maßgebenden Anstrengungsbereich eine Ellipse mit unter 45^0 geneigten Hauptaxen und den Axabschnitten σ_F.

Für $\sigma_1 = \sigma_2$ wird $\sigma_1 = \sigma_2 = \pm \sigma_F$, für $\sigma_1 = -\sigma_2$ ist dagegen

$$\sigma_1 = -\sigma_2 = \pm \sqrt{\frac{1}{3}} \cdot \sigma_F.$$

e) Die Vergleichsspannung

Der Spannungsnachweis der Bemessungspraxis,

$$\sigma_{\mathrm{vorh}} \leqq \sigma_{\mathrm{zul}} \, ,$$

basiert nach Form und Herkommen auf dem linearen Spannungszustand. Um nun auch allgemeine Spannungszustände von der zulässigen Beanspruchung σ_{zul} aus beurteilen (oder also mit dem linearen Spannungszustand vergleichen) zu können, ist es bequem, die Ergebnisse der Bruchtheorien durch eine sogenannte «*Vergleichsspannung*» σ_g zu formulieren. Die Vergleichsspannung σ_g eines allgemeinen Spannungszustandes ist gleich gefährlich wie eine gleich große Spannung σ_{vorh} des linearen Spannungszustandes. Die Vergleichsspannung kann für jede Bruchtheorie angegeben werden. Wir wollen nachstehend die Vergleichsspannungen σ_g nach den verschiedenen Bruchtheorien für den *ebenen Spannungszustand* und bezogen auf beliebige Schnittebenen x, y (σ_x, σ_y, τ_{xy}) zusammenstellen.

Größte Hauptspannung

Aus $\sigma_g = \sigma_1$ ergibt sich durch Einführung von σ_1 nach Gleichung (117)

$$\sigma_g = \frac{1}{2}\,(\sigma_x + \sigma_y) \pm \frac{1}{2}\,\sqrt{(\sigma_x - \sigma_y)^2 + 4\,\tau_{xy}^2}\,. \tag{131a}$$

Größte Dehnung

Aus $\sigma_g = \sigma_1 - \nu \cdot \sigma_2$ finden wir

$$\sigma_g = \frac{1-\nu}{2}\,(\sigma_x + \sigma_y) \pm \frac{1+\nu}{2} \cdot \sqrt{(\sigma_x - \sigma_y)^2 + 4\,\tau_{xy}^2}\,. \tag{131b}$$

Größte Schubspannung

Für verschiedenes Vorzeichen von σ_1 und σ_2 (siehe Abbildung 238) finden wir aus $\sigma_g = \sigma_1 - \sigma_2$ die Vergleichsspannung

$$\sigma_g = \sqrt{\sigma_x^2 + \sigma_y^2 - 2\,\sigma_x \cdot \sigma_y + 4\,\tau_{xy}^2}\,, \tag{131c}$$

während für gleiches Vorzeichen von σ_1 und σ_2 die Vergleichsspannung nach Gleichung (131a) maßgebend ist.

Konstante Gestaltänderungsarbeit

Aus Gleichung (130b) folgt für $\sigma_z = \tau_{yz} = \tau_{zx} = 0$

$$\sigma_g = \sqrt{\sigma_x^2 + \sigma_y^2 - \sigma_x \cdot \sigma_y + 3\,\tau_{xy}^2}\,. \tag{131d}$$

Diese Form der Vergleichsspannung ist beispielsweise in der Eidgenössischen Verordnung vom 14. Mai 1935 aufgenommen.

Die Vergleichsspannungen seien noch für den Fall der reinen *Schubbeanspruchung* τ_{xy} ($\sigma_x = \sigma_y = 0$, $\sigma_1 = -\sigma_2 = \tau_{xy}$) miteinander verglichen, wobei wir aus der Forderung $\sigma_g \leqq \sigma_{zul}$ auch den Wert von τ_{zul} bei reinem Schub berechnen können. Es ist nach Gleichung

$$131a: \qquad \sigma_g = \tau_{xy}, \qquad\qquad \tau_{zul} = \sigma_{zul};$$

$$131b: \qquad \sigma_g = (1+\nu) \cdot \tau_{xy}, \qquad\qquad \tau_{zul} = \frac{1}{1+\nu} \cdot \sigma_{zul};$$

nehmen wir für Stahl $\nu = 0{,}33$ an, so ist

$$\sigma_g = 1{,}33 \cdot \tau_{xy}, \qquad\qquad \tau_{zul} = 0{,}75 \cdot \sigma_{zul};$$

$$131c: \qquad \sigma_g = 2 \cdot \tau_{xy}, \qquad\qquad \tau_{zul} = 0{,}50 \cdot \sigma_{zul};$$

$$131d: \qquad \sigma_g = \sqrt{3} \cdot \tau_{xy}, \qquad\qquad \tau_{zul} = 0{,}577 \cdot \sigma_{zul}.$$

Für statische Belastung dürfte nach dem heutigen Stand der Anschauungen und Erfahrungen die Theorie von der Konstanz der Gestaltänderungsarbeit als Fließbedingung, die Mohrsche Theorie dagegen als Bruchbedingung am besten zutreffen, während für oft wiederholte Belastung die Hauptspannungstheorie besser zutrifft. Die Bemessungspraxis wird deshalb den Spannungsnachweis

$$\sigma_g \leqq \sigma_{vorh}$$

je nach Belastungsart nach verschiedenen Theorien durchführen müssen.

VII. Elastische Formänderungen

1. Biegungslinien vollwandiger Träger

a) Die Biegungslinie gerader Balken

Wir untersuchen die Formänderungen eines Balkens mit waagrechter Balkenaxe, der durch in der $x-y$-Ebene wirkende Biegungsmomente M beansprucht sei (Abb. 240). Die eine Hauptschweraxe, y, aller Balkenquerschnitte liege in der $x-y$-Ebene[1]).

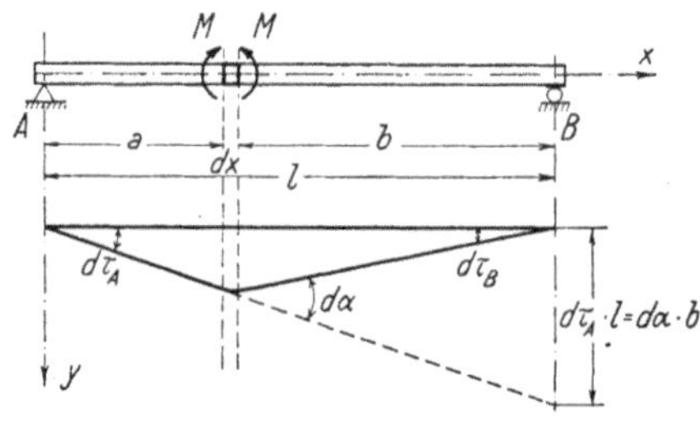

Abb. 240

Wir nehmen zunächst, der Betrachtungsweise von L. EULER folgend, an, es sei nur das Element dx elastisch. Infolge des Biegungsmomentes M verbiegt sich dieses Element entsprechend Gleichung (100) um den kleinen Winkel $d\alpha$

$$d\alpha = \frac{M}{E\,J} \cdot dx,$$

wobei J das Trägheitsmoment bezüglich der waagrechten Querschnittshauptschweraxe bedeutet.

Infolge dieser Verbiegung $d\alpha$ des Elementes dx drehen sich die beiden Balkenteile a und b um die Auflagerdrehwinkel $d\tau_A$ und $d\tau_B$. Die Größe von $d\tau_A$ ergibt sich nach Abbildung 240 aus

$$d\tau_A \cdot l = d\alpha \cdot b$$

zu

$$d\tau_A = \frac{1}{l} \cdot d\alpha \cdot b = \frac{1}{l} \cdot \frac{M}{E\,J} \cdot dx \cdot b. \tag{132a}$$

---

[1]) Die Orientierung des Koordinatensystems x, y, z ist in der Praxis uneinheitlich: in Profiltabellen werden die Querschnittsaxen mit x und y bezeichnet, während in Durchbiegungsformeln in der Regel die Balkenaxe als x-Axe bezeichnet wird. Wir folgen dieser zwar inkonsequenten, aber eingebürgerten Bezeichnungsweise aus praktischen Gründen.

Sind nun alle Balkenelemente elastisch, so erhalten wir den Auflagerdrehwinkel τ_A durch Integration der Gleichung (132a) zu

$$\underline{\tau_A = \int\limits_A^B \frac{d\tau_A}{dx} \cdot dx = \frac{1}{l} \cdot \int\limits_A^B \frac{M}{EJ} \cdot b \cdot dx\,.} \qquad (132\text{b})$$

Vergleichen wir diesen Ausdruck mit dem Wert der Auflagerkraft A in einem durch lotrechte Lasten belasteten einfachen Balken nach Gleichung (44), wobei wir bei verteilter Belastung p die Einzellast P durch $p \cdot dx$ zu ersetzen haben,

$$A = \frac{1}{l} \cdot \int\limits_A^B p \cdot b \cdot dx\,,$$

so erkennen wir, *daß wir den Auflagerdrehwinkel τ_A berechnen können als Auflagerkraft A zur Belastung* $p = \dfrac{M}{EJ} = \dfrac{d\alpha}{dx}$. Wir wollen diese Feststellung als *erste Analogie* der Balkenbiegung bezeichnen.

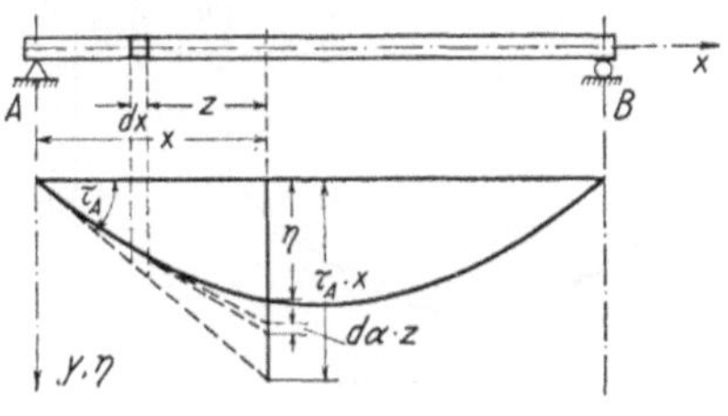

Abb. 241

Nun können wir die lotrechten *Durchbiegungen* η des Balkens infolge der Verbiegungen $d\alpha$ berechnen (Abb. 241).

Im Schnitt x ist

$$\underline{\eta = \tau_A \cdot x - \int\limits_A^x d\alpha \cdot z = \tau_A \cdot x - \int\limits_A^x \frac{M}{EJ} \cdot z \cdot dx\,.} \qquad (133)$$

Beachten wir, daß das Biegungsmoment M im Schnitt x infolge einer verteilten Belastung p

$$M = A \cdot x - \int\limits_A^x p \cdot z \cdot dx$$

beträgt, so erkennen wir eine *zweite Analogie* der Balkenbiegung: *Die Durchbiegungen η eines Balkens können berechnet werden als Biegungsmomente M zur Belastung* $p = \dfrac{M}{EJ}$.

Die Kurve der lotrechten Durchbiegungen η nennen wir die lotrechte *Biegungslinie* des Balkens. Die verformte Balkenaxe wird auch als *elastische Linie* des Balkens bezeichnet; da hier überhaupt nur lotrechte Durchbiegungen auftreten, stimmen beim geraden Balken elastische Linie und lotrechte Biegungslinie miteinander überein. Dank den beiden Analogien der Balkenbiegung, die O. MOHR gefunden hat, können wir die Biegungslinie eines Balkens mit den gleichen Mitteln bestimmen, die wir zur Berechnung der Momentenfläche zur Belastung p verwenden. *Zeichnerisch* erhalten wir die elastische Linie somit als Seilkurve zur Belastung $\dfrac{M}{EJ}$, beziehungsweise als Seilpolygon zu den nach Gleichung (39) oder (40) berechneten Knotenlasten. Dabei ist es

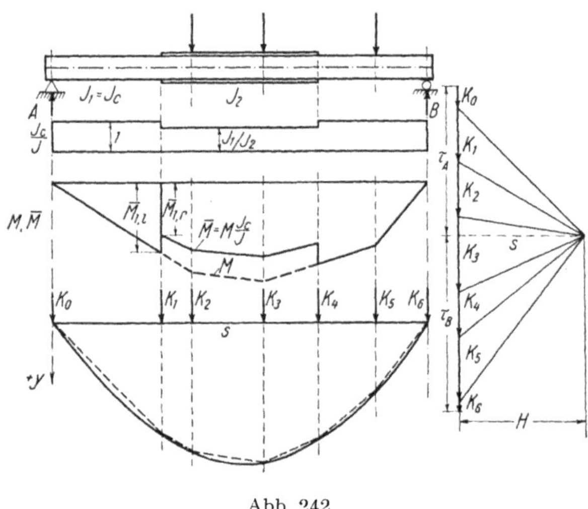

Abb. 242

aus Maßstabsgründen allerdings bequem, nicht die Durchbiegungen η selbst, sondern die mit einem Festwert EJ_c der Biegungssteifigkeit multiplizierten, somit EJ_c-fachen Durchbiegungen zu ermitteln, indem wir als Belastung die *reduzierten Momente*

$$\overline{M} = M \cdot \frac{J_c}{J}$$

einführen. *Rechnerisch* ergibt sich die Biegungslinie aus der Rekursionsformel Gleichung (48),

$$\eta_m = \sum_1^m Q_i \cdot \lambda_i \,,$$

wobei hier Q_i die Querkraft aus den Knotenlasten zur Belastung $\dfrac{M}{EJ}$ bedeutet. Bestimmen wir die Knotenlasten beispielsweise mit der Trapezformel (39a), so vereinfacht sich die Zahlenrechnung, wenn wir die $6\,EJ_c$-fachen Drehwinkel $6\,K_M$ als Belastung einführen und damit auch die $6\,EJ_c$-fachen Durchbiegungen erhalten. Ein Beispiel soll die praktische Berechnung der Biegungslinie veranschaulichen (Abb. 242).

Da hier bei den Knotenpunkten 1 und 4 die Belastung $\overline{M}$ links und rechts der Knotenpunkte verschieden groß ist, $\overline{M}_{m,\,l} \neq \overline{M}_{m,\,r}$, muß die Trapezformel zur Bestimmung der Knotenlast erweitert werden auf

$$K_{Mm} = \frac{1}{6}\left[(\overline{M}_{m-1} + 2\,\overline{M}_{m,\,l}) \cdot \varDelta x_m + (2\,\overline{M}_{m,\,r} + \overline{M}_{m+1}) \cdot \varDelta x_{m+1}\right]. \qquad (39c)$$

Die Ordinaten y des Seilpolygons zu diesen Knotenlasten ergeben in den Knotenpunkten die Durchbiegungen η des Balkens; es ist

$$E J_c \cdot \eta = H \cdot y \qquad \text{oder} \qquad \eta = \frac{H}{E J_c} \cdot y.$$

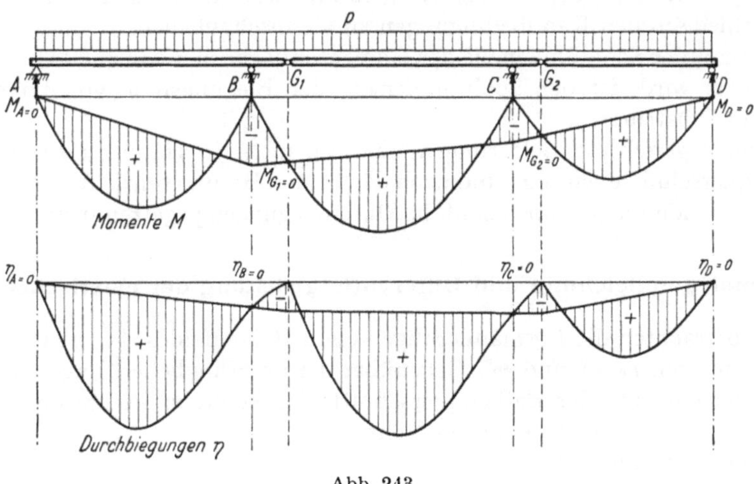

Abb. 243

Dabei ist zu beachten, daß die «Kräfte» des Kräftepolygons (also auch H) die Dimension $t \cdot \text{cm}^2$ besitzen wie $E J_c$, $H : E J_c$ somit eine reine Zahl bedeutet. Die Seilpolygonordinaten y sind selbstverständlich im Längenmaßstab des Lageplans zu messen, während H im Maßstab des Kräfteplanes zu messen ist. Durch Ausrunden des Seilpolygons erhalten wir die stetig gekrümmte elastische Linie des Balkens.

Beim untersuchten einfachen Balken (Abb. 242) ist die Analogie zwischen der Bestimmung der Biegungsmomente M aus der Belastung p und der Bestimmung der Durchbiegungen η aus der Belastung $\dfrac{M}{EJ}$ vollständig; sie schließt auch die *Randbedingungen* ein, weil an den Auflagerpunkten A und B sowohl die Momente M wie die Durchbiegungen η Null sind:

$$M_A = M_B = 0\,; \qquad \eta_A = \eta_B = 0\,.$$

Diese Übereinstimmung in den Randbedingungen ist nun zum Beispiel bei GERBERträgern nicht mehr vorhanden; wohl ist die Biegungslinie auch hier als Seilpolygon zur Belastung $\dfrac{M}{EJ}$ zu bestimmen, dagegen unterscheidet sich

der Schlußlinienzug in bezug auf die Nullstellen und auf die einzelnen Gültig-
keitsbereiche vom Schlußlinienzug der Momentenfläche. Während wir die
Momentenfläche aus Seilpolygonen und Schlußlinien über die einzelnen Balkenfelder je zwischen zwei Stützen bestimmen, erstrecken sich bei der Bestimmung
der Biegungslinie die Seilpolygone und Schlußlinien je über Balkenabschnitte
zwischen zwei Gelenken. In den Gelenkpunkten sind die Biegungslinien unste-
tig, während die Momentenflächen aus stetig verteilter Belastung Unstetig-
keitspunkte über den Auflagern besitzen. Die Nullpunkte der Momentenfläche
liegen unter den Gelenken, $M_G = 0$, diejenigen der Biegungslinien bei den
Stützen, $\eta_A = \eta_B = \ldots = 0$. In Abbildung 243 sind die Momentenfläche M und
die Biegungslinie η eines GERBERträgers mit drei Feldern skizziert, um diese
Unterschiede in den Randbedingungen zu veranschaulichen.

Während der Schlußlinienzug der Momentenfläche hier von rechts nach links
konstruiert wird, ist der Schlußlinienzug der Biegungslinie von links nach
rechts zu konstruieren.

Beliebig gerichtete Belastungen, die also nicht in Hauptschweraxen der
Balkenquerschnitte wirken, sind nach den beiden Hauptaxenrichtungen zu zerlegen; für beide Lastgruppen sind die Durchbiegungen je getrennt zu ermitteln.

b) Seilpolygongleichung und Differentialgleichung der elastischen Linie

Wir betrachten die Formänderungen eines Balkenfeldes Δx_m zwischen den
Knotenpunkten $m-1$ und m. Gegenüber der ursprünglichen Lage habe sich
die Balkenaxe (und der Balkenquerschnitt) im Punkt $m-1$ um den Winkel
τ_{m-1} (positiv im Uhrzeigersinn) gedreht.

Nach Abbildung 244 ist

$$\eta_m = \eta_{m-1} + \tau_{m-1} \cdot \Delta x_m - \int\limits^{\Delta x_m} d\alpha \cdot z \, ,$$

wobei

$$d\alpha = \frac{M}{EJ} \cdot dx$$

die Verbiegung eines Elementes dx infolge des Biegungsmomentes M bedeutet.

Setzen wir nun linearen Verlauf der Momente M über das Feld Δx_m voraus,
das heißt, nehmen wir an, daß die äußeren Lasten P nur in den Knotenpunkten
angreifen sollen, und nehmen wir ferner konstanten Querschnitt und damit auch
konstante Steifigkeit EJ_m über das Balkenfeld Δx_m an, so ist

$$M = M_{m-1} \cdot \frac{z}{\Delta x_m} + M_m \cdot \frac{\Delta x_m - z}{\Delta x_m}$$

und

$$\int\limits^{\Delta x_m} d\alpha \cdot z = \frac{1}{EJ_m} \cdot \int\limits^{\Delta x_m} \left(M_{m-1} \cdot \frac{z}{\Delta x_m} + M_m \cdot \frac{\Delta x_m - z}{\Delta x_m} \right) z \cdot dx = \frac{\Delta x_m^2}{6 EJ_m} \cdot (2 M_{m-1} + M_m) \, .$$

Damit wird

$$\eta_m = \eta_{m-1} + \tau_{m-1} \cdot \Delta x_m - \frac{\Delta x_m^2}{6 EJ_m} (2 M_{m-1} + M_m)$$

oder

$$\frac{\eta_m - \eta_{m-1}}{\Delta x_m} = \tau_{m-1} - \frac{\Delta x_m}{6 E \, J_m} \cdot (2 \, M_{m-1} + M_m) \, . \tag{134a}$$

Eine analoge Gleichung kann für das Feld Δx_{m+1} angeschrieben werden:

$$\frac{\eta_{m+1} - \eta_m}{\Delta x_{m+1}} = \tau_m - \frac{\Delta x_{m+1}}{6 E \, J_{m+1}} \, (2 \, M_m + M_{m+1}) \, . \tag{134b}$$

Beachten wir, daß

$$\tau_m = \tau_{m-1} - \int^{\Delta x} d\alpha = \tau_{m-1} - \frac{\Delta x_m}{2 E \, J_m} \, (M_{m-1} + M_m) \, , \tag{135}$$

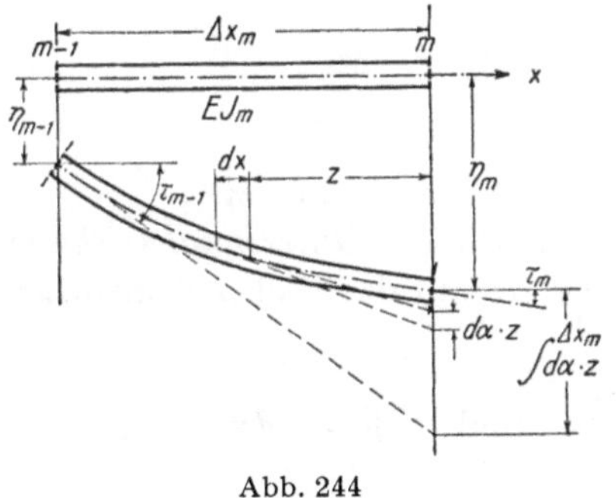

Abb. 244

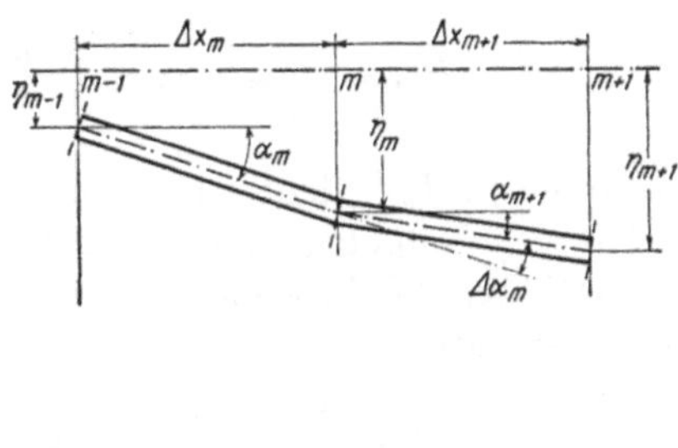

Abb. 245

so erhalten wir aus der Differenz der beiden Gleichungen (134) und durch Elimination von $\tau_m - \tau_{m-1}$ nach Gleichung (135) die Gleichung

$$\frac{\eta_{m+1} - \eta_m}{\Delta x_{m+1}} - \frac{\eta_m - \eta_{m-1}}{\Delta x_m} =$$

$$= - \frac{\Delta x_m}{6 E \, J_m} \, (M_{m-1} + 2 \, M_m) - \frac{\Delta x_{m+1}}{6 E \, J_{m+1}} \, (2 \, M_m + M_{m+1}) \, . \tag{136}$$

Vergleichen wir diesen Ausdruck mit Gleichung (34a), so erkennen wir, daß wir damit die *Seilpolygongleichung der elastischen Linie* gefunden haben. *Die elastische Linie ergibt sich als Seilpolygon zu den Knotenlasten K_m,*

$$K_m = \Delta x_m \cdot \frac{M_{m-1} + 2 \, M_{m,l}}{6 \, E \, J_m} + \Delta x_{m+1} \cdot \frac{2 \, M_{m,r} + M_{m+1}}{6 \, E \, J_{m+1}} \, ;$$

die mit der Trapezformel, Gleichung (39a), aus der Belastung

$$\frac{d\alpha}{dx} = \frac{M}{E J}$$

zu bestimmen sind.

Das so entstandene Seilpolygon, das mit der elastischen Linie in den Knotenpunkten die gleichen Ordinaten η besitzt, können wir uns auch dadurch entstanden denken, daß wir die Krümmungen $d\alpha$ der einzelnen Elemente dx als Knotenlasten $K_m = \Delta x_m$ in den Knotenpunkten konzentrieren (Abb. 245).

Mit

$$\frac{\eta_m - \eta_{m-1}}{\Delta x_m} = \alpha_m \,, \qquad \frac{\eta_{m+1} - \eta_m}{\Delta x_{m+1}} = \alpha_{m+1} \tag{134c}$$

und

$$\alpha_{m+1} = \alpha_m - \Delta \alpha_m$$

erhalten wir wieder die Seilpolygongleichung (136). Der Vergleich der Gleichungen (134a) und (134c) liefert uns ferner den Zusammenhang zwischen den Drehwinkeln τ_{m-1} und α_m.

Sind sowohl die Momente M wie die Steifigkeit EJ stetig veränderlich, so können wir bei gleichen Feldweiten Δx, etwas genauer als mit der Trapezformel, die Knotenlasten K_m mit der Parabelformel

zu

$$K_m = \Delta \alpha_m = \frac{\Delta x}{12} \left(\frac{M_{m-1}}{EJ_{m-1}} + 10 \cdot \frac{M_m}{EJ_m} + \frac{M_{m+1}}{EJ_{m+1}} \right)$$

bestimmen; EJ_m bedeutet hier die Steifigkeit im Knotenpunkt m.

Aus der Seilpolygongleichung (136) erhalten wir die *Differentialgleichung der elastischen Linie*, wenn wir vom Balkenfeld Δx auf das Balkenelement dx übergehen. Mit

$$\frac{\eta_{m+1} - \eta_m}{\Delta x} - \frac{\eta_m - \eta_{m-1}}{\Delta x} \rightarrow \frac{d^2 \eta}{dx} \quad \text{und} \quad \Delta \alpha \rightarrow d\alpha$$

erhalten wir

$$\frac{d^2 \eta}{dx} = -d\alpha \qquad \text{oder} \qquad \frac{d^2 \eta}{dx^2} = -\frac{d\alpha}{dx} \,;$$

es ist also

$$\frac{d^2 \eta}{dx^2} = \eta'' = -\frac{d\alpha}{dx} = -\frac{M}{EJ} \,. \tag{137a}$$

Diese Gleichung gilt für flache Kurven, bei denen im allgemeinen Ausdruck für den Krümmungsradius ϱ,

$$\frac{1}{\varrho} = \frac{\eta''}{(1 + \eta'^2)^{3/2}} \,,$$

η'^2 gegenüber der Einheit vernachlässigbar klein ist; diese Voraussetzung ist bei Biegungslinien stets erfüllt.

Gleichung (137a) stellt in der Form

$$EJ \cdot \eta'' + M = 0 \tag{137b}$$

die Gleichgewichtsbedingung zwischen den Momenten M_i der inneren Spannungen $\sigma = E \cdot \varepsilon$ und den Momenten $M_a = M$ der äußeren Kräfte im Schnitt x dar.

Die Analogie der Balkenbiegung geht übrigens auch direkt aus dem Vergleich der Gleichung (137a)

$$\frac{d^2 \eta}{dx^2} = \eta'' = -\frac{M}{EJ}$$

mit Gleichung (37)

$$\frac{d^2 M}{d x^2} = M'' = -p$$

hervor. Vereinigen wir diese beiden Gleichungen, so erhalten wir den Zusammenhang

$$(EJ \cdot \eta'')'' - p = 0 \tag{138}$$

zwischen der Durchbiegung η und der Belastung p eines geraden Balkens, der im Spezialfall konstanter Biegungssteifigkeit EJ in die Gleichung

$$EJ \cdot \eta^{IV} - p = 0$$

übergeht.

c) Einfluß der Schubspannungen auf die Durchbiegungen

Wir haben bis jetzt nur den Einfluß der Biegungsmomente M, das heißt der gegenseitigen Querschnittsverdrehungen $d\alpha = \dfrac{M}{EJ} \cdot dx$ auf die Größe der Durch-

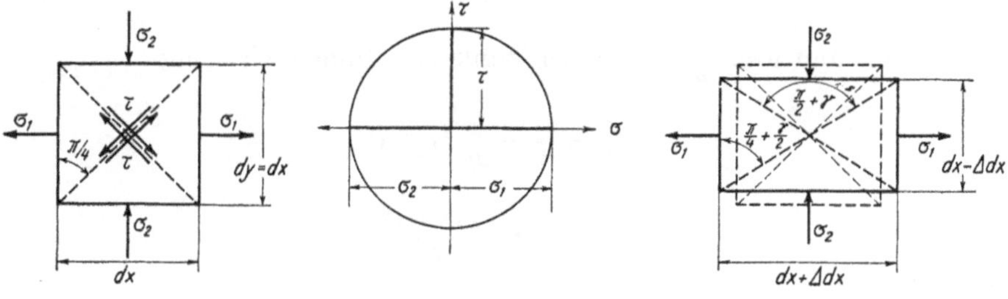

Abb. 246

biegungen η untersucht. Nun beeinflussen aber auch die Querkräfte Q bzw. die Schubspannungen τ durch die Winkeländerungen γ, deren Größe wir in Gleichung (110) mit

$$\gamma = \frac{\tau}{G}$$

bestimmt hatten, die Durchbiegungen η; dieser Einfluß soll nun noch untersucht werden.

Zunächst müssen wir noch den Zusammenhang zwischen dem Schubmodul G und dem Elastizitätsmodul E bestimmen. Wir betrachten dazu den Spannungs- und Formänderungszustand in einem quadratischen Scheibenelement, das durch die Hauptspannungen $\sigma_1 = -\sigma_2$ beansprucht ist (Abb. 246). Der Spannungszustand dieses Elementes ist durch einen MOHRschen Spannungskreis mit Mittelpunkt im Koordinatenursprung («reiner Schub») charakterisiert; in Diagonalschnitten des Elementes wirkt die Schubspannung $\tau = \sigma_1 = -\sigma_2$.

Unter den Hauptspannungen σ_1 und σ_2 verformt sich das quadratische Element in ein Rechteck mit den Seitenlängen $dx + \Delta dx$ und $dx - \Delta dx$, wobei Δdx unter Beachtung der Querdehnungen (Querdehnungszahl ν, Gleichung 123) und für $\sigma_1 = -\sigma_2 = \tau$ beträgt

$$\Delta dx = \frac{\tau}{E} \cdot (1 + \nu) \cdot dx \, .$$

Die Winkel der Diagonalschnitte gegenüber den Rechteckseiten, die ursprünglich $45° = \frac{\pi}{4}$ betrugen, vergrößern oder verkleinern sich um den Winkel $\frac{\gamma}{2}$, und es ist nach Abbildung 246

$$\operatorname{tg}\left(\frac{\pi}{4} + \frac{\gamma}{2}\right) = \frac{dx + \Delta dx}{dx - \Delta dx} = \frac{1 + \dfrac{\tau}{E}\,(1 + \nu)}{1 - \dfrac{\tau}{E}\,(1 + \nu)} \, .$$

Allgemein ist aber

$$\operatorname{tg}\left(\frac{\pi}{4} + \frac{\gamma}{2}\right) = \frac{\operatorname{tg}\dfrac{\pi}{4} + \operatorname{tg}\dfrac{\gamma}{2}}{1 - \operatorname{tg}\dfrac{\pi}{4} \cdot \operatorname{tg}\dfrac{\gamma}{2}} \, ;$$

mit $\operatorname{tg}\dfrac{\pi}{4} = 1$ und weil $\dfrac{\gamma}{2}$ ein kleiner Winkel ist, finden wir somit

$$\operatorname{tg}\frac{\gamma}{2} = \frac{\gamma}{2} = \frac{\tau}{E}\,(1 + \nu)$$

oder

$$\gamma = \frac{\tau}{G} = \tau \cdot \frac{2\,(1 + \nu)}{E} \, ,$$

woraus sich

$$G = \frac{E}{2\,(1 + \nu)} \tag{139}$$

ergibt.

Für den Baustoff Stahl wird die Querdehnungszahl $\nu = \dfrac{1}{m}$ mit

$$\nu = \frac{1}{4} \qquad \text{oder auch} \qquad \nu = \frac{1}{3}$$

angegeben; es ist

$$\text{für} \quad \nu = \frac{1}{4} \qquad G = \frac{4}{10} \cdot E = 0{,}40 \cdot E \, ,$$

$$\nu = \frac{1}{3} \qquad G = \frac{3}{8} \cdot E = 0{,}375 \cdot E \, .$$

Die Praxis rechnet bei uns meist mit dem Wert $G = 0{,}375 \cdot E$, während in der amerikanischen Literatur der Wert $G = 0\,40 \cdot E$, $\nu = 0{,}25$ bevorzugt wird.

Um nun den Einfluß der Schubspannungen τ auf die Durchbiegungen η zu finden, gehen wir aus von der Winkeländerung γ nach Gleichung (110).

Betrachten wir einen schmalen Balkenstreifen mit der Höhe dy (Abb. 247), so finden wir für ein elastisches Element dx

$$d\eta_Q = \gamma \cdot dx\,, \qquad \frac{d\eta_Q}{dx} = \gamma = \frac{\tau}{G}\,.$$

Nun sind aber die Schubspannungen τ, die wir in Gleichung (109) zu

$$\tau = \frac{Q \cdot S}{b \cdot J}$$

ermittelt haben, nicht gleichmäßig über die Balkenhöhe verteilt. Damit sind aber auch die Winkeländerungen γ und η'_Q über die Balkenhöhe veränderlich. Da aber in Wirklichkeit alle Fasern dy eines Balkens die gleichen Durchbiegungen η erfahren, erkennen wir hier, daß die aus der klassischen Biegungs-

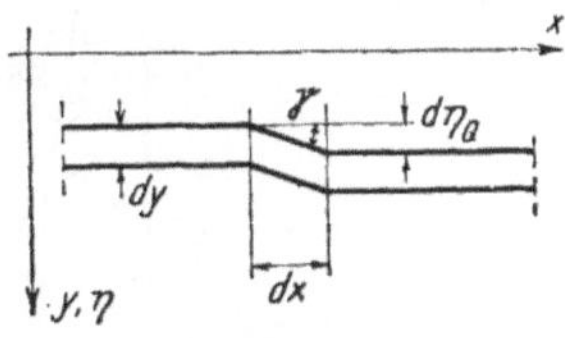

Abb. 247

lehre abgeleiteten Formänderungen eine Unstimmigkeit aufweisen: *die Formänderungen aus den Schubspannungen τ und aus den Längsspannungen σ sind nicht miteinander «verträglich».*

Nun können wir, in einer Näherungsbetrachtung, annehmen, daß alle Fasern dy des gleichen Balkenelementes dx sich mit einem mittleren Gleitwinkel γ_m verformen werden:

$$\gamma_m = \frac{\tau_m}{G} = \frac{Q}{G \cdot F'}\,,$$

wobei $$F' = \varkappa \cdot F$$

einen «reduzierten» Querschnitt bedeutet. Es wird dann

$$\eta'_Q = \gamma_m = \frac{Q}{G \cdot F'}\,. \tag{140}$$

Differenzieren wir diesen Wert (unter der Voraussetzung gleichbleibenden Querschnitts), so erhalten wir in Verbindung mit Gleichung (137a) *die erweiterte Differentialgleichung der elastischen Linie*

$$\eta'' + \frac{M}{EJ} - \frac{d}{dx}\left(\frac{Q}{GF'}\right) = 0\,; \tag{141a}$$

für gleichbleibenden Querschnitt ergibt sich mit $Q' = -p$

$$\eta'' + \frac{M}{EJ} + \frac{p}{GF'} = 0\,.$$

Ebenso können wir, sofern der reduzierte Querschnitt F' bekannt ist, die

Seilpolygongleichung erweitern. Sind Querkraft Q und Querschnitt F' feldweise konstant, so folgt aus Gleichung (140) für den Einfluß der Querkräfte allein

$$\frac{\eta_m - \eta_{m-1}}{\Delta x_m} = \frac{Q_m}{G \cdot F'_m},$$

woraus wir finden

$$\frac{\eta_{m+1} - \eta_m}{\Delta x_{m+1}} - \frac{\eta_m - \eta_{m-1}}{\Delta x_m} = \frac{Q_{m+1}}{G \cdot F'_{m+1}} - \frac{Q_m}{G \cdot F'_m}.$$

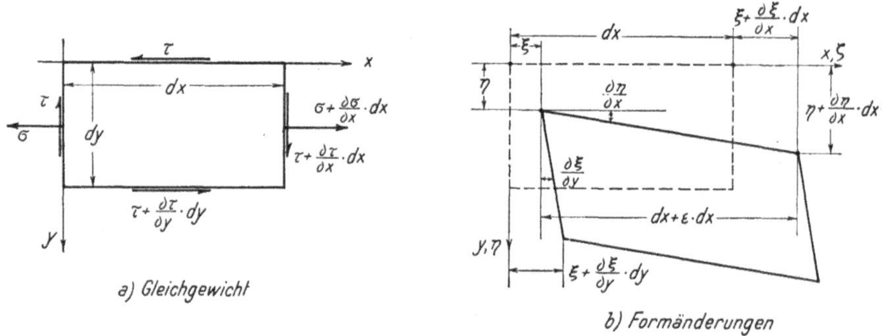

Abb. 248

Die vollständige Knotenlast der Seilpolygongleichung (136) für Verformung durch Momente und Querkräfte lautet somit

$$K_m = \Delta x_m \cdot \frac{M_{m-1} + 2 M_{m,l}}{6 E J_m} + \Delta x_{m+1} \cdot \frac{2 M_{m,r} + M_{m+1}}{6 E J_{m+1}} +$$

$$+ \frac{Q_m}{G F'_m} - \frac{Q_{m+1}}{G F'_{m+1}}. \tag{141b}$$

Wir müssen nun noch den reduzierten Querschnitt $F' = \varkappa \cdot F$ bestimmen, wobei wir gleichzeitig auch die genauere Spannungsverteilung untersuchen wollen. Wir betrachten in Abbildung 248 ein kleines Balkenelement $dx \cdot dy$ mit der konstanten Breite $b = 1$.

Das Balkenelement sei durch Normalspannungen $\sigma = \sigma_x$ und Schubspannungen τ beansprucht, während wir die Normalspannungen σ_y vernachlässigen wollen. Eine Gleichgewichtsbedingung $\Sigma X = 0$ (Abb. 248a) liefert

$$-\sigma \cdot 1 \cdot dy + \left(\sigma + \frac{\partial \sigma}{\partial x} \cdot dx\right) \cdot 1 \cdot dy - \tau \cdot 1 \cdot dx + \left(\tau + \frac{\partial \tau}{\partial y} \cdot dy\right) \cdot 1 \cdot dx = 0,$$

woraus

$$\frac{\partial \sigma}{\partial x} + \frac{\partial \tau}{\partial y} = 0. \tag{142}$$

Aus dem Formänderungsbild der Abbildung 248b entnehmen wir die beiden

Formänderungsbeziehungen für die spezifische Dehnung ε der Kante dx,

$$\varepsilon = \frac{\partial \xi}{\partial x} \tag{143a}$$

und für die Winkeländerung γ,

$$\gamma = \frac{\partial \xi}{\partial y} + \frac{\partial \eta}{\partial x} \, . \tag{143b}$$

Nach dem HOOKEschen Gesetz ist für den vorliegenden Fall ($\sigma_y = 0$)

$$\sigma = E \cdot \varepsilon \, , \qquad \tau = G \cdot \gamma \, ;$$

damit gehen die Gleichungen (143) über in

$$\frac{\sigma}{E} = \frac{\partial \xi}{\partial x} \, , \qquad \frac{\tau}{G} = \frac{\partial \xi}{\partial y} + \frac{\partial \eta}{\partial x} \, .$$

Um eine Beziehung für die gesuchte Durchbiegung η zu erhalten, eliminieren wir aus diesen beiden Gleichungen die Verschiebung ξ, indem wir die erste Gleichung partiell nach y, die zweite nach x differenzieren:

$$\frac{\partial^2 \xi}{\partial x \cdot \partial y} = \frac{1}{E} \cdot \frac{\partial \sigma}{\partial y} \, , \qquad \frac{\partial^2 \eta}{\partial x^2} + \frac{\partial^2 \xi}{\partial x \cdot \partial y} = \frac{1}{G} \cdot \frac{\partial \tau}{\partial x} \, ,$$

womit wir die gesuchte Krümmung des Balkens erhalten zu

$$\frac{\partial^2 \eta}{\partial x^2} = - \frac{1}{E} \cdot \frac{\partial \sigma}{\partial y} + \frac{1}{G} \cdot \frac{\partial \tau}{\partial x} \, . \tag{144}$$

Die nun noch unbekannte Verteilung der Spannungen σ und τ ergibt sich aus folgender Überlegung: Für alle Fasern dy des Balkens ist im gleichen Schnitt x die Krümmung die gleiche; es ist somit

$$\frac{\partial}{\partial y} \cdot \frac{\partial^2 \eta}{\partial x^2} = \frac{\partial^3 \eta}{\partial x^2 \cdot \partial y} = - \frac{1}{E} \cdot \frac{\partial^2 \sigma}{\partial y^2} + \frac{1}{G} \cdot \frac{\partial^2 \tau}{\partial x \cdot \partial y} = 0 \, .$$

Eliminieren wir τ, indem wir aus der Gleichgewichtsbedingung (142) den Wert

$$\frac{\partial^2 \tau}{\partial x \cdot \partial y} = - \frac{\partial^2 \sigma}{\partial x^2}$$

einsetzen, so erhalten wir *die Elastizitätsbedingung* des untersuchten Biegungsproblems zu

$$\frac{\partial^2 \sigma}{\partial y^2} + \frac{E}{G} \cdot \frac{\partial^2 \sigma}{\partial x^2} = 0 \, . \tag{145}$$

Die Annahme der linearen Spannungsverteilung der klassischen Biegungslehre,

die für unsern Sonderfall (Biegung in der $x-y$-Ebene, Querschnitt auf Hauptschweraxen bezogen) lauten würde:

$$\sigma = a + b \cdot y\,; \qquad \frac{\partial^2 \sigma}{\partial y'^2} = 0\,, \qquad\qquad (145a)$$

ist somit nicht (oder nicht genau) erfüllt.

Hätten wir bei der Betrachtung des Elementes $dx \cdot dy$ in Abbildung 248 auch
die Spannungen $\sigma_y = \varrho$ und die Querdehnungen berücksichtigt, so hätten wir
an Stelle der Gleichung (145) die «*Verträglichkeitsbedingung*» *der Scheiben-
theorie*

$$\frac{\partial^2 \sigma}{\partial y^2} + \left(\frac{E}{G} - 2\nu\right) \cdot \frac{\partial^2 \sigma}{\partial x^2} + \frac{\partial^2 \varrho}{\partial x^2} = 0 \qquad\qquad (145b)$$

erhalten, von der die Gleichungen (145) und (145a) somit vereinfachte Sonderfälle darstellen. Wir erkennen, daß die lineare Spannungsverteilung dann richtig
ist, wenn die Spannungen σ und ϱ sich über die Balkenlänge (im Vergleich zu
den Spannungsänderungen über die Balkenhöhe) nur sehr langsam ändern, der
Balken also schlank ist.

Die Lösung der partiellen Differentialgleichung (145) unter Beachtung der
Randbedingungen liefert uns die Normalspannungen σ und daraus mit der
Gleichgewichtsbedingung (142) auch die Schubspannungen τ. Damit sind aus
Gleichung (144) auch die Krümmungen η'' und daraus die Durchbiegungen η
des Balkens (Balkenaxe) bekannt.

Wir wollen uns hier mit einer *Näherungslösung* des Problems begnügen, indem wir in einem Balken mit konstantem Querschnitt und stetig verteilter
Belastung p die Schubspannungen τ entsprechend der klassischen Biegungslehre nach Gleichung (109) einführen:

$$\tau = \frac{Q \cdot S}{b \cdot J}\,, \qquad \frac{\partial \tau}{\partial x} = \frac{dQ}{dx} \cdot \frac{S}{b \cdot J} = -p \cdot \frac{S}{b \cdot J}\,.$$

Für einen bestimmten Schnitt x setzen wir die gleiche Krümmung aller
Fasern dy gleich einer Konstanten c und erhalten aus Gleichung (144)

$$-\frac{\partial^2 \eta}{\partial x^2} = -\eta'' = \frac{1}{E} \cdot \frac{\partial \sigma}{\partial y} + \frac{p}{G \cdot J} \cdot \frac{S}{b} = c\,,$$

woraus

$$\frac{\partial \sigma}{\partial y} = E \cdot c - p \cdot \frac{E}{G \cdot J} \cdot \frac{S}{b}\,.$$

Die Spannung σ beträgt somit bei Biegung ohne Längskraft, $N = 0$,

$$\sigma = \int_0^y \left(E \cdot c - \frac{p \cdot E}{J \cdot G} \cdot \frac{S}{b}\right) \cdot dy = E \cdot c \cdot y - \frac{p}{J} \cdot \frac{E}{G} \cdot \int_0^y \frac{S}{b} \cdot dy\,. \qquad (146)$$

Dabei muß die Gleichgewichtsbedingung

$$\int_0^h b \cdot \sigma \cdot y \cdot dy = M$$

erfüllt sein, woraus die Balkenkrümmung c für jeden Schnitt x berechnet werden kann.

Wir wollen die Zahlenrechnung für einen *Rechteckquerschnitt $b \cdot h$* mit

$$F = b \cdot h, \qquad J = \frac{b \cdot h^3}{12}, \qquad S = \frac{b}{2} \cdot \left(\frac{h^2}{4} - y^2 \right)$$

durchführen. Mit

$$\int \frac{S}{b} \cdot dy = \frac{1}{2} \cdot \int \left(\frac{h^2}{4} - y^2 \right) \cdot dy = \frac{1}{2} \left(\frac{h^2}{4} \cdot y - \frac{y^3}{3} \right)$$

wird

$$\sigma = E \cdot c \cdot y - \frac{p}{J} \cdot \frac{E}{G} \cdot \left(\frac{h^2}{8} \cdot y - \frac{1}{6} \cdot y^3 \right). \tag{146a}$$

Die Gleichgewichtsbedingung $\int\limits_0^h b \cdot \sigma \cdot y \cdot dy = M$ liefert

$$M = 2 \cdot \int\limits_0^{\frac{h}{2}} \left[E \cdot c \cdot b \cdot y - \frac{p \cdot b \cdot E}{J \cdot G} \left(\frac{h^2}{8} \cdot y - \frac{1}{6} y^3 \right) \right] \cdot y \cdot dy,$$

$$M = 2 \cdot E \cdot c \, \frac{b \, h^3}{24} - 2 \cdot \frac{p \cdot E}{J \cdot G} \cdot b \cdot \left(\frac{h^5}{192} - \frac{h^5}{960} \right),$$

woraus wir durch Einsetzen von $J = \dfrac{b \, h^3}{12}$ erhalten

$$M = EJ \cdot c - \frac{p \cdot E \cdot h^2}{10 \cdot G}$$

oder

$$c = - \frac{d^2 \eta}{d x^2} = \frac{M}{EJ} + \frac{p}{G} \cdot \frac{h^2}{10 \cdot J} = \frac{M}{EJ} + \frac{6}{5} \cdot \frac{p}{G \cdot F}. \tag{147}$$

Aus dem Vergleich mit Gleichung (141) erhalten wir für den Rechteckquerschnitt

$$F' = \frac{5}{6} \cdot F \qquad \text{oder} \qquad \varkappa = \frac{5}{6}.$$

Die hier durchgeführte Näherungslösung der Gleichung (145) ist deshalb ungenau, weil sie nur ein Balkenelement dx betrachtet, während in Wirklichkeit die Spannungen σ und τ benachbarter Schnitte sich gegenseitig beeinflussen. Immerhin gibt uns diese Untersuchung ein zutreffendes Bild über die Art der Abweichungen der wirklichen Verteilung der Spannungen σ über die Querschnitthöhe und vor allem liefert sie uns in anschaulicher Form die Größe des «reduzierten» Querschnittes $F' = \varkappa \cdot F$ und damit den Einfluß der Schubspannungen auf die Formänderungen,

$$\eta'_Q = \gamma_m = \frac{Q}{G F'}$$

mit praktisch genügender Genauigkeit.

Für andere Querschnittsformen können die reduzierten Querschnittswerte F' analog berechnet werden.

Für den praktisch wichtigen **I**-Querschnitt wird gewöhnlich (und mit genügender Genauigkeit) als reduzierter Querschnitt F' die Stegfläche

$$F' = F_{\mathrm{st}} = d \cdot h$$

eingesetzt.

Setzen wir den Wert von c nach Gleichung (147) in Gleichung (146a) ein, so erhalten wir nach kurzer Zwischenrechnung die Spannungen σ im Rechteckquerschnitt zu

$$\sigma = \frac{M}{J} \cdot y + \frac{p}{b} \cdot \frac{E}{G} \left(2 \cdot \frac{y^3}{h^3} - \frac{3}{10} \cdot \frac{y}{h} \right).$$

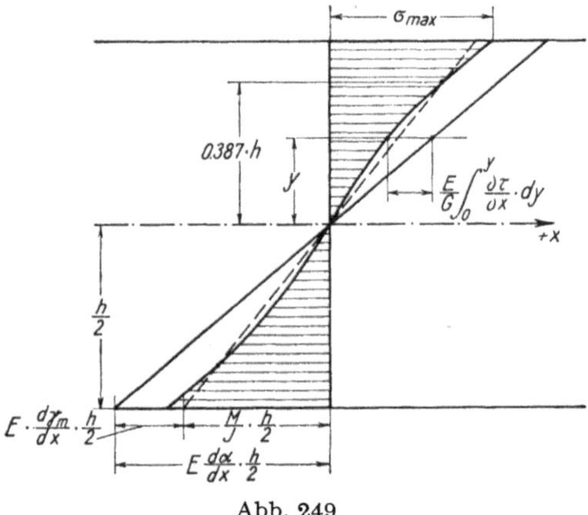

Abb. 249

Die größte Randspannung erhalten wir für $y = \dfrac{h}{2}$ zu

$$\sigma_{\max} = \frac{M}{W} + \frac{p}{10 \cdot b} \cdot \frac{E}{G},$$

während für

$$\left(\frac{2\,y^3}{h^3} - \frac{3\,y}{10 \cdot h} \right) = 0 \qquad \text{oder} \qquad \frac{y}{h} = \sqrt{\frac{3}{20}} = 0{,}387$$

die Spannung σ mit dem entsprechenden Wert der klassischen Biegungslehre übereinstimmt.

In Abbildung 249 ist die Verteilung der Spannungen σ und die E-fache Winkeländerung

$$E \cdot \frac{d\alpha}{dx} = E \cdot \frac{d^2\eta}{dx^2}$$

für einen Rechteckquerschnitt nach der genaueren Untersuchung (Gleichung 144) und nach der Näherungstheorie eingetragen.

Für einen Balken unter gleichmäßig verteilter Belastung p und mit der Spannweite $l = 8\,h$ wird für Balkenmitte,

$$M = \frac{p\,l^2}{8},$$

und mit

$$\frac{E}{G} = \frac{8}{3}$$

die größte Randspannung

$$\sigma_{\max} = \frac{p}{b} \cdot \left(\frac{6 \cdot l^2}{8 \cdot h^2} + \frac{8}{30} \right) = \frac{p}{b} \cdot (48 + 0{,}27) \,.$$

Gegenüber der klassischen Biegungslehre wird somit hier die größte Randspannung um 0,56% vergrößert. Für Balken normaler Schlankheit und aus isotropem Material ist somit die Spannungsberechnung nach der klassischen Biegungslehre (vorbehältlich der Untersuchungen im Abschnitt VIII) praktisch genügend genau. Dagegen darf der Einfluß der Schubspannungen auf die Durchbiegungen im allgemeinen nicht vernachlässigt werden, wie das folgende Zahlenbeispiel zeigen soll.

Wir berechnen die Durchbiegungen eines einfachen Balkens der Spannweite l unter gleichmäßig verteilter Belastung p; der Balkenquerschnitt sei konstant.

Wir untersuchen zuerst den Einfluß der Momente

$$M = \frac{p}{2} \cdot x \cdot (l - x) \,.$$

Aus

$$\eta_M'' = - \frac{M}{EJ} = - \frac{p}{2EJ} \cdot x \cdot (l - x)$$

finden wir durch Integration

$$\eta_M' = - \frac{p}{2EJ} \cdot \left(\frac{l \, x^2}{2} - \frac{x^3}{3} \right) + C_1$$

und

$$\eta_M = - \frac{p}{2EJ} \cdot \left(\frac{l \, x^3}{6} - \frac{x^4}{12} \right) + C_1 \cdot x + C_2 \,.$$

Für $x = 0$ ist $\eta = \eta_M = 0$; daraus folgt $C_2 = 0$. Für $x = l$ ist ebenfalls $\eta_M = 0$; somit ist

$$0 = - \frac{p}{2EJ} \cdot \left(\frac{l^4}{6} - \frac{l^4}{12} \right) + C_1 \cdot l; \qquad C_1 = \frac{p \, l^3}{24 \, EJ} \,.$$

Damit wird

$$\eta_M = \frac{p}{EJ} \left(\frac{l^3 \cdot x}{24} - \frac{l \cdot x^3}{12} + \frac{x^4}{24} \right);$$

für die Balkenmitte, $x = \frac{l}{2}$, erhalten wir

$$\eta_{M\max} = \frac{p \cdot l^4}{EJ} \cdot \left(\frac{1}{48} - \frac{1}{96} + \frac{1}{384} \right) = \frac{5}{384} \cdot \frac{p \cdot l^4}{EJ} \,.$$

Den Einfluß der Querkräfte erhalten wir aus

$$\eta_Q'' = - \frac{p}{G \cdot F'} \,.$$

Beachten wir, daß im einfachen Balken $M_A = M_B = 0$, so ergibt sich wegen der Gleichheit der Randbedingungen aus der Analogie von

$$M'' = -p \qquad \text{mit} \qquad \eta_Q'' = -\frac{p}{GF'}$$

der Querkraftanteil η_Q zu

$$\eta_Q = \frac{M}{GF'} = \frac{1}{GF'} \cdot \frac{p}{2} \cdot x \cdot (l - x) \, ;$$

für die Balkenmitte ist somit

$$\eta_{Q\,max} = \frac{p \cdot l^2}{8 GF'} \, .$$

Die totale Durchbiegung in Balkenmitte beträgt

$$\eta_{max} = \frac{5}{384} \cdot \frac{p \cdot l^4}{EJ} + \frac{p \cdot l^2}{8 GF'} = \frac{5}{384} \cdot \frac{p \cdot l^4}{EJ} \left(1 + \frac{48}{5} \cdot \frac{E}{G} \cdot \frac{J}{F' \cdot l^2}\right) .$$

Für einen Balken mit $l = 3,0$ m Spannweite, der aus einem Breitflanschträger $\mathbf{I}$ Din 30 besteht, beträgt mit

$$J = 25\,760 \text{ cm}^4, \qquad F' = 1,2 \cdot 30 = 36 \text{ cm}^2$$

der Klammerausdruck

$$1 + \frac{48}{5} \cdot \frac{8}{3} \cdot \frac{25\,760}{36 \cdot 300^2} = 1,204 \, ;$$

der Schubspannungseinfluß ist mit 20,4% beträchtlich. Mit wachsender Schlankheit tritt er allerdings mehr und mehr zurück.

Für einen gleich langen Balken mit Rechteckquerschnitt von $h = 30$ cm beträgt der Klammerausdruck

$$1 + \frac{48}{5} \cdot \frac{8}{3} \cdot \frac{b \cdot 30^3 \cdot 6}{12 \cdot 5 \cdot b \cdot 30 \cdot 300^2} = 1,0256 \, ;$$

der Schubspannungseinfluß ist hier mit 2,6% nicht mehr bedeutend.

Aus dem Vergleich dieser beiden Zahlenrechnungen ergibt sich, daß bei Profilträgern, wie sie im Stahlbau verwendet werden, die Durchbiegungen in der Regel unter Berücksichtigung der Schubspannungen berechnet werden müssen.

d) Biegungslinien gekrümmter Stäbe

Bei einem gekrümmten Stab sind, im Gegensatz zum geraden Stab, die Verschiebungsrichtungen der einzelnen Punkte nicht von vorneherein bekannt. Wir bestimmen deshalb je die lotrechten und die waagrechten Durchbiegungen getrennt; die wahre Durchbiegung eines Punktes ergibt sich dann als resultierende Verschiebung aus den lotrechten und waagrechten Verschiebungen η und ξ.

Um die Seilpolygongleichungen für die lotrechte und die waagrechte Biegungslinie aufzustellen, denken wir uns den stetig gekrümmten Stab ersetzt durch einen polygonalen *Stabzug*, dessen Knotenpunkte auf der Stabaxe liegen. Über die geraden Felder des Stabzuges seien die Querkräfte Q, die Längskräfte N sowie die Querschnittswerte J, F, F' konstant, während die Momente M linear verlaufen sollen. Die Winkeländerungen $d\alpha$ infolge der Momente M denken wir uns als Knotenlasten $\Delta\alpha$ in die Knotenpunkte konzentriert.

In Abbildung 250 ist das Feld s_m des Stabzuges, zwischen den Knotenpunkten $m-1$ und m liegend, skizziert.

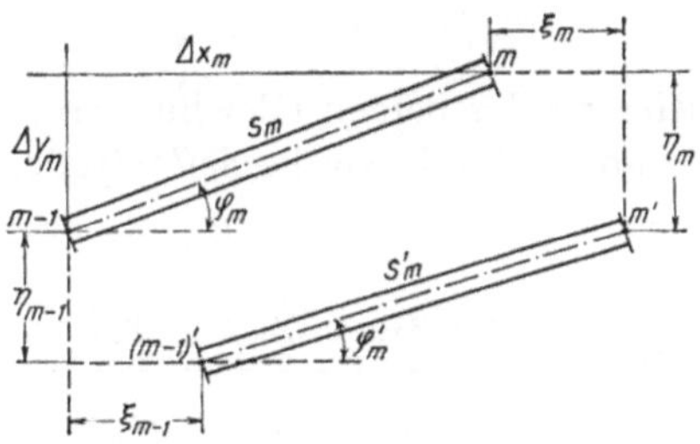

Abb. 250

Wir untersuchen zuerst die *lotrechten Durchbiegungen*. Nach Abbildung 250 ist

$$\eta_{m-1} + s_m \cdot \sin \varphi_m = s'_m \cdot \sin \varphi'_m + \eta_m$$

oder

$$\Delta\eta_m = \eta_m - \eta_{m-1} = s_m \cdot \sin \varphi_m - s'_m \cdot \sin \varphi'_m. \tag{148}$$

Die Stablänge s_m hat sich infolge der Dehnung ε_m

$$\varepsilon_m = \frac{N_m}{EF_m}$$

auf

$$s'_m = s_m + \varepsilon_m \cdot s_m = (1 + \varepsilon_m) \cdot s_m$$

vergrößert. Die Neigung φ_m der Stabaxe hat sich auf φ'_m verändert, einmal wegen der Stabdrehwinkel α_m infolge der Biegungsmomente M, und zweitens wegen der Neigungsänderung γ_m infolge der Querkräfte; es ist

$$\varphi'_m = \varphi_m - \alpha_m - \gamma_m$$

oder, da α_m und γ_m kleine Winkel sind, ist

$$\sin \varphi'_m = \sin \varphi_m - (\alpha_m + \gamma_m) \cdot \cos \varphi_m.$$

Damit folgt aus Gleichung (148)

$$\Delta\eta_m = s_m \cdot \sin \varphi_m - s_m (1 + \varepsilon_m) \cdot \left[\sin \varphi_m - (\alpha_m + \gamma_m) \cdot \cos\varphi_m\right];$$

Durch Vernachlässigung der Produkte kleiner Größen und mit

$$\Delta x_m = s_m \cdot \cos \varphi_m$$

erhalten wir

$$\frac{\Delta \eta_m}{\Delta x_m} = \alpha_m + \gamma_m - \varepsilon_m \cdot \operatorname{tg} \varphi_m \, . \tag{149a}$$

Analog erhalten wir für das Feld s_{m+1}

$$\frac{\Delta \eta_{m+1}}{\Delta x_{m+1}} = \alpha_{m+1} + \gamma_{m+1} - \varepsilon_{m+1} \cdot \operatorname{tg} \varphi_{m+1} \, . \tag{149b}$$

Mit

$$\alpha_{m+1} = \alpha_m - \Delta \alpha_m$$

können wir aus der Differenz der beiden Gleichungen (149) die unbekannten Stabdrehwinkel eliminieren, wodurch wir die *Seilpolygongleichung der lotrechten Durchbiegungen* η zu

$$\frac{\eta_{m+1} - \eta_m}{\Delta x_{m+1}} - \frac{\eta_m - \eta_{m-1}}{\Delta x_m} = - \Delta \alpha_m + (\gamma_{m+1} - \gamma_m) - (\varepsilon_{m+1} \cdot \operatorname{tg} \varphi_{m+1} -$$

$$- \varepsilon_m \cdot \operatorname{tg} \varphi_m) = - K_{\eta m} \tag{150a}$$

erhalten. Die lotrechte Biegungslinie η ergibt sich somit als Seilpolygon zu den lotrechten Knotenlasten

$$K_{\eta m} = s_m \cdot \frac{M_{m-1} + 2M_{m,l}}{6\,E\,J_m} + s_{m+1} \cdot \frac{2\,M_{m,r} + M_{m+1}}{6E\,J_{m+1}} - \frac{Q_{m+1}}{G \cdot F'_{m+1}} +$$

$$+ \frac{Q_m}{G \cdot F'_m} + \frac{N_{m+1} \cdot \operatorname{tg} \varphi_{m+1}}{E F_{m+1}} - \frac{N_m \cdot \operatorname{tg} \varphi_m}{E F_m} \, . \tag{150b}$$

Die entsprechende Differentialgleichung erhalten wir durch den Übergang von Stabzugseiten s auf Elemente ds mit $dx = ds \cdot \cos \varphi$ zu

$$\frac{d^2 \eta}{dx^2} = - \frac{M}{E J \cdot \cos \varphi} + \frac{d}{dx}\left(\frac{Q}{GF'}\right) - \frac{d}{dx}\left(\frac{N}{EF} \cdot \operatorname{tg} \varphi\right). \tag{150c}$$

Für die waagrechten Durchbiegungen ξ erhalten wir aus Abbildung 250

$$s_m \cdot \cos \varphi_m + \xi_m = \xi_{m-1} + s'_m \cdot \cos \varphi'_m$$

oder

$$\Delta \xi_m = \xi_m - \xi_{m-1} = s'_m \cdot \cos \varphi'_m - s_m \cdot \cos \varphi_m \, .$$

Daraus folgt mit

$$\cos \varphi'_m = \cos \varphi_m + (\alpha_m + \gamma_m) \cdot \sin \varphi_m$$

und unter Vernachlässigung der Produkte kleiner Größen sowie mit

$$\Delta y_m = s_m \cdot \sin \varphi_m$$

$$\frac{\Delta \xi_m}{\Delta y_m} = \alpha_m + \gamma_m + \varepsilon_m \cdot \operatorname{ctg} \varphi_m \tag{151a}$$

und analog für das Feld s_{m+1}

$$\frac{\Delta\xi_{m+1}}{\Delta y_{m+1}} = \alpha_{m+1} + \gamma_{m+1} + \varepsilon_{m+1}\cdot\operatorname{ctg}\varphi_{m+1} =$$

$$= \alpha_m - \Delta\alpha_m + \gamma_{m+1} + \varepsilon_{m+1}\cdot\operatorname{ctg}\varphi_{m+1}. \qquad (151\,\mathrm{b})$$

Die Differenz der beiden Gleichungen (151) liefert die *Seilpolygongleichung der waagrechten Biegungslinie* ξ zu

$$\frac{\xi_{m+1}-\xi_m}{\Delta y_{m+1}} - \frac{\xi_m-\xi_{m-1}}{\Delta y_m} = -\Delta\alpha_m + \gamma_{m+1} - \gamma_m + \varepsilon_{m+1}\cdot\operatorname{ctg}\varphi_{m+1} -$$

$$- \varepsilon_m\cdot\operatorname{ctg}\varphi_m = -K_{\xi m}. \qquad (152\,\mathrm{a})$$

Die waagrechte Biegungslinie ξ ergibt sich damit als Seilpolygon zu den waagrechten Knotenlasten

$$K_{\xi m} = s_m\cdot\frac{M_{m-1}+2M_{m,l}}{6\,E\,J_m} + s_{m+1}\cdot\frac{2M_{m,r}+M_{m+1}}{6\,E\,J_{m+1}} - \frac{Q_{m+1}}{G\,F'_{m+1}} +$$

$$+ \frac{Q_m}{G\,F'_m} - \frac{N_{m+1}\cdot\operatorname{ctg}\varphi_{m+1}}{E\,F_{m+1}} + \frac{N_m\cdot\operatorname{ctg}\varphi_m}{E\,F_m}. \qquad (152\,\mathrm{b})$$

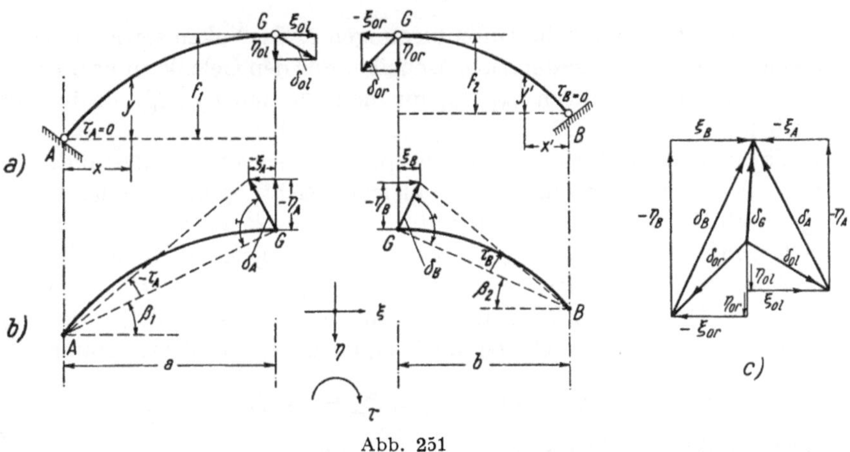

Abb. 251

Die Knotenlast $K_{\xi m}$ unterscheidet sich von der Knotenlast $K_{\eta m}$ nur durch den von der Längskraft N herrührenden Anteil; dieser wird in $K_{\xi m}$ für ein waagrechtes Stabzugfeld s_m unendlich. Die dadurch auftretende Schwierigkeit ist jedoch nur eine scheinbare, weil hier die beiden in die gleiche Wirkungslinie fallenden Knotenlasten $K_{\xi m-1}$ und $K_{\xi m}$ zu einer endlichen Summe addiert werden können.

Besitzt der gekrümmte Stab ein Zwischengelenk, wie beispielsweise der Dreigelenkbogen, so muß die Berechnung der Biegungslinien in zwei Stufen durchgeführt werden, weil wir den Verdrehungswinkel im Gelenk, das heißt die im Gelenk anzubringende Knotenlast, zunächst nicht kennen.

Wir berechnen *in einer ersten Rechnungsstufe* (Abb. 251 a) die Biegungslinien η_0 und ξ_0 der beiden Bogenscheiben AG und BG, die wir uns je in ihren Auflagerquerschnitten unverdrehbar festgehalten denken, $\tau_A = 0$, $\tau_B = 0$. Wir betrachten zunächst die Biegungslinie η_0 der linken Bogenscheibe AG. Erweitern wir Gleichung (134 a) um die Einflüsse der Querkräfte Q und Längskräfte N und schreiben sie (entsprechend Gleichung 149 a) für das geneigte Stabfeld s an, so erhalten wir mit $M_A = 0$

$$\frac{\eta_1 - \eta_A}{\varDelta x_1} = Q_{\eta_1} = -\frac{M_1 \cdot s_1}{6\,E J_1} + \frac{Q_1}{G F_1'} - \frac{N_1 \cdot \mathrm{tg}\,\varphi_1}{E F_1}\,.$$

Damit ergeben sich für die folgenden Felder

$$Q_{\eta 2} = Q_{\eta 1} - K_{\eta 1}\,,$$

$$Q_{\eta i} = Q_{\eta 1} - \sum_1^i K_{\eta i}\,,$$

woraus sich die Durchbiegungen η_0, beginnend mit $\eta_{0A} = 0$, aus der Rekursionsformel

$$\eta_{0i} = \sum_1^i Q_{\eta i} \cdot \varDelta x_i$$

ergeben. Analog finden wir die Durchbiegungen ξ_0 der linken sowie die Durchbiegungen η_0 und ξ_0 der rechten Bogenscheibe. Für den Gelenkpunkt G ergeben sich dabei die Verschiebungen η_{0l}, ξ_{0l} für die linke und η_{0r}, ξ_{0r} für die rechte Bogenscheibe.

In Wirklichkeit muß sich der Gelenkpunkt G sowohl als Bestandteil der linken wie der rechten Bogenscheibe in gleicher Richtung und um den gleichen Betrag verschieben. Wir müssen deshalb, *in einer zweiten Berechnungsstufe*, die beiden Bogenscheiben sich soweit um ihre Auflagergelenke A und B drehen lassen (Abb. 251 b), daß diese Gelenkbedingung (Abb. 251 c) erfüllt ist.

Aus einer Drehung τ_A (Drehungen τ im Uhrzeigersinn als positiv angenommen) der linken Bogenscheibe um A ergeben sich die Verschiebungen

$$\eta_A = \tau_A \cdot a\,; \qquad \xi_A = \tau_A \cdot f_1$$

des Gelenkpunktes G. Analog ist

$$\eta_B = -\tau_B \cdot b\,; \qquad \xi_B = \tau_B \cdot f_2.$$

Aus den beiden Gelenkbedingungen

$$\eta_{0l} + \eta_A = \eta_{0r} + \eta_B$$

und

$$\xi_{0l} + \xi_A = \xi_{0r} + \xi_B$$

folgt

$$\eta_{0l} + \tau_A \cdot a - \eta_{0r} + \tau_B \cdot b = 0$$

$$\xi_{0l} + \tau_A \cdot f_1 - \xi_{0r} - \tau_B \cdot f_2 = 0\,.$$

Die Auflösung dieses Gleichungssystems liefert die beiden Unbekannten

$$\tau_A = -\,\frac{b \cdot (\xi_{0l} - \xi_{0r}) + f_2 \cdot (\eta_{0l} - \eta_{0r})}{f_1 \cdot b + f_2 \cdot a}$$

$$\tau_B = +\,\frac{a \cdot (\xi_{0l} - \xi_{0r}) - f_1 \cdot (\eta_{0l} - \eta_{0r})}{f_1 \cdot b + f_2 \cdot a}\;.$$

(153)

Die zeichnerische Bestimmung der beiden Unbekannten τ_A und τ_B bzw. der zugehörigen Verschiebungen δ_A (η_A, ξ_A) und δ_B (η_B, ξ_B) ist in Abbildung 251 c angegeben.

Die endgültigen Biegelinien des Dreigelenkbogens ergeben sich aus der Superposition:

$$\eta = \eta_0 + \tau_A \cdot x\,, \qquad \xi = \xi_0 + \tau_A \cdot y$$

für die linke und

$$\eta = \eta_0 - \tau_B \cdot x'\,, \qquad \xi = \xi_0 + \tau_B \cdot y'$$

für die rechte Bogenscheibe.

Bei einem *Dreigelenkbogen mit Zugband* ist die Längenänderung des Zugbandes der Verschiebung ξ_{0l} (mit negativem Vorzeichen) oder ξ_{0r}, je nach der Lage des beweglichen Lagers, beizufügen.

e) Einfluß von Temperaturänderungen

Ein Stabelement der Länge ds und der Höhe h erfahre eine ungleichmäßige Temperaturänderung mit t_o am obern und t_u am untern Rand (Abb. 252). Verläuft die Temperaturausdehnung linear über die Querschnittshöhe und be-

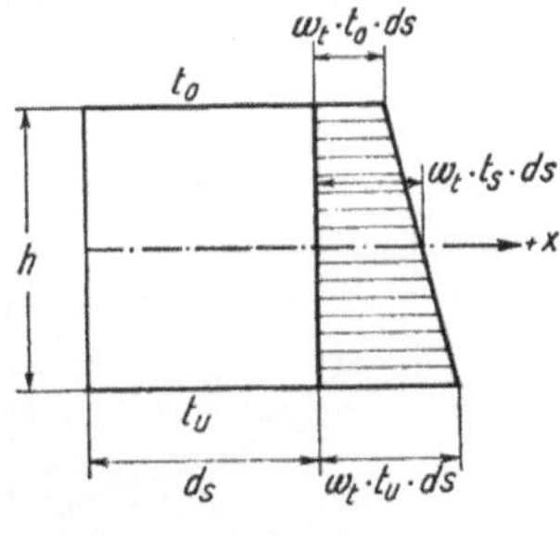

Abb. 252

zeichnen wir die lineare Temperaturausdehnungszahl mit ω_t, so verdrehen sich die beiden Schnittebenen des Elementes ds gegenseitig um den (kleinen) Winkel

$$d\alpha_t = \omega_t \cdot \frac{t_u - t_o}{h} \cdot ds\;.$$

Die spezifische Dehnung, in der Schweraxe gemessen, beträgt

$$\varepsilon_t = \omega_t \cdot t_s\;.$$

Die Verformungen $\dfrac{d\sigma_t}{ds}$ und ε_t wirken sich auf die Biegungslinien eines Stabes genau gleich aus wie die entsprechenden Verformungen, die von den Momenten M und den Längskräften N verursacht werden.

f) Der querbelastete Zug- oder Druckstab

Wir betrachten einen ursprünglich geraden, schlanken Stab, der außer durch quergerichtete Lasten P_y auch durch längsgerichtete Lasten P_x belastet sei (Abb. 253).

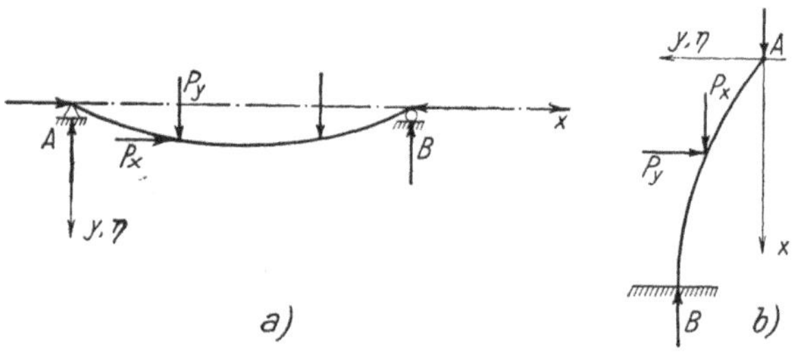

Abb. 253

Infolge der Durchbiegungen η verursachen auch die Lasten P_x Biegungsmomente im Stab, die ihrerseits wieder die Durchbiegungen η vergrößern. Wir nennen das hier auftretende Problem ein *Formänderungsproblem* oder auch ein *Spannungsproblem zweiter Ordnung*.

Wir untersuchen (Abb. 254) zunächst das Momentengleichgewicht am verformten Stabfeld $s_m = \varDelta x_m$.

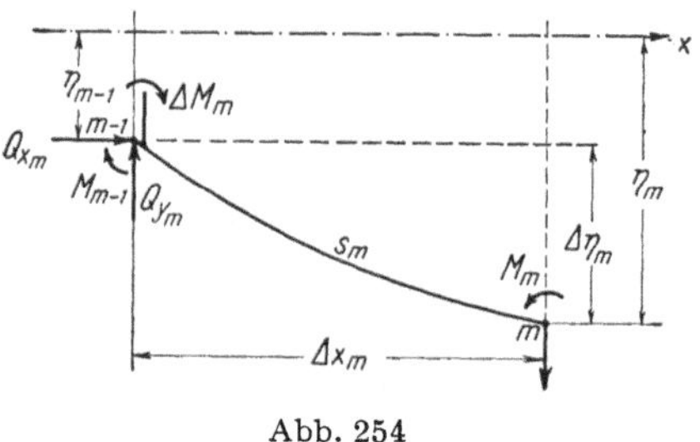

Abb. 254

Wir denken uns die äußeren Lasten P_x und P_y in die Knotenpunkte reduziert; um eine möglichst allgemeine Lösung der Aufgabe zu erhalten, sollen auch einzelne äußere Momente $\varDelta M$ den Stab belasten, und zwar nehmen wir für das Feld $\varDelta x_m$ $\varDelta M_m$ unmittelbar rechts vom Knotenpunkt $m-1$ angreifend an, so daß links vom Knotenpunkt das Moment M_{m-1}, rechts dagegen $M_{m-1} + \varDelta M_m$ wirkt. Die Resultierenden der äußeren Kräfte links vom Knotenpunkt $m-1$, jedoch einschließlich der Knotenlasten in $m-1$, bezeichnen wir mit Q_{ym} und $Q_{xm} = N_m$. Nach Abbildung 254 ist

$$M_m = M_{m-1} + \Delta M_m + Q_{ym} \cdot \Delta x_m + Q_{xm} \cdot (\eta_m - \eta_{m-1}),$$

woraus

$$\frac{\eta_m - \eta_{m-1}}{\Delta x_m} = \frac{1}{Q_{xm} \cdot \Delta x_m} \cdot (M_m - M_{m-1} - \Delta M_m - Q_{ym} \cdot \Delta x_m). \tag{154a}$$

Analog ist für das Feld Δx_{m+1}

$$\frac{\eta_{m+1} - \eta_m}{\Delta x_{m+1}} = \frac{1}{Q_{xm+1} \cdot \Delta x_{m+1}} \cdot (M_{m+1} - M_m - \Delta M_{m+1} -$$
$$- Q_{ym+1} \cdot \Delta x_{m+1}). \tag{154b}$$

Durch Subtraktion finden wir

$$\frac{\eta_{m+1} - \eta_m}{\Delta x_{m+1}} - \frac{\eta_m - \eta_{m-1}}{\Delta x_m} = \frac{M_{m+1} - M_m - \Delta M_{m+1} - Q_{ym+1} \cdot \Delta x_{m+1}}{Q_{xm+1} \cdot \Delta x_{m+1}} -$$
$$- \frac{M_m - M_{m-1} - \Delta M_m - Q_{ym} \cdot \Delta x_m}{Q_{xm} \cdot \Delta x_m}. \tag{155}$$

Vergleichen wir die Seilpolygongleichung der elastischen Linie, Gleichung (136), wobei wir den Einfluß der Schubspannungen, da wir hier einen schlanken Stab betrachten, vernachlässigen dürfen und die hier unter Berücksichtigung der äußeren Momente ΔM

$$\frac{\eta_{m+1} - \eta_m}{\Delta x_{m+1}} - \frac{\eta_m - \eta_{m-1}}{\Delta x_m} = - \frac{\Delta x_m}{6 E J_m} \cdot (M_{m-1} + \Delta M_m + 2 M_m) -$$
$$- \frac{\Delta x_{m+1}}{6 E J_{m+1}} \cdot (2 M_m + 2 \Delta M_{m+1} + M_{m+1})$$

lautet, mit Gleichung (155), so erhalten wir

$$\frac{M_{m+1} - M_m - \Delta M_{m+1} - Q_{ym+1} \cdot \Delta x_{m+1}}{Q_{xm+1} \cdot \Delta x_{m+1}} - \frac{M_m - M_{m-1} - \Delta M_m - Q_{ym} \cdot \Delta x_m}{Q_{xm} \cdot \Delta x_m} =$$
$$= - \frac{\Delta x_m}{6 E J_m} (M_{m-1} + \Delta M_m + 2 M_m) - \frac{\Delta x_{m+1}}{6 E J_{m+1}} \cdot (2 M_m + 2 \Delta M_{m+1} + M_{m+1})$$

oder geordnet

$$- M_{m-1} \cdot \left(\frac{1}{Q_{xm} \cdot \Delta x_m} + \frac{\Delta x_m}{6 E J_m} \right) + M_m \cdot \left(\frac{1}{Q_{xm} \cdot \Delta x_m} + \frac{1}{Q_{xm+1} \cdot \Delta x_{m+1}} - \right.$$
$$\left. - \frac{2 \Delta x_m}{6 E J_m} - \frac{2 \Delta x_{m+1}}{6 E J_{m+1}} \right) - M_{m+1} \cdot \left(\frac{1}{Q_{xm+1} \cdot \Delta x_{m+1}} + \frac{\Delta x_{m+1}}{6 E J_{m+1}} \right) =$$
$$= \frac{Q_{ym}}{Q_{xm}} - \frac{Q_{ym+1}}{Q_{xm+1}} + \Delta M_m \cdot \left(\frac{1}{Q_{xm} \cdot \Delta x_m} + \frac{\Delta x_m}{6 E J_m} \right) -$$
$$- \Delta M_{m+1} \cdot \left(\frac{1}{Q_{xm+1} \cdot \Delta x_{m+1}} - \frac{2 \Delta x_{m+1}}{6 E J_{m+1}} \right). \tag{156}$$

Gleichung (156) liefert uns die allgemeine baustatische Lösung des Formänderungsproblems des querbelasteten Druckstabes in Form eines dreigliedrigen Gleichungssystems für die unbekannten Momente M. Für jeden Zwischenknotenpunkt läßt sich eine solche Gleichung (156) anschreiben, während für die Randpunkte die *Randbedingungen* einzuführen sind.

Für frei drehbare Endpunkte (Auflagerpunkte A und B der Abb. 253a, freier Endpunkt A der Abb. 253b) verschwinden die Momente, und die Randbedingungen lauten

$$\text{für Abbildung 253a:} \quad M_A = 0, \quad M_B = 0,$$

$$\text{für Abbildung 253b:} \quad M_A = 0.$$

Für diese Punkte fallen die Gleichungen (156) aus.

Für eine Einspannstelle, wie das Stabende B in Abbildung 253b, stellen wir die Randbedingung mit Hilfe von Gleichung (134a) auf, die für $B = m$ und mit Beachtung von Gleichung (135) lautet

$$\frac{\eta_m - \eta_{m-1}}{\Delta x_m} = \tau_m + \frac{\Delta x_m}{6\,E\,J_m} \cdot (2\,M_m + M_{m-1} + \Delta M_m).$$

Ist die Einspannung elastisch,

$$\tau_m = \frac{M_m}{C},$$

wobei C den elastischen Verdrehungswiderstand des Fundamentes bedeutet, so ist

$$\frac{\eta_m - \eta_{m-1}}{\Delta x_m} = M_m \cdot \left(\frac{2\,\Delta x_m}{6\,E\,J_m} + \frac{1}{C} \right) + M_{m-1} \cdot \frac{\Delta x_m}{6\,E\,J_m} + \Delta M_m \cdot \frac{\Delta x_m}{6\,E\,J_m}.$$

Vergleichen wir diesen Ausdruck mit Gleichung (154a), so ergibt sich die gesuchte Randbedingung zu

$$- M_{m-1} \cdot \left(\frac{1}{Q_{xm} \cdot \Delta x_m} + \frac{\Delta x_m}{6\,E\,J_m} \right) + M_m \cdot \left(\frac{1}{Q_{xm} \cdot \Delta x_m} - \frac{2\,\Delta x_m}{6\,E\,J_m} - \frac{1}{C} \right) =$$

$$= \frac{Q_{ym}}{Q_{xm}} + \Delta M_m \cdot \left(\frac{1}{Q_{xm} \cdot \Delta x_m} + \frac{\Delta x_m}{6\,E\,J_m} \right). \tag{157}$$

Für starre Einspannung, $C = \infty$, kann Gleichung (157) auch als Symmetriebedingung zu Gleichung (156) gedeutet werden.

Ist die Längskraft $N = Q_x$ eine Zugkraft statt eine Druckkraft, so ist in den Gleichungen (156) und (157) einfach das Vorzeichen von Q_x zu wechseln.

Wir betrachten einen einfachen Sonderfall: In den Knotenpunkten sollen keine Lasten P_x angreifen; es ist also $Q_x = N = \text{konstant}$. Ebenso sollen keine äußeren Momente ΔM wirken. Wählen wir ferner noch gleiche Teile $\Delta x = \text{konstant}$, so geht Gleichung (156) durch Multiplikation mit $N \cdot \Delta x$ und mit der Abkürzung

$$U = \frac{6\,E\,J}{\Delta x^2}$$

über in

$$-M_{m-1}\cdot\left(1+\frac{N}{U_m}\right) + M_m\cdot\left(2-\frac{2N}{U_m}-\frac{2N}{U_{m+1}}\right) - M_{m+1}\cdot\left(1+\frac{N}{U_{m+1}}\right) =$$

$$= (Q_{ym}-Q_{ym+1})\cdot \Delta x = P_m\cdot \Delta x . \qquad (158)$$

Der Vergleich der Gleichung (158) mit Gleichung (34b) zeigt uns den Einfluß der Formänderungen η auf die Momente M. Gleichung (158) ist keine normale Seilpolygongleichung mehr, dagegen können wir sie als *«verallgemeinerte Seilpolygongleichung»* bezeichnen. Ihre Analogie mit dem Gleichgewichtszustand eines gespannten Seiles soll im Abschnitt X aufgezeigt werden.

Für den durch Gleichung (158) erfaßten Sonderfall soll nun auch noch die Differentialgleichung angeschrieben werden (Abb. 255).

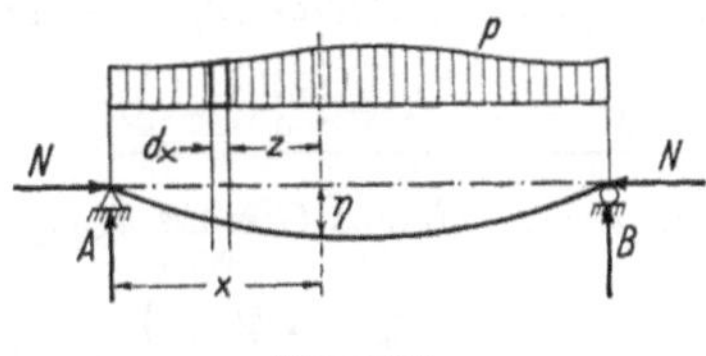

Abb. 255

Im Schnitt x beträgt das Biegungsmoment M

$$M = A\cdot x - \int\limits_A^x p\cdot dx\cdot z + N\cdot \eta = M_0 + N\cdot \eta . \qquad (159)$$

Anderseits ist nach Gleichung (137)

$$M = - EJ\cdot \eta'',$$

und wir erhalten durch Einsetzen von M die lineare inhomogene Differentialgleichung zweiter Ordnung für die Durchbiegung η

$$EJ\cdot \eta'' + N\cdot \eta + M_0 = 0 . \qquad (160a)$$

Eine andere Form dieser Gleichung können wir erhalten, indem wir statt der Momente M die Durchbiegungen η eliminieren. Durch zweimalige Differentiation von Gleichung (159) und durch Einsetzen von $M_0'' = -p$ nach Gleichung (37) erhalten wir

$$M'' = M_0'' + N\cdot \eta'' = -p + N\cdot \eta'' ;$$

setzen wir hier η'' nach Gleichung (137) ein,

$$\eta'' = - \frac{M}{EJ} ,$$

so erhalten wir die Differentialgleichung für das Biegungsmoment M

$$M'' = - p - N \cdot \frac{M}{EJ}$$

oder

$$M'' + \frac{N}{EJ} \cdot M + p = 0 \, . \tag{160b}$$

Gleichung (158) stellt somit die baustatische Lösung der Differentialgleichung (160b) dar. Beachten wir, daß wir in Gleichung (158) die Einzellast P_m mit der Trapezformel Gleichung (39a) als Knotenlast zur Belastung p ausdrücken können,

$$P_m = \frac{\Delta x}{6} \cdot (p_{m-1} + 4\, p_m + p_{m+1}) \, ,$$

so erhalten wir das folgende wichtige Ergebnis:

Die lineare inhomogene Differentialgleichung zweiter Ordnung

$$y'' + a \cdot y + F(x) = 0$$

kann durch Umsetzen in ein dreigliedriges Gleichungssystem

$$- y_{m-1} \cdot (1 + \gamma_m) + y_m \cdot (2 - 2\gamma_m - 2\gamma_{m+1}) - y_{m+1} \cdot (1 + \gamma_{m+1}) =$$

$$= \frac{\Delta x^2}{6} \cdot (F_{m-1} + 4\,F_m + F_{m+1}) \tag{158a}$$

gelöst werden. Dabei bedeutet die Abkürzung γ

$$\gamma = \frac{a \cdot \Delta x^2}{6} \, ;$$

a ist je feldweise konstant vorausgesetzt.

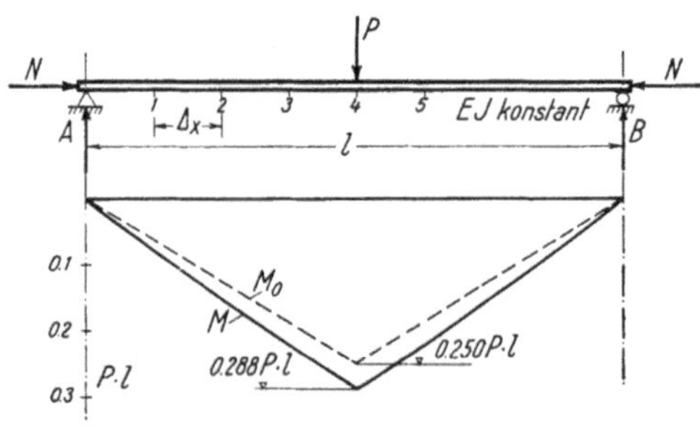

Abb. 256

Es sei noch ein einfaches Zahlenbeispiel zur Veranschaulichung des Berechnungsverfahrens untersucht (Abb. 256).

Wir wählen

$$\Delta x = \frac{l}{8} \, , \qquad N = 0{,}004 \cdot U \, ;$$

dann lautet Gleichung (158) für einen Zwischenpunkt m

$$- 1{,}004 \cdot M_{m-1} + 1{,}984 \cdot M_m - 1{,}004 \cdot M_{m+1} = \frac{1}{8} P \cdot l \, .$$

Für unbelastete Knotenpunkte fällt das Belastungsglied weg.

Die Randbedingungen lauten: $M_A = 0$, $M_B = 0$. Da der Balken symmetrisch und symmetrisch belastet ist, können wir statt der zweiten Randbedingung die Symmetriebedingung $M_3 = M_5$ einführen. In der folgenden Tabelle ist das Gleichungssystem in Matrixform angeschrieben und durch schrittweise Reduktion aufgelöst.

Gl. Nr.	M_1	M_2	M_3	M_4	Bel. glied
1	1,984	− 1,004			−
2 $1 \cdot \dfrac{1{,}004}{1{,}984}$	− 1,004 + 1,004	1,984 − 0,508	− 1,004		−
2′		1,476	− 1,004		−
3 $2' \cdot \dfrac{1{,}004}{1{,}476}$		− 1,004 − 1,004	1,984 − 0,683	− 1,004	−
3′			1,301	− 1,004	−
4 $3' \cdot \dfrac{2{,}008}{1{,}301}$			− 2,008 2,008	1,984 − 1,550	0,125
4′				0,434	0,125
$M =$	0,076	0,151	0,222	0,288	$\cdot P \cdot l$

Die letzte reduzierte Gleichung 4′ für den Knotenpunkt 4 enthält nur noch M_4 als einzige Unbekannte; es ist

$$M_4 = \frac{0{,}125 \cdot P \cdot l}{0{,}434} = 0{,}288 \cdot P \cdot l \, ,$$

während ohne Formänderungseinfluß sich

$$M_{04} = 0{,}250 \cdot P \cdot l$$

ergeben würde. Die übrigen Werte M ergeben sich nun durch Rückwärtseinsetzen; sie sind in Abbildung 256 eingetragen.

Für

$$N = N_E = \frac{\pi^2 E J}{l^2}$$

würden wir unendlich große Momente M erhalten; für $N = N_E$ (EULERsche Knicklast, siehe Abschnitt IX) wird der Stab unstabil.

Für stetige Veränderlichkeit des Koeffizienten a und der Belastungsfunktion $F(x)$ in der zu lösenden Differentialgleichung können wir eine etwas genauere Form des dreigliedrigen Gleichungssystems (158a) dadurch erhalten, dass wir die Knotenlasten nach der Parabelformel (40) statt nach der Trapezformel einführen. Auf diese Weise ergibt sich

$$- y_{m-1} \cdot (1 + \gamma_{m-1}) + y_m \cdot (2 - 10\,\gamma_m) - y_{m+1} \cdot (1 + \gamma_{m+1}) =$$

$$= \frac{\Delta x^2}{12}\,(F_{m-1} + 10 F_m + F_{m+1}), \qquad\qquad (158\,\text{b})$$

wobei aber hier γ den Wert

$$\gamma = \frac{a \cdot \Delta x^2}{12}$$

besitzt.

2. Formänderung ebener Fachwerke

a) Der WILLIOTsche Verschiebungsplan

Die Formänderungen eines Fachwerkes sind eine Folge der Längenänderungen Δs der einzelnen Stäbe

$$\Delta s = \frac{S}{E F} \cdot s + \omega_t \cdot t \cdot s$$

und lassen sich aus diesen bestimmen.

Wir betrachten zunächst die Formänderungen der Grundfigur eines ebenen Fachwerks (Abb. 257).

Der Stab c verlängert sich um den Betrag Δc; bei festgehaltenem Punkt A verschiebt sich der Knotenpunkt B (bewegliches Lager) um Δc nach rechts in die Lage B'. Die Stäbe b und a, die wir uns zunächst in den Knotenpunkten A und B' (bei gelöstem Gelenk C) unverdrehbar festgehalten denken, verkürzen sich um Δb bzw. Δa. Da in Wirklichkeit die Endpunkte C der beiden Stäbe a und b zusammenfallen müssen, sind die beiden verkürzten Stäbe nun noch soweit um ihre untern Endpunkte zu drehen, bis diese Gelenkbedingung erfüllt ist. Wegen der Kleinheit der Drehwinkel können die Kreisbogen, die dabei von den obern Stabenden beschrieben werden, durch die Tangenten ersetzt werden. Der Schnittpunkt der beiden Tangenten, normal zu den Stabrichtungen, liefert die verschobene Lage C' des Knotenpunktes C. Das verformte Stabnetz ist in Abbildung 257a gestrichelt eingetragen.

Die Stabverlängerungen Δs sind klein gegenüber den Stablängen s. Es ist deshalb unmöglich, die Stablängen s und die Stablängenänderungen Δs im Verschiebungsplan im gleichen Maßstab zu zeichnen. Da wir die Maßstäbe für die Längen s und Δs somit verschieden wählen müssen, in der Wahl des Maßstabsverhältnisses jedoch völlig frei sind, ist es naheliegend, daß wir die Stablängen s, das heißt das Stabnetz im Verschiebungsplan überhaupt nicht mehr zeichnen, sondern nur noch die Längenänderungen Δs. Ein solcher Verschiebungsplan für die Grundfigur ist in Abbildung 257b, ausgehend vom festen Punkt A und der festen Richtung $A\,B$, gezeichnet; er liefert uns die gleichen Verschiebungen δ wie der Verschiebungsplan Abbildung 257a.

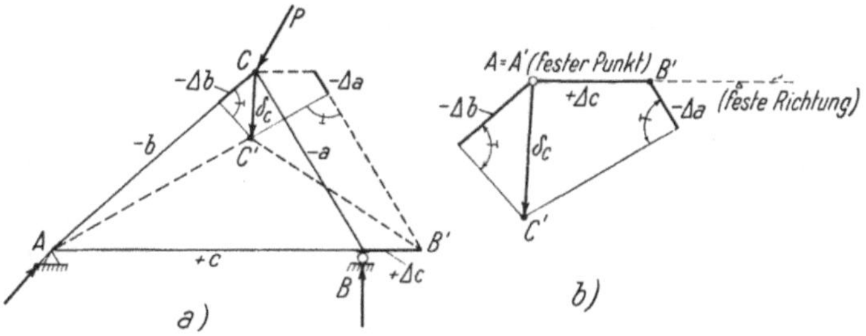

Abb. 257

Da der Knotenpunkt A durch das feste Lager festgehalten ist und der Punkt B sich nur auf einer zur Richtung AB parallelen Verschiebungsbahn bewegen kann, sind im Verschiebungsplan (Abb. 257) auch die Auflagerbedingungen erfüllt. In der Regel ist bei jedem Fachwerk ein fester Punkt vorhanden, von dem aus der Verschiebungsplan begonnen werden kann, dagegen wird es meist nicht möglich sein, auch eine unveränderliche Stabrichtung anzugeben. Es muß dann der Verschiebungsplan in zwei Stufen gezeichnet werden, in dem in einer ersten Stufe ein Verschiebungsplan von einer angenommenen festen Richtung und einem festen Punkt aus gezeichnet wird, während in einer zweiten Rechnungsstufe zusätzliche Verschiebungen zu bestimmen sind, die die Auflagerbedingungen erfüllen. Dabei kann auch der feste Ausgangspunkt der ersten Rechnungsstufe (im Zusammenhang mit der festen Richtung) beliebig gewählt werden; man wird ihn zweckmäßigerweise so wählen, daß Zeichnungsungenauigkeiten des Verschiebungsplanes sich nicht zu weit fortpflanzen können, bei Balken also etwa in Balkenmitte.

In Abbildung 258 ist der WILLIOTsche Verschiebungsplan[1] für einen einfachen Fachwerkbalken $A\,B$ mit festem Auflager in A, beweglichem Auflager mit geneigter Verschiebungsbahn in B gezeichnet. Für die *erste Berechnungsstufe* gehen wir aus vom fest angenommenen Knotenpunkt 4 und der fest angenommenen Richtung des Stabes e. Die relative Verschiebung des Punktes 3

---

[1] WILLIOT: Notions pratiques sur la statique graphique, «Annales du Génie civil», 1877.

ergibt sich in bezug auf die festen Ausgangselemente (4, e) dadurch, daß wir die Stabverlängerung Δe unter Berücksichtigung des (positiven) Vorzeichens vom Punkt $4 = 4'$ des Verschiebungsplanes aus auftragen.

Die Verschiebung des Punktes 2 wird nun von den Punkten 4′ und 3′ aus durch Auftragen der Längenänderungen Δd und Δc und nachheriger Drehung

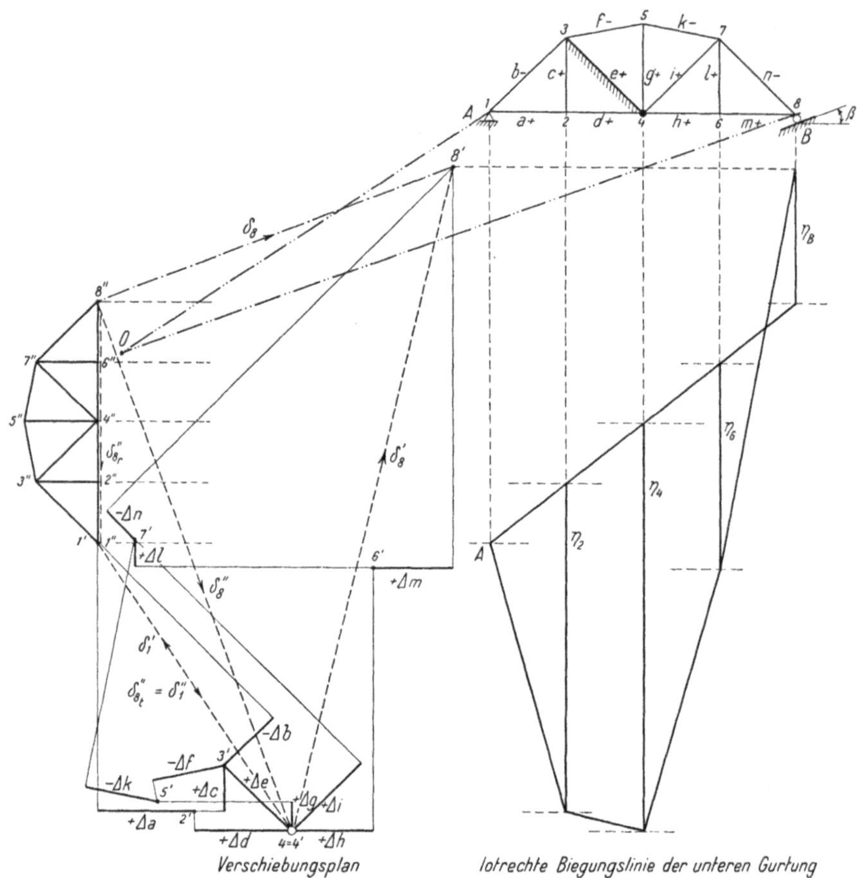

Abb. 258

der Stäbe d und c (Kreisbogen durch Tangente ersetzt) bestimmt. Auf diese Weise wird, von Knotenpunkt zu Knotenpunkt fortschreitend, die relative Verschiebung jedes Knotenpunktes aus den Längenänderungen (unter Beachtung ihres Vorzeichens) der beiden den Knotenpunkt anschließenden Stäbe bestimmt. So ergeben sich auch die relativen Verschiebungen der Auflagerpunkte A und B zu $\delta_1' = \overline{4'-1'}$ und $\delta_8' = \overline{4'-8'}$.

In Wirklichkeit, im Gegensatz zu unserer willkürlichen Festhaltung (4, e), ist der Auflagerpunkt $A = 1$ festgehalten, während der Auflagerpunkt $B = 8$

sich nur längs der unter dem Winkel β geneigten Verschiebungsbahn bewegen kann. Wir müssen nun deshalb das verformte Fachwerk *in einer zweiten Rechnungsstufe* derart verschieben, daß die *Auflagerbedingungen* erfüllt werden.

Diese Verschiebung können wir uns zunächst in zwei Stufen ausgeführt denken: mit einer ersten Teilverschiebung, einer Translation des verformten Fachwerkes, erfüllen wir die Auflagerbedingung beim festen Auflager A; es muß also die Verschiebung δ_1'' des Auflagerpunktes A die erste Verschiebung δ_1' aufheben. Um nun auch noch die zweite Auflagerbedingung, das Aufliegen des beweglichen Auflagers B auf seiner Verschiebungsbahn, zu erfüllen, müssen wir das (verformte und um $\delta_1'' = \delta_{8t}''$ verschobene) Fachwerk soweit um das feste Lager A drehen, das bewegliche Lager B also um δ_{8r}'' soweit lotrecht verschieben, dass die resultierende Verschiebung δ_8 von B, die sich aus δ_8', δ_{8t}'' und δ_{8r}'' zusammensetzt, parallel zur Verschiebungsbahn von B gerichtet ist.

Diese beiden Teilverschiebungen δ'' zur Erfüllung der Auflagerbedingungen lassen sich als Drehung um ein noch zu bestimmendes Momentanzentrum auffassen und damit in einer Stufe bestimmen. Nehmen wir vorerst an, das Momentanzentrum O sei bekannt, dann müssen die Verbindungsgeraden $\overline{OA}$ und $\overline{OB}$ senkrecht auf den Verschiebungen δ_1'' und δ_8'' stehen, und es muß wegen

$$\delta_1'' = \omega \cdot \overline{OA}, \qquad \delta_8'' = \omega \cdot \overline{OB}$$

auch die Proportionalität

$$\delta_1'' : \delta_8'' = \overline{OA} : \overline{OB}$$

bestehen. Die Dreiecke $1'' - 4' - 8''$ und $A - O - B$ sind somit ähnlich zueinander, und der Punkt $8''$ ergibt sich als Schnittpunkt der zur Verschiebungsbahn parallelen Geraden durch $8'$ mit der zur Verbindungslinie $\overline{AB}$ normalen Geraden durch $1' = 1''$. Da die Ähnlichkeit auch zwischen Dreiecken $1'' - 4' - i''$ und $A - O - i$ besteht, müssen die Punkte i'' auf einer zum Stabnetz ähnlichen Figur F'' liegen, die sich zwischen den Punkten $1''$ und $8''$ konstruieren läßt. Damit sind die resultierenden Verschiebungen δ_i durch die Strecken $\overline{i'' - i'}$ bestimmt.

In erster Linie werden uns die lotrechten Verschiebungen η der belasteten Gurtung eines Fachwerkträgers interessieren. Diese Durchbiegungen η sind die lotrechten Komponenten der resultierenden Verschiebungen δ. In Abbildung 258 ist die lotrechte Biegungslinie η der unteren Gurtung aus dem Verschiebungsplan unter das Stabnetz herausprojiziert.

Da beim WILLIOTschen Verschiebungsplan die Verschiebung eines Knotenpunktes aus den Längenänderungen der beiden ihn anschließenden Stäbe bestimmt wird, besitzt er eine weitgehende Analogie zum Aufbau eines Fachwerkes von einer Grundfigur aus. Ein WILLIOTscher Verschiebungsplan kann also nur gezeichnet werden, wenn wir die Ausgangselemente (fester Punkt und feste Richtung) auf einem zu einer möglichen Grundfigur gehörigen Stab wählen und wenn das Fachwerk durch sukzessiven zweistäbigen Anschluß seiner Knotenpunkte von dieser Grundfigur aus aufgebaut werden kann.

Bei *zusammengesetzten Fachwerken* werden die Formänderungen, analog wie bei zusammengesetzten Vollwandträgern, ebenfalls in zwei Stufen bestimmt: zunächst werden die Formänderungen der einzelnen, beliebig festgehalten gedachten Scheiben ermittelt, worauf durch zusätzliche Verschiebungen die Gelenk- und Auflagerbedingungen zu erfüllen sind. Für einen Dreigelenkbogen wird insbesondere auf die in Abbildung 251 skizzierte Untersuchung verwiesen.

b) Rechnerische Bestimmung des Verschiebungsplanes

Aus Abbildung 258 ist ersichtlich, daß bei Fachwerken mit einer großen Zahl von Stäben Ungenauigkeiten in der Auftragung der Längenänderungen Δs sich stark vergrößert auf die Verschiebungen der Knotenpunkte auswirken können. Es ist deshalb erwünscht, auch ein rechnerisches Verfahren zur Bestimmung des Verschiebungsplanes zu kennen.

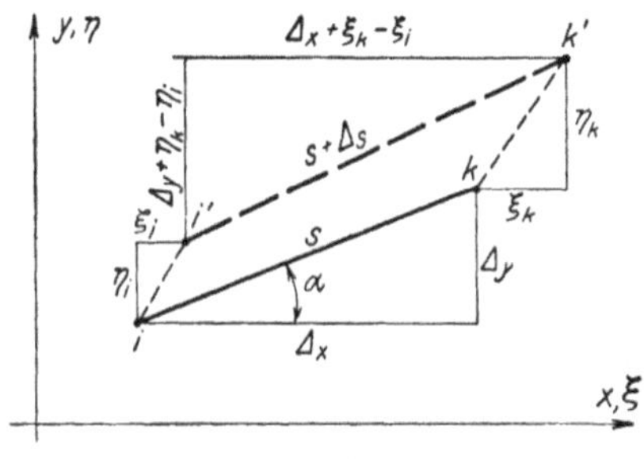

Abb. 259

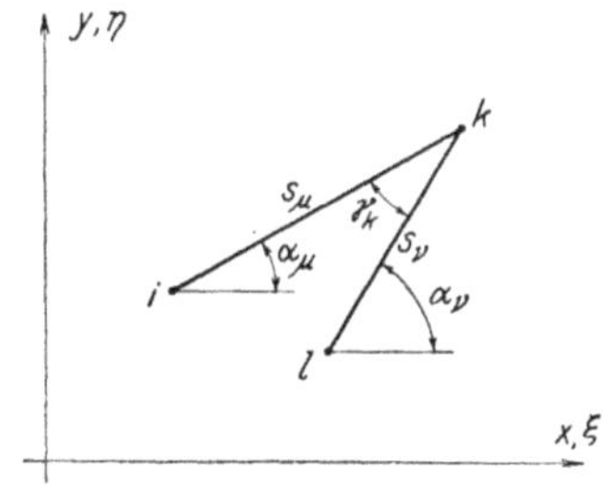

Abb. 260

Wir betrachten in Abbildung 259 einen Fachwerkstab s zwischen den Knotenpunkten i und k in ursprünglicher und verschobener Lage und suchen den Zusammenhang zwischen den Längenänderungen des Stabes und den Knotenpunktsverschiebungen.

Für den verschobenen Stab ist

$$(s + \Delta s)^2 = (\Delta x + \xi_k - \xi_i)^2 + (\Delta y + \eta_k - \eta_i)^2$$

oder

$$s^2 + 2\Delta s \cdot s + \Delta s^2 = \Delta x^2 + 2\,(\xi_k - \xi_i) \cdot \Delta x + (\xi_k - \xi_i)^2 + \Delta y^2 +$$

$$+ 2\,(\eta_k - \eta_i) \cdot \Delta y + (\eta_k - \eta_i)^2 \,.$$

Vernachlässigen wir die Quadrate der kleinen Verschiebungsgrößen Δs, $(\xi_k - \xi_i)$ und $(\eta_k - \eta_i)$ und subtrahieren wir die am unverschobenen Stab gewonnene Beziehung

$$s^2 = \Delta x^2 + \Delta y^2 \,,$$

so erhalten wir

$$\Delta s \cdot s = (\xi_k - \xi_i) \cdot \Delta x + (\eta_k - \eta_i) \cdot \Delta y \,,$$

woraus sich mit

$$\frac{\Delta x}{s} = \cos \alpha , \qquad \frac{\Delta v}{s} = \sin \alpha$$

die gesuchte Beziehung zu

$$\Delta s = (\xi_k - \xi_i) \cdot \cos \alpha + (\eta_k - \eta_i) \cdot \sin \alpha \tag{161}$$

ergibt.

Um die Verschiebungen ξ_k, η_k des Punktes k, der mit den Stäben s_μ und s_ν an die Punkte i und l angeschlossen ist (Abb. 260), zu finden, schreiben wir die Gleichung (161) für die beiden Stäbe s_μ und s_ν an:

$$\Delta s_\mu = (\xi_k - \xi_i) \cdot \cos \alpha_\mu + (\eta_k - \eta_i) \cdot \sin \alpha_\mu$$

$$\Delta s_\nu = (\xi_k - \xi_l) \cdot \cos \alpha_\nu + (\eta_k - \eta_l) \cdot \sin \alpha_\nu$$

oder, da die Verschiebungen ξ_k und η_k gesucht sind,

$$\xi_k \cdot \cos \alpha_\mu + \eta_k \cdot \sin \alpha_\mu = \Delta s_\mu + \xi_i \cdot \cos \alpha_\mu + \eta_i \cdot \sin \alpha_\mu ,$$

$$\xi_k \cdot \cos \alpha_\nu + \eta_k \cdot \sin \alpha_\nu = \Delta s_\nu + \xi_l \cdot \cos \alpha_\nu + \eta_l \cdot \sin \alpha_\nu .$$

Multiplizieren wir die erste dieser beiden Gleichungen mit $\sin \alpha_\nu$, die zweite mit $\sin \alpha_\mu$, so folgt durch Subtraktion

$$\xi_k \cdot (\cos \alpha_\mu \cdot \sin \alpha_\nu - \cos \alpha_\nu \cdot \sin \alpha_\mu) = (\Delta s_\mu + \xi_i \cdot \cos \alpha_\mu + \eta^i \cdot \sin \alpha_\mu) \cdot \sin \alpha_\nu -$$

$$- (\Delta s_\nu + \xi_l \cdot \cos \alpha_\nu + \eta_l \cdot \sin \alpha_\nu) \cdot \sin \alpha_\mu .$$

Daraus erhalten wir mit

$$\sin \alpha_\nu \cdot \cos \alpha_\mu - \cos \alpha_\nu \cdot \sin \alpha_\mu = \sin (\alpha_\nu - \alpha_\mu) = \sin \gamma'_k$$

die Verschiebung ξ_k zu

$$\xi_k = \frac{(\Delta s_\mu + \xi_i \cdot \cos \alpha_\mu + \eta_i \cdot \sin \alpha_\mu) \cdot \sin \alpha_\nu - (\Delta s_\nu + \xi_l \cdot \cos \alpha_\nu + \eta_l \cdot \sin \alpha_\nu) \cdot \sin \alpha_\mu}{\sin \gamma_k} . \tag{162a}$$

Analog erhalten wir

$$\eta_k = \frac{(\Delta s_\nu + \xi_l \cdot \cos \alpha_\nu + \eta_l \cdot \sin \alpha_\nu) \cdot \cos \alpha_\mu - (\Delta s_\mu + \xi_i \cdot \cos \alpha_\mu + \eta_i \cdot \sin \alpha_\mu) \cdot \cos \alpha_\nu}{\sin \gamma_k} . \tag{162b}$$

Damit können wir, ausgehend von einem festen Punkt und einer festen Richtung, den Verschiebungsplan Punkt für Punkt berechnen. Da wir im Gegensatz zur zeichnerischen Bestimmung des Verschiebungsplanes keine ungünstige Fehlerfortpflanzung zu befürchten haben, werden wir als festen Ausgangspunkt das feste Lager des Trägers oder der Trägerscheibe wählen. Die Auflagerbedingungen sind dann auf einfache Weise durch eine Drehung um das feste Auflager zu erfüllen.

c) Die Biegungslinie als Seilpolygon

Häufig interessiert uns nicht der vollständige Verschiebungsplan eines Fachwerkes, sondern nur die lotrechte Biegungslinie einer Gurtung. Eine solche Biegungslinie können wir aber nach unseren Untersuchungen am vollwandigen Träger und insbesondere nach Gleichung (150) als Seilpolygon zu den Knotenlasten K_m

$$K_m = \Delta\alpha_m + (\varepsilon_{m+1} \cdot \operatorname{tg}\varphi_{m+1} - \varepsilon_m \cdot \operatorname{tg}\varphi_m)$$

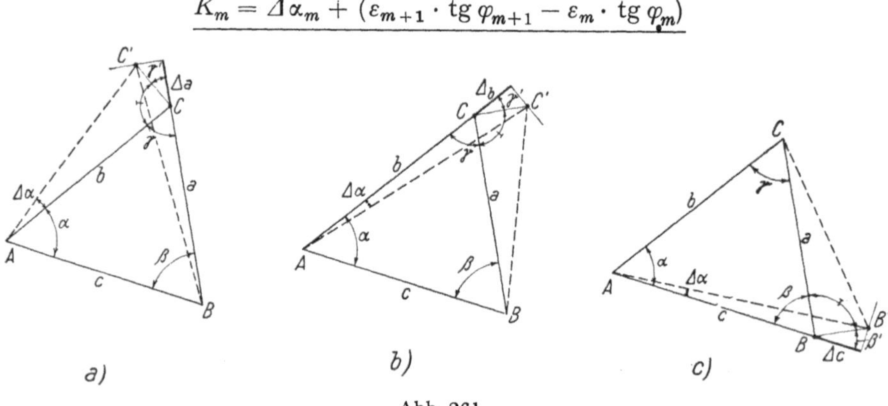

Abb. 261

bestimmen. Wir müssen hier somit lediglich noch die Winkeländerungen $\Delta\alpha_m$ aus den Winkeländerungen der einzelnen Stabdreiecke berechnen; die spezifischen Dehnungen $\varepsilon = \dfrac{\Delta s}{s}$ der betrachteten Gurtung seien bekannt.

Wir betrachten die Winkeländerungen eines Stabdreieckes infolge der Stabverlängerungen Δs (Abb. 261).

Wegen der Kleinheit der Winkel $\Delta\alpha$ dürfen wir die einzelnen Einflüsse Δa, Δb und Δc getrennt untersuchen und ihre Ergebnisse addieren. Wir finden so aus den drei Einzelskizzen der Abbildung 261

$$\Delta\alpha = \frac{\Delta a}{\cos\gamma' \cdot b} - \frac{\Delta b \cdot \operatorname{tg}\gamma'}{b} - \frac{\Delta c \cdot \operatorname{tg}\beta'}{c}.$$

Wegen

$$\gamma' = \frac{\pi}{2} - \gamma, \qquad \beta' = \frac{\pi}{2} - \beta$$

$$\operatorname{tg}\gamma' = \operatorname{ctg}\gamma, \qquad \cos\gamma' = \sin\gamma, \qquad \operatorname{tg}\beta' = \operatorname{ctg}\beta$$

und

$$b = a \cdot \frac{\sin\beta}{\sin\alpha} = a \cdot \frac{\sin\beta}{\sin(\pi - \beta - \gamma)} = a \cdot \frac{\sin\beta}{\sin(\beta + \gamma)}$$

finden wir mit

$$\varepsilon_a = \frac{\Delta a}{a}, \qquad \varepsilon_b = \frac{\Delta b}{b}, \qquad \varepsilon_c = \frac{\Delta c}{c}$$

die gesuchte Winkeländerung $\Delta\alpha$ zu

$$\Delta\alpha = \varepsilon_a \cdot \frac{\sin(\beta + \gamma)}{\sin\beta \cdot \sin\gamma} - \varepsilon_b \cdot \operatorname{ctg}\gamma - \varepsilon_c \cdot \operatorname{ctg}\beta$$

oder

$$\Delta\alpha = (\varepsilon_a - \varepsilon_c) \cdot \operatorname{ctg}\beta + (\varepsilon_a - \varepsilon_b) \cdot \operatorname{ctg}\gamma\,. \qquad (163)$$

Haben wir beispielsweise die Winkeländerung $\Delta\alpha_m$ für den Knotenpunkt m der Abbildung 262 zu bestimmen, so haben wir für jedes der vier Stabdreiecke die Winkeländerung $\Delta\alpha$ nach Gleichung (163) zu berechnen; es ist daraus

$$\Delta\alpha_m = \Delta\alpha_{m1} + \Delta\alpha_{m2} + \Delta\alpha_{m3} + \Delta\alpha_{m4} = \Sigma\,\Delta\alpha_{mi}\,.$$

Damit ist die Aufgabe grundsätzlich gelöst.

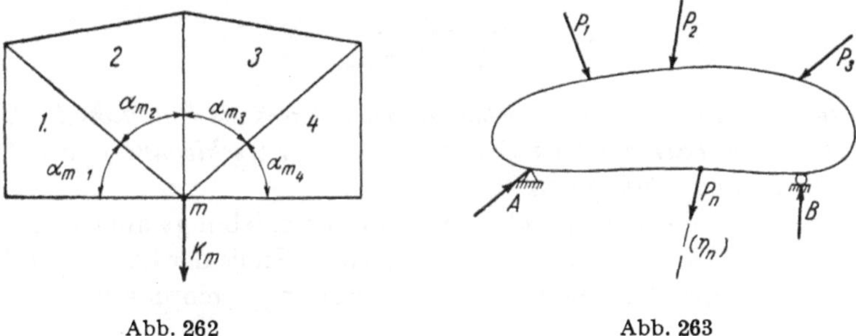

Abb. 262   Abb. 263

3. Die Sätze von CASTIGLIANO[1])

a) Die Ableitungen der Formänderungsarbeit

Wir betrachten ein elastisches Tragwerk (Abb. 263), das durch Lasten P belastet sei. Dabei setzen wir die Gültigkeit des Superpositionsgesetzes voraus.

Unter der Belastung erleidet das Tragwerk elastische Formänderungen; die Lasten P leisten dabei *die Formänderungsarbeit A*

$$A = F(P_1, P_2, P_3 \ldots P_n)\,.$$

Vergrößern wir nun eine der äußern Lasten P, beispielsweise P_n um den kleinen Zuwachs dP_n, so wird die Formänderungsarbeit auf

$$A + \frac{\partial A}{\partial P_n} \cdot dP_n$$

vergrößert.

Da das Superpositionsgesetz als gültig vorausgesetzt ist, ist die Größe der Formänderungsarbeit unabhängig von der Reihenfolge, in der die Lasten P auf den Träger aufgebracht werden. Denken wir uns nun zuerst allein die kleine Last dP_n wirkend, so sind die dadurch verursachten Formänderungen ebenfalls

---

[1]) A. CASTIGLIANO: Théorie de l'équilibre des systèmes élastiques et ses applications, Torino 1879. Siehe auch Neuausgabe : « Selecta » a cura di G. COLONNETTI, Torino 1935, die auch die Dissertation CASTIGLIANOS (1873) enthält; diese ist als Vorarbeit zur «Théorie de l'équilibre» zu werten.

klein und die zugehörige Formänderungsarbeit ist als Produkt kleiner Größen von höherer Ordnung klein und deshalb vernachlässigbar. Bringen wir nun noch die Lasten P zur Wirkung, so leisten sie die Formänderungsarbeit A; außerdem leistet nun aber auch die kleine Last dP_n die Formänderungsarbeit $dP_n \cdot \eta_n$, wenn sich der Angriffspunkt der Last dP_n unter der Wirkung der Lasten P um den Betrag η_n in Richtung der Last dP_n verschiebt. Aus der Gleichheit der Formänderungsarbeit in den beiden Belastungsfällen mit verschiedener Reihenfolge der Lasteinwirkung folgt

$$A + \frac{\partial A}{\partial P_n} \cdot dP_n = A + dP_n \cdot \eta_n$$

oder

$$\eta_n = \frac{\partial A}{\partial P_n} ; \tag{164a}$$

die Ableitung der Formänderungsarbeit A, die wir uns als Funktion der Lasten P formuliert denken, nach der Last P_n liefert uns die Verschiebung η_n des Angriffspunktes von P_n in Richtung von P_n.

Dabei besitzen die Begriffe «Last» und «Verschiebung» allgemeine Bedeutung; Gleichung (164a) gilt ebenfalls, wenn wir an Stelle der Last P_n ein Moment M_n und an Stelle der Verschiebung η_n eine Drehung τ_n einführen:

$$\tau_n = \frac{\partial A}{\partial M_n} . \tag{164b}$$

Das Theorem von CASTIGLIANO gilt auch dann noch, wenn im System der Lasten P die Last P_n sehr klein ist oder ganz verschwindet; wir können somit mit Hilfe der Gleichung (164a) auch Verschiebungen η_n von unbelasteten Punkten in beliebiger Richtung berechnen.

CASTIGLIANO hat ferner ein zu Gleichung (164) duales Theorem folgenden Inhalts aufgestellt: die Ableitung der Formänderungsarbeit A, die hier als Funktion der Verschiebungen η zu formulieren ist, nach der Verschiebung η_n liefert die der Verschiebung η_n entsprechende Last P_n:

$$\frac{\partial A}{\partial \eta_n} = P_n . \tag{165}$$

Wir werden diese Form des Theorems nicht benötigen.

b) Anwendung auf die Berechnung von Formänderungen

Die Anwendung des Theorems von CASTIGLIANO, Gleichung (164), sei nachstehend an einigen Beispielen gezeigt.

Vollwandige Balken

Wir betrachten zuerst einen einseitig eingespannten Balken AB, der am freien Ende B durch eine lotrechte Last P_B belastet sei (Abb. 264). Gesucht sei die lotrechte Durchbiegung η_B.

Wenn wir zunächst den Einfluß der Querkräfte auf die Formänderungen vernachlässigen, so können wir die Formänderungsarbeit A als (innere) Arbeit der Momente M während der Verbiegungen $d\alpha$ berechnen:

$$A = \frac{1}{2} \cdot \int_0^l M \cdot d\alpha = \int_0^l \frac{M^2}{2\,EJ} \cdot dx \,. \qquad (166)$$

Für konstante Steifigkeit und mit

$$M = - P_B \cdot x$$

wird

$$A = \int_0^l \frac{P_B^2 \cdot x^2}{2\,EJ} \cdot dx = \frac{P_B^2}{2\,EJ} \cdot \int_0^l x^2 \cdot dx = \frac{P_B^2 \cdot l^3}{6\,EJ}$$

und daraus nach Gleichung (164a)

$$\eta_B = \frac{\partial A}{\partial P_B} = \frac{P_B \cdot l^3}{3\,EJ} \,.$$

Statt die Formänderungsarbeit A fertig auszurechnen, können wir die Ableitung nach P auch im allgemeinen Ausdruck der Gleichung (166) durchführen:

$$\frac{\partial A}{\partial P_n} = \eta_n = \frac{\partial}{\partial P_n} \int_0^l \frac{M^2 dx}{2\,EJ} = \int_0^l \frac{M}{EJ} \cdot \frac{\partial M}{\partial P_n} \cdot dx \,. \qquad (167a)$$

$\dfrac{\partial M}{\partial P_n}$ bedeutet aber nun nichts anderes als die Änderung des Momentes M bei einer Änderung von P_n um ∂P_n; ändern wir P_n um eine Tonne, so ändert sich M um das Moment M_n infolge $P_n = 1$ t, und Gleichung (167a) kann somit wie folgt geschrieben werden:

$$\eta_n = \int_0^l \frac{M \cdot M_n}{EJ} \cdot dx \,. \qquad (167b)$$

Im Beispiel der Abbildung 264 ergibt sich mit

$$M = - P_B \cdot x \,, \qquad M_n = - 1 \cdot x$$

die Durchbiegung η_n daraus zu

$$\eta_n = \int_0^l \frac{P_B \cdot x \cdot 1 \cdot x}{EJ} \cdot \Big| dx = \frac{P_B \cdot l^3}{3\,EJ}$$

wie früher.

Berücksichtigen wir nun auch noch den Einfluß der Querkräfte Q auf die Formänderungen, so wird die Formänderungsarbeit A

$$A = \frac{1}{2} \int_0^l M \cdot d\alpha + \frac{1}{2} \int_0^l Q \cdot \gamma_m \cdot dx = \int_0^l \frac{M^2}{2\,EJ} \cdot dx + \int_0^l \frac{Q^2}{2\,GF'} \cdot dx$$

und daraus die Durchbiegung η_n

$$\eta_n = \frac{\partial A}{\partial P_n} = \int_0^l \frac{M}{EJ} \cdot \frac{\partial M}{\partial P_n} \cdot dx + \int_0^l \frac{Q}{GF'} \cdot \frac{\partial Q}{\partial P_n} \cdot dx =$$

$$= \int_0^l \frac{M \cdot M_n}{EJ} \cdot dx + \int_0^l \frac{Q \cdot Q_n}{GF'} \cdot dx . \tag{167c}$$

Wir bezeichnen die äußeren Lasten P und damit die Momente M und Querkräfte Q, für die wir die Verschiebungen suchen, als den «*Verschiebungszustand*» (V. Z.), die Last $P_n = 1$ (Momente M_n, Querkräfte Q_n) an der Stelle

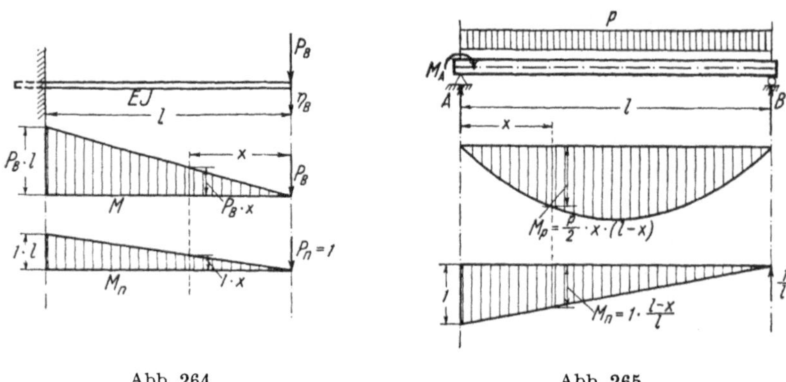

Abb. 264   Abb. 265

und in Richtung der gesuchten Verschiebung, die keine wirkliche, sondern eine gedachte oder virtuelle Belastung des untersuchten Tragwerks ist, als «*virtuellen Belastungszustand*» (B. Z.). Die gesuchte Verschiebung η_n ergibt sich nach Gleichung (167c) als (virtuelle) Formänderungsarbeit der virtuellen Belastung P_n während der Formänderungen infolge des Verschiebungszustandes P. Damit haben wir mit Hilfe des Theorems von CASTIGLIANO ein Ergebnis gefunden, das in den Vorlesungen über Baustatik II auch mit Hilfe des Begriffs der virtuellen Arbeit abgeleitet werden wird.

Wir wollen Gleichung (167c) nun noch auf das Beispiel der Abbildung 264 anwenden. Mit

$$Q = P_B , \qquad Q_n = 1$$

wird

$$\eta_n = \frac{P_B \cdot l^3}{3\,EJ} + \int_0^l \frac{P_B \cdot 1}{GF'} \cdot dx = \frac{P_B \cdot l^3}{3\,EJ} + \frac{P_B \cdot l}{GF'} .$$

Wir wollen in einem weiteren Beispiel (Abb. 265) die Drehung τ_A des Auflagerquerschnittes A eines mit der gleichmäßig verteilten Belastung p belasteten einfachen Balkens AB untersuchen. Die Momente M infolge der Belastung p betragen

$$M_p = \frac{p}{2} \cdot x \cdot (l - x) \ .$$

Gleichzeitig soll noch ein als klein vorausgesetztes Moment M_A beim Auflager A angreifen; die dadurch im Balken hervorgerufenen Momente bezeichnen wir mit $M_A \cdot M_n$. Die Gesamtmomente M betragen damit

$$M = M_p + M_A \cdot M_n \ ;$$

da wir M_A als klein annehmen, wird dadurch der tatsächliche Belastungszustand M_p nicht verändert.

Die Formänderungsarbeit M beträgt nun

$$A = \int_0^l \frac{M^2}{2EJ} \cdot dx = \int_0^l \frac{M_p^2}{2EJ} \cdot dx + \int_0^l \frac{2\,M_p \cdot M_A \cdot M_n}{2EJ} \cdot dx + \int_0^l \frac{(M_A \cdot M_n)^2}{2EJ} \cdot dx \ ,$$

so daß sich die gesuchte Auflagerdrehung $\tau_A = \tau_n$ nach Gleichung (164b) zu

$$\tau_n = \tau_A = \frac{\partial A}{\partial M_A} = \int_0^l \frac{M_p \cdot \dot{M}_n}{EJ} \cdot dx + \int_0^l \frac{M_A \cdot M_n^2}{EJ} \cdot dx$$

ergibt. Da wir aber M_A als klein angenommen haben, $M_A = 0$, ist

$$M_A \cdot \int_0^l \frac{M_n^2}{EJ} \cdot dx = 0$$

und

$$\tau_n = \int_0^l \frac{M_p \cdot M_n}{EJ} \cdot dx \ .$$

analog zu Gleichung (167b). Verschiebungszustand und virtueller Belastungszustand sind hier unabhängig voneinander.

Für konstante Steifigkeit EJ wird

$$\tau_n = \int_0^l \frac{p \cdot x\,(l - x) \cdot 1 \cdot (l - x)}{2EJ \cdot l} \cdot dx = \frac{p}{2EJ \cdot l} \cdot \int_0^l x \cdot (l - x)^2 \cdot dx \ ,$$

$$\tau_n = \frac{p}{2EJ \cdot l} \cdot \left[\frac{l^2 x^2}{2} - \frac{2l x^3}{3} + \frac{x^4}{4}\right]_0^l = \frac{p \cdot l^3}{24EJ} \ .$$

Fachwerkbalken

Die Stabkräfte S_i im Fachwerkbalken (Abb. 266) infolge der äußeren Belastung P seien durch irgendeines der behandelten Berechnungsverfahren bestimmt worden. Im Stab s_i wird durch die Stabkraft S_i die Formänderungsarbeit

$$A_i = \frac{1}{2} \cdot \frac{S_i^2 \cdot s_i}{EF_i}$$

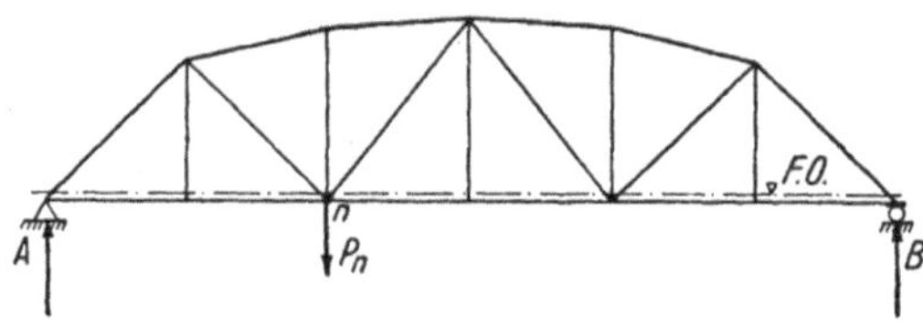

Abb. 266

geleistet; für den ganzen Balken ist somit

$$A = \sum_A^B \frac{S_i^2 \cdot s_i}{2\,EF_i}.$$

Die Durchbiegung η_n des Knotenpunktes n in Richtung der Last P_n beträgt

$$\eta_n = \frac{\partial A}{\partial P_n} = \sum \frac{S_i \cdot s_i}{EF_i} \cdot \frac{\partial S_i}{\partial P_n} \, ;$$

nun bedeutet aber $\dfrac{\partial S_i}{\partial P_n}$, analog zu früher, das Verhältnis der Veränderung der Stabkraft S_i zur Veränderung von P_n oder es ist also

$$\frac{\partial S_i}{\partial P_n} = S_{ni},$$

wenn wir mit S_{ni} die Stabkraft im Stab s_i infolge $P_n = 1$ bezeichnen. Damit wird

$$\eta_n = \sum \frac{S_i \cdot S_{ni} \cdot s_i}{EF_i}. \tag{168}$$

Die Durchbiegung η_n ergibt sich also als Formänderungsarbeit der Stabkräfte S_{ni} im virtuellen Belastungszustand $P_n = 1$ während der Stabverlängerungen Δs_i

$$\Delta s_i = \frac{S_i \cdot s_i}{EF_i}$$

infolge des untersuchten Verschiebungszustandes. Auch hier braucht P_n nicht mit einer wirklichen Last übereinzustimmen, sondern P_n kann in einem beliebigen Knotenpunkt und in beliebiger Richtung eingeführt werden, um damit die entsprechende Verschiebung η_n zu bestimmen.

c) Anwendung auf die Berechnung statisch unbestimmter Tragwerke

Ohne daß wir hier eine systematische Theorie der statisch unbestimmten Tragwerke aufstellen wollen, die den Vorlesungen über Baustatik II vorbehalten sein soll, sei doch nachstehend die Anwendung des Theorems von CASTIGLIANO auf die Berechnung statisch unbestimmter Tragwerke an einigen einfachen Beispielen kurz skizziert.

Statisch unbestimmte Vollwandbalken

Wir betrachten als Beispiel (Abb. 267) einen bei A eingespannten, bei B beweglich gelagerten Balken AB; er ist einfach statisch unbestimmt. Sobald eine Auflagerkraft, zum Beispiel B, bekannt ist, können die übrigen Auflagergrößen und die inneren Schnittkräfte aus den Gleichgewichtsbedingungen berechnet werden. Die Auflagerkraft $B=X$ jedoch, die wir als «*überzählige Größe*» bezeichnen, muß aus einer Formänderungsbedingung oder «*Elastizitätsbedingung*» berechnet werden. Diese lautet hier, daß sich der Angriffspunkt B der überzähligen Auflagerkraft X nicht senken kann, $\eta_x = 0$.

Wir schreiben das Theorem von CASTIGLIANO für diese Verschiebung η_x an und finden

$$\eta_x = \frac{\partial A}{\partial X} = 0 \,. \tag{169a}$$

Wir wollen für die Lösung dieser Elastizitätsbedingung nur den Einfluß der Momente auf die Formänderungen berücksichtigen. Es ist dann

$$\eta_x = \int_0^l \frac{M}{EJ} \cdot \frac{\partial M}{\partial X} \cdot dx = 0 \,. \tag{169b}$$

Das Biegungsmoment M im Schnitt x beträgt für die untersuchte gleichmäßig verteilte Belastung p

$$M = X \cdot x - \frac{p \cdot x^2}{2} \,.$$

Im Balken mit $X = 0$, also im einseitig eingespannten Konsolträger mit entfernt gedachtem Lager B erzeugt die Belastung p ein Biegungsmoment M_0,

$$M_0 = - \frac{p \cdot x^2}{2} \,,$$

während die Auflagerkraft $X = 1$ ein Moment M_x,

$$M_x = 1 \cdot x$$

bewirkt. Es ist somit

$$M = M_0 + X \cdot M_x \,. \tag{170}$$

Wir erhalten somit das Moment M im statisch unbestimmten Tragwerk, indem wir im Ersatztragwerk mit entferntem Lager B, $X = 0$, sowohl die Momente M_0

aus der äußeren Belastung p wie die Momente M_x aus $X = 1$ je für sich berechnen und diese Teilmomente nach Gleichung (170) superponieren. Die überzählige Größe X muß dabei so groß sein, daß die Elastizitätsbedingung $\eta_x = 0$ erfüllt ist. Das eingeführte Ersatztragwerk nennen wir «*Grundsystem*»; es ist hier statisch bestimmt.

Durch Differentiation von Gleichung (170) nach X erhalten wir

$$\frac{\partial M}{\partial X} = M_x \; ;$$

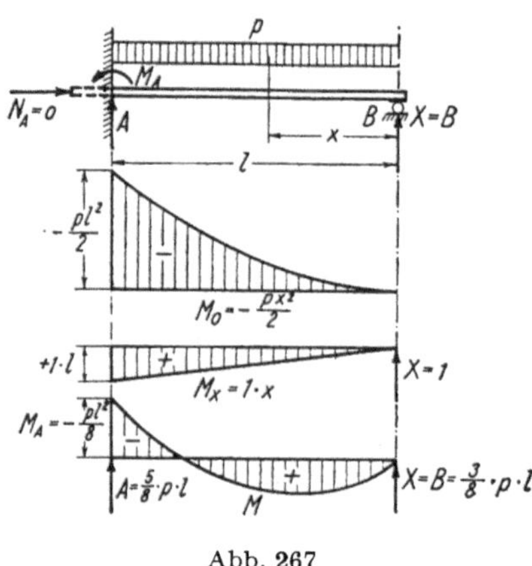

Abb. 267

damit geht Gleichung (169b) über in

$$\eta_x = \int_0^l \frac{M \cdot M_x}{EJ} \cdot dx = \int_0^l \frac{(M_0 + X \cdot M_x) \cdot M_x}{EJ} = 0 \; . \tag{169c}$$

Führen wir zur Abkürzung die Verschiebungsgrößen

$$a_{x0} = \int_0^l \frac{M_0 \cdot M_x}{EJ} \cdot dx \, , \qquad a_{xx} = \int_0^l \frac{M_x^2}{EJ} \cdot dx$$

ein, so lautet die Elastizitätsbedingung

$$a_{x0} + X \cdot a_{xx} = 0 \; ; \tag{171}$$

die überzählige Größe X ergibt sich zu

$$X = - \frac{a_{x0}}{a_{xx}} \; .$$

In unserem Beispiel (Abb. 267) wird für konstante Steifigkeit EJ

$$a_{x0} = -\int_0^l \frac{p \cdot x^2 \cdot 1 \cdot x}{2\,EJ} \cdot dx = -\frac{p \cdot l^4}{8\,EJ}\,,$$

$$a_{xx} = \int_0^l \frac{(1 \cdot x)^2}{EJ} \cdot dx = \frac{1 \cdot l^3}{3\,EJ}$$

und damit

$$B = X = -\frac{a_{x0}}{a_{xx}} = \frac{3}{8}\,p \cdot l\,.$$

Das Biegungsmoment M beträgt

$$M = \frac{3}{8}\,p \cdot l \cdot x - \frac{1}{2}\,p \cdot x^2 = \frac{1}{8}\,p \cdot x \cdot (3\,l - 4\,x)\,;$$

insbesondere ist

$$M_A = -\frac{p \cdot l^2}{8}\,.$$

Die Querkraft Q ergibt sich zu

$$Q = -\frac{3}{8} \cdot p \cdot l + p \cdot x = -\frac{1}{8} \cdot p \cdot (3\,l - 8\,x)\,.$$

Q wird Null für

$$3\,l - 8\,x = 0\,, \qquad x = \frac{3}{8} \cdot l\,;$$

für diese Stelle wird das positive Moment ein Maximum mit

$$M_{\text{max pos}} = \frac{1}{8}\,p \cdot \frac{3\,l}{8} \cdot \left(3\,l - \frac{3 \cdot 4}{8}\,l\right) = \frac{9}{128} \cdot p \cdot l^2\,.$$

Die Auflagerkraft A beträgt

$$A = p \cdot l - X = \frac{5}{8} \cdot p \cdot l\,.$$

Statt des Auflagerdruckes B hätten wir im Beispiel der Abbildung 267 auch das Einspannmoment M_A als überzählige Größe X einführen können. Für diesen Fall lautet die Elastizitätsbedingung, daß sich die Balkenaxe im Einspannquerschnitt nicht verdrehen kann, $\tau_A = 0$. Durch Entfernen der Einspannung bei A entsteht als Grundsystem der einfache Balken AB, und es ist

$$M_0 = \frac{p}{2} \cdot x \cdot (l - x)\,, \qquad M_x = \frac{1}{l} \cdot x\,,$$

$$a_{x0} = \frac{p}{2\,l\,EJ} \cdot \int_0^l x^2 \cdot (l - x)\,dx = \frac{p\,l^3}{24\,EJ}\,, \qquad a_{xx} = \frac{1}{l^2\,EJ} \cdot \int_0^l x^2 \cdot dx = \frac{l}{3\,EJ}\,,$$

woraus

$$X = M_A = -\frac{p\,l^2}{8}$$

in Übereinstimmung mit der früheren Berechnung.

Betrachten wir noch einmal Gleichung (169a)

$$\eta_x = \frac{\partial A}{\partial X} = 0 \; .$$

Die Elastizitätsbedingung hat in der Schreibweise nach CASTIGLIANO die Form einer Extremalbedingung, und zwar bedeutet diese, daß sich bei einem statisch unbestimmten Tragwerk die überzähligen Größen (und damit auch die inneren Schnittkräfte) so einstellen, daß die Formänderungsarbeit im Tragwerk zu einem Minimum wird. Die Anwendung des Theorems von CASTIGLIANO auf die Berechnung statisch unbestimmter Tragwerke ist somit gleichbedeutend mit der Formulierung des Prinzips vom Minimum der Formänderungsarbeit.

Bei mehrfach statisch unbestimmten Tragwerken kann für jede überzählige Größe $X, Y, Z \ldots$ eine Elastizitätsbedingung

$$\frac{\partial A}{\partial X} = 0 \;, \qquad \frac{\partial A}{\partial Y} = 0 \;, \qquad \frac{\partial A}{\partial Z} = 0 \ldots$$

angeschrieben werden. Analog wie wir es hier beim einfach statisch unbestimmten Tragwerk getan haben, lassen sich diese Elastizitätsbedingungen umformen in die Elastizitätsgleichungen

$$a_{x0} + X \cdot a_{xx} + Y \cdot a_{xy} + Z \cdot a_{xz} + \ldots = 0$$

$$a_{y0} + X \cdot a_{yx} + Y \cdot a_{yy} + Z \cdot a_{yz} + \ldots = 0$$

$$a_{z0} + X \cdot a_{zx} + Y \cdot a_{zy} + Z \cdot a_{zz} + \ldots = 0$$

usw.

Die Berechnung eines n-fach statisch unbestimmten Tragwerks führt somit auf die Auflösung eines n-gliedrigen Gleichungssystems mit n Unbekannten. Es soll jedoch hier nicht weiter auf diese Probleme eingetreten werden.

Statisch unbestimmte Fachwerke

Wir untersuchen als Beispiel die in Abbildung 268 skizzierte Fachwerkkonsole. Es ist mit

$$a = 3 \;, \qquad s = 6 \;, \qquad k = 4$$

$$s + a = 9 > 2k = 8$$

das Tragwerk einfach innerlich statisch unbestimmt. Wir gewinnen ein statisch bestimmtes Grundsystem, indem wir einen Fachwerkstab aufschneiden. Die Wirkung dieses Schnittes müssen wir kompensieren, indem wir beiderseits der

Schnittstelle die überzählige Stabkraft X anbringen, und zwar in solcher Größe, daß sich die beiden Schnittstellen nicht voneinander entfernen können, $\eta_x = 0$. Die Stabkraft im Stab s_i beträgt

$$S_i = S_{0i} + X \cdot S_{xi} \, ,$$

wobei S_{xi} die Stabkraft S_i infolge $X = 1$ (im Grundsystem) bedeutet.

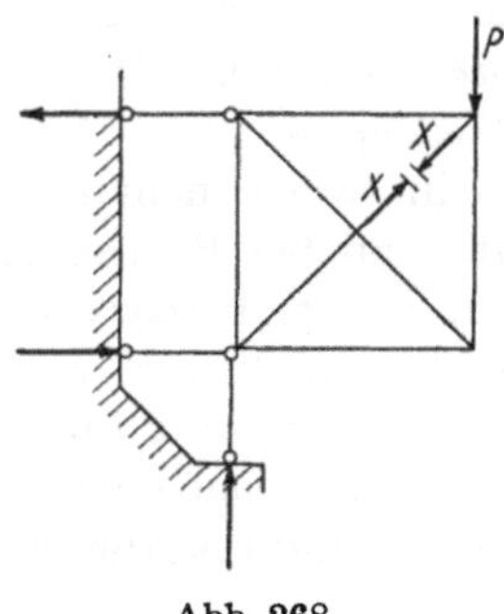

Abb. 268

Die Elastizitätsbedingung lautet nach dem Theorem von CASTIGLIANO und mit

$$A = \sum \frac{S_i^2 \cdot s_i}{2\,E F_i}$$

$$\eta_x = \frac{\partial A}{\partial X} = 0 = \sum \frac{S_i}{E \cdot F_i} \cdot \frac{\partial S_i}{\partial X} \cdot s_i \, .$$

Aus

$$\frac{\partial S_i}{\partial X} = S_{xi}$$

folgt

$$\eta_x = 0 = \sum \frac{(S_{0i} + X \cdot S_{xi}) \cdot S_{xi}}{E F_i}\, s_i = \sum \frac{S_{0i} \cdot S_{xi} \cdot s_i}{E F_i} + X \cdot \sum \frac{S_{xi}^2 \cdot s_i}{E F_i} \, ,$$

woraus sich die überzählige Stabkraft X zu

$$X = - \frac{\displaystyle\sum \frac{S_{0i} \cdot S_{xi} \cdot s_i}{E F_i}}{\displaystyle\sum \frac{S_{xi}^2 \cdot s_i}{E F_i}} = - \frac{a_{x0}}{a_{xx}} \tag{172}$$

ergibt. Die Berechnung statisch unbestimmter Fachwerke zeigt somit eine weitgehende formale Analogie zur Berechnung statisch unbestimmter Vollwandträger.

VIII. Ergänzungen zur klassischen Biegungslehre

Die klassische Biegungslehre setzt zur Berechnung der Spannungen *gerade Stäbe gleichbleibenden Querschnittes* voraus. Sie nimmt ferner, durch die Aufteilung der sechs räumlichen Gleichgewichtsbedingungen zwischen den Schnittkräften und den Spannungen in zwei voneinander unabhängige Gleichungsgruppen, $N-\sigma$ und $Q-\tau$, an, daß bei Beanspruchung *durch Torsion keine Normalspannungen σ* auftreten. Endlich beschränkt sie sich auf die Spannungsberechnung von Stäben, deren einzelne Fasern oder Teile sich gegenseitig nicht verschieben; sie gibt somit keinen Aufschluß über die Spannungen in Stäben, die mit Hilfe von mehr oder weniger nachgiebigen Verbindungsmitteln aus einzelnen Teilen zusammengesetzt sind und die wir als *zusammengesetzte Vollwandträger* bezeichnen.

Es sollen im folgenden Fälle untersucht werden, bei denen diese Voraussetzungen der klassischen Biegungslehre nicht erfüllt sind, diese also zu ergänzen ist, soweit diese Ergänzungsuntersuchungen elementar, also ohne Inanspruchnahme der mathematischen Elastizitätstheorie, durchgeführt werden können.

1. Balken mit veränderlichem Querschnitt

a) Stetig veränderliche Höhe

Wir betrachten in Abbildung 269 ein Element dx eines Balkens mit veränderlicher Höhe h und der Breite b. Dabei setzen wir symmetrische Ausbildung des Balkens in bezug auf die Balkenaxe x voraus, und es sei die y-Axe eine Hauptaxe der Balkenquerschnitte.

Aus den Gleichgewichtsbedingungen für die Spannungen eines Randelementes (Abb. 269a) mit unbelastetem Rand

$$\sigma_x \cdot b \cdot \operatorname{tg}\alpha \cdot dx + \tau_n \cdot b \cdot dx = 0,$$

$$\sigma_y \cdot b \cdot dx + \tau_n \cdot b \cdot \operatorname{tg}\alpha \cdot dx = 0,$$

finden wir

$$\left.\begin{aligned} \tau_n &= -\sigma_x \cdot \operatorname{tg}\alpha, \\ \sigma_y &= -\tau_n \cdot \operatorname{tg}\alpha = \sigma_x \cdot \operatorname{tg}^2\alpha. \end{aligned}\right\} \tag{173}$$

Da der unbelastete Balkenrand frei von Schubspannungen ist, sind die Hauptspannungen parallel und senkrecht zum Rand gerichtet; ihre Größe ergibt sich aus den Gleichgewichtsbedingungen für ein Randelement nach Abbildung 269b

$$\sigma_1 \cdot b \cdot dx \cdot \sin\alpha - \sigma_y \cdot b \cdot dx \cdot \sin\alpha + \tau_n \cdot b \cdot dx \cdot \cos\alpha = 0$$

$$\sigma_2 \cdot b \cdot dx \cdot \cos\alpha - \sigma_y \cdot b \cdot dx \cdot \cos\alpha - \tau_n \cdot b \cdot dx \cdot \sin\alpha = 0$$

zu

$$\left.\begin{aligned}
\underline{\sigma_1} &= \sigma_y - \tau_n \cdot \operatorname{ctg}\alpha = \sigma_x \cdot (\operatorname{tg}^2\alpha + 1) = \underline{\frac{1}{\cos^2\alpha} \cdot \sigma_x} \\[2mm]
\underline{\sigma_2} &= \sigma_y + \tau_n \cdot \operatorname{tg}\alpha = \sigma_x \cdot (\operatorname{tg}^2\alpha - \operatorname{tg}^2\alpha) = \underline{0}\,.
\end{aligned}\right\} \tag{174}$$

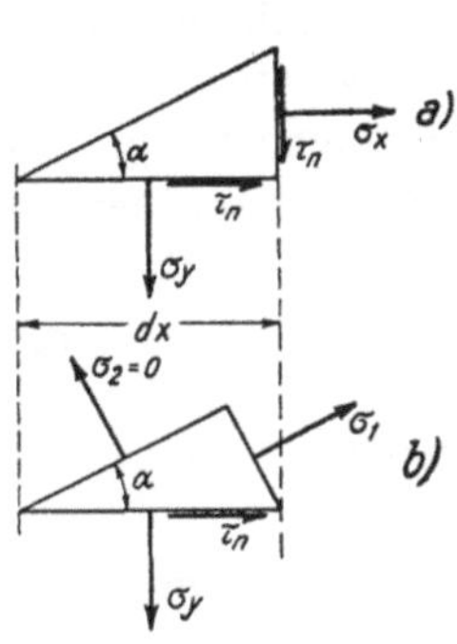

Abb. 269

Es treten somit bei veränderlicher Höhe am Balkenrand Hauptspannungen σ_1 auf, die etwas größer sind als die Normalspannungen σ_x der normal zur Balkenaxe stehenden Schnittebene. Der wesentliche Unterschied gegenüber Balken konstanter Höhe ist jedoch der, daß hier aus Gleichgewichtsgründen Schubspannungen τ_n in Randnähe auftreten müssen, die von den Spannungen σ_x selbst und nicht mehr von den Spannungsänderungen $\frac{d\sigma_x}{dx}$ herrühren. Diese Schubspannungen τ_n infolge der Neigung des Balkenrandes werden sich nun gegen die Balkenaxe zu stetig verändern müssen, da sie wegen des Gleichgewichtszustandes zwischen benachbarten Balkenelementen im gleichen Schnitt x nicht plötzlich verschwinden können. Es ist im Sinne einer möglichst einfachen Formulierung naheliegend, den Verlauf der Schubspannungen τ_n über die Balkenhöhe näherungsweise durch den Ansatz

$$\tau_n = -\sigma_x \cdot \operatorname{tg}\varphi = -\sigma_x \cdot \frac{y}{a} = -\sigma_x \cdot \frac{2\operatorname{tg}\alpha}{h} \cdot y \tag{175}$$

zu erfassen.

　　Um die Größe der Spannungswerte selbst infolge der Schnittgrößen M und N zu finden, benötigen wir noch eine Annahme über die Form der Spannungsverteilung. Die nächstliegende Annahme wäre wohl die Bernoulli-Naviersche

Hypothese vom Ebenbleiben der Querschnitte, daß nämlich die Dehnungen ε_x

$$\varepsilon_x = \frac{1}{E}\left(\sigma_x - v \cdot \sigma_y\right) = \frac{1}{E}\cdot\sigma_x\left(1 - v\cdot\frac{y^2}{a^2}\right)$$

linear über die Querschnittshöhe verlaufen. Es zeigt sich aber, daß die aus dieser Annahme folgenden Spannungen σ_x bei nicht sehr großen Randneigungen α nur unwesentlich von der linearen Spannungsverteilung und damit vom Wert σ_x nach NAVIER

$$\sigma_x = \frac{N}{F} - \frac{M}{J}\cdot y$$

nach der klassischen Biegungslehre abweichen. Wir wollen deshalb diese Spannungswerte, die zu einfachen Ergebnissen führen (und die gegenüber den Ergebnissen der Elastizitätstheorie für die Randspannungen bei Biegung größer sind als die wirklichen Spannungen) für die folgende Untersuchung über den Schubspannungsverlauf verwenden.

Setzen wir diese Spannungswerte σ_x nach NAVIER in Gleichung (175) ein, so erhalten wir

$$\tau_n = -\frac{1}{a}\cdot\left(\frac{N}{F}\cdot y - \frac{M}{J}\cdot y^2\right). \tag{176}$$

Dabei besitzt

$$a = \frac{h}{2\,\mathrm{tg}\,\alpha}$$

bei mit wachsendem x zunehmender Balkenhöhe h (α positiv) positives Vorzeichen.

Die Schubspannungen τ_n im Schnitt x lassen sich zu einer Resultierenden Q_n zusammenfassen:

$$Q_n = \int_{-\frac{h}{2}}^{+\frac{h}{2}}\tau_n\cdot dF = -\frac{1}{a}\cdot\int_{-\frac{h}{2}}^{+\frac{h}{2}}\left(\frac{N}{F}\cdot y - \frac{M}{J}\cdot y^2\right)\cdot dF.$$

Da wir die Ordinaten y von der waagrechten Querschnittsschweraxe aus rechnen, ist

$$\int_{-\frac{h}{2}}^{+\frac{h}{2}}y\cdot dF = 0,$$

und es wird

$$Q_n = +\frac{M}{a\cdot J}\cdot\int_{-\frac{h}{2}}^{+\frac{h}{2}}y^2\cdot dF = \frac{M}{a} = M\cdot\frac{2\,\mathrm{tg}\,\alpha}{h}. \tag{177}$$

Neben den Schubspannungen τ_n treten nun aber auch noch Schubspannungen τ_Q infolge der Querkräfte Q, soweit diese nicht durch Q_n aufgenommen werden, auf, die wie für den Stab mit konstantem Querschnitt zu berechnen sind. Es ist also die ganze Schubspannung $\tau = \tau_Q + \tau_n$

$$\tau = \frac{(Q - Q_n) \cdot S}{b \cdot J} - \frac{N}{a \cdot F} \cdot y + \frac{M}{a \cdot J} \cdot y^2 \, ;$$

setzen wir den Wert von Q_n nach Gleichung (177) ein, so erhalten wir

$$\tau = \frac{Q \cdot S}{b \cdot J} + \frac{M}{a \cdot J} \cdot \left(y^2 - \frac{S}{b} \right) - \frac{N}{a \cdot F} \cdot y \, . \tag{178}$$

Der Verlauf der Schubspannungen τ sei noch an einem Balken mit Rechteckquerschnitt,

$$S = \frac{b}{8} \cdot (h^2 - 4 y^2) \, , \qquad J = \frac{b h^3}{12}$$

und für $N = 0$ veranschaulicht. Durch Einsetzen von S und J erhalten wir

$$\tau = \frac{3}{2 \cdot b h} \cdot \left[Q \cdot \left(1 - \frac{4 y^2}{h^2} \right) - \frac{M}{a} \cdot \left(1 - \frac{12 y^2}{h^2} \right) \right] \, .$$

In der Balkenaxe, $y = 0$, ergibt sich

$$\tau_o = \frac{3}{2 \cdot b h} \cdot \left(Q - \frac{M}{a} \right) \, ;$$

τ_o verschwindet für $M = Q \cdot a$.

Am Balkenrand, $y = \dfrac{h}{2}$, ist dagegen

$$\tau_r = \frac{3}{2 \cdot b h} \cdot \frac{2 M}{a} = \frac{3 M}{b h \cdot a} \, .$$

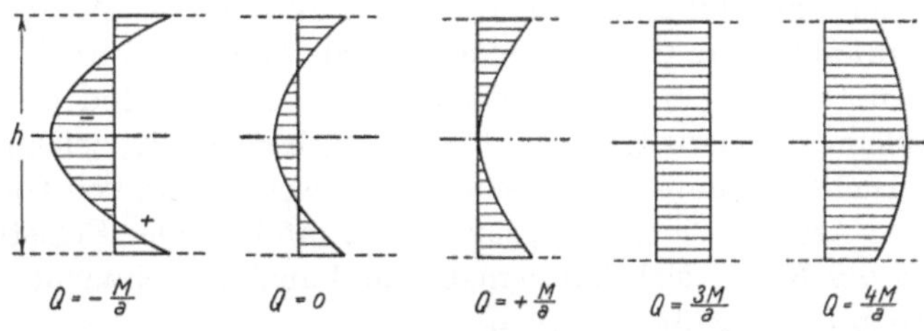

Abb. 270

Die Schubspannungen τ verlaufen beim Rechteckquerschnitt parabelförmig über die Balkenhöhe; sie sind somit durch die beiden Werte τ_o und τ_r bestimmt. In Abbildung 270 sind einige charakteristische Fälle dieses Schubspannungsverlaufes für positives Moment M und mit wachsendem x zunehmende Balkenhöhe h (a positiv) skizziert.

b) Plötzliche Querschnittsänderung

In der Umgebung plötzlicher Querschnittsänderungen bleiben die Querschnitte nicht mehr eben; es zeigen sich an solchen Stellen Spannungskonzentrationen oder Spannungsspitzen.

In einigen einfachen Fällen kann die Spannungsverteilung mit Hilfe der *Elastizitätstheorie* berechnet werden, so zum Beispiel in einem gelochten Zugstab rechteckigen Querschnitts (Abb. 271).

Für einen gegenüber der Stabbreite b kleinen Lochdurchmesser d ist hier

$$\sigma_{\max} = 3 \cdot \sigma_m \, .$$

Ähnliche Spannungsverteilungen zeigen der gekerbte Zugstab (Abb. 272a) oder der Stab mit plötzlicher Änderung der Breite (Abb. 272b).

Eine Berechnung der Spannungsverteilung ist in solchen Fällen meist nicht mehr möglich, und man ist für ihre Bestimmung auf den *Versuch* angewiesen.

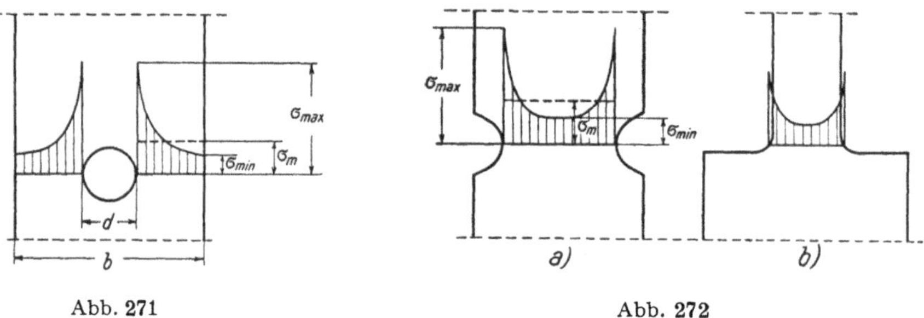

Abb. 271   Abb. 272

Eine direkte versuchstechnische Bestimmung der Spannungen ist durch *Dehnungsmessung* möglich. Dabei zeigt sich jedoch die praktische Schwierigkeit, daß die kleinen spezifischen Dehnungen auf verhältnismäßig kleinen Meßlängen gemessen und durch geeignete Konstruktion des Meßinstrumentes (Tensometer) auf ablesbare Größe übersetzt werden müssen. Zur Vergrößerung der spezifischen Dehnungen werden deshalb gelegentlich Modelle aus einem Material mit kleinem Elastizitätsmodul (Gummi) hergestellt; zeichnen wir auf dem unbeanspruchten Gummimodell ein quadratisches Netz von feinen Linien auf, so kann die Art des Verformungszustandes infolge einer Belastung durch die Verzerrung des Netzes sichtbar gemacht und auch auf einfache Weise ausgemessen werden (Abb. 273).

An Modellen aus gewissen durchsichtigen Materialien ist die Untersuchung der Spannungsverteilung mit Hilfe der *photoelastischen Methode* möglich. Diese beruht darauf, daß die Lichtgeschwindigkeit sich mit dem Spannungszustand des Modellmaterials ändert; durch Interferenzbildung können deshalb Spannungsunterschiede in Form verschiedenfarbiger Streifen sichtbar gemacht werden. Abbildung 274[1]) zeigt das photoelastische Bild des gelochten Zugstabes für drei verschiedene Laststufen.

Bruchversuche, beispielsweise an gelochten oder gekerbten Zugstäben, zeigen nun allerdings, daß die Bruchlast nicht entsprechend der vollen Größe der Spannungsspitze, sondern erheblich weniger stark abfällt. Es scheint somit

---

[1]) Die drei Aufnahmen der Abbildung 274 verdanke ich Herrn Dr. R. V. Baud, Vorsteher der Abteilung für Photoelastizität an der EMPA in Zürich.

nicht die größte örtliche Spannung, sondern ein Mittelwert über einen gewissen Randbereich für den Bruch maßgebend zu sein; die weniger stark beanspruchten Nachbarelemente stützen das maximal beanspruchte Element. Bei langsam bis zum Bruch wachsender Belastung und zähem Material tritt auch ein relativer Spannungsabbau in der Spannungsspitze durch «Spannungsausgleich» (Selbsthilfe des Materials) ein; hier ist annähernd die Durchschnittsspannung σ_m für den Bruch maßgebend. Spannungsspitzen sind somit bei oft wiederholter (dynamischer) Beanspruchung und sprödem Material gefährlicher als bei ruhender (statischer) Beanspruchung und zähem Material. Bei Bauwerken, die einer oft wiederholten Belastung ausgesetzt sind (Eisenbahnbrücken), und bei spröden Verbindungs-

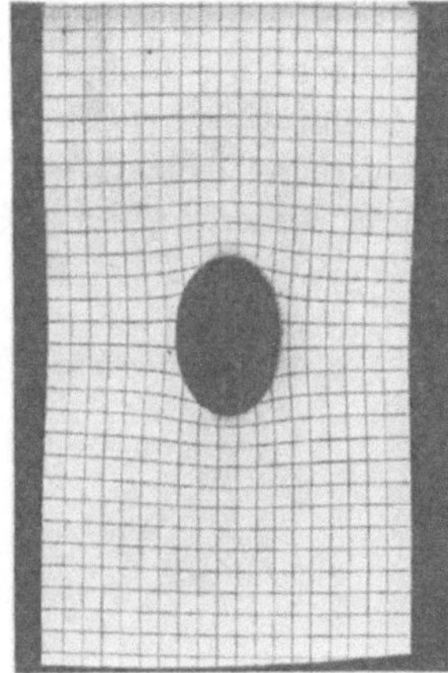

Abb. 273

mitteln (Schweißung) sind deshalb plötzliche Querschnittsänderungen durch entsprechende Formgebung der Bauteile möglichst zu mildern.

Im Stahlbau wird bei gelochten Stäben die Spannungsspitze rechnerisch nicht besonders berücksichtigt, sondern es wird lediglich der geschwächte Querschnitt in der Spannungsberechnung berücksichtigt; dabei sind allerdings die

Abb. 274

zulässigen Beanspruchungen auf Grund der Ergebnisse von Dauerversuchen an gelochten Stäben aufgestellt.

Wenn wir einen Stahlträger mit $\mathbf{I}$-Querschnitt durch aufgesetzte Lamellen verstärken (Abb. 275), so treten bei den Lamellenenden plötzliche Querschnittsänderungen auf. Sind die Lamellen aufgenietet, so wird der Übergang

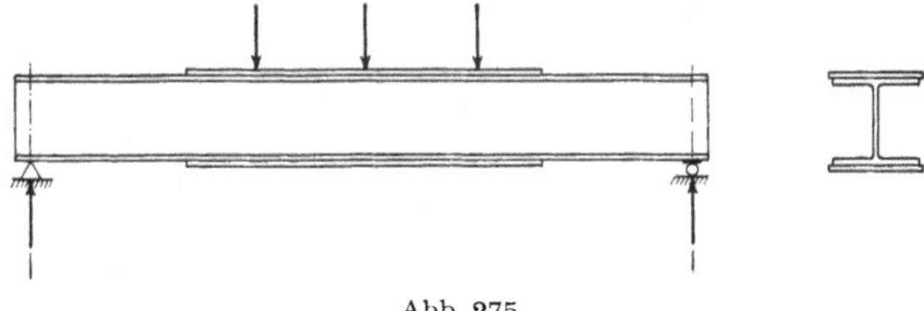

Abb. 275

durch die Nachgiebigkeit des Verbindungsmittels stark gemildert. Sind die Lamellen dagegen aufgeschweißt, so tritt eine solche Milderung nur in unwesentlichem Umfang ein; hier sind am Lamellenende immer beträchtliche Spannungsspitzen vorhanden.

2. Ebene Biegung gekrümmter Stäbe

a) Grundgleichungen

Wir untersuchen einen einfach gekrümmten, ebenen Stab, dessen Querschnitte eine Symmetrieaxe in der Stabebene, in der auch die äußeren Kräfte angreifen, besitzen sollen. Zu bestimmen sind zunächst die Normalspannungen σ infolge eines Biegungsmomentes M und einer Normalkraft N (Abb. 276).

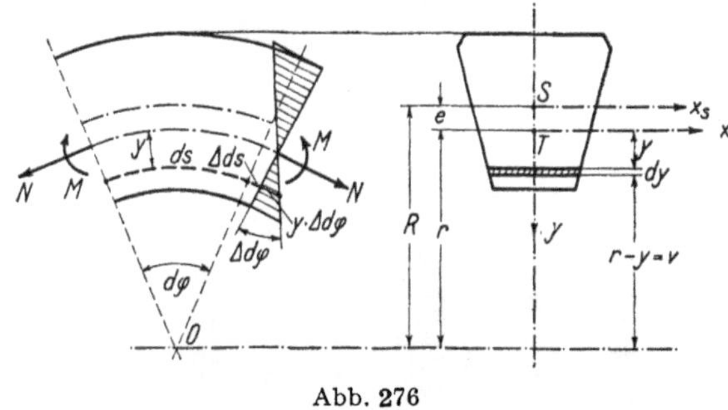

Abb. 276

Wir setzen analog zur klassischen Biegungslehre auch hier Ebenbleiben der Querschnitte voraus; die Verlängerung einer Faser im Abstand y von einer noch festzulegenden, waagrechten Querschnittsaxe x beträgt somit

$$\varepsilon \cdot ds = \varDelta ds + \varDelta d\varphi \cdot y.$$

Mit
$$ds = (r - y) \cdot d\varphi$$

ergibt sich die spezifische Dehnung ε zu

$$\varepsilon = \frac{\Delta ds + \Delta d\varphi \cdot y}{(r - y) \cdot d\varphi} \; ;$$

im Gültigkeitsbereich des HOOKEschen Gesetzes ist somit

$$\sigma = \frac{E \cdot (\Delta ds + \Delta d\varphi \cdot y)}{(r - y) \cdot d\varphi} = \frac{a + b \cdot y}{v} , \qquad (179)$$

wenn wir die Abkürzungen

$$v = r - y , \qquad a = \frac{E \cdot \Delta ds}{d\varphi} , \qquad b = \frac{E \cdot \Delta d\varphi}{d\varphi}$$

einführen.

Setzen wir diesen Spannungswert σ in die beiden Gleichgewichtsbedingungen

$$\int \sigma \cdot dF = N \qquad \text{und} \qquad \int \sigma \cdot y \cdot dF = M$$

ein, so erhalten wir

$$\left.\begin{aligned}
N &= \int \frac{a + b \cdot y}{v} \cdot dF = a \cdot \int \frac{dF}{v} + b \cdot \int \frac{y \cdot dF}{v} , \\
M &= \int \frac{a + b \cdot y}{v} \cdot y \cdot dF = a \cdot \int \frac{y \cdot dF}{v} + b \cdot \int \frac{y^2 \cdot dF}{v} .
\end{aligned}\right\} \qquad (180)$$

Wir wählen die x-Axe des Querschnittes nun derart, daß $\int \dfrac{y \cdot dF}{v}$ verschwindet:

$$\int \frac{y \cdot dF}{v} = \int \frac{y \cdot dF}{r - y} = \int \frac{(y - r) + r}{r - y} \cdot dF = \int \left(\frac{r}{r - y} - 1 \right) \cdot dF = 0$$

$$r \cdot \int \frac{dF}{r - y} - \int 1 \cdot dF = r \cdot \int \frac{dF}{v} - F = 0 \; ;$$

damit ist
$$r = \frac{F}{\displaystyle\int \frac{dF}{v}} , \qquad (181)$$

und es ist auch
$$e = R - r$$

gefunden.

Die Gleichungen (180) vereinfachen sich damit auf

$$N = a \cdot \int \frac{dF}{v} , \qquad M = b \cdot \int \frac{y^2 \cdot dF}{v} , \qquad (180a)$$

und die Normalspannungen σ ergeben sich aus Gleichung (179) zu

$$\sigma = \frac{N}{v \cdot \displaystyle\int \frac{dF}{v}} + \frac{M}{v \cdot \displaystyle\int \frac{y^2 \cdot dF}{v}} \cdot y . \qquad (182a)$$

Dabei ist zu beachten, daß wir unsere Untersuchung und damit auch die Schnittgrößen M und N auf die waagrechte Querschnittsaxe x und nicht auf die Schweraxe x_s bezogen haben.

Greift nun eine Normalkraft N_s im Schwerpunkt S an, so ist, bezogen auf den Punkt T

$$N = N_s, \qquad M = -N_s \cdot e,$$

und es wird

$$\sigma_{N_s} = \frac{N_s}{v \cdot \int \frac{dF}{v}} - \frac{N_s \cdot e}{v \cdot \int \frac{y^2 \cdot dF}{v}} \cdot y = \frac{N_s}{v} \left(\frac{1}{\int \frac{dF}{v}} - \frac{e}{\int \frac{y^2 \cdot dF}{v}} \cdot y \right).$$

Nach Gleichung (181) ist

$$\int \frac{dF}{v} = \frac{F}{r};$$

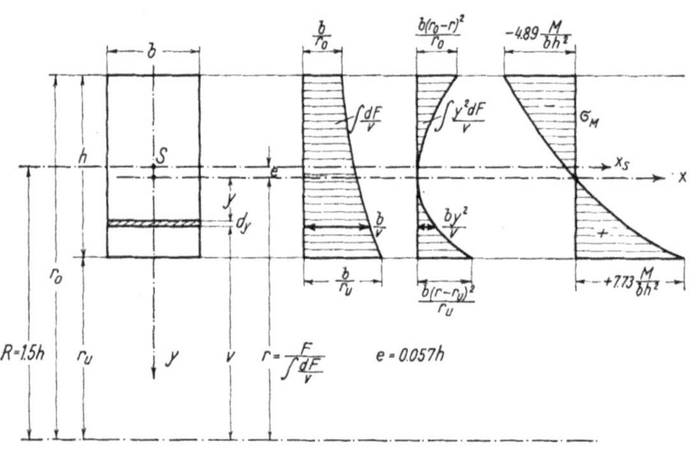

Abb. 277

ferner ist

$$\int \frac{y^2 \cdot dF}{v} = \int \frac{(y^2 - r \cdot y) + r \cdot y}{r - y} \cdot dF = \int \frac{y(y-r)\,dF}{r-y} + r \cdot \int \frac{y}{r-y} \cdot dF = -\int y \cdot dF + 0$$

$$\int \frac{y^2 \cdot dF}{v} = -\int y \cdot dF = e \cdot F.$$

Damit wird

$$\sigma_{N_s} = -\frac{N_s}{r-y} \cdot \left(\frac{r}{F} - \frac{e}{e \cdot F} \cdot y \right) = \frac{N_s}{F},$$

und die Spannungsgleichung lautet für auf den Schwerpunkt bezogene Schnittgrößen N_s und M_s

$$\sigma = \frac{N_s}{F} + \frac{M_s}{\int \frac{y^2 \cdot dF}{v}} \cdot \frac{y}{v}. \qquad\qquad (182b)$$

Die Ausdrücke $\int \dfrac{dF}{v}$ und $\int \dfrac{y^2 \cdot dF}{v}$ werden am einfachsten aus einer Flächen-berechnung ermittelt, zu der wir die Querschnittsfläche F in waagrechte Streifen $dF = b \cdot dy$ einteilen. Diese Berechnung und die Spannungsverteilung σ_M infolge eines Momentes M sind in Abbildung 277 für einen Rechteckquerschnitt $b \cdot h$ und den Radius $R = 1,5 \cdot h$ skizziert.

Wir tragen zunächst die waagrechten Ordinaten $\dfrac{b}{v}$ von einer senkrechten Bezugsgeraden aus auf; der Inhalt der damit bestimmten Fläche (SIMPSONsche Regel!) besitzt den Wert $\int \dfrac{dF}{v}$. Damit kann r nach Gleichung (181) und mit $e = R - r$ die Lage der x-Axe bestimmt werden. Ähnlich erhalten wir den Wert $\int \dfrac{y^2 \cdot dF}{v}$ als Inhalt der aus den waagrecht aufgetragenen Ordinaten $\dfrac{b\,y^2}{v}$ be-

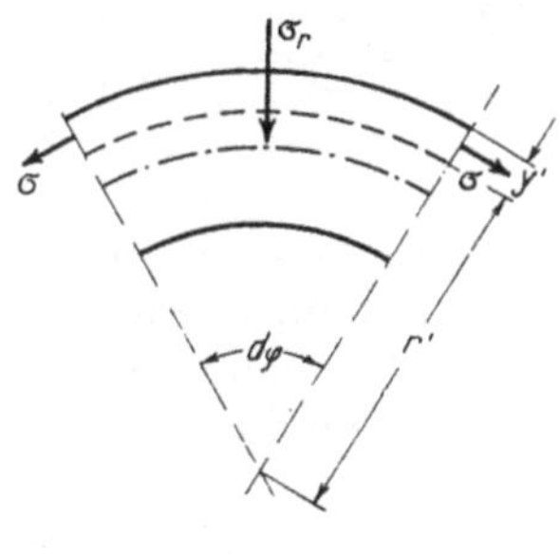

Abb. 278

stimmten Fläche. Die Spannungen σ_M infolge eines Momentes M weichen von der linearen Verteilung hier $(R = 1,5 \cdot h)$ erheblich ab; die Spannung σ_u am unteren Querschnittsrand ist mit

$$\sigma_u = 7,73 \cdot \frac{M}{b\,h^2}$$

rund 29% größer als bei gerader Stabaxe.

Infolge der Stabkrümmung entstehen aus den Normalspannungen σ Ablenkungskräfte und damit radial gerichtete Spannungen σ_r (Abb. 278)

$$\sigma_r \cdot b \cdot r' \cdot d\varphi = \int_0^{y'} \sigma \cdot d\varphi \cdot dF\,, \qquad \sigma_r = \frac{1}{b \cdot r'} \cdot \int_0^{y'} \sigma \cdot dF\,. \qquad (183)$$

Bei Vollquerschnitten, deren Querschnittsform durch die Radialspannungen nicht merklich geändert wird, wird auch die Spannungsverteilung σ durch diese Ablenkungsspannungen nicht beeinflußt. Anders verhält es sich dagegen bei Profilträgern, deren Flanschen durch die Ablenkungsspannungen verbogen werden können; der Einfluß dieser zusätzlichen Formänderung muß deshalb später noch untersucht werden.

Die Schubspannungen τ können, ähnlich wie beim geraden Stab, durch Gleichgewichtsbetrachtung aus den Änderungen der Normalspannungen σ

bestimmt werden. Es ist in der Regel praktisch genügend genau, sie mit der für den geraden Stab abgeleiteten Gleichung

$$\tau = \frac{Q \cdot S}{b \cdot J}$$

zu berechnen.

Mit den Werten $\int \frac{dF}{v}$ und $\int \frac{y^2 \cdot dF}{v}$ sind auch die Formänderungen des Elementes $d\varphi$ bestimmt:

$$\frac{\Delta\,ds}{d\varphi} = \frac{a}{E} = \frac{N}{E \cdot \int \dfrac{dF}{v}}\,,$$

$$\frac{\Delta\,d\varphi}{d\varphi} = \frac{b}{E} = \frac{M}{E \cdot \int \dfrac{y^2 \cdot dF}{v}}\,,$$

so daß die Biegungslinien des Stabes auf Grund der Untersuchungen des Abschnittes VII, 1 berechnet werden können. Zu beachten ist, daß infolge einer im Schwerpunkt S angreifenden Normalkraft N_s das Element $d\varphi$ sich nicht nur verlängert, sondern auch um den Betrag

$$\frac{\Delta\,d\varphi}{d\varphi} = - \frac{N_s \cdot e}{E \cdot \int \dfrac{y^2 \cdot dF}{v}}$$

verdreht.

Ist die Querschnittshöhe h verhältnismäßig klein gegenüber dem Krümmungsradius R, so ändert sich v über die Querschnittshöhe nur wenig oder darf näherungsweise konstant gesetzt werden. Die Spannungs- und Formänderungsgleichungen gehen damit in diejenigen des geraden Stabes über. So betragen beispielsweise die Randspannungen infolge eines Biegungsmomentes M in einem Rechteckquerschnitt und mit $R = 10 \cdot h$ noch

$$\sigma_o = -\,5{,}8 \cdot \frac{M}{b\,h^2}\,, \qquad \sigma_u = +\,6{,}2 \cdot \frac{M}{b\,h^2}\,;$$

diese Werte unterscheiden sich noch um rund 3,2% von den entsprechenden Spannungswerten des geraden Stabes. Bei Trägern mit $\mathbf{I}$-Querschnitt ist die Abweichung noch kleiner. Es darf damit für $R > 10\,h$ mit den Spannungswerten und elementaren Formänderungsgrößen des geraden Stabes gerechnet werden.

Wirken die äußeren Belastungen nicht in der Ebene des gekrümmten Trägers, sondern senkrecht dazu, so liegt ein Fall räumlicher Beanspruchung (Biegung und Verdrehung) vor, dessen Untersuchung nicht mehr in den Rahmen der Baustatik I gehört.

b) Gekrümmter Stab mit dünnen Flanschen

Bei Profilquerschnitten mit dünnen Flanschen, wie sie im Stahlbau als
I- oder T-Profile verwendet werden, verursachen die Ablenkungskräfte p, die
wir nach Gleichung (183) für den Fall eines dünnen Flansches mit annähernd
über die ganze Flanschdicke t konstanter Spannung σ zu

$$p = \int\limits_0^t \frac{\sigma \cdot dt}{r} \cong \frac{\sigma \cdot t}{r}$$

ermitteln können, Querbiegungsmomente M und Flanschdurchbiegungen η
(Abb. 279).

Der Zusammenhang zwischen der Flanschdurchbiegung η_x und der Be-

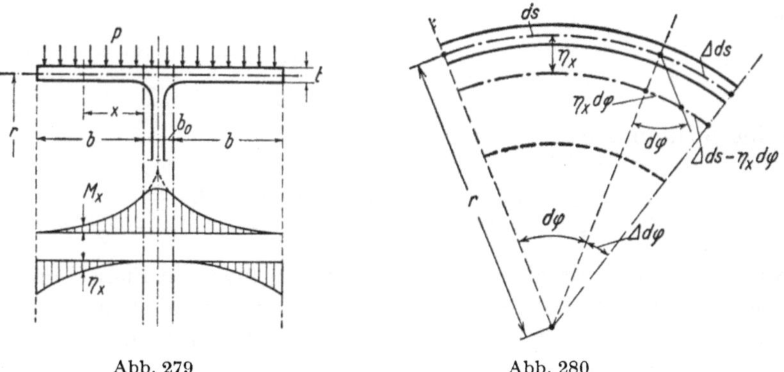

Abb. 279   Abb. 280

lastung p ist gegeben durch die Differentialgleichung (138) der elastischen
Linie, die für konstante Flanschdicke lautet

$$\frac{d^4 \eta_x}{dx^4} = \frac{p}{EJ}.$$

Der Einfluß der Querkräfte sei vernachlässigt. Für einen Flanschstreifen der
Breite 1 beträgt das Trägheitsmoment J

$$J = \frac{1 \cdot t^3}{12}.$$

Nun ist aber zu beachten, daß ein solcher Flanschstreifen mit den Nachbar-
streifen zusammenhängt. Dies äußert sich, wie später in der Plattentheorie
nachgewiesen werden wird, darin, daß die Plattensteifigkeit infolge der ge-
hinderten Querdehnung sich auf den Wert

$$\frac{EJ}{1 - \nu^2}$$

vergrößert. Damit wird

$$\frac{d^4 \eta_x}{dx^4} = \frac{12 \cdot (1 - \nu^2)}{E \cdot t^3} \cdot p;$$

setzen wir noch den Wert von p ein, so ergibt sich

$$\frac{d^4\,\eta_x}{d\,x^4} = \frac{12\cdot(1-\nu^2)}{E\cdot t^2\cdot r}\cdot\sigma\,. \tag{184}$$

Wir betrachten nun den Einfluß der Flanschdurchbiegung η_x auf die Längenänderung eines Flanschelementes (Abb. 280).

Dadurch, daß ein Flanschstreifen $ds\cdot dx$ sich um den Betrag η_x durchbiegt, nimmt er nach der Formänderung die Höhenlage eines ursprünglich um den Betrag $\eta_x\cdot d\varphi$ kürzeren Elementes ein oder, da wir Ebenbleiben der Querschnitte voraussetzen, muß seine elastische Verlängerung (abgesehen von kleinen Gliedern höherer Ordnung) um diesen Betrag $\eta_x\cdot d\varphi$ kleiner sein als die elastische Verlängerung Δds eines Flanschstreifens ohne Durchbiegung η_x. Es beträgt somit die spezifische Verlängerung des Flanschstreifens mit der Durchbiegung η_x noch

$$\varepsilon = \frac{\Delta ds - \eta_x\cdot d\varphi}{ds} = \frac{\Delta ds}{ds} - \frac{\eta_x}{r}$$

und seine Spannung σ

$$\sigma = E\cdot\varepsilon = E\cdot\frac{\Delta ds}{ds} - E\cdot\frac{\eta_x}{r} = \sigma_m - E\cdot\frac{\eta_x}{r}\,. \tag{185}$$

Die Spannung ist somit nicht mehr gleichmäßig über die Flanschbreite verteilt; sie beträgt in der Mitte, in den durch den Steg (und einen Teil der Ausrundungen des Profils) direkt gestützten Flanschteilen σ_m und nimmt nach den Flanschrändern hin ab.

Es beträgt somit die Flanschbelastung p

$$p = \frac{t}{r}\cdot\left(\sigma_m - E\cdot\frac{\eta_x}{r}\right) = \frac{t}{r^2}\cdot E\cdot\left(\sigma_m\cdot\frac{r}{E} - \eta_x\right),$$

und die Differentialgleichung (184) geht durch Einsetzen von σ nach Gleichung (185) über in

$$\frac{d^4\,\eta_x}{d\,x^4} = \frac{12\cdot(1-\nu^2)}{E\cdot t^2\cdot r}\cdot\left(\sigma_m - E\cdot\frac{\eta_x}{r}\right) = \frac{12\cdot(1-\nu^2)}{t^2\cdot r^2}\cdot\left(\sigma_m\cdot\frac{r}{E} - \eta_x\right)\,. \tag{186}$$

Diese Gleichung, die erstmals von H. BLEICH[1]) aufgestellt und mathematisch gelöst wurde und die eine Erscheinung erfaßt, die schon früher bei der Biegung dünnwandiger gekrümmter Rohre erkannt wurde[2]), zeigt uns, daß eine Veränderung der Querschnittsform infolge der Verbiegung der Flanschen auch eine Änderung der Spannungsverteilung zur Folge hat.

Baustatisch gesprochen bedeutet Gleichung (186), daß die durch die

---

[1]) H. H. BLEICH: Die Spannungsverteilung in den Gurtungen gekrümmter Stäbe mit T- und I-förmigem Querschnitt. Stahlbau, 1933, S. 3.

[2]) v. KÁRMÁN: Über die Formänderung dünnwandiger Rohre usw. Z. d. VdI, 1911, S. 1889.

Flanschbelastung

$$p = \frac{t \cdot E}{r^2} \cdot \left(\sigma_m \cdot \frac{r}{E} - \eta_x \right)$$

erzeugte Flanschdurchbiegung η_x wieder mit der im Ausdruck für p vorkommenden Durchbiegung η_x übereinstimmen soll. Eine baustatische Lösung der Gleichung (186) ergibt sich nun auf folgende Weise: Wir zerlegen die Belastung p in zwei Anteile

$$p_1 = \frac{t}{r} \cdot \sigma_m = \text{konst.}$$

und

$$p_2 = \frac{t \cdot E}{r^2} \cdot \eta_x = \frac{t}{r} \cdot \Delta\sigma \,,$$

wobei wir den Verlauf von η_x zunächst schätzen. Für jeden dieser Lastanteile bestimmen wir zunächst in einem ersten Seilpolygon die Momente M_1 und M_2, wobei wir entsprechend den Randbedingungen (für $x = b$ ist $Q = 0$ und $M = 0$) sowohl die Querkräfte $Q = \Sigma K$ wie die Momente $M = \Sigma Q \cdot \Delta x$ vom freien Flanschrand her aufsummieren müssen. Für die Stelle $x = 0$ erhalten wir die Momente in der Form

$$M_1 = m_1 \cdot b^2 \cdot \frac{t}{r} \cdot \sigma_m \,, \qquad M_2 = m_2 \cdot b^2 \cdot \frac{t}{r} \cdot \Delta\sigma_b \,,$$

wenn wir mit $\Delta\sigma_b = \dfrac{E}{r} \cdot \eta_b$ den Wert von $\Delta\sigma$ am Flanschrand, $x = b$, bezeichnen. Führen wir nun die durch die Flanschsteifigkeit

$$\frac{EJ}{1 - v^2} = \frac{E \cdot t^3}{12 \cdot (1 - v^2)}$$

dividierten Momentenflächen als Belastung ein, so erhalten wir durch ein zweites Seilpolygon die Flanschdurchbiegungen η_1 und η_2; dabei ist als Randbedingung zu berücksichtigen, daß für $x = 0$ sowohl η' wie η Null sein müssen. Für den Flanschrand, $x = b$, erhalten wir auf diese Weise die Durchbiegungen in der Form

$$\eta_{1b} = c_1 \cdot 12 \cdot (1 - v^2) \cdot \frac{b^4}{E \cdot t^2 \cdot r} \cdot \sigma_m \,,$$

$$\eta_{2b} = c_2 \cdot 12 \cdot (1 - v^2) \cdot \frac{b^4}{E \cdot t^2 \cdot r} \cdot \Delta\sigma_b \,,$$

und die ganze Durchbiegung η_b beträgt

$$\eta_b = \frac{r}{E} \cdot \Delta\sigma_b = 12 \cdot (1 - v^2) \cdot \frac{b^4}{E \cdot t^2 \cdot r} \cdot (c_1 \cdot \sigma_m - c_2 \cdot \Delta\sigma_b) \,.$$

Führen wir nun noch das Verhältnis

$$\alpha = \frac{\Delta\sigma_b}{\sigma_m}$$

ein, so erhalten wir

$$\eta_b = \frac{\gamma}{E} \cdot \alpha \cdot \sigma_m = 12 \cdot (1 - \nu^2) \cdot \frac{b^4}{E \cdot t^2 \cdot \gamma} \cdot (c_1 \cdot \sigma_m - c_2 \cdot \alpha \cdot \sigma_m)$$

oder
$$\alpha = \frac{12 \cdot (1 - \nu^2) \cdot c_1}{\dfrac{\gamma^2 \cdot t^2}{b^4} + 12 \cdot (1 - \nu^2) \cdot c_2} . \tag{187}$$

Selbstverständlich ist zu prüfen, ob die angenommene und die berechnete Kurve η_x miteinander ihrer Form nach übereinstimmen; ist dies nicht der Fall, so ist die Rechnung zu wiederholen.

Durch die Form der Kurve η_x und die Verhältniszahl α ist nun die Form der Spannungsverteilung σ bestimmt (Abb. 281); wird $\alpha > 1$, so tritt ein Vorzeichenwechsel der Spannung σ in ihrem Verlauf über die Flanschbreite ein.

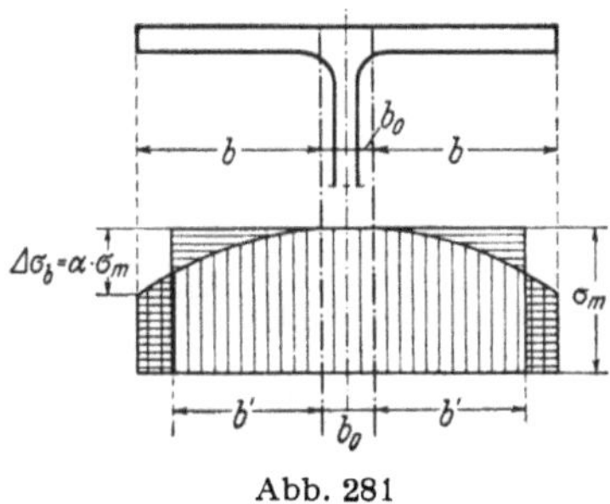

Abb. 281

Statt mit einer veränderlichen Spannung σ über die ganze Flanschbreite $2b + b_0$ zu rechnen, ist es für die Spannungsberechnung einfacher, mit der konstanten Spannung σ_m über die reduzierte Flanschbreite $2b' + b_0$ zu arbeiten. Der Reduktionsfaktor β

$$\beta = \frac{b'}{b}, \qquad (b' = \beta \cdot b)$$

ergibt sich aus der Zahlenrechnung durch Flächenausgleich

$$\beta = \frac{\int \sigma \cdot dx}{\sigma_m \cdot b}$$

in Abhängigkeit von der Verhältniszahl α in der Form

$$\beta = 1{,}00 - \alpha \cdot c_3 .$$

Durch die Flanschbelastungen und die dadurch hervorgerufenen Momente entstehen Biegungsspannungen σ', deren Größe wir aus den Ergebnissen der Zahlenrechnung nun ebenfalls berechnen können; ihre Größtwerte betragen für den Einspannquerschnitt $x = 0$

$$\sigma' = \frac{M}{W} = \frac{6\,M}{1 \cdot t^2} = \frac{6 \cdot b^2}{\gamma \cdot t} \cdot (m_1 \cdot \sigma_m - m_2 \cdot \Delta\sigma_b)$$

oder, nach Einführung der Verhältniszahl α

$$\sigma' = \frac{6 \cdot b^2}{r \cdot t} \cdot (m_1 - \alpha \cdot m_2) \cdot \sigma_m = \gamma \cdot \sigma_m .$$

Die Zahlenrechnung, durchgeführt für verschiedene Werte von

$$\varphi = \frac{b^2}{r \cdot t} ,$$

zeigt nun, daß die Zahlenwerte α, β und γ von der Form der Kurve η_x abhängig sind, und zwar ergeben sich, mit der Querdehnungszahl $v = 0,25$, folgende Ausdrücke:

$$\left. \begin{aligned}
\alpha &= \frac{\Delta \sigma_b}{\sigma_m} = \frac{1,406 \cdot \varphi^2}{1 + 0,925 \cdot \varphi^2 + 0,0079 \cdot \varphi^4} \\[2mm]
\beta &= \frac{b'}{b} = 1.0 - \frac{0,563 \cdot \varphi^2 + 0,0083 \cdot \varphi^4}{1 + 0,925 \cdot \varphi^2 + 0,0079 \cdot \varphi^4} \\[2mm]
\gamma &= \frac{\sigma'}{\sigma_m} = \varphi \cdot \left(3,0 - \frac{2,437 \cdot \varphi^2 + 0,0259 \cdot \varphi^4}{1 + 0,925 \cdot \varphi^2 + 0,0079 \cdot \varphi^4} \right) .
\end{aligned} \right\} \quad (188)$$

Damit ergibt sich folgender praktischer Rechnungsgang zur Ermittlung der Spannungen in einem gekrümmten Profilträger: Wir bestimmen mit Hilfe des Wertes β die reduzierten Flanschbreiten $2b' + b_0 = 2\beta \cdot b + b_0$. Für diesen reduzierten Querschnitt können wir nun die Spannungen σ nach Gleichung (182), also wie für einen Stab mit Vollquerschnitt berechnen. Zusätzlich sind nun noch die Flanschbiegungsspannungen $\sigma' = \gamma \cdot \sigma_m$ zu berücksichtigen (Vergleichsspannung σ_g aus σ und σ'), wobei σ_m die Längsspannung σ in der Flanschmittelfläche bedeutet.

3. Verdrehung von Profilstäben

a) Reine Torsion

Ein Stab mit Rechteckquerschnitt (oder auch mit kreisförmigem, elliptischem oder sonst einem «vollen» Querschnitt) sei nach Abbildung 282 an seinen beiden Enden A und B gegen Verdrehen festgehalten und werde an der Stelle $x = a$ durch ein äußeres Drehmoment M_d belastet.

Da der Stab durch 7 Auflagergrößen gestützt wird, zu deren Bestimmung nur 6 Gleichgewichtsbedingungen zur Verfügung stehen, ist er einfach statisch unbestimmt.

Durch Entfernen der Festhaltung gegen Verdrehen bei B, die wir uns konstruktiv als Gabellagerung ausge-

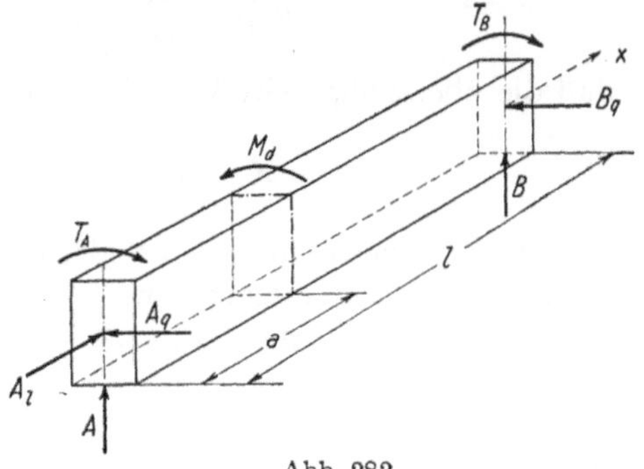

Abb. 282

bildet denken können oder die auch durch Anordnung eines weiteren lotrechten oder waagrechten Stützstabes verwirklicht werden kann, erhalten wir ein statisch bestimmtes Grundsystem. Überzählige Größe X ist das Auflagerdrehmoment T_B.

Die Elastizitätsbedingung, die uns die Größe von $X = T_B$ liefert, lautet, daß der Auflagerquerschnitt bei B sich nicht verdrehen kann:

$$\varphi_B = \varphi_{0B} + X \cdot \varphi_{xB} = 0 \, .$$

Die Drehwinkel φ ergeben sich, wenn wir von Gleichung (112)

$$\varphi' = \frac{T}{C}$$

ausgehen, zu

$$\varphi_{0B} = \int\limits_A^B \frac{T_0}{C} \cdot dx \, , \qquad \varphi_{xB} = \int\limits_A^B \frac{1}{C} \cdot dx \, .$$

Im Grundsystem ist $T_0 = M_d$ für den Bereich von A bis a; für den Bereich von a bis B ist dagegen $T_0 = 0$.

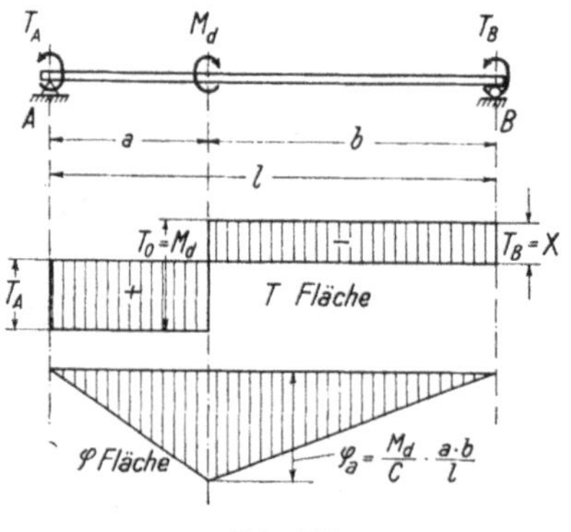

Abb. 283

Für konstante Torsionssteifigkeit $C = G \cdot J_d$ wird

$$\varphi_{0B} = \frac{T_0}{C} \cdot a \, , \qquad \varphi_{xB} = \frac{1}{C} \cdot l \, ,$$

so daß die überzählige Größe X sich zu

$$X = T_B = -\frac{\varphi_{0B}}{\varphi_{xB}} = -\,T_0 \cdot \frac{a}{l} \tag{189}$$

ergibt. Das Torsionsmoment T erhalten wir durch Superposition; die T-Fläche ist in Abbildung 283 aufgetragen.

Der Verdrehungswinkel φ im wirklichen Tragwerk kann nun mit

$$\varphi = \int\limits_A^x \frac{T}{C} \cdot dx$$

aus der T-Fläche berechnet werden; die φ-Fläche ist ein Dreieck mit der größten Ordinate

$$\varphi_a = \int\limits_A^a \frac{T}{C} \cdot dx = \int\limits_A^a \frac{T_0\left(1 - \frac{a}{l}\right)}{C} \cdot dx = \frac{M_d}{C} \cdot \frac{a \cdot b}{l} \tag{190}$$

im Schnitt $x = a$.

Wir erkennen für den durch ein konzentriertes Drehmoment M_d belasteten Stab mit konstanter Torsionssteifigkeit C eine Analogie mit dem durch eine konzentrierte Einzellast P belasteten Balken: die T-Fläche stimmt mit der Querkraftsfläche Q und die C-fache φ-Fläche stimmt mit der Momentenfläche M des Balkens überein. Diese Analogie gilt, wie wir durch Superposition zeigen können, für beliebige Verteilung der äußeren Drehmomente M_d.

Zu beachten ist jedoch, daß beim Balken die Größe der Querkräfte Q und der Momente M eine Folge der *Gleichgewichtsbedingungen* ist, während beim verdrehten Stab die Torsionsmomente T und die Verdrehungswinkel φ sich aus einer *Elastizitätsbedingung* ergeben. Die Analogie ist deshalb eine zufällige; sie trifft auch nur für den Stab mit konstanter Verdrehungssteifigkeit C zu.

Bei sehr großen Verdrehungswinkeln φ und bei sehr schmalen Rechteckquerschnitten müssen sich bei ebenbleibenden Querschnitten die Randfasern des verdrehten Stabes gegenüber den Fasern in der Nähe der Balkenaxe verlängern; es müssen somit hier bei Verdrehung Längsspannungen σ als Nebenspannungen auftreten. Bei den im Bauwesen noch zulässigen kleinen Verdrehungswinkeln φ sind diese Nebenspannungen jedoch verschwindend klein, so daß wir hier auf diese Erscheinung nicht näher einzutreten brauchen.

b) Torsion mit Flanschbiegung

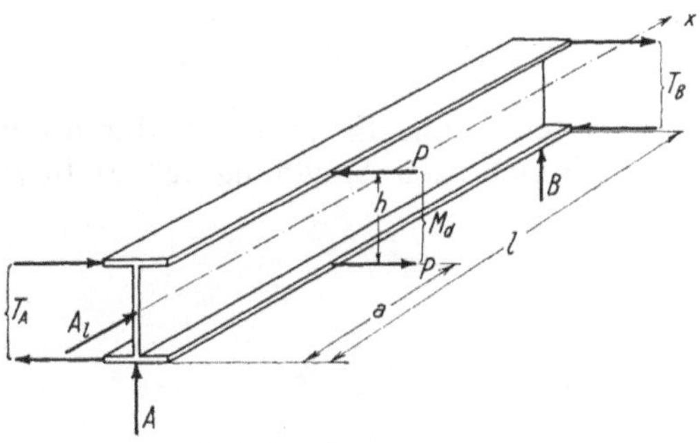

Abb. 284

Wir denken uns nun statt eines Stabes mit Rechteckquerschnitt (Abb. 282) einen Stab mit I-Querschnitt durch ein äußeres Drehmoment belastet. Dieses Drehmoment sei etwa in Form eines Kräftepaares $P \cdot h$ aufgebracht (Abb. 284).

Bei einer Verdrehung φ des Trägers müssen sich nun die beiden Flanschen in der Flanschebene verbiegen. Diese Flanschausbiegung η kann nun nicht spannungsfrei vor sich gehen, sondern die Flanschen widersetzen sich entsprechend ihrer Biegungssteifigkeit EJ_{Fl} dieser Formänderung. Die zu diesem elastischen Widerstand zugehörigen Flanschquerkräfte $\mathfrak{Q}$ nehmen nun einen Teil $\mathfrak{Q} \cdot h$ des äußeren Torsionsmomentes T auf, während der andere Teil t durch die Torsionsschubspannungen aufgenommen wird. Es gilt somit die Gleichgewichtsbedingung

$$T = t + \mathfrak{Q} \cdot h \,.$$

Die Größe der Flanschquerkraft $\mathfrak{Q}$ kann durch die erste Ableitung des Flanschbiegungsmomentes $\mathfrak{M}$,

$$\mathfrak{Q} = \frac{d\mathfrak{M}}{dx} = \mathfrak{M}' \,,$$

ausgedrückt werden. Zwischen dem Flanschbiegungsmoment $\mathfrak{M}$ und der Flanschausbiegung η gilt die Differentialgleichung der elastischen Linie

$$\mathfrak{M} = -\,EJ_{Fl} \cdot \eta'' \,,$$

womit sich bei konstanter Flanschsteifigkeit $EJ_{Fl} = B_{Fl}$ (wir wollen uns hier auf diesen Fall beschränken) die Flanschquerkraft $\mathfrak{Q}$ zu

$$\mathfrak{Q} = \mathfrak{M}' = -\,EJ_{Fl} \cdot \eta''' = -\,B_{Fl} \cdot \eta'''$$

ergibt. Anderseits kann der Torsionsanteil t durch den Verdrehungswinkel φ ausgedrückt werden:

$$t = C \cdot \varphi' \,,$$

wobei die Torsionssteifigkeit $C = G \cdot J_d$ sich aus den Werten C der einzelnen Querschnittsteile zusammensetzt.

Unsere Gleichgewichtsbedingung kann somit mit den Formänderungen φ und η ausgedrückt werden:

$$T = C \cdot \varphi' - B_{Fl} \cdot \eta''' \cdot h \,.$$

Die Größe der beiden Anteile t und $\mathfrak{Q} \cdot h$ ist nun durch eine Elastizitätsbedingung zu bestimmen, die sich nach Abbildung 222 ergibt zu

$$\eta = \varphi \cdot \frac{h}{2} \,.$$

Setzen wir

$$\eta''' = \frac{h}{2} \cdot \varphi'''$$

in die Gleichgewichtsbedingung ein, so erhalten wir

$$T = C \cdot \varphi' - \frac{B_{Fl} \cdot h^2}{2} \cdot \varphi''' \,. \tag{191}$$

Beim symmetrischen $\mathbf{I}$-Querschnitt, auf den wir uns zunächst beschränkt haben, ist mit sehr guter Genauigkeit

$$B_{Fl} = \frac{1}{2}\,EJ_y = \frac{1}{2}\,B_2 \,,$$

wobei B_2 die seitliche Biegungssteifigkeit des I-Trägers bedeutet. Führen wir noch die Abkürzung

$$a^2 = \frac{4\,C \cdot l^2}{B_2 \cdot h^2}$$

ein, so geht Gleichung (191) über in die Grundgleichung des Torsionsproblems von I-Trägern, die erstmals von S. Timoshenko angegeben wurde,

$$T = C \cdot \varphi' - \frac{l^2}{a^2} \cdot C \cdot \varphi''' = t - \frac{l^2}{a^2} \cdot t'' . \tag{192}$$

Die Auflösung dieser Differentialgleichung liefert uns zunächst den Torsionsanteil $t = C \cdot \varphi'$, worauf auch der Verdrehungswinkel φ und seine Ableitungen und mit

$$\mathfrak{M} = -\frac{B_2}{2} \cdot \eta'' = -\frac{B_2 \cdot h}{4} \cdot \varphi'' = -\frac{l^2}{a^2 \cdot h} \cdot t'$$

auch die Flanschbiegungsmomente $\mathfrak{M}$ bestimmt sind.

Die Differentialgleichung (192) wird für allgemeine Belastungsfälle am einfachsten baustatisch durch Umsetzen in ein dreigliedriges Gleichungssystem analog zu Gleichung (158) gelöst. Hier erhalten wir mit der Abkürzung

$$\mu = \frac{a^2}{l^2} \cdot \frac{\varDelta x^2}{6}$$

(nach der Trapezformel) das Gleichungssystem

$$- (1 - \mu) \cdot t_{m-1} + (2 + 4\mu) \cdot t_m - (1 - \mu) \cdot t_{m+1} = \mu \cdot (T_{m-1} + 4\,T_m + T_{m+1}).$$

Wir haben noch die Randbedingungen zu formulieren, wobei wir uns auf den Fall frei drehbarer Flanschenden, $\mathfrak{M}_A = 0$, $\mathfrak{M}_B = 0$, beschränken wollen. Wegen

$$\mathfrak{M} = -\frac{l^2}{a^2 \cdot h} \cdot t'$$

ist

$$t'_A = 0 , \qquad t'_B = 0$$

oder es ist, in Analogie zu Gleichung (157), für die Flanschendpunkte eine Symmetriebedingung anzuschreiben, die für den Endpunkt A lautet

$$(1 + 2\mu) \cdot t_A - (1 - \mu) \cdot t_1 = \mu \cdot (2\,T_A + T_1) .$$

Wir haben noch nachzuweisen, daß im Belastungsglied die nach der in Abbildung 283 skizzierten Analogie zur Balkenbiegung ermittelten äußern Torsionsmomente T einzusetzen sind. Es ist im Grundsystem

$$\varphi_B = \int\limits_A^B \frac{t}{C} \cdot dx ;$$

mit

$$t = T + \frac{l^2}{a^2} \cdot t''$$

wird für $C =$ konst.

$$\int_A^B \frac{t}{C} \cdot dx = \int_A^B \frac{T}{C} \cdot dx + \left[\frac{l^2}{a^2 C} \cdot t' \right]_A^B.$$

Da wegen $t'_A = 0$, $t'_B = 0$ (frei drehbare Flanschenden) somit die Verschiebungsgrößen φ_B

$$\varphi_B = \int_A^B \frac{t}{C} \cdot dx = \int_A^B \frac{T}{C} \cdot dx$$

gleich groß werden, wie bei Torsion ohne Flanschbiegung, wird auch in beiden Fällen der Verlauf der Torsionsmomente T derselbe.

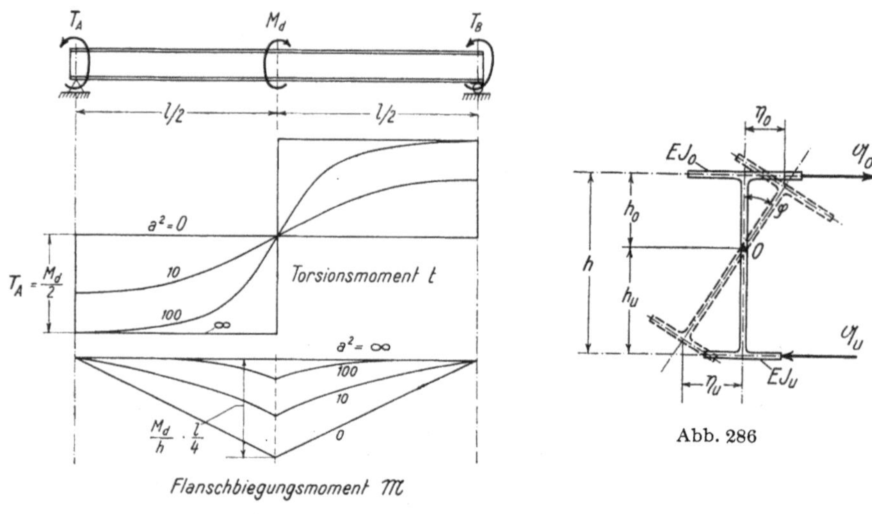

Abb. 286

Abb. 285

In Abbildung 285 ist für zwei Beispiele ($a^2 = 10$ und $a^2 = 100$) der Verlauf der inneren Torsionsmomente t und der Flanschbiegungsmomente $\mathfrak{M}$ für einen in der Mitte durch ein Drehmoment M_d belasteten Stab dargestellt. Es zeigt sich aus dieser Darstellung, daß, abgesehen von den Grenzfällen $a^2 = 0$ und $a^2 = \infty$, weder die Torsionssteifigkeit C noch die Flanschsteifigkeit B_{Fl} vernachlässigt werden darf.

Es sei nun noch ein **I**-Träger mit ungleichen Flanschen betrachtet (Abb. 286). Aus Gleichgewichtsgründen müssen bei Verdrehung die Flanschquerkräfte im obern und im untern Flansch gleich groß sein:

$$\mathfrak{Q}_o = \mathfrak{Q}_u$$

oder, wenn wir die Flanschsteifigkeiten mit

$$B_o = E J_o, \qquad B_u = E J_u$$

bezeichnen:

$$\mathfrak{Q}_o = - B_o \cdot \eta_o''' = - B_o \cdot h_o \cdot \varphi''' = - B_u \cdot \eta_u''' = - B_u \cdot h_u \cdot \varphi''' \, .$$

Somit ist mit $h_o + h_u = h$

$$B_o \cdot h_o = B_u \cdot h_u = B_u \cdot (h - h_o),$$

woraus

$$h_o = h \cdot \frac{B_u}{B_o + B_u} \, .$$

Damit beträgt der Flanschbiegungsanteil $\mathfrak{Q} \cdot h$ am Torsionsmoment

$$\mathfrak{Q} \cdot h = \mathfrak{Q}_o \cdot h = - B_o \cdot h_o \cdot h \cdot \varphi''' = - \frac{B_o \cdot B_u}{B_o + B_u} \cdot h^2 \cdot \varphi''',$$

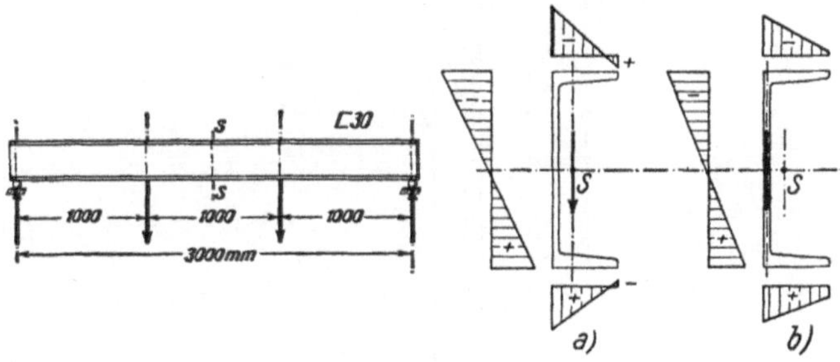

Abb. 287

und die Gleichgewichtsbedingung

$$T = t + \mathfrak{Q} \cdot h = C \cdot \varphi' - \frac{B_o \cdot B_u}{B_o + B_u} \cdot h^2 \cdot \varphi'''$$

geht mit der Abkürzung

$$a^2 = \frac{(B_o + B_u) \cdot C}{B_o \cdot B_u} \cdot \frac{l^2}{h^2}$$

in Gleichung (192) über.

c) Biegung und Verdrehung von Stäben mit ⊏-Querschnitt

C. VON BACH[1]) hat als erster durch Spannungsmessung an einem nach Abbildung 287 belasteten Balken aus einem ⊏-Profil festgestellt, daß die Spannungen im Mittelschnitt s—s weder bei Belastung in der Stegebene noch in der Schwerpunktsebene mit der Spannungsverteilung nach der klassischen Biegungslehre übereinstimmen, sondern über die Flanschbreiten veränderlich sind (Abb. 287a und b).

---

[1]) C. VON BACH: Versuch über die tatsächliche Widerstandsfähigkeit von Balken mit ⊏-förmigem Querschnitt. Z. d. V. d. I., 1909, 1910.

Drei Schweizer Ingenieure[1]), R. MAILLART, Dr. H. SCHWYZER und Dr. A. EGGENSCHWYLER haben ungefähr gleichzeitig und unabhängig voneinander diese Abweichung von der klassischen Biegungslehre zu erklären vermocht und dabei den Begriff des *Schubmittelpunktes* eingeführt.

Ein Vergleich der beiden Spannungsbilder Abbildung 287a und b zeigt, daß die Spannung σ bei Belastung in Stegebene weniger stark von der gleichmäßigen Verteilung über die Flanschbreite abweicht als bei Belastung durch den Schwerpunkt. Es kann deshalb erwartet werden, daß die Spannung σ dann gleichmäßig über die Flanschbreite verteilt ist und damit der Spannungs-

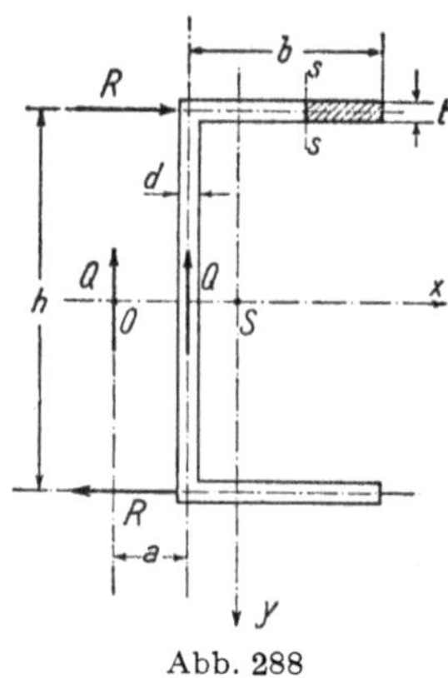

Abb. 288

verteilung nach der klassischen Biegungslehre entspricht, wenn die Belastung P noch weiter entfernt vom Schwerpunkt, in einem außerhalb des Steges liegenden Punkt, eben dem *Schubmittelpunkt*, angreift.

Um die Lage dieses Schubmittelpunktes zu bestimmen, setzen wir deshalb eine der klassischen Biegungslehre entsprechende Verteilung der Normalspannungen σ und damit auch der Spannungsänderungen $\dfrac{d\sigma}{dz}$ voraus und bestimmen daraus die Schubspannungen τ im ganzen Querschnitt; die Resultierende aller Schubspannungen ist die Querkraft, deren Lage den Schubmittelpunkt bestimmt. Wir wollen diese Untersuchung hier an einem etwas vereinfachten C-Profil mit parallelen Flanschen der konstanten Stärke t durchführen (Abb. 288).

Nach der klassischen Biegungslehre beträgt die Spannung σ infolge eines Momentes M aus lotrechter Belastung

$$\sigma = \frac{M}{J_x} \cdot y\,;$$

[1]) R. MAILLART: Zur Frage der Biegung. Schweiz. Bauzeitung, Bd. 77, 1921.

H. SCHWYZER: Statische Untersuchung der aus ebenen Tragflächen zusammengesetzten räumlichen Tragwerke. Diss. ETH 1920.

A. EGGENSCHWYLER: Über die Festigkeitsberechnung von Schiebetoren und ähnlichen Bauwerken. Diss. ETH 1921.

es ist

$$\frac{d\sigma}{dz} = \frac{dM}{dz} \cdot \frac{y}{J_x} = \frac{Q}{J_x} \cdot y \; .$$

Die Gleichgewichtsbetrachtung eines Trägerelementes mit der schraffierten Querschnittsfläche und der Länge dz liefert uns im Schnitt $s-s$ und damit auch in der Querschnittsfläche des Flansches die Schubspannung

$$\tau_{xz} = \tau_{zx} = \frac{Q}{t \cdot J_x} \cdot \int y \cdot dF = \frac{Q \cdot S_x}{t \cdot J_x} \; ,$$

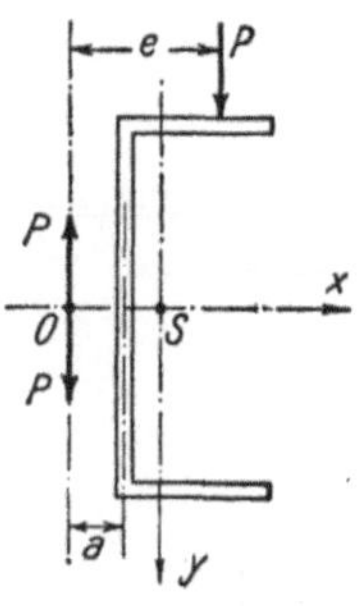

Abb. 289

wobei S_x das statische Moment der schraffierten Querschnittsfläche bezüglich der x-Axe bedeutet. Die Schubspannung nimmt linear vom freien Flanschende her zu und erreicht ihren Größtwert $\tau_{\max}$ beim Übergang in den Steg

$$\tau_{\max} = \frac{Q \cdot S_{Fl}}{t \cdot J_x} = \frac{Q}{t \cdot J_x} \cdot \frac{b \cdot t \cdot h}{2} = \frac{Q \cdot b \cdot h}{2 J_x} \; .$$

Die Resultierende R dieser Schubspannungen im Flansch beträgt

$$R = \frac{1}{2} \cdot \tau_{\max} \cdot t \cdot b = \frac{Q \cdot b^2 \cdot t \cdot h}{4 J_x} \; .$$

Analog lassen sich auch die Schubspannungen im Steg berechnen; bei waagrechten Flanschen muß ihre Resultierende gleich der Querkraft Q sein. Setzen wir nun das Kräftepaar $R \cdot h$ der Flanschquerkräfte R mit der Stegquerkraft Q zu einer einzigen Resultierenden Q zusammen, so muß diese im Abstand a,

$$a = \frac{R \cdot h}{Q} = \frac{b^2 \cdot h^2 \cdot t}{4 J_x}$$

außerhalb des Steges liegen. Mit dieser Lage von Q ist ein geometrischer Ort des Schubmittelpunktes bestimmt; da der ⸤-Querschnitt in bezug auf die x-Axe symmetrisch ist und Lasten, die in der Symmetrieaxe wirken, Spannungsverteilungen nach der klassischen Biegungslehre verursachen, liegt der Schubmittelpunkt O auch auf der Symmetrieaxe x. Damit ist er vollständig bestimmt.

Jede durch den Schubmittelpunkt O gehende Belastung, die wir ja in eine lotrechte und eine waagrechte Komponente zerlegen können, *beansprucht den*

Träger entsprechend der klassischen Biegungslehre *auf verdrehungsfreie Biegung*.

Geht eine Belastung dagegen nicht durch den Schubmittelpunkt, so können wir sie in zwei Teilbelastungen zerlegen (Abb. 289), nämlich in eine Belastung P durch den Schubmittelpunkt O, für welche wir die Spannungsberechnung nach der klassischen Biegungslehre (am einfachsten auf die Hauptaxen bezogen) durchführen können, und in ein *Drehmoment* $M_d = P \cdot e$, welches den Träger auf Torsion mit Flanschbiegung beansprucht.

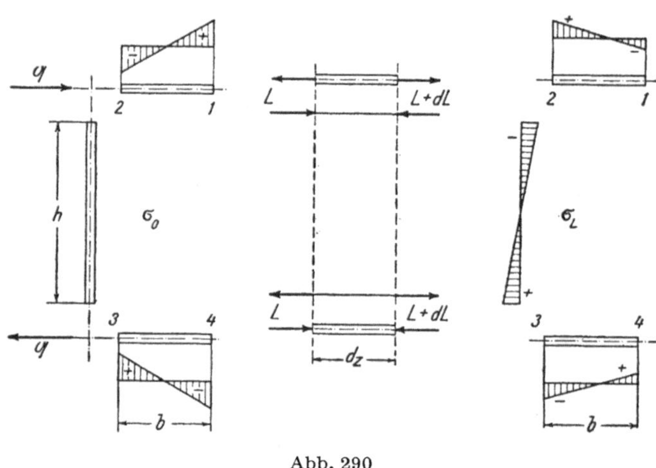

Abb. 290

Das äußere Torsionsmoment T zerfällt auch beim Träger mit ⊏-Querschnitt, wie beim I-Träger, in einen Torsionsanteil $t = C \cdot \varphi'$ und in einen Flanschbiegungsanteil $\mathfrak{Q} \cdot h$. Wir untersuchen zunächst den Flanschbiegungsanteil $\mathfrak{Q} \cdot h$ und denken uns dabei den ⊏-Träger in drei voneinander gelöste Scheiben, die beiden Flanschen und den Steg, zerlegt (Abb. 290).

Das zur Flanschquerkraft $\mathfrak{Q}$ zugehörige Flanschbiegungsmoment $\mathfrak{M}$ erzeugt in beiden losgelöst gedachten Flanschen Normalspannungen σ_{0Fl} mit dem Wert

$$\sigma_{0Fl} = \frac{\mathfrak{M}}{W_{Fl}}$$

an den Flanschrändern, während der losgelöste Steg spannungslos bleibt.

In Wirklichkeit muß jedoch in zusammenstoßenden Rändern von Flanschen und Steg wegen der gleich großen spezifischen Dehnung die Spannung σ gleich groß sein, oder es müssen die Flanschen und der Steg an diesen Stellen eine gegenseitige Reaktion, eine *Kantenkraft*, aufeinander ausüben. Aus Symmetriegründen sind hier obere und untere Kantenkraft einander gleich; sie erzeugen im Steg die Randspannungen

$$\sigma_{LSt} = -\frac{L \cdot h}{W_{St}}$$

und in den Flanschen

$$\sigma_{LFl} = \frac{L}{F_{Fl}} \pm \frac{L \cdot b}{2 \cdot W_{Fl}} \, .$$

Da für das angenommene vereinfachte C-Profil die Flanschen Rechteckquerschnitt besitzen, ist mit

$$F_{Fl} = b \cdot t \, , \qquad W_{Fl} = \frac{t \cdot b^2}{6} \, , \qquad F_{Fl} = \frac{6\,W_{Fl}}{b}$$

die Flanschrandspannung in der Ecke

$$\sigma_{LFl} = \frac{L \cdot b}{6 \cdot W_{Fl}} + \frac{L \cdot b}{2 \cdot W_{Fl}} = \frac{2}{3} \cdot \frac{L \cdot b}{W_{Fl}} \, .$$

Die Gleichheit der totalen Randspannungen $\sigma_0 + \sigma_L$ von Flansch und Steg an der gemeinsamen Kante liefert

$$\sigma_{LSt} = - \frac{L \cdot h}{W_{St}} = \sigma_{Fl} = - \frac{\mathfrak{M}}{W_{Fl}} + \frac{2}{3} \cdot \frac{L \cdot b}{W_{Fl}}$$

oder

$$L = \frac{\mathfrak{M}}{W_{Fl} \cdot \left(\dfrac{h}{W_{St}} + \dfrac{2\,b}{3\,W_{Fl}} \right)} = \mathfrak{M} \cdot \frac{3\,W_{St}}{3\,h \cdot W_{Fl} + 2\,b \cdot W_{St}} \, .$$

Damit betragen die Randspannungen

$$\sigma_1 = - \sigma_4 = \frac{\mathfrak{M}}{W_{Fl}} - \frac{L \cdot b}{3\,W_{Fl}} = \frac{\mathfrak{M}}{W_{Fl}} \cdot \left(1 - \frac{b \cdot W_{St}}{3\,h \cdot W_{Fl} + 2\,b \cdot W_{St}} \right) =$$

$$= \frac{\mathfrak{M}}{W_{Fl}} \cdot \frac{3\,h \cdot W_{Fl} + b \cdot W_{St}}{3\,h \cdot W_{Fl} + 2\,b \cdot W_{St}}$$

und

$$\sigma_2 = - \sigma_3 = - \frac{\mathfrak{M}}{W_{Fl}} + \frac{2 \cdot L \cdot b}{3\,W_{Fl}} = \frac{\mathfrak{M}}{W_{Fl}} \cdot \left(- 1 + \frac{2\,b \cdot W_{St}}{3\,h \cdot W_{Fl} + 2\,b \cdot W_{St}} \right) =$$

$$= - \frac{\mathfrak{M}}{W_{Fl}} \cdot \frac{3\,h \cdot W_{Fl}}{3\,h \cdot W_{Fl} + 2\,b \cdot W_{St}} \, .$$

Aus diesen Spannungen können wir nun die Flanschkrümmung berechnen (Abb. 291); es ist nämlich

$$\frac{d\alpha}{dz} = - \eta'' = \frac{\sigma_1 - \sigma_2}{E \cdot b} = \frac{\mathfrak{M}}{E \cdot W_{Fl} \cdot b} \cdot \frac{6\,h \cdot W_{Fl} + b\,W_{St}}{3\,h \cdot W_{Fl} + 2\,b \cdot W_{St}}$$

oder mit

$$W_{Fl} \cdot b = 2 J_{Fl} \, , \qquad E J_{Fl} = B_{Fl}$$

ist

$$\mathfrak{M} = - B_{Fl} \cdot \eta'' \cdot \frac{6\,h \cdot W_{Fl} + 4\,b \cdot W_{St}}{6\,h \cdot W_{Fl} + b \cdot W_{St}} \, . \tag{193}$$

Führen wir noch die Elastizitätsbedingung

$$\eta'' = \frac{h}{2} \cdot \varphi''$$

ein, so erhalten wir durch Differentiation von Gleichung (193)

$$\mathfrak{Q} = \frac{d\mathfrak{M}}{dz} = - B_{Fl} \cdot h \cdot \frac{6h \cdot W_{Fl} + 4b \cdot W_{St}}{2(6h \cdot W_{Fl} + b \cdot W_{St})} \cdot \varphi''' .$$

Mit der Abkürzung

$$a^2 = \frac{2C \cdot l^2}{B_{Fl} \cdot h^2} \cdot \frac{6h \cdot W_{Fl} + b \cdot W_{St}}{6h \cdot W_{Fl} + 4b \cdot W_{St}}$$

geht die Gleichgewichtsbedingung zwischen dem äußeren Torsionsmoment T mit dem Torsionsanteil $t = C \cdot \varphi'$ und dem Flanschbiegungsteil $\mathfrak{Q} \cdot h$

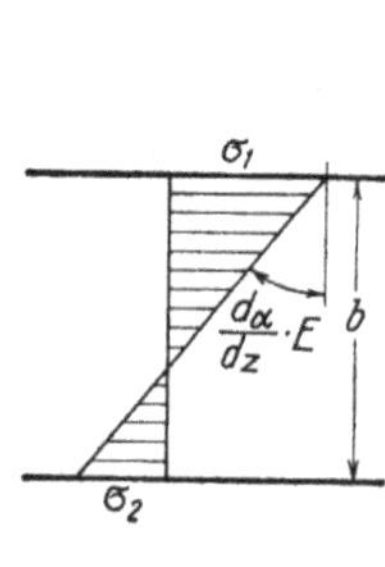

Abb. 291

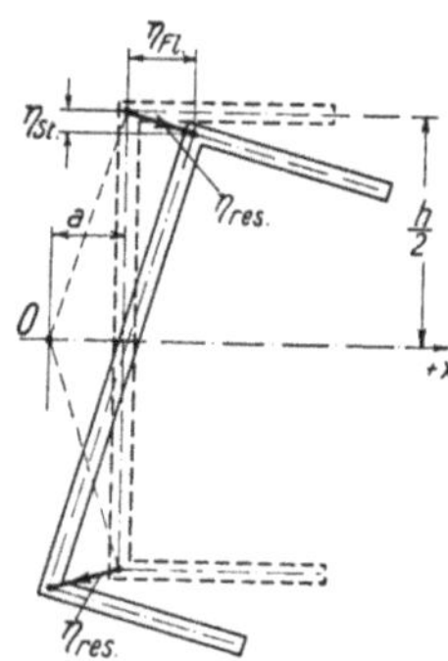

Abb. 292

$$T = C \cdot \varphi' + \mathfrak{Q} \cdot h = C \cdot \varphi' - \frac{l^2}{a^2} \cdot C \cdot \varphi''' = t - \frac{l^2}{a^2} \cdot t''$$

in die Form der Gleichung (192) über, die wir für den Stab mit I-Querschnitt gefunden haben. Das Torsionsproblem des Trägers mit C-Querschnitt ist damit gelöst.

Mit den Spannungen σ sind nun auch die Verschiebungen der einzelnen Scheiben und damit die Verdrehung des Querschnittes bestimmbar. Die Verschiebungen η_{Fl} und η_{St} können wir dabei ihren zweiten Ableitungen η''_{Fl} und η''_{St} proportional setzen, oder es ist

$$\frac{\eta_{Fl}}{\eta_{St}} = \frac{\eta''_{Fl}}{\eta''_{St}} = \frac{(\sigma_1 - \sigma_2) \cdot h}{(\sigma_2 - \sigma_3) \cdot b} = \frac{h \cdot (6h \cdot W_{Fl} + b \cdot W_{St})}{b \cdot 6h \cdot W_{Fl}} .$$

Damit ist aber die Richtung der resultierenden Verschiebung η_{res} der Eckpunkte 2 und 3 bestimmt; diese Verschiebungen können nun als Drehung um den Punkt O aufgefaßt werden (Abb. 292), dessen Abstand a von Stegmitte sich aus

$$a : \frac{h}{2} = \eta_{St} : \eta_{Fl}$$

ergibt zu

$$a = \frac{h}{2} \cdot \frac{\eta_{St}}{\eta_{Fl}} = \frac{h}{2} \cdot \frac{6bh \cdot W_{Fl}}{h(6h \cdot W_{Fl} + b \cdot W_{St})} ,$$

woraus wir mit

$$W_{Fl} = \frac{b^2 \cdot t}{6}, \qquad J_x = \frac{d \cdot h^3}{12} + \frac{b \cdot t \cdot h^2}{2}$$

den Abstand a erhalten zu

$$a = \frac{h^2 \cdot b^2 \cdot t}{4 J_x}.$$

Es ist dies genau der gleiche Wert, den wir für den Abstand des Schubmittelpunktes O erhalten haben. Wir erkennen somit, *daß der Schubmittelpunkt eine doppelte Bedeutung besitzt: er ist sowohl Angriffspunkt der Belastung bei verdrehungsfreier Biegung wie auch Drehpunkt des Querschnitts bei Verdrehung.* Diese Doppelbedeutung des Schubmittelpunktes kann mit Hilfe des in der Baustatik II aufzustellenden Satzes von BETTI-MAXWELL über die Gegenseitigkeit der Formänderungen allgemein für alle Querschnittsformen bewiesen werden. Eine solche allgemeinere Darstellung des Problems der Biegung und Verdrehung von dünnwandigen Profilstäben wird später noch gegeben werden (Vorlesungen über Baustatik III). Hier begnügen wir uns mit der vorstehenden Untersuchung des ⊏-Profils.

4. Zusammengesetzte Vollwandträger

a) Der verdübelte Balken

Der Tragfähigkeit einfacher Holzbalken sind durch die natürlichen Abmessungen der Balkenquerschnitte verhältnismäßig enge Grenzen gesetzt. Wenn wir, um eine größere Tragfähigkeit zu erreichen, zwei Balken aufeinanderlegen, derart, daß ihre Berührungsflächen sich gegenseitig verschieben können, so nimmt jeder Einzelbalken die halbe Belastung auf, und es entsteht das in Abbildung 293a skizzierte Verformungs- und Spannungsbild.

Die Randspannungen im Schnitt x betragen

$$\sigma = \pm \frac{M_x}{2 \cdot W_1},$$

wenn wir mit $W_1 = \frac{b \cdot h_1^2}{6}$ das Widerstandsmoment des Einzelbalkens $b \cdot h_1$ bezeichnen; sie sind doppelt so groß wie in einem Vollbalken mit gleichem Gesamtquerschnitt, dessen Widerstandsmoment W_0

$$W_0 = \frac{b \cdot h^2}{6} = \frac{b \cdot (2\,h_1)^2}{6} = 4 \cdot W_1$$

beträgt. Würden wir die beiden Einzelbalken in ihrer Berührungsfläche unverschieblich miteinander verbinden, etwa durch eine durchgehende unnachgiebige Verleimung, so würden ihre Beanspruchungen mit denen des Vollbalkens übereinstimmen. Die Leimfuge würde dabei durch die Schubspannung τ,

$$\tau = \frac{Q \cdot S_1}{b \cdot J_0} = \frac{3}{4} \cdot \frac{Q}{b \cdot h_1} = \frac{3}{2} \cdot \frac{Q}{b \cdot h},$$

beansprucht.

In der Praxis des Holzbaues werden solche Einzelbalken häufig durch einzelne Dübel zu einem «*verdübelten Balken*» verbunden (Abb. 293b). Da diese Dübel aber eine gewisse Nachgiebigkeit besitzen, muß ihre Spannungsvertei-

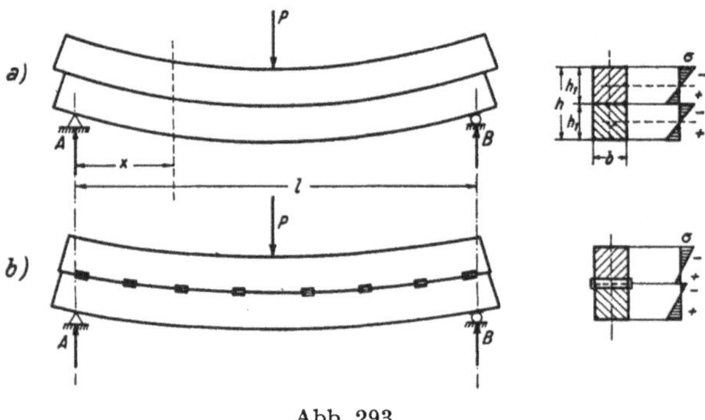

Abb. 293

lung irgendwie zwischen derjenigen der unverbundenen Einzelbalken und des Vollbalkens liegen. *Die Spannungsverteilung ist somit von der Nachgiebigkeit der Verdübelung abhängig.* Eine weitere Besonderheit ergibt sich ferner daraus, daß die Dübel die beiden Einzelbalken nicht durchgehend oder stetig, sondern nur in einzelnen Punkten miteinander verbinden.

Wir wollen nun den Spannungsverlauf in einem aus zwei satt aufeinanderliegenden Einzelbalken $b \cdot h_1$ bestehenden verdübelten Balken bestimmen und betrachten deshalb ein Balkenfeld s_i zwischen den Dübeln $i-1$ und i im verformten Zustand (Abb. 294). Die Dübelverformung ist dabei schematisch gezeichnet.

Die Dübelkräfte D summieren sich vom (linken) Balkenauflager her zu Kantenkräften L auf; es ist somit

$$D_i = L_{i+1} - L_i.$$

Die ursprüngliche Feldlänge s_i, von Dübelmitte zu Dübelmitte gemessen, habe sich infolge der Balkenverformung am untern Rand des obern Balkens auf s_i', am obern Rand des untern Balkens auf s_i'' verändert. Die Dübel haben sich unter den Dübelkräften D verformt; wir nehmen diese Dübelverformungen ε im Sinne der Elastizitätstheorie proportional zu den Dübelkräften D an,

$$\varepsilon_i = \frac{D_i}{C},$$

wobei C den (für alle Dübel gleich groß vorausgesetzten) Verformungswiderstand eines Dübels bezeichnen soll.

Die Verformungs- oder Elastizitätsbedingung des Problems können wir direkt aus Abbildung 294 ablesen; sie lautet

$$\varepsilon_{i-1} + s_i'' = s_i' + \varepsilon_i. \tag{194}$$

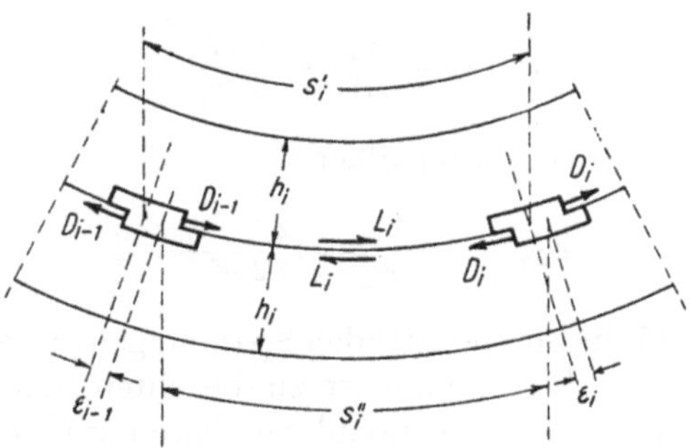

Abb. 294

Wir haben nun Längen s_i' und s_i'' der verformten Fasern s_i zu berechnen, wobei wir davon ausgehen, daß das äußere Biegungsmoment M_0 wegen der gleichen Durchbiegung der beiden Einzelbalken sich je zur Hälfte auf diese verteile. Fassen wir M_{0i} als Mittelwert des Momentes für das Feld s_i auf, so ist

$$s_i' = s_i + \frac{M_{0i} \cdot s_i}{2E \cdot W_1} - \frac{L_i \cdot s_i}{E \cdot F_1} - \frac{L_i \cdot \frac{h_1}{2} \cdot s_i}{E \cdot W_1} = s_i \cdot \left[1 + \frac{1}{E \cdot W_1} \cdot \left(\frac{M_{0i}}{2} - \frac{2L_i \cdot h_1}{3} \right) \right]$$

und

$$s_i'' = s_i - \frac{M_{0i} \cdot s_i}{2E \cdot W_1} + \frac{L_i \cdot s_i}{E \cdot F_1} + \frac{L_i \cdot \frac{h_1}{2} \cdot s_i}{E \cdot W_1} = s_i \cdot \left[1 - \frac{1}{E \cdot W_1} \cdot \left(\frac{M_{0i}}{2} - \frac{2L_i \cdot h_1}{3} \right) \right].$$

Setzen wir diese Werte sowie die Dübelverformungen ε

$$\varepsilon_i = \frac{D_i}{C} = \frac{L_{i+1} - L_i}{C}, \qquad \varepsilon_{i-1} = \frac{D_{i-1}}{C} = \frac{L_i - L_{i-1}}{C}$$

in die Elastizitätsbedingung (194) ein, so erhalten wir

$$\frac{L_i - L_{i-1}}{C} + s_i \cdot \left[1 - \frac{1}{E \cdot W_1} \cdot \left(\frac{M_{0i}}{2} - \frac{2L_i \cdot h_1}{3} \right) \right] =$$

$$= s_i \left[1 + \frac{1}{E \cdot W_1} \cdot \left(\frac{M_{0i}}{2} - \frac{2L_i \cdot h_1}{3} \right) \right] + \frac{L_{i+1} - L_i}{C}$$

oder geordnet

$$- L_{i-1} + \left(2 + \frac{4}{3} \cdot \frac{C \cdot h_1 \cdot s_i}{E \cdot W_1}\right) \cdot L_i - L_{i+1} = \frac{C \cdot s_i}{E \cdot W_1} \cdot M_{oi} \, . \qquad (195)$$

Als Randbedingung ist zu beachten, daß vor dem ersten und nach dem letzten Dübel keine Kantenkraft wirken kann; es ist

$$L_0 = 0 \, , \qquad L_{n+1} = 0 \, .$$

Durch Auflösen dieses dreigliedrigen Gleichungssystems finden wir die Kantenkräfte L. Damit sind die Spannungen σ bestimmbar; sie betragen am oberen Rand

$$\sigma_{oo} = - \frac{M_0}{2 W_1} + \frac{L \cdot h_1}{3 W_1}$$

und untern Rand des obern Einzelbalkens

$$\sigma_{uo} = + \frac{M_0}{2 W_1} - \frac{2 L \cdot h_1}{3 W_1} \, .$$

Im untern Balken sind die entsprechenden Spannungen entgegengesetzt gleich groß. Bei der Spannungsberechnung ist zu beachten, daß das Moment M_0 sich über die Feldweite s_i ändert, während die Kantenkraft L_i über s_i konstant ist; die Spannungen σ müssen deshalb zickzackförmig verlaufen.

In Abbildung 295 sind die Ergebnisse eines Zahlenbeispiels dargestellt; dabei wurde der Querschnitt des Einzelbalkens mit $b = 18^{\text{ cm}}$, $h = 24^{\text{ cm}}$, $F_1 = 432^{\text{ cm}^2}$, $W_1 = 1728^{\text{ cm}^3}$ angenommen. Den Dübelwiderstand nehmen wir zu $C = 50^{\text{ t/cm}}$ und den Elastizitätsmodul des Holzes zu $E = 100^{\text{ t/cm}^2}$ an. Damit wird

$$\frac{4}{3} \cdot \frac{C \cdot h_1 \cdot s_i}{E \cdot W_1} = \frac{4}{3} \cdot \frac{50 \cdot 24 \cdot 100}{100 \cdot 1728} = 0{,}9259$$

und

$$\frac{C \cdot s_i}{E \cdot W_1} = \frac{50 \cdot 100}{100 \cdot 1728} = 0{,}02894^{\text{ cm}^{-1}} .$$

Gleichung (195) lautet somit

$$- L_{i-1} + 2{,}9259 \cdot L_i - L_{i+1} = 0{,}02894 \cdot M_{0i} \, ;$$

die Auflösung des Gleichungssystems liefert die Kantenkräfte

$$L_1 = 2{,}08^{\text{ t}}, \qquad L_2 = 4{,}62^{\text{ t}}, \qquad L_3 = 7{,}11^{\text{ t}}, \qquad L_4 = 8{,}95^{\text{ t}} .$$

Die Dübelkräfte D, deren Verlauf in Abbildung 295 dargestellt ist, sind trotz der konstanten Querkraft veränderlich. Abbildung 295 zeigt ferner den grundsätzlichen Verlauf der Randspannungen, wobei auf Einzelheiten und Komplikationen bei den Dübeln nicht eingetreten werden soll, und die Spannungsbilder je in Feldmitte.

Die Konstruktionspraxis behilft sich allerdings mit einer einfacheren Art der Spannungsberechnung, indem dort die Randspannung mit der Näherungsformel

$$\sigma = \frac{M_0}{\alpha \cdot W_0}$$

bestimmt wird. Dabei bedeutet α den Wirkungsgrad der Verdübelung, der theoretisch zwischen 0,5 (zwei Einzelbalken) und 1,0 (Vollbalken) schwanken

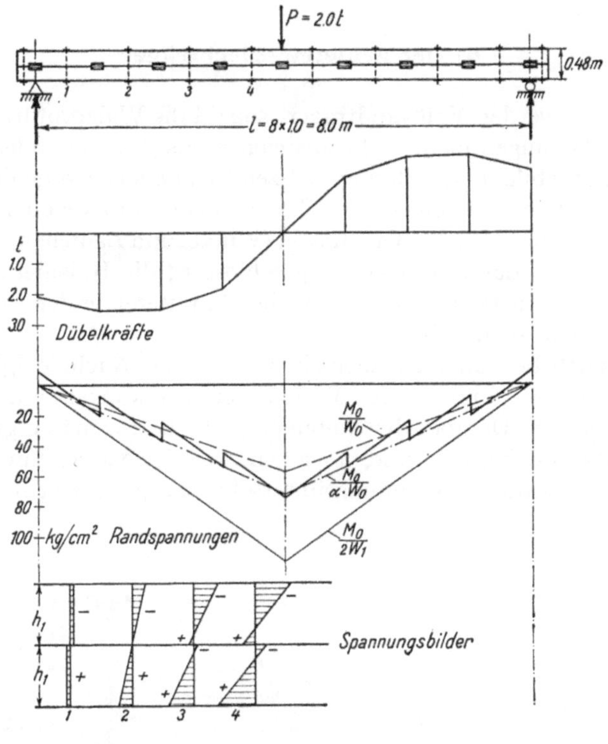

Abb. 295

kann; α wird meist mit $\alpha = 0{,}8$ eingeführt. Unbefriedigend an dieser Näherungsberechnung ist, daß sie weder den charakteristischen Verlauf der Randspannungen, der vom Dübelabstand abhängig ist, noch die Größe C des elastischen Dübelwiderstandes berücksichtigt. Eine verfeinerte Bemessung des verdübelten Balkens wird in Zukunft diese beiden Mängel zu beheben suchen müssen[1]).

Die Nachgiebigkeit der Dübel äußert sich auch vergrößernd auf die Durchbiegungen. In der Praxis wird man die Durchbiegungen deshalb mit einem abgeminderten Trägheitsmoment, $\beta \cdot J_0$, berechnen, wobei der Wirkungsgrad β

---

[1] F. Stüssi: Über den verdübelten Balken. Schweiz. Bauzeitung, Bd. 122 ,1943.

zwischen den Werten 0,25 und 1,0 liegen muß. Dem Wirkungsgrad $\alpha = 0,8$ entspricht beim zweiteiligen verdübelten Balken ein Wert $\beta = 0,57$. Ferner haben die Dübel wegen ihrer Nachgiebigkeit nicht die volle Resultierende der Schubspannungen in der Mittelfläche, wie sie beim Vollbalken auftreten würden, zu übertragen, sondern zur Berechnung der Dübelkraft ist in der Näherungstheorie ein dritter Wirkungsgrad oder Abminderungsfaktor γ einzuführen, der theoretisch zwischen 0 und 1,0 schwanken kann und der für $\alpha = 0,8$ den Wert $\gamma = 0,75$ besitzt.

b) Der genietete Blechträger

Im Stahlbau werden Vollwandträger, sobald die Walzprofilträger zur Aufnahme der Belastungen nicht mehr ausreichen, als genietete oder geschweißte Blechträger ausgebildet. Abbildung 296 zeigt einen solchen genieteten Blechträger, der aus einem Stehblech, vier Gurtwinkeln und zwei oder mehr Lamellen (Kopfplatten) besteht. Die Gurtungen (Winkel und Lamellen) werden durch die Halsnietung an das Stahlblech angeschlossen; die Halsnietung hat somit den Zuwachs der Gurtkräfte, das heißt die Resultierende der entsprechenden Schubspannungen anzuschließen.

Grundsätzlich besteht auch hier ein Einfluß der Nachgiebigkeit des Verbindungsmittels (Nietung) auf den Verlauf der Spannungen, ähnlich wie beim verdübelten Balken. Da aber die Nieten einen verhältnismäßig großen Verformungswiderstand C besitzen und vor allem, weil die Nietabstände verhältnismäßig klein sind, sind die Spannungsunterschiede gegenüber einem Vollbalken

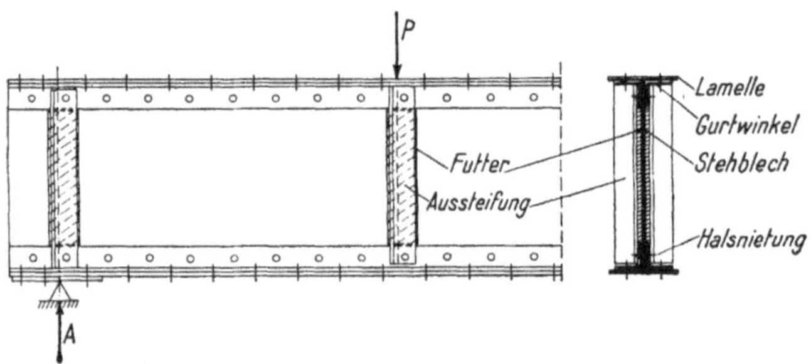

Abb. 296

mit gleichem Querschnitt nur unwesentlich. In der Konstruktionspraxis wird deshalb der genietete oder geschweißte Blechträger mit Recht wie ein Vollbalken berechnet.

Einen besonderen Einfluß besitzt die Nachgiebigkeit des Verbindungsmittels nur an Stellen plötzlicher Querschnittsänderung beim Ansatz von nicht über die ganze Trägerlänge reichenden Lamellen. Die bauliche Ausbildung solcher Lamellenenden ist in den Vorlesungen über Stahlbau zu behandeln.

IX. Stabilitätsprobleme

1. Knicken

a) Knickvorgang und Knickbedingung

Wir betrachten einen ursprünglich geraden, zentrisch belasteten und beidseitig gelenkig gelagerten Stab der Länge l und der Steifigkeit EJ (Abb. 297).

Erteilen wir diesem Stab eine beliebig kleine Ausbiegung y_0, so entstehen infolge der Belastung P die Biegungsmomente M_0,

$$M_0 = P \cdot y_0 \, ,$$

die eine weitere zusätzliche Ausbiegung y_1 verursachen müssen. Der Zusammenhang zwischen y_1 und M_0 ist gegeben durch die Differentialgleichung der elastischen Linie

$$- EJ \cdot y_1'' = M_0 = P \cdot y_0$$

oder

$$EJ \cdot y_1'' + P \cdot y_0 = 0 \, . \tag{196}$$

Die zusätzlichen Ausbiegungen y_1 können als Seilpolygon zur reduzierten Momentenfläche

$$\frac{P}{EJ} \cdot y_0$$

als Belastung bestimmt werden; an irgendeiner Stelle des Stabes, zum Beispiel in Stabmitte, erhalten wir dabei die Ausbiegung y_1 in der Form

$$y_1 = \frac{P \cdot l^2}{c_1 \cdot EJ} \cdot y_0 = \alpha_1 \cdot y_0 \, .$$

Nun verursachen aber diese Ausbiegungen y_1 weitere zusätzliche Momente $P \cdot y_1$, aus denen weitere zusätzliche Ausbiegungen y_2,

$$y_2 = \alpha_2 \cdot y_1$$

entstehen, die ihrerseits eine Vergrößerung der Ausbiegungen um y_3,

$$y_3 = \alpha_3 \cdot y_2$$

verursachen. Wir können somit den Endwert y der Ausbiegungen anschreiben zu

$$y = y_0 + y_1 + y_2 + y_3 + \ldots,$$

$$y = y_0 + \alpha_1 \cdot y_0 + \alpha_2 \cdot y_1 + \alpha_3 \cdot y_2 + \ldots,$$

$$y = y_0 \cdot (1 + \alpha_1 + \alpha_1 \cdot \alpha_2 + \alpha_1 \cdot \alpha_2 \cdot \alpha_3 + \ldots).$$

Sind nun die anfängliche Ausbiegungslinie y_0 und die dadurch verursachte Biegungslinie y_1 ähnlich zueinander, so ist die Verhältniszahl α für alle Schnitte des Stabes gleich groß, und es ist ferner

$$\alpha_1 = \alpha_2 = \alpha_3 = \alpha_4 \ldots$$

oder

$$y = y_0 \cdot (1 + \alpha + \alpha^2 + \alpha^3 + \alpha^4 + \ldots), \tag{197a}$$

was für $\alpha \leqq 1$ auch geschrieben werden kann

$$y = y_0 \cdot \frac{1}{1 - \alpha}. \tag{197b}$$

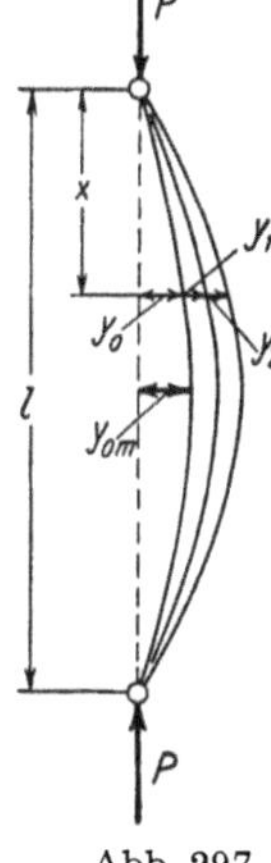

Abb. 297

Sobald α den Wert 1 besitzt, wird die Endausbiegung y auch bei einer sehr kleinen anfänglichen Ausbiegung y_0 endliche Werte annehmen: *für $\alpha = 1$ knickt der Stab aus.* Wir nennen deshalb die Bedingung $\alpha = 1$ die *Knickbedingung.*

Wir nehmen nun, als Beispiel, für einen Stab mit konstanter Steifigkeit EJ eine sinusförmige anfängliche Ausbiegung y_0 an,

$$y_0 = a \cdot \sin \frac{n \pi x}{l}.$$

Damit wird

$$- EJ \cdot y_1'' = P \cdot y_0 = P \cdot a \cdot \sin \frac{n \pi x}{l}$$

und nach zweimaliger Integration unter Beachtung der Randbedingungen ($y_1 = 0$ für $x = 0$ und $x = l$)

$$y_1 = \frac{l^2}{n^2 \cdot \pi^2} \cdot \frac{P}{EJ} \cdot a \cdot \sin \frac{n \pi x}{l} = \frac{l^2}{n^2 \cdot \pi^2} \cdot \frac{P}{EJ} \cdot y_0 = \alpha_1 \cdot y_0.$$

Die Biegungslinie y_1 verläuft ähnlich zu y_0; es ist deshalb $\alpha_1 = \alpha_2 = \alpha_3 = \ldots = \alpha$; die Knickbedingung $\alpha = 1$ liefert die Größe der kritischen Last $P = P_{kr}$, unter der der Stab ausknickt, aus

$$\alpha = \frac{P \cdot l^2}{n^2 \cdot \pi^2 \cdot EJ} = 1$$

zu

$$P_{kr} = \frac{n^2 \cdot \pi^2 \cdot EJ}{l^2}. \tag{198}$$

Der Stab kann in verschiedenen Formen, in einer oder mehreren Halbwellen, ausknicken (Abb. 298); die kleinste oder maßgebende kritische Last ergibt sich für $n = 1$:

$$\min P_{\mathrm{kr}} = \frac{\pi^2\,EJ}{l^2}. \tag{198a}$$

Dabei ist J das kleinste Trägheitsmoment des Stabquerschnittes; der Stab knickt senkrecht zu derjenigen Hauptaxe aus, für die das Trägheitsmoment am kleinsten ist. Dieser Wert von $\min P_{\mathrm{kr}}$, der 1744 von LEONHARD EULER[1]) gefunden wurde, ist für die Bemessung maßgebend. Die höheren Werte der Knicklast P_{kr} besitzen keine Bedeutung für die Bemessungspraxis.

Wir haben mit der Annahme von y_0 als Sinuskurve diejenige Ausgangskurve gewählt, für welche die zusätzlichen Biegungslinien y_1, y_2 usw. zu y_0 ähnlich wurden und für welche auch die Verhältniszahlen α alle gleich groß wurden und die deshalb die eigentliche Lösung des untersuchten Knickproblems darstellt und auch den genauen Wert der kritischen Last P_{kr} liefert. Bei vielen Fällen ist nun aber die genaue Form dieser Ausgangskurve y_0 nicht von vornherein bekannt, und wir sind darauf angewiesen, sie zu schätzen.

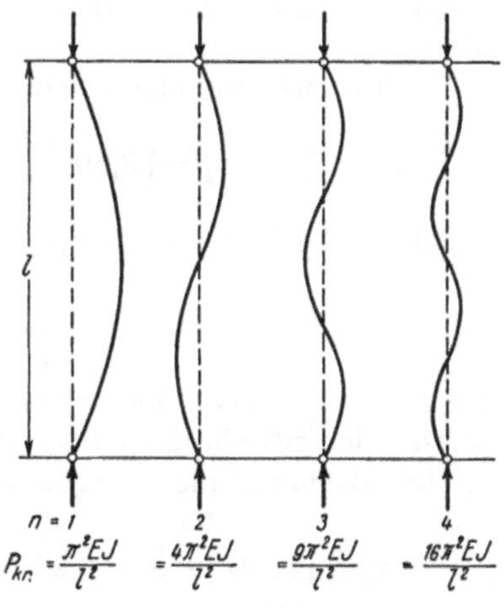

Abb. 298

Nun zeigt sich aber, daß die aus einer geschätzten Kurve y_0, die selbstverständlich die Randbedingungen zu erfüllen hat, berechneten Biegungslinien y_1, y_2, y_3 usw. sehr gut gegen die eigentliche Lösungskurve des Problems konvergieren. Wir untersuchen als Beispiel wieder den beidseitig gelenkig gelagerten Stab mit konstanter Steifigkeit, indem wir als Ausgangskurve y_0 eine quadratische Parabel

$$y_0 = \left(4\,\frac{x}{l} - 4\,\frac{x^2}{l^2}\right) \cdot y_{0m}$$

annehmen. Aus

$$EJ \cdot y_1'' = -\left(4\,\frac{x}{l} - 4\,\frac{x^2}{l^2}\right) \cdot P \cdot y_{0m}$$

finden wir durch zweimalige Integration unter Beachtung der Randbedingungen $y_1 = 0$ für $x = 0$ und $x = l$

$$y_1 = \frac{P \cdot l^2}{EJ} \cdot \left(\frac{1}{3} \cdot \frac{x}{l} - \frac{2}{3} \cdot \frac{x^3}{l^3} + \frac{1}{3} \cdot \frac{x^4}{l^4}\right) \cdot y_{0m}$$

---

[1]) L. EULER: Methodus inveniendi lineas curvas maximi minimive proprietate gaudentes sive solutio problematis isoperimetrici latissimo sensu accepti. Lausannae et Genevae, MDCCXLIV. Additamentum I: De curvis elasticis. Siehe auch F. STÜSSI: 200 Jahre EULERsche Knickformel. Schweiz. Bauzeitung, Bd. 123, 1944.

oder für Stabmitte, $x = 0,5 \cdot l$,

$$y_{1m} = \frac{P \cdot l^2}{9,60 \cdot EJ} \cdot y_{0m} = \alpha_1 \cdot y_{0m}.$$

Die Knickbedingung $\alpha_1 = 1$ liefert die erste Näherungslösung

$$P_{1\,kr} = \frac{9,60 \cdot EJ}{l^2},$$

die um 2,7% kleiner ist als der genaue Wert von P_{kr} nach EULER (Gleichung 198a).

Führen wir nun eine zweite Rechnung, ausgehend von der Kurve

$$y_1 = \left(3,20 \cdot \frac{x}{l} - 6,40 \cdot \frac{x^3}{l^3} + 3,20 \cdot \frac{x^4}{l^4}\right) \cdot y_{1m}$$

durch, so erhalten wir aus $\alpha_2 = 1$ für die Stabmitte die zweite Näherungslösung

$$P_{2\,kr} = \frac{9,8361 \cdot EJ}{l^2},$$

die nur noch 0,34% kleiner ist als der genaue Wert. Die dritte Berechnung würde die kritische Last bis auf 0,04% genau liefern.

Die Biegungslinie y_2 ergibt sich dabei in der Form

$$y_2 = \left(3,1475 \cdot \frac{x}{l} - 5,2459 \cdot \frac{x^3}{l^3} + 3,1475 \cdot \frac{x^5}{l^5} - 1,0491 \cdot \frac{x^6}{l^6}\right) \cdot y_{2m};$$

sie hat sich schon sehr gut der Sinuskurve

$$y = y_m \cdot \sin \frac{\pi x}{l} = \left(3,1416 \cdot \frac{x}{l} - 5,1677 \cdot \frac{x^3}{l^3} + 2,5502 \cdot \frac{x^5}{l^5} - \ldots\right) \cdot y_m,$$

das heißt der genauen Lösungskurve angenähert.

Wir haben somit ein Rechnungsverfahren gefunden, das uns auf dem Wege der sukzessiven Approximation die genaue Form der Knickbiegungslinie und den genauen Wert der Knicklast liefert, wobei wir von einer geschätzten, jedoch mit den Randbedingungen verträglichen anfänglichen Ausbiegungskurve y_0 ausgehen. Dies ist das Verfahren von ENGESSER-VIANELLO, das bei beliebiger Lagerung und bei beliebig veränderlicher Steifigkeit EJ des Stabes anwendbar ist. Praktisch werden wir allerdings y_1 nicht durch Integration der Differentialgleichung (196) berechnen, sondern nach MOHR durch ein Seilpolygon zur reduzierten Momentenfläche als Belastungsfläche bestimmen.

Unsere Knickbedingung $\alpha = 1$ bedeutet nun, daß die Ausbiegung y_1 mit der anfänglichen Ausbiegung y_0 übereinstimmen müsse,

$$y_1 = \alpha \cdot y_0 = y_0;$$

wir können damit in Gleichung (196)

$$y_1 = y_0 = y$$

setzen und erhalten

$$EJ \cdot y'' + P \cdot y = 0 \, . \tag{199}$$

Dies ist die Differentialgleichung des Knickproblems. Für konstante Steifigkeit lautet ihre Lösung

$$y = C_1 \cdot \sin \frac{n\,\pi\,x}{l} + C_2 \cdot \cos \frac{n\,\pi\,x}{l} \, ,$$

wobei die Konstanten C_1 und C_2 aus den Auflagerbedingungen zu bestimmen sind. Die Größe der Ausbiegungen y selbst bleibt unbestimmt. Es ist dies eine Folge davon, daß wir unsere Untersuchung auf kleine Ausbiegungen y be-

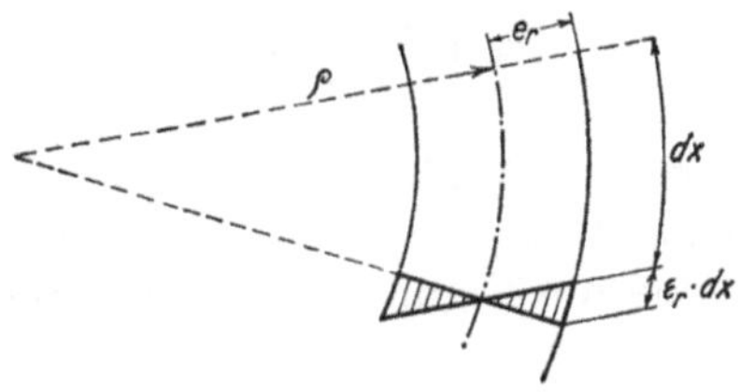

Abb. 299

schränken und deshalb die vereinfachte Differentialgleichung der elastischen Linie verwenden. Würden wir die genauere Gleichung für den Krümmungsradius

$$\frac{1}{\varrho} = \frac{y''}{(1 + y'^2)^{3/2}}$$

berücksichtigen, so könnten wir feststellen, daß bei großen Ausbiegungen die Last P noch etwas (wenn auch nur sehr wenig) über die EULERsche Knicklast hinaus ansteigen kann und dabei die Ausbiegung von der Last abhängig wird. Diese Vergrößerung von P über P_{kr} hinaus besitzt jedoch keine praktische Bedeutung; bei der Bemessung von Tragwerken müssen wir den Beginn des Knickvorganges mit Sicherheit verhindern. Maßgebend ist deshalb die kritische Last P_{kr}.

Um die statische Bedeutung der Knickgleichung (199) und damit der Knickbedingung $\alpha = 1$ zu erkennen, betrachten wir ein verformtes Stabelement dx (Abb. 299). Es ist

$$\frac{\varepsilon_r \cdot dx}{dx} = \frac{e_r}{\varrho} \, ,$$

und wenn wir kleine Ausbiegungen y voraussetzen,

$$y'' = \frac{1}{\varrho} \, ,$$

so wird

$$\sigma_r = E \cdot \varepsilon_r = E \cdot \frac{e_r}{\varrho} = E \cdot e_r \cdot y'' \, .$$

Anderseits ist

$$\sigma_r = \frac{M}{W_r} \qquad \text{oder} \qquad M = M_i = W_r \cdot \sigma_r,$$

womit sich mit $W_r \cdot e_r = J$

$$M_i = W_r \cdot E \cdot e_r \cdot y'' = EJ \cdot y''$$

ergibt. $EJ \cdot y''$ ist somit das resultierende Moment M_i der innern Spannungen, während $P \cdot y$ das Moment M_a der äußeren Belastung bedeutet. Die Gleichung (199) bedeutet deshalb, daß *beim Beginn des Knickvorganges gerade noch Gleichgewicht zwischen den inneren und äußeren Momenten besteht:*

$$\underline{M_i + M_a = 0} \,. \tag{200}$$

Die kritische Last P_{kr} ist durch den Übergang vom stabilen in den labilen Gleichgewichtszustand gekennzeichnet: es genügt im labilen Zustand eine beliebig kleine Störung (eine beliebig kleine Ausbiegung y_0), um den Stab zum Ausknicken zu veranlassen.

b) Energiemethoden

Wir betrachten die Energieverhältnisse beim Knickvorgang (Abb. 300). Durch die Ausbiegung y wird im Stab, wie in einer gespannten Feder, Energie A_i aufgespeichert, deren Betrag der bei der Formänderung aufgewendeten Formänderungsarbeit gleich sein muß:

$$A_i = \frac{1}{2} \int_0^l M \cdot y'' \cdot dx \,,$$

woraus mit

$$M = -EJ \cdot y''$$

folgt

$$A_i = -\frac{1}{2} \int_0^l EJ \cdot y''^2 \cdot dx \,.$$

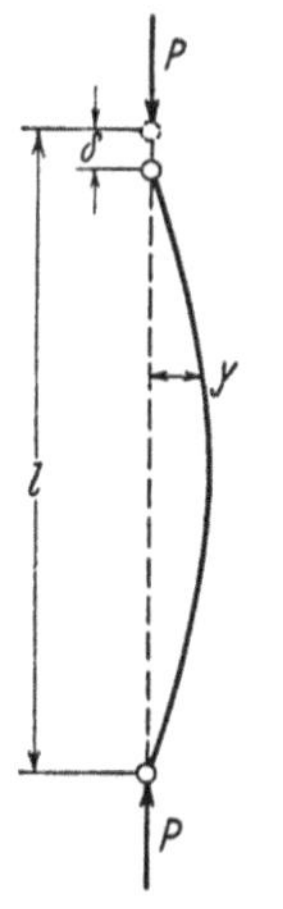

Abb. 300

Gleichzeitig verliert die Last P den Betrag A_p an potentieller Energie, weil sich ihr Angriffspunkt um die Strecke δ, die dem Unterschied zwischen Kurvenlänge und Sehnenlänge entspricht, senkt:

$$A_p = P \cdot \delta = P \cdot \int_0^l \left(\sqrt{1 + y'^2} - 1 \right) \cdot dx \,;$$

weil y'^2 klein ist gegen eins wird

$$\sqrt{1 + y'^2} = 1 + \frac{y'^2}{2}$$

und

$$A_p = \frac{1}{2} \cdot P \cdot \int\limits_0^l y'^2 \cdot dx \cdot$$

Ein Energiegewinn durch das Ausknicken ist unmöglich, ein Energieverlust nur durch die Zerstörung des Stabes; für den Knickbeginn oder den Grenzfall der kritischen Last muß die Energiesumme gerade noch erhalten bleiben; die im ausgebogenen Stab aufgespeicherte Formänderungsenergie A_i und der Verlust A_p an potentieller Energie müssen sich aufheben:

$$A_i + A_p = 0 = -\frac{1}{2}\int\limits_0^l EJ \cdot y''^2 \cdot dx + P_{\mathrm{kr}} \cdot \frac{1}{2}\int\limits_0^l y'^2 \cdot dx$$

oder

$$P_{\mathrm{kr}} = \frac{\displaystyle\int\limits_0^l EJ \cdot y''^2 \cdot dx}{\displaystyle\int\limits_0^l y'^2 \cdot dx} \cdot \tag{201}$$

Solche Energiebetrachtungen sind besonders von S. TIMOSHENKO[1]) entwickelt und in die Theorie der Stabilitätsprobleme eingeführt worden. Sie besitzen den großen Vorteil, daß sie uns die Größe der kritischen Last auch dann mit guter Genauigkeit liefern, wenn die genaue Form der Lösungskurve y nicht bekannt ist. Da eine Ungenauigkeit in der Kurvenform gleichbedeutend ist mit einer gewissen willkürlichen Festhaltung des Stabes oder mit einer Vergrößerung seiner Steifigkeit EJ, kennen wir auch das Vorzeichen des Fehlers der berechneten kritischen Last; durch eine Energiebetrachtung erhalten wir P_{kr} stets etwas zu groß.

Für eine baustatische Verwendung ist allerdings die Form der Gleichung (201) noch etwas unbequem, weil wir hier gewohnt sind, mit Funktionen y (Seilpolygonordinaten) und ihren zweiten Ableitungen y'' (Belastungen) zu rechnen; die ungeraden Ableitungen y' (Querkräfte) sind weniger bequem erfaßbar. Wir suchen deshalb eine zu Gleichung (201) analoge baustatische Ausdrucksweise, indem wir von der Gleichgewichtsbedingung (200)

$$M_i + M_a = 0$$

ausgehen. Wenn innere und äußere Momente miteinander im Gleichgewicht sind, so müssen sich auch die durch sie verursachten Formänderungsarbeiten

---

[1]) S. TIMOSHENKO: Sur la Stabilité des Systèmes Elastiques. Annales des Ponts et Chaussées, 1913.

S. TIMOSHENKO: Theory of elastic stability. McGraw-Hill, New York and London, 1936.

während der Stabkrümmungen y'' aufheben:

$$A_i + A_a = 0 = \frac{1}{2}\int_0^l M_i \cdot y'' \cdot dx + \frac{1}{2}\int_0^l M_a \cdot y'' \cdot dx.$$

Setzen wir

$$M_i = - EJ \cdot y'', \qquad M_a = P \cdot y$$

ein, so erhalten wir

$$P_{\text{kr}} = \frac{\displaystyle\int_0^l EJ \cdot y''^2 \cdot dx}{\displaystyle\int_0^l y \cdot y'' \cdot dx} \tag{202a}$$

oder auch

$$P_{\text{kr}} = \frac{\displaystyle\int_0^l \frac{M_i^2}{EJ} \cdot dx}{\displaystyle\int_0^l y \cdot \frac{M_i}{EJ} \cdot dx}. \tag{202b}$$

Die Arbeitsgleichungen (202) sind gleichbedeutend mit der Energiegleichung (201), jedoch bequemer für die baustatische Anwendung.

Während wir mit der Knickbedingung $\alpha = 1$ die Knicklast durch Vergleich von angenommener Kurve y_0 mit berechneter Kurve y_1 an einer willkürlich gewählten Stelle des Stabes (Stabmitte) oder (abgesehen vom Vorzeichen) aus

$$P_{\text{kr}} = \frac{EJ \cdot y''}{y} = \frac{M_i}{y}$$

bestimmten, stellen die Gleichungen (202) eine Mittelwertbildung mit den Gewichten y'' dieser Ausdrücke über die ganze Stablänge dar; damit ist die verbesserte Genauigkeit der Energiebetrachtungen gegenüber dem direkten Verfahren erklärlich.

Die praktische Berechnung der kritischen Belastung nach Gleichung (202) wird nun in Kombination mit dem direkten Verfahren, $\alpha = 1$, durchgeführt. Aus einer angenommenen Kurve y_0 wird mit

$$y_1'' = - \frac{P \cdot y_0}{EJ} = - \frac{M_i}{EJ}$$

die Ausbiegung y_1 berechnet. Aus der Knickbedingung $\alpha = 1$ (für Stabmitte) erhalten wir einen ersten und mit den Werten y_1'' bzw. M_i und y_1 aus Gleichung (202) einen zweiten, besseren Näherungswert. Aus dem Vergleich der beiden Näherungswerte für P_{kr} erkennen wir, ob die Annahme von y_0 genügend genau mit der richtigen Lösungskurve übereinstimmt oder ob eine zweite Rechnung ausgehend von y_1 durchgeführt werden muß. Da wir wissen, daß der zweite

Näherungswert von P_{kr} etwas zu groß sein muß, können wir meist den genauen Wert von P_{kr} aus den beiden Näherungswerten schon des ersten Rechnungsganges abschätzen.

In der folgenden Tabelle ist diese kombinierte Berechnung der Knicklast eines beidseitig gelenkig gelagerten Stabes konstanter Steifigkeit, ausgehend von einer willkürlich gewählten Kurve y_0 bzw. y'', durchgeführt. Die Knotenlasten K zur reduzierten Momentenfläche sind mit der Parabelformel Gleichung (40) bestimmt.

	y''	K	Q	$y = \Sigma Q \, \Delta x$	y	$y \cdot y''$	y''^2
A	0			0	0	0	0
			32,50				
1	0,50	5,80		32,50	0,04232	0,02116	0,2500
			26,70				
2	0,80	9,45		59,20	0,07708	0,06166	0,6400
			17,25				
3	0,95	11,30		76,45	0,09954	0,09456	0,9025
			5,95				
m	1,00	$2 \times 5,95$		82,40	0,10729	0,10729	1,0000

$$\cdot \frac{P}{EJ} \cdot y_{0m} \qquad \cdot \frac{P \cdot \Delta x}{12\,EJ} y_{0m} \qquad \cdot \frac{P \cdot \Delta x^2}{12\,EJ} \cdot y_{0m} \qquad \cdot \frac{P \cdot l^2}{EJ} y_{0m} \qquad \Sigma = 0{,}69349 \qquad \Sigma = 6{,}8900$$

Wir teilen die Stablänge l in 8 gleiche Teile Δx ein; aus Symmetriegründen ist die Berechnung nur für eine Stabhälfte durchzuführen. Aus $\alpha = 1$ erhalten wir den ersten Näherungswert $P_{1\,kr}$ zu

$$P_{1\,kr} = \frac{EJ}{0.10729 \cdot l^2} = 9{,}321 \cdot \frac{EJ}{l^2} \, ,$$

der gegenüber dem genauen Wert ($\pi^2 = 9{,}8696$) einen Fehler von $5{,}6\%$ aufweist. Dieser verhältnismäßig große Fehler ist die Folge davon, daß die angenommene Kurve y_0 ziemlich stark von der Sinuskurve abweicht. Zur Berechnung des zweiten Näherungswertes $P_{2\,kr}$ bestimmen wir aus den Werten $y \cdot y''$ und y''^2 die Integrale

$$\int_0^l y \cdot y'' \cdot dx \qquad \text{und} \qquad \int_0^l EJ \cdot y''^2 \cdot dx$$

durch Flächenberechnung mit Hilfe der SIMPSONschen Regel. Da wir nur den Quotienten der beiden Flächen benötigen, brauchen wir statt

$$F = \int_0^p p \cdot dx = \frac{\Delta x}{3} \cdot (p_0 + 4p_1 + 2p_2 + 4p_3 + \ldots + p_n) = \frac{\Delta x}{3} \cdot \Sigma p$$

nur die Ordinatensumme Σp auszurechnen. Damit erhalten wir

$$P_{2\,\mathrm{kr}} = \frac{6,8900}{0,69349} \cdot \frac{EJ}{l^2} = 9,935 \cdot \frac{EJ}{l^2} \; ;$$

dieser Wert zeigt nur noch einen Fehler von 0,66%. Für praktische Berechnungen dürfte $P_{2\,\mathrm{kr}}$ schon genügend genau sein; außerdem kann aus dem Vergleich mit $P_{1\,\mathrm{kr}}$ eine Verbesserung abgeschätzt werden.

Der Berechnungsgang zur Bestimmung der Knicklast P_{kr} *statisch unbestimmt gelagerter Stäbe* bleibt grundsätzlich der gleiche wie für statisch bestimmte Lagerung; es ist nur zu beachten, daß zu den Momenten $M_0 = P \cdot y_0$ noch überzählige Einspannmomente X auftreten, die aus der Elastizitätsbedingung zu berechnen sind. Der in Abbildung 301 skizzierte Stab ist am obern Ende, $x = 0$, gelenkig gelagert und am untern Ende, $x = l$, eingespannt; er ist einfach statisch unbestimmt. Die überzählige Größe X ergibt sich aus der Elastizitätsbedingung

$$X = -\frac{a_{x0}}{a_{xx}} \; ;$$

die Momente $M = M_i$ folgen aus der Superposition

$$M = M_0 + X \cdot M_x = -EJ \cdot y_1'' \; .$$

Auch die Berücksichtigung einer elastischen Einspannung ist ohne jede Schwierigkeit möglich.

Die Knickbedingung $\alpha = 1$ liefert einen ersten Wert der kritischen Belastung. Ein zweiter, genauerer Wert ergibt sich aus Gleichung (202), wenn wir beachten, daß

$$\int_0^l \frac{M_a \cdot M_i}{EJ} \cdot dx = \int_0^l \frac{M_{0a} \cdot M_i}{EJ} \cdot dx = P \cdot \int_0^l y \cdot \frac{M_i}{EJ} \cdot dx \qquad (203)$$

gesetzt werden darf. Es ist nämlich

$$M_a = M_{0a} + X_a \cdot M_x$$

und

$$\int_0^l \frac{M_a \cdot M_i}{EJ} \cdot dx = \int_0^l \frac{M_{0a} \cdot M_i}{EJ} \cdot dx + X_a \cdot \int_0^l \frac{M_x \cdot M_i}{EJ} \cdot dx \; .$$

Nun ist aber

$$\int_0^l \frac{M_x \cdot M_i}{EJ} \cdot dx = \int_0^l \frac{M_x \cdot M_{0i}}{EJ} \cdot dx + X_i \cdot \int_0^l \frac{M_x^2}{EJ} \cdot dx = a_{x0} + X i \cdot a_{xx} = 0$$

nichts anderes als die Elastizitätsbedingung für den Belastungszustand M_i, und Gleichung (203) ist damit bewiesen.

Nun gilt aber analog auch

$$\int_0^l \frac{M_i^2}{EJ} \cdot dx = \int_0^l \frac{M_{0i} \cdot M_i}{EJ} \cdot dx \; ;$$

Gleichung (202b) kann somit auch in der Form geschrieben werden

$$P_{kr} = \frac{\int_0^l M_{0i} \cdot \dfrac{M_i}{EJ} \cdot dx}{\int_0^l y \cdot \dfrac{M_i}{EJ} \cdot dx} \cdot \tag{202c}$$

Diese Schreibweise besitzt den praktischen Vorteil, daß nun im Zähler und im Nenner ähnlich geformte Flächen vorkommen, so daß sich Ungenauigkeiten in der Flächenberechnung mit der SIMPSONschen Regel eher ausgleichen. Für das Beispiel der Abbildung 301 liefert die Zahlenrechnung bei konstanter Steifigkeit EJ und starrer Einspannung die kritische Belastung zu

$$P_{kr} = 20{,}16 \cdot \frac{EJ}{l^2} \,.$$

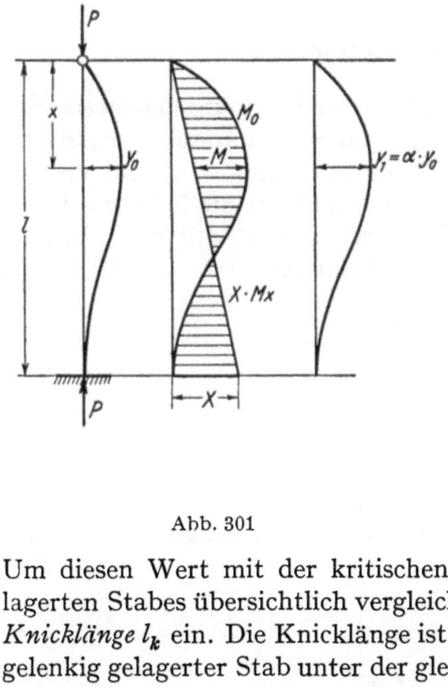

Abb. 301

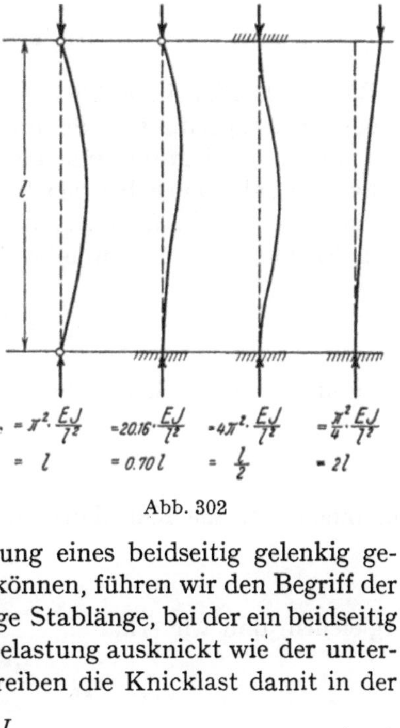

Abb. 302

Um diesen Wert mit der kritischen Belastung eines beidseitig gelenkig gelagerten Stabes übersichtlich vergleichen zu können, führen wir den Begriff der *Knicklänge* l_k ein. Die Knicklänge ist diejenige Stablänge, bei der ein beidseitig gelenkig gelagerter Stab unter der gleichen Belastung ausknickt wie der untersuchte einseitig eingespannte Stab. Wir schreiben die Knicklast damit in der Form

$$P_{kr} = \pi^2 \cdot \frac{EJ}{l_k^2} \,; \tag{204}$$

die Einführung der Knicklänge l_k erlaubt somit eine einheitliche Schreibweise der Knicklast für alle Lagerungsarten.

Für unser Beispiel (Abb. 301) ist somit

$$P_{kr} = \frac{\pi^2 EJ}{l_k^2} = 20{,}16 \cdot \frac{EJ}{l^2}$$

oder

$$l_k = \sqrt{\frac{\pi^2}{20,16}} \cdot l = 0,70 \cdot l \,.$$

In Abbildung 302 sind noch die Knicklasten P_{kr} und die Knicklängen l_k für die wichtigsten Lagerungsarten von Stäben konstanter Steifigkeit (EULER-*sche Grundfälle*) zusammengestellt.

Der Begriff der Knicklänge l_k kann aus

$$P_{kr} = c\,\frac{E J_c}{l^2} = \frac{\pi^2 E J_c}{l_k}$$

mit

$$l_k = \sqrt{\frac{\pi^2}{c}} \cdot l$$

auch für Stäbe veränderlichen Querschnitts eingeführt werden.

c) Die Knickspannungslinie

Bei den Festigkeitsproblemen vergleichen wir im Spannungsnachweis die vorhandenen spezifischen Spannungen σ_{vorh} und τ_{vorh} mit den zulässigen Spannungen. Es liegt im Sinne einer einheitlichen Darstellung des Spannungsnachweises nahe, auch bei den Stabilitätsproblemen nicht die kritische Last P_{kr}, sondern die *kritische Spannung* σ_{kr} als Vergleichsmaß mit den vorhandenen Spannungen zu verwenden. Für den Knickstab ist

$$\sigma_{kr} = \frac{P_{kr}}{F} = \frac{\pi^2 \cdot E J}{l_k^2 \cdot F} \,.$$

Wir führen nun den Schlankheitsgrad λ,

$$\lambda = \frac{l_k}{i} \,,$$

ein, indem wir die Knicklänge l_k mit dem (minimalen) Trägheitsradius i,

$$i = \sqrt{\frac{J}{F}} \,,$$

vergleichen, und wir erhalten

$$\sigma_{kr} = \frac{\pi^2 \cdot E \cdot i^2}{l_k^2} = \frac{\pi^2 \cdot E}{\lambda^2} \,. \tag{205}$$

Die kritische Spannung σ_{kr} ist für einen bestimmten Baustoff nur von der Schlankheit λ abhängig; der Zusammenhang zwischen σ_{kr} und λ ist durch die EULER*sche Hyperbel* dargestellt, die in Abbildung 303 für Baustahl St. 37 skizziert ist.

Nun zeigt sich aber, daß für kleine Schlankheiten λ die kritischen Spannungen σ_{kr} die Proportionalitätsgrenze σ_P des Materials überschreiten. Aus dem Spannungsdehnungsdiagramm des Materials (Abb. 1) wissen wir, daß bei

Beanspruchungen oberhalb der Proportionalitätsgrenze die Dehnungen und die Spannungen einander nicht mehr proportional sind und der Elastizitätsmodul E nicht mehr gilt. Damit gilt aber auch unsere Ableitung der Knicklast und der kritischen Spannung nicht mehr. *Die EULERsche Hyperbel gilt nur im elastischen Bereich*, $\sigma_{\mathrm{kr}} \leqq \sigma_P$.

Für Baustahl St. 37 ist $\sigma_P = 1{,}9$ $^{\mathrm{t/cm^2}}$ und die Grenze des elastischen Bereichs ergibt sich aus

$$\sigma_{\mathrm{kr}} = \frac{\pi^2 E}{\lambda^2} = \sigma_P$$

mit $E = 2100$ $^{\mathrm{t/cm^2}}$ zu

$$\lambda_P = \sqrt{\frac{\pi^2 E}{\sigma_P}} = \sqrt{\frac{\pi^2 \cdot 2100}{1{,}90}} = 104{,}4 \ .$$

Den *unelastischen Bereich* hat L. VON TETMAJER für verschiedene Baustoffe versuchstechnisch untersucht; er gelangte auf Grund seiner Versuche dazu, die Knickspannungslinie für $\lambda < \lambda_P$ als Gerade (TETMAJER*sche Gerade*) anzunehmen. Für Baustahl St. 37 ist diese Gerade durch die Gleichung (in $^{\mathrm{t/cm^2}}$)

$$\sigma_{\mathrm{kr}} = 3{,}10 - 0{,}0114 \cdot \lambda \tag{206}$$

gegeben. Sie ergibt $\sigma_{\mathrm{kr}} = \sigma_P = 1{,}90$ $^{\mathrm{t/cm^2}}$ für

$$\lambda_P = \frac{3{,}10 - 1{,}90}{0{,}0114} = 105{,}3 \ ;$$

sie ist auf einen Elastizitätsmodul $E = 2130$ $^{\mathrm{t/cm^2}}$ abgestimmt.

Die TETMAJERschen Versuche, die in der Hauptsache im Anschluß an das Brückenunglück bei Münchenstein (1891) durchgeführt wurden, bilden bei uns seit etwa 50 Jahren die Grundlage für die Bemessung gedrungener Stäbe $\lambda < \lambda_P$. In anderen Ländern dauerte es teilweise wesentlich länger, bis der unelastische Bereich in den amtlichen Vorschriften praktisch zutreffend umschrieben wurde. Um so verblüffender ist es, festzustellen, daß schon L. NAVIER eine recht zutreffende Vorstellung über den ganzen Knickbereich besaß. Er stellt nämlich fest, daß für kurze Stäbe die Druckfestigkeit maßgebend werden müsse. Wenn er auch noch nicht über die Versuchsergebnisse verfügt, aus denen der ganze unelastische Bereich genau («avec exactitude») umschrieben werden könnte, so gibt er doch auf Grund der wenigen ihm damals zugänglichen Versuchsergebnisse einige besondere Werte der Knickspannung für gedrungene Stäbe an. Für Schmiedeisen («fer forgé») lauten diese Angaben [1] (Stäbe mit Rechteckquerschnitt):

$$l_k = 12 \cdot b : \qquad \sigma_{\mathrm{kr}} = {}^5/_8 \cdot \beta_Z = {}^5/_8 \cdot 40 = 25 \ ^{\mathrm{kg/mm^2}} ,$$

$$l_k = 24 \cdot b : \qquad \sigma_{\mathrm{kr}} = {}^1/_2 \cdot \beta_Z = {}^1/_2 \cdot 40 = 20 \ ^{\mathrm{kg/mm^2}} .$$

---

[1] L. NAVIER: Résumé des Leçons..., 1826, Ziffer 318.

Setzen wir $b = 3{,}464 \cdot i$ und legen wir durch diese beiden Punkte

$$\lambda = 41{,}57\,, \qquad \sigma_{\mathrm{kr}} = 2{,}50 \;^{\mathrm{t/cm^2}},$$

$$\lambda = 83{,}14\,, \qquad \sigma_{\mathrm{kr}} = 2{,}00 \;^{\mathrm{t/cm^2}},$$

als erste Annäherung eine Gerade, so erhalten wir

$$\sigma_{\mathrm{kr}} = 3{,}0 - 0{,}0120 \cdot \lambda\,, \qquad \text{Navier (1826)},$$

während für den gleichen Baustoff (Schweißeisen) Tetmajer (1896) den Wert

$$\sigma_{\mathrm{kr}} = 3{,}03 - 0{,}0129 \cdot \lambda$$

angibt. Eine Reihe von Rückschlägen im Bauwesen hätte vermieden werden können, wenn die Erkenntnisse Naviers besser beachtet worden wären.

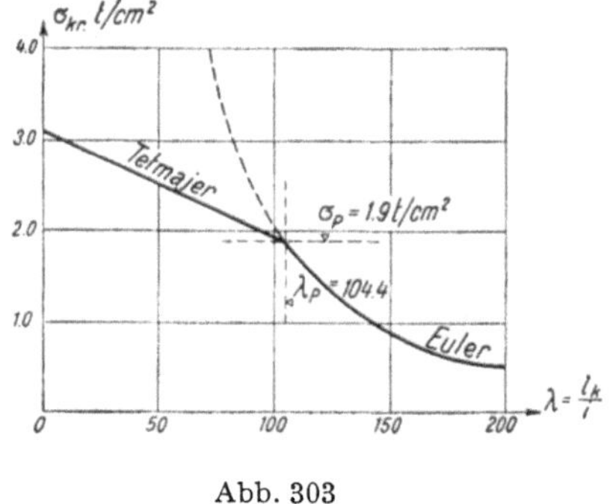

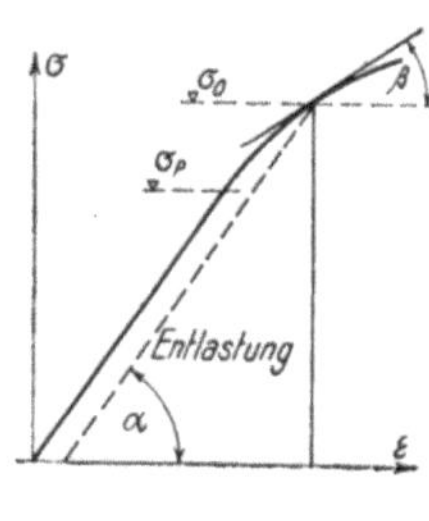

<table>
<tr><td>Abb. 303</td><td>Abb. 304</td></tr>
</table>

Die Knickspannungslinie (Abb. 303) bildet nun die Grundlage der praktischen Bemessung von Knickstäben, indem aus der kritischen Spannung σ_{kr} durch Division mit dem Sicherheitsgrad n die *zulässige Knickspannung* $\sigma_{k\,\mathrm{zul}}$ bestimmt wird. Der Spannungsnachweis lautet damit

$$\sigma_{k\,\mathrm{vorh}} \leqq \sigma_{k\,\mathrm{zul}} = \frac{\sigma_{\mathrm{kr}}}{n}\,.$$

Die Größe des Sicherheitsgrades oder von $\sigma_{k\,\mathrm{zul}}$ ist in den meisten Ländern durch amtliche Verordnungen festgelegt.

Wenn auch die Tetmajersche Gerade eine brauchbare Grundlage für die praktische Bemessung gedrungener Druckstäbe liefert, so stellt sie doch nur eine erste Annäherung an die Wirklichkeit dar. Es besteht deshalb das unbestreitbare Bedürfnis, den *unelastischen Bereich der Knickspannungslinie genauer zu untersuchen*, indem wir vom Zusammenhang zwischen Spannungen und Dehnungen oberhalb der Proportionalitätsgrenze ausgehen. Dieser Zusammenhang ist durch das Spannungsdehnungsdiagramm dargestellt.

Die «*klassische*» *Berechnung* der Knickspannungen im unelastischen Bereich geht nun davon aus, daß der Stab im Augenblick des Ausknickens durch eine feste Grundspannung $\sigma_0 = \sigma_{kr}$ beansprucht sein soll, der sich die beim Ausknicken auftretenden Biegungsspannungen $\Delta\sigma$ überlagern. Auf der Druckseite tritt eine Spannungsvergrößerung ein, und es gilt für den Spannungszuwachs

$$\Delta\sigma = T \cdot \Delta\varepsilon\,,$$

wobei

$$T = \operatorname{tg}\beta \ \text{(Belastung)}$$

bedeutet (Abb. 304). Auf der Zugseite dagegen tritt eine Spannungsabnahme ein und es gilt

$$-\Delta\sigma = -E \cdot \Delta\varepsilon\,,$$

wobei E,

$$E = \operatorname{tg}\alpha \ \text{(Entlastung)},$$

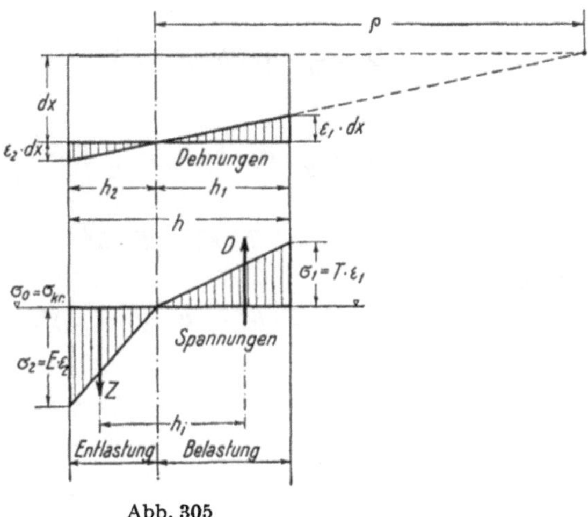

Abb. 305

den Elastizitätsmodul bedeutet.

Wenn nun der mit der Grundspannung

$$\sigma_0 = \frac{P}{F}$$

beanspruchte Druckstab auszuknicken beginnt, so treten kleine Zusatzspannungen σ auf, die dem äußeren Moment $P \cdot y$ Gleichgewicht halten müssen. Bei der Berechnung dieser Zusatzspannungen führen wir die Annahme ebenbleibender Querschnitte als Elastizitätsbedingung ein. Mit den Bezeichnungen der Abbildung 305 lautet diese Elastizitätsbedingung

$$\frac{\varepsilon_1 \cdot dx}{h_1} = \frac{\varepsilon_2 \cdot dx}{h_2} = \frac{dx}{\varrho}\,,$$

woraus sich die Spannungen zu

$$\sigma_1 = T \cdot \varepsilon_1 = T \cdot \frac{h_1}{\varrho},$$

$$\sigma_2 = E \cdot \varepsilon_2 = E \cdot \frac{h_2}{\varrho}$$

ergeben.

Nun müssen noch die beiden Gleichgewichtsbedingungen

$$D = Z \quad \text{und} \quad D \cdot h_i = M_i$$

erfüllt sein. Diese sind aber abhängig von der *Querschnittsform*.

Für einen Stab mit *Rechteckquerschnitt $h \cdot b$* ist

$$D = \frac{1}{2} \cdot \sigma_1 \cdot b \cdot h_1 = \frac{1}{2} T \cdot \frac{b \cdot h_1^2}{\varrho},$$

$$Z = \frac{1}{2} \cdot \sigma_2 \cdot b \cdot h_2 = \frac{1}{2} E \cdot \frac{b \cdot h_2^2}{\varrho};$$

und aus

$$T \cdot h_1^2 = E \cdot h_2^2$$

folgt mit $h_1 + h_2 = h$

$$T \cdot h_1^2 = E \cdot (h - h_1)^2,$$

$$\sqrt{T} \cdot h_1 = \sqrt{E} \cdot (h - h_1)$$

oder

$$h_1 = h \frac{\sqrt{E}}{\sqrt{E} + \sqrt{T}}$$

und damit

$$D = Z = \frac{1}{2} \cdot \frac{bh^2}{\varrho} \cdot \frac{T \cdot E}{(\sqrt{E} + \sqrt{T})^2}.$$

Für den Rechteckquerschnitt ist

$$h_i = \frac{2}{3} h;$$

somit ist

$$M_i = D \cdot h_i = \frac{2}{3} \cdot h \cdot \frac{1}{2} \cdot \frac{bh^2}{\varrho} \cdot \frac{T \cdot E}{(\sqrt{T} + \sqrt{E})^2} = \frac{bh^3}{3\varrho} \cdot \frac{T \cdot E}{(\sqrt{T} + \sqrt{E})^2}$$

Beachten wir, daß

$$J = \frac{bh^3}{12},$$

so erhalten wir durch Einführung des ENGESSER-KÁRMÁN*schen Knickmoduls*
T_k[1])

$$T_k = \frac{4\,T \cdot E}{(\sqrt{T} + \sqrt{E})^2}$$

(207a)

(für den Rechteckquerschnitt gültig) das Moment M_i

$$M_i = \frac{J \cdot T_k}{\varrho} = -\,T_k \cdot J \cdot y''$$

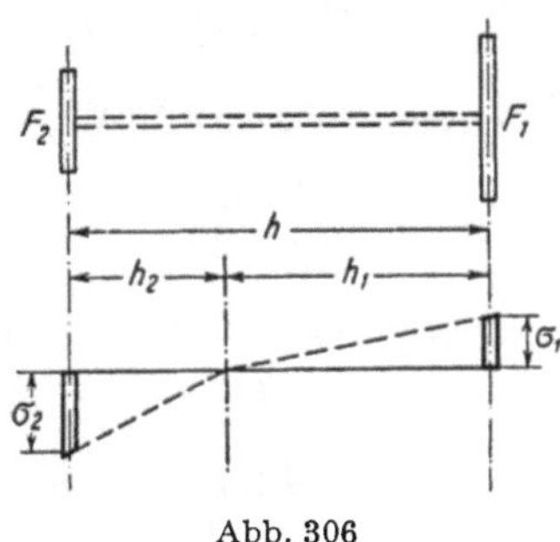

Abb. 306

in der zur elastischen Biegung

$$M_i = -\,EJ \cdot y''$$

analogen Form. Zur Bestimmung der Biegungslinie im unelastischen Bereich
und damit auch zur Bestimmung der Knicklast oder der Knickspannung ist
der Elastizitätsmodul E durch den Knickmodul T_k zu ersetzen:

$$P_{\mathrm{kr}} = \frac{\pi^2 \cdot T_k \cdot J}{l_k^2}\,,$$

(204a)

$$\sigma_{\mathrm{kr}} = \frac{\pi^2 \cdot T_k}{\lambda^2}\,.$$

(205a)

Diese beiden erweiterten EULERschen Gleichungen umfassen den ganzen
Knickbereich; für $\sigma \leqq \sigma_P$ ist $T_k = E$.

Der Knickmodul T_k ist nun aber nicht nur vom Spannungsdehnungsdiagramm des Materials, sondern auch von der Querschnittsform abhängig.
Wir untersuchen deshalb noch einen Stab mit einem idealisierten I-Querschnitt mit vernachlässigbar dünnem Steg (Abb. 306).

---

[1]) F. ENGESSER: Knickfragen. Schweiz. Bauzeitung, Bd. 26, 1895.

TH. V. KÁRMÁN: Untersuchungen über die Knickfestigkeit. Forschungshefte des V.d.I., 1910,
Heft 81.

                    Stabilitätsprobleme

Aus $D = Z$ folgt

$$\sigma_1 \cdot F_1 = TF_1 \cdot \frac{h_1}{\varrho} = \sigma_2 \cdot F_2 = EF_2 \cdot \frac{h_2}{\varrho},$$

$$h_1 \cdot TF_1 = (h - h_1) \cdot EF_2,$$

$$h_1 = h \cdot \frac{EF_2}{TF_1 + EF_2}.$$

Das innere Moment M_i beträgt

$$M_i = D \cdot h = h^2 \cdot \frac{EF_2 \cdot TF_1}{EF_2 + TF_1} \cdot \frac{1}{\varrho}.$$

Für gleiche Flanschquerschnitte $F_1 = F_2$ und mit

$$J = F_1 \cdot \frac{h^2}{2}$$

wird

$$M_i = \frac{F_1 \cdot h^2}{2} \cdot \frac{2 ET}{E + T} \cdot \frac{1}{\varrho} = \frac{J \cdot T_k}{\varrho},$$

oder es ist hier

$$T_k = \frac{2 ET}{E + T}. \tag{207b}$$

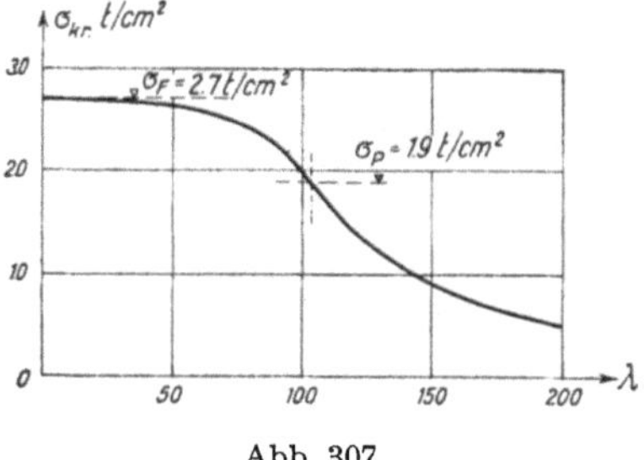

Abb. 307

Der Wert des Knickmoduls T_k für den I-Querschnitt ist somit etwas kleiner als für den Rechteckquerschnitt. Will man nur einen Wert von T_k in der Knickspannungslinie σ_{kr} berücksichtigen, so ist es im Interesse der Tragwerkssicherheit richtiger, den Wert nach Gleichung (207b) zu verwenden.

Die genauere Knickspannungslinie im unelastischen Bereich für einen bestimmten Baustoff und eine bestimmte Querschnittsform wird nun so bestimmt, daß wir für eine bestimmte Spannung $\sigma_0 = \sigma_{kr}$ auf Grund des Spannungsdehnungsdiagramms den Knickmodul T_k nach Gleichung (207) berechnen und die dazugehörige Schlankheit λ aus

$$\lambda^2 = \frac{\pi^2 \cdot T_k}{\sigma_{kr}}$$

ermitteln. Abbildung 307 zeigt eine solche Knickspannungslinie für Baustahl St. 37.

Erst in neuerer Zeit hat R. F. SHANLEY[1]) darauf hingewiesen, daß neben dieser klassischen Vorstellung des unelastischen Knickvorganges auch noch eine andere Möglichkeit des Überganges vom stabilen in den labilen Gleichgewichtszustand möglich ist. Wenn wir uns nämlich vorstellen, daß gleichzeitig mit dem Beginn der Ausbiegungen, das heißt mit dem Auftreten der ersten zusätzlichen kleinen Biegungsspannungen auch die Druckkraft P und damit die Grundspannung σ_0 noch etwas anwachsen kann, dann werden die Biegezugspannungen durch die Zuwachsspannungen $\Delta\sigma_0$ kompensiert, und es tritt keine Entlastung ein; es gilt somit für die Biegungsspannungen σ_B des ganzen Querschnitts die Beziehung

$$\sigma_B = T \cdot \varepsilon_B,$$

und die erweiterten EULERschen Knickgleichungen nehmen die Form

$$P_{\mathrm{kr}} = \frac{\pi^2 \cdot T \cdot J}{l_K{}^2}, \tag{204b}$$

$$\sigma_{\mathrm{kr}} = \frac{\pi^2 \cdot T}{\lambda_K{}^2} \tag{205b}$$

an. Von wesentlicher Bedeutung ist nun, daß die Werte dieser Knicklasten und Knickspannungen kleiner sind als die mit dem ENGESSER-KÁRMÁNschen Knickmodul berechneten Werte; sie erfassen somit die untere Grenze, bei der ein Unstabilwerden möglich ist, und sie sind somit für die Bemessungspraxis maßgebend. Der Unterschied der Knickspannungslinien nach den Gleichungen (205a) und (205b) ist allerdings für Baustahl nicht bedeutend; er kann aber beispielsweise für gewisse Leichtmetallegierungen mit ausgedehnter Übergangszone zwischen Proportionalitäts- und Fließgrenze beträchtlich werden.

Es ist noch darauf hinzuweisen, daß F. ENGESSER selbst[2]) zuerst die Knickformel (204b) angegeben hatte, um sie nachher auf einen Einwand von F. JASINSKI[3]) hin in die Formel (204a) abzuändern; es dürfte deshalb gerechtfertigt sein, die in den Gleichungen (204b) und (205b) formulierte Knicktheorie als diejenige von ENGESSER-SHANLEY zu bezeichnen.

Im Bereich der Fließgrenze sind sowohl T wie T_k null; bei Baustoffen mit ausgesprochener Fließgrenze ist diese die oberste erreichbare Grenze der Knickspannung. Eine Steigerung von σ_{kr} über σ_F hinaus wäre nur durch vorübergehende Festhaltung des Stabes möglich.

Bei veränderlicher Querschnittsfläche F und damit veränderlicher Grundspannung $\sigma_0 = \dfrac{P}{F}$ ist auch der Knickmodul über die Stablänge veränderlich. Die Knicklast P_{kr} kann dann nur auf dem Wege der wiederholten Schätzung bestimmt werden.

---

[1]) F. R. SHANLEY: Inelastic Column Theory. Journal Aeron. Sc., Vol. 14, 1947.

[2]) F. ENGESSER: Knickfragen. Schweiz. Bauzeitung. Bd. 25, 1895.

[3]) F. JASINSKI: Noch ein Wort zu den Knickfragen. Schweiz. Bauzeitung. Bd. 25. 1895.

d) Einfluß der Schubspannungen

Bis jetzt haben wir nur den Einfluß der Biegungsmomente $P \cdot y$ auf die Ausbiegungen y und damit auf die Knicklast P_{kr} berücksichtigt. Wir wollen nun noch untersuchen, wie groß der Einfluß der Schubspannungen τ bzw. der Querkräfte $P \cdot y'$ auf die Knicklast ist. Wir verwenden dazu die Knickbedingung $\alpha = 1$. Aus der Annahme einer sinusförmigen anfänglichen Ausbiegung y_0,

$$y_0 = y_{0m} \cdot \sin \frac{\pi x}{l},$$

finden wir (für Stabmitte)

$$y_{1m} = \frac{P \cdot l^2}{\pi^2 EJ} \cdot y_{0m} + \frac{P}{GF'} \cdot y_{0m} = \alpha \cdot y_{0m}$$

und aus $\alpha = 1$

$$P_{kr} = \frac{1}{\dfrac{l^2}{\pi^2 EJ} + \dfrac{1}{GF'}} = \frac{\pi^2 EJ}{l^2 \cdot \left(1 + \dfrac{\pi^2 EJ}{l^2 GF'}\right)}. \tag{208}$$

Für einen Rechteckquerschnitt mit $F' = {}^5/_6 \cdot F$ wird

$$\frac{\pi^2 EJ}{l^2 G \cdot F'} = \frac{\pi^2 \cdot i^2 \cdot 6}{l^2 \cdot 5} \cdot \frac{E}{G} = \frac{6 \pi^2}{5 \lambda^2} \cdot \frac{8}{3} = \frac{31.6}{\lambda^2};$$

für $\lambda = 110$ wird somit

$$\frac{31{,}6}{\lambda^2} = \frac{31{,}6}{110^2} = 0{,}0026$$

und der Einfluß der Schubspannungen auf P_{kr} beträgt 0,26%. Mit wachsender Schlankheit wird er noch kleiner. Im unelastischen Bereich wird dieser Einfluß allerdings etwas größer; im Vergleich zu den möglichen Streuungen der Materialeigenschaften kann er jedoch auch dort vernachlässigt werden. Auch bei Stäben mit $\mathbf{I}$-Querschnitt ist der Schubspannungseinfluß vernachlässigbar klein.

Bei Stäben mit vollem Querschnitt muß somit der Einfluß der Schubspannungen auf die Knicklast nicht berücksichtigt werden. Anders liegen dagegen die Verhältnisse bei sogenannten gegliederten Stäben, bei denen zwei oder mehr Einzelstäbe durch Bindebleche zu Rahmenstäben oder durch Streben zu Gitterstäben verbunden werden. Hier werden die Formänderungen durch die Schubspannungen wesentlich vergrößert, und ihr Einfluß auf die Knicklast darf nicht mehr vernachlässigt werden. Solche Fälle werden in den Vorlesungen über Stahlbau behandelt.

e) Krumme, querbelastete und exzentrisch gedrückte Stäbe

Wir betrachten einen beidseitig gelenkig gelagerten Stab konstanten Querschnitts mit der *endlichen* anfänglichen Ausbiegung e_0 (Abb. 308)

$$e_0 = e_{0m} \cdot \sin \frac{\pi x}{l}.$$

Diese anfängliche Ausbiegung wird durch die Momente $P \cdot e_0$ vergrößert, und wir können den Endwert y der Ausbiegung analog zu Gleichung (197b) anschreiben mit

$$y = e_0 \cdot \frac{1}{1 - \alpha},$$

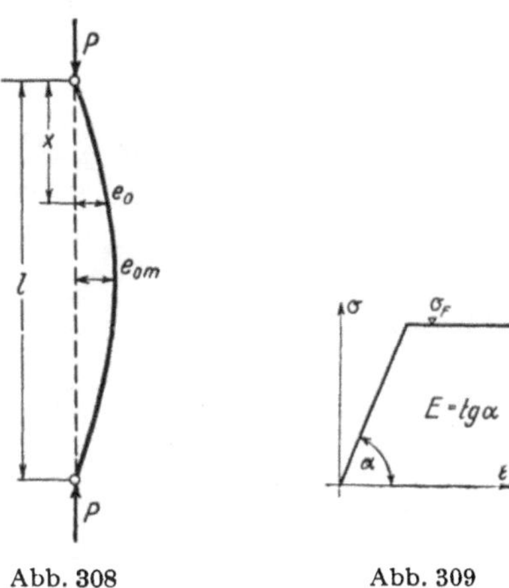

Abb. 308   Abb. 309

wobei

$$\alpha = \frac{P \cdot l^2}{\pi^2 \cdot EJ} = \frac{P}{P_E}$$

bedeutet. Mit P_E bezeichnen wir die EULERsche Knicklast.

In Stabmitte tritt somit das Biegungsmoment $M = P \cdot y$ auf, und die größte Druckspannung beträgt auf der Innenseite

$$\sigma_{\max} = \frac{P}{F} + \frac{P \cdot e_{0m}}{W} \cdot \frac{1}{1 - \dfrac{P}{P_E}} \cdot \tag{209}$$

Der Stab wird unbrauchbar, sobald $\sigma_{\max}$ die *Materialfestigkeit* erreicht; wir haben es hier bei endlicher Ausbiegung e_0 nicht mehr mit einem Stabilitätsproblem, sondern mit einem Festigkeitsproblem zu tun.

Um die Lösung des Problems etwas zu vereinfachen, führen wir ein nach PRANDTL idealisiertes Spannungsdehnungsdiagramm (Abb. 309) ein; Gleichung (209) gilt damit bis zur Fließgrenze. Sobald die größte Randspannung $\sigma_{\max}$ die Fließgrenze σ_F erreicht,

$$\sigma_{\max} = \sigma_F,$$

beginnen die Formänderungen ohne wesentliche Laststeigerung stark anzuwachsen; der Stab nähert sich rasch seiner Zerstörung. Mit der Bedingung $\sigma_{\max} = \sigma_F$ erfassen wir somit nicht ganz die volle Tragfähigkeit des Stabes, sondern wir verzichten auf die Ausnützung der plastischen Tragfähigkeitsreserve, wie wir dies ja auch bei der Bemessung auf gewöhnliche Biegung tun. Mit der Bedingung $\sigma_{max} = \sigma_F$ stellen wir somit die Berechnung aller Festigkeitsprobleme auf eine einheitliche Grundlage.

Aus Gleichung (209) ergibt sich somit

$$\frac{P}{F} + \frac{P \cdot e_{0m}}{W} \cdot \frac{P_E}{P_E - P} = \sigma_F \, ;$$

führen wir die Spannungen

$$\sigma = \frac{P}{F} \qquad \text{und} \qquad \sigma_E = \frac{P_E}{F} = \frac{\pi^2 \cdot E}{\lambda^2}$$

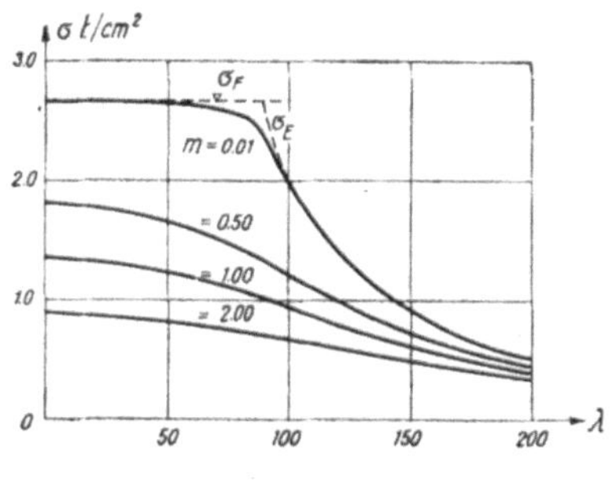

Abb. 310

sowie die Abkürzung

$$\frac{e_{0m}}{k} = m$$

ein, so erhalten wir, indem wir das Widerstandsmoment $W = k \cdot F$ durch die Fläche F und die dem innern Querschnittsrand zugeordnete Kernweite k ausdrücken, die Bestimmungsgleichung für σ:

$$\sigma \cdot \left(1 + \frac{e_0}{k} \cdot \frac{\sigma_E}{\sigma_E - \sigma} \right) = \sigma \cdot \left(1 + m \cdot \frac{\sigma_E}{\sigma_E - \sigma} \right) = \sigma_F$$

oder geordnet

$$\sigma^2 - \sigma \cdot \left[\sigma_F + (1 + m) \cdot \sigma_E \right] + \sigma_E \cdot \sigma_F = 0 \, . \tag{210}$$

Das Problem des gekrümmten Stabes ist ein *Spannungsproblem zweiter Ordnung*. Für ein bestimmtes Material mit gegebener Fließgrenze σ_F ist σ somit nur von m und σ_E bzw. von m und λ abhängig. Abbildung 310 zeigt den Verlauf von σ für Stäbe aus Baustahl St. 37, $\sigma_F = 2{,}70 \; ^{t/cm^2}$, für verschiedene Werte von m in Abhängigkeit von der Schlankheit λ, berechnet aus Gleichung (210) bzw. aus ihrer Lösung

$$\sigma = \frac{\sigma_F + (1 + m) \cdot \sigma_E}{2} - \sqrt{\frac{\left[\sigma_F + (1 + m) \cdot \sigma_E \right]^2}{4} - \sigma_E \cdot \sigma_F} \; . \tag{210a}$$

Als Sonderfälle dieser Lösung sind hervorzuheben:

Sehr kurze Stäbe, $\lambda = 0$:

Es ist $\sigma_E = \infty$, und es wird $\sigma = \dfrac{\sigma_F}{1+m}$

Gerade Stäbe, $m = 0$:

Es gilt der kleinere der beiden Werte

$$\sigma = \frac{\sigma_E + \sigma_F}{2} \mp \frac{\sigma_E - \sigma_F}{2} = \begin{matrix} \sigma_E \\ \text{oder} \ . \\ \sigma_F \end{matrix}$$

Ein ursprünglich gerader Stab, der durch die Druckkraft P und die *Querbelastung* q belastet ist, biegt sich zunächst infolge der Querbelastung aus (Abb. 311); in Balkenmitte ist bei gleichmäßig verteilter Querbelastung und konstanter Steifigkeit EJ

$$y_{0m} = \frac{5}{384} \cdot \frac{q \cdot l^4}{EJ} = \frac{5}{48} \cdot \frac{M_{0m} l^2}{EJ} \cong \frac{M_{0m}}{P_E} \, ,$$

wenn wir mit

$$M_{0m} = \frac{q \cdot l^2}{8}$$

das Biegungsmoment in Stabmitte infolge der Querbelastung q und mit P_E wieder die EULERsche Knicklast

$$P_E = \frac{\pi^2 EJ}{l^2} \cong \frac{9{,}60 \cdot EJ}{l^2}$$

bezeichnen. Infolge der Ausbiegungen y_0 entstehen die Momente $P \cdot y_0$, die ihrerseits weitere Ausbiegungen zur Folge haben; der Endwert der Ausbiegung y beträgt somit mit guter Annäherung

$$y = y_0 \cdot \frac{1}{1 - \alpha} = \frac{M_0}{P_E} \cdot \frac{1}{1 - \dfrac{P}{P_E}} = \frac{M_0}{P_E - P} \cdot$$

Die größte Beanspruchung $\sigma_{\max}$ in Stabmitte beträgt somit

$$\sigma_{\max} = \frac{P}{F} + \frac{M_{0m}}{W} + \frac{P \cdot y}{W} = \frac{P}{F} + \frac{M_{0m}}{W} \cdot \left(1 + \frac{P}{P_E - P}\right).$$

Setzen wir die praktische Tragfähigkeitsgrenze mit $\sigma_{\max} = \sigma_F$ ein, so erhalten wir mit $W = k \cdot F$

$$\sigma_F = \frac{P}{F} + \frac{M_{0m}}{k \cdot F} \cdot \frac{P_E}{P_E - P} = \frac{P}{F} \cdot \left(1 + \frac{M_{0m}}{P \cdot k} \cdot \frac{P_E}{P_E - P}\right); \qquad (211)$$

führen wir noch die Bezeichnung

$$e_{0m} = \frac{M_{0m}}{P}$$

ein, wobei wir uns unter e_{0m} eine gedachte anfängliche Ausbiegung vorstellen können, so geht Gleichung (211) mit

$$m = \frac{e_{0m}}{k}$$

in Gleichung (210) über, das Problem des querbelasteten Druckstabes ist damit auf das Problem des gekrümmten Druckstabes zurückgeführt.

Allgemeinere Belastungsfälle des querbelasteten oder gekrümmten Druckstabes, auch veränderlicher Steifigkeit EJ, sind nach den im Abschnitt VII, 1 f angegebenen Verfahren zu berechnen; die zulässige Grenze der Belastung ist dann erreicht, wenn die mit dem Sicherheitsgrad n multiplizierten Lasten in einem Stabteil eine Beanspruchung in der Größe der Fließgrenze, $\sigma_{max} = \sigma_F$, verursachen.

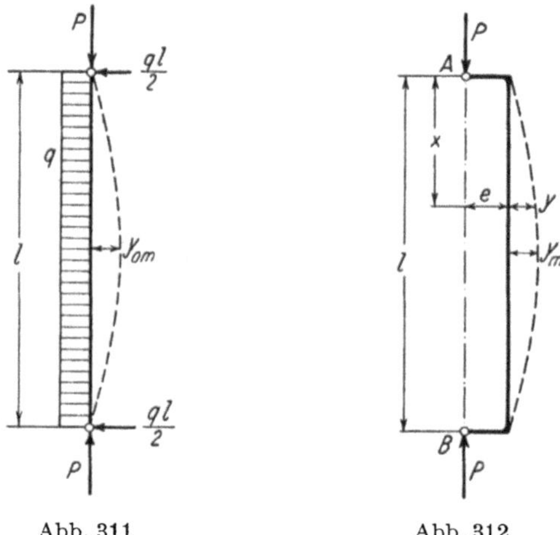

Abb. 311   Abb. 312

Es sei noch *der exzentrisch gedrückte Stab* (Abb. 312) untersucht. Infolge des konstanten Momentes $P \cdot e$ entsteht eine parabelförmige Ausbiegung y_1, die in Stabmitte den Wert

$$y_{1m} = \frac{P \cdot e \cdot l^2}{8\,EJ}$$

annimmt. Den Endwert y_m der Ausbiegung dürfen wir mit guter Annäherung mit

$$y_m = y_{1m} \cdot \frac{1}{1 - \dfrac{P}{P_E}} = y_{1m} \cdot \frac{P_E}{P_E - P}$$

anschreiben. Die größte Beanspruchung σ_{max} in Stabmitte beträgt

$$\sigma_{max} = \frac{P}{F} + \frac{P \cdot (e + y_m)}{W} = \frac{P}{F} \cdot \left(1 + \frac{e + y_m}{k}\right).$$

Mit

$$e + y_m = e \cdot \left(1 + \frac{P \cdot l^2}{8\,EJ} \cdot \frac{P_E}{P_E - P}\right) = e \cdot \left(1 + \frac{\pi^2}{8} \cdot \frac{P}{P_E} \cdot \frac{P_E}{P_E - P}\right),$$

$$e + y_m = e \cdot \frac{P_E + 0,234 \cdot P}{P_E - P} = e \cdot \frac{\sigma_E + 0,234 \cdot \sigma}{\sigma_E - \sigma}$$

und $m = \dfrac{e}{k}$ ergibt sich die praktische Tragfähigkeitsgrenze, $\sigma_{\max} = \sigma_F$, zu

$$\sigma_F = \sigma \cdot \left(1 + m \cdot \frac{\sigma_E + 0,234 \cdot \sigma}{\sigma_E - \sigma}\right) \tag{212}$$

oder

$$\sigma^2 \cdot (1 - 0,234\,m) - \sigma \cdot [\sigma_F + (1 + m) \cdot \sigma_E] + \sigma_E \cdot \sigma_F = 0. \tag{212a}$$

Die Lösungen der Gleichung (212) unterscheiden sich, verglichen mit den Streuungen der Materialeigenschaften im unelastischen Bereich, nur unwesentlich von den Lösungen der Gleichung (210), so daß auch der exzentrisch gedrückte Stab, wenigstens mit praktisch ausreichender Annäherung, auf den Fall des krummen Stabes (Abb. 310) zurückgeführt werden kann.

Wir wollen, um die Genauigkeit der Gleichung (212) überprüfen zu können, den exzentrisch gedrückten Stab (Abb. 312) nun auch noch durch Lösung der Differentialgleichung

$$M = -EJ \cdot y'' = P \cdot (e + y)$$

untersuchen. Der Lösungsansatz

$$y = C_1 \cdot \sin \omega x + C_2 \cdot \cos \omega x - e$$

befriedigt, wie wir uns durch Einsetzen überzeugen können, die Differentialgleichung; dabei bedeutet

$$\omega = \sqrt{\frac{P}{EJ}} \, .$$

Die Konstanten C_1 und C_2 ergeben sich aus den Randbedingungen:

$$x = 0: \quad y = 0 = C_1 \cdot 0 + C_2 \cdot 1 - e; \qquad\qquad C_2 = e$$

$$x = l: \quad y = 0 = C_1 \cdot \sin \omega\, l + e \cdot (\cos \omega\, l - 1); \quad C_1 = -e \cdot \frac{\cos \omega\, l - 1}{\sin \omega\, l};$$

somit ist

$$y = e \cdot \left(\frac{1 - \cos \omega\, l}{\sin \omega\, l} \cdot \sin \omega\, x + \cos \omega\, x - 1\right).$$

Die größte Beanspruchung in Balkenmitte setzen wir gleich der Fließgrenze:

$$\sigma_F = \sigma_{\max} = \sigma \cdot \left(1 + m \cdot \left(\frac{1 - \cos \omega\, l}{\sin \omega\, l} \cdot \sin \frac{\omega\, l}{2} + \cos \frac{\omega\, l}{2}\right)\right);$$

mit

$$\cos \omega l = 1 - 2 \cdot \sin^2 \frac{\omega l}{2} \,, \qquad \sin \omega l = 2 \cdot \sin \frac{\omega l}{2} \cdot \cos \frac{\omega l}{2}$$

und mit

$$\frac{\omega l}{2} = \sqrt{\frac{P \cdot l^2}{4 EJ}} = \frac{\pi}{2} \cdot \sqrt{\frac{P}{P_E}} = \frac{\pi}{2} \cdot \sqrt{\frac{\sigma}{\sigma_E}}$$

erhalten wir die Tragfähigkeitsgleichung zu

$$\sigma_F = \sigma \cdot \left(1 + m \cdot \sec \frac{\pi}{2} \cdot \sqrt{\frac{\sigma}{\sigma_E}} \right) . \tag{213}$$

Zahlenrechnungen zeigen, daß die Gleichungen (212) und (213) mit sehr guter Genauigkeit übereinstimmen oder daß

$$\sec \frac{\pi}{2} \cdot \sqrt{\frac{\sigma}{\sigma_E}} \cong \frac{\sigma_E + 0{,}234 \cdot \sigma}{\sigma_E - \sigma}$$

ist. Gleichung (213) muß durch Probieren gelöst werden, während die quadratische Gleichung (212) direkt aufgelöst werden kann.

Gedrückte Stäbe mit ungleichen Exzentrizitäten, $e_A \neq e_B$, können nach dem baustatischen Verfahren, Abschnitt VII, 1 f, oder bei konstanter Steifigkeit durch Integration der Differentialgleichung untersucht werden; dabei ist zu beachten, daß die größte Beanspruchung $\sigma_{\max}$ nicht mehr in Stabmitte auftritt, was besonders für die mathematische Lösung eine Komplikation bedeutet.

2. Kippen

a) Grundgleichungen

Mit Kipperscheinungen hat L. PRANDTL[1]) die Vorgänge bezeichnet, die beim *Unstabilwerden eines auf Biegung beanspruchten Balkens* auftreten: unter der kritischen Belastung biegt der Balken bei gleichzeitiger Verdrehung seitlich aus und verliert seine Tragfähigkeit. Die Untersuchungen PRANDTLs beschränken sich auf einige einfache Belastungsfälle von Balken mit Rechteckquerschnitt. Eine Erweiterung der grundlegenden Untersuchung von PRANDTL, besonders auch auf Träger mit I-Querschnitt, verdanken wir S. TIMOSHENKO[2]). Wir beschränken uns hier auf eine grundsätzliche Darstellung des Problems mit den Mitteln der Baustatik.

---

[1]) L. PRANDTL: Kipperscheinungen. Ein Fall von instabilem elastischem Gleichgewicht. Diss. München 1899.

[2]) S. TIMOSHENKO: Einige Stabilitätsprobleme der Elastizitätstheorie. Zeitschrift für Mathematik und Physik 1910.

S. TIMOSHENKO: Sur la Stabilité des Systèmes élastiques. Annales des Ponts et Chaussées, 1913.

Abbildung 313 zeigt einen verformten Balken AB während des Kippvorganges. Die Balkenenden A und B seien gegen Verdrehen festgehalten, wobei wir uns diese Festhaltung beispielsweise durch eine Gabellagerung verwirklicht denken können.

Das Moment M der äußeren Lasten liefert im Schnitt x, bezogen auf die Hauptaxen 1, 2 des um den kleinen Winkel φ verdrehten Querschnittes die

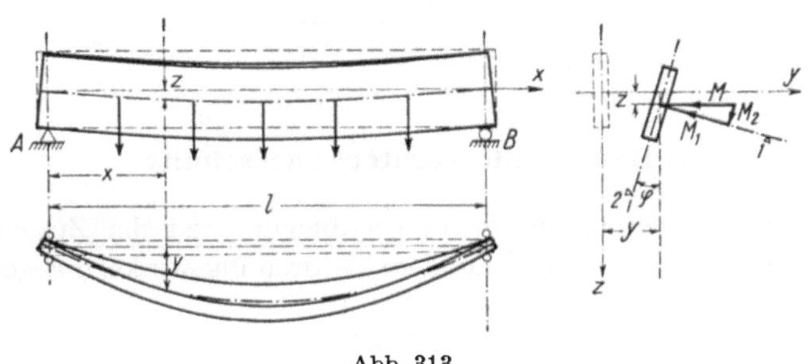

Abb. 313

Momente

$$M_1 = M \cdot \cos \varphi = M ,$$

$$M_2 = M \cdot \sin \varphi = M \cdot \varphi ; \tag{214a}$$

durch das Moment M_2 wird eine seitliche Ausbiegung y verursacht, wobei

$$y'' = - \frac{M_2}{E J_2} = - \frac{M}{B_2} \cdot \varphi , \tag{215}$$

wenn wir zur Abkürzung die seitliche Biegungssteifigkeit mit $EJ_2 = B_2$ bezeichnen.

Wir betrachten nun in Abbildung 314 ein Element dx des verformten Balkens:

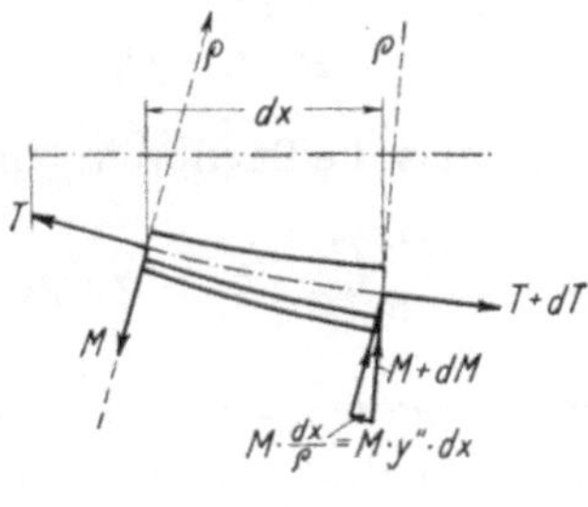

Abb. 314

Die Gleichgewichtsbedingung der um die Balkenaxe drehenden Torsionsmomente T liefert

$$- T + T + dT - M \cdot y'' \cdot dx = 0$$

oder

$$\frac{dT}{dx} = T' = M \cdot y'' \, , \tag{214 b}$$

woraus wir durch Einsetzen von y'' aus Gleichung (215) die Grundgleichung

$$T' + \frac{M^2}{B_2} \cdot \varphi = 0 \tag{216}$$

erhalten.

b) Balken mit Rechteckquerschnitt

Für gewöhnliche Torsion (ohne Flanschbiegung) ist der Zusammenhang zwischen dem Torsionsmoment T und dem Verdrehungswinkel φ gegeben durch die Gleichung

$$T = C \cdot \varphi' \, ,$$

wobei $C = G \cdot J_d$ die Verdrehungssteifigkeit bedeutet. Für Balken mit konstanter Verdrehungssteifigkeit C, auf deren Untersuchung wir uns hier beschränken wollen, folgt durch Differentiation

$$T' = C \cdot \varphi''$$

und damit aus Gleichung (216)

$$\varphi'' + \frac{M^2}{C \cdot B_2} \cdot \varphi = 0 \, . \tag{217}$$

Genau so, wie wir das Knickproblem auf dem Wege der sukzessiven Approximation durch Annahme einer Ausbiegungskurve haben lösen können, so kann auch Gleichung (217) dadurch gelöst werden, daß wir eine mit den Randbedingungen verträgliche Verdrehungskurve φ_0 annehmen oder schätzen und aus

$$\varphi_1'' = - \frac{M^2}{B_2 \cdot C} \cdot \varphi_0$$

durch zweimalige Integration, das heißt durch ein Seilpolygon, die Verdrehung φ_1,

$$\varphi_1 = \frac{M^2 \cdot l^2}{c^2 \cdot B_2 \cdot C} \cdot \varphi_0 = \alpha \cdot \varphi_0 \, ,$$

berechnen. Aus der *Stabilitätsbedingung* $\alpha = 1$, bzw. aus $\varphi_1 = \varphi_0$, für eine Trägerstelle, etwa für die Balkenmitte, erhalten wir die Größe des kritischen Momentes M_{kr} zu

$$M_{kr} = \frac{c \cdot \sqrt{B_2 \cdot C}}{l} \, . \tag{218}$$

Der Zahlenwert c ist von der Art der Belastung und der Lagerung des Balkens abhängig.

Für einen durch ein konstantes Moment belasteten Balken (Abb. 315) ist

$$\frac{M^2}{B_2 \cdot C} = \text{konst.};$$

für die Randbedingungen $\varphi_A = 0$, $\varphi_B = 0$ ist die Lösung der Gleichung (217) eine Sinuskurve

$$\varphi = \varphi_m \cdot \sin\frac{\pi x}{l},$$

$$\varphi'' = -\varphi_m \cdot \frac{\pi^2}{l^2} \cdot \sin\frac{\pi x}{l} = -\frac{\pi^2}{l^2} \cdot \varphi;$$

setzen wir diese Werte in Gleichung (217) ein,

$$-\frac{\pi^2}{l^2} \cdot \varphi + \frac{M^2}{C \cdot B_2} \cdot \varphi = 0,$$

so erhalten wir das kritische Moment M_{kr} zu

$$M_{\mathrm{kr}} = \frac{\pi \cdot \sqrt{B_2 \cdot C}}{l}.$$

Ein Balken wird seine Tragfähigkeit dann durch Unstabilwerden und nicht durch Überwinden der Festigkeit verlieren, wenn seine seitliche Biegungssteifigkeit $B_2 = EJ_2$ klein ist gegenüber der Steifigkeit $B_1 = EJ_1$ bezüglich der waagrechten Querschnittshauptaxe 1. Wir wollen für einen Balken nach Abbildung 315 mit schmalem Rechteckquerschnitt eine Abschätzung dieser Grenze vornehmen, indem wir ein idealisiertes Spannungsdehnungsdiagramm nach Abbildung 309 voraussetzen.

Mit $J_1 = \frac{b\,h^3}{12}$ bzw. $W_1 = \frac{b\,h^2}{6}$ beträgt die Tragfähigkeit, wenn wir die Fließgrenze σ_F als maßgebend ansehen,

$$M_F = \frac{b\,h^2}{6} \cdot \sigma_F.$$

Das kritische Moment M_{kr} dagegen beträgt mit

$$J_2 = \frac{h\,b^3}{12}, \qquad J_d = \frac{h\,b^3}{3}, \qquad B_2 \cdot C = E \cdot \frac{h\,b^3}{12} \cdot \frac{3}{8} \cdot E \cdot \frac{h\,b^3}{3} = E^2 \cdot \frac{h^2\,b^6}{96}$$

$$M_{\mathrm{kr}} = \frac{\pi \cdot E \cdot h\,b^3}{4 \cdot \sqrt{6} \cdot l}.$$

Die Grenze zwischen dem Festigkeitsbereich (M_F maßgebend) und dem Stabilitätsbereich (M_{kr} maßgebend) ist gegeben durch $M_F = M_{\mathrm{kr}}$,

$$\frac{b\,h^2}{6} \cdot \sigma_F = \frac{\pi \cdot E \cdot h\,b^3}{4 \cdot \sqrt{6} \cdot l}$$

oder durch

$$\frac{b^2}{h \cdot l} = \frac{\sigma_F}{E} \cdot \frac{2 \cdot \sqrt{6}}{3 \cdot \pi} = 0{,}520 \cdot \frac{\sigma_F}{E} \,.$$

In Abbildung 316 ist diese Grenze für $\sigma_F = 2{,}7$ t/cm², $E = 2100$ t/cm² und für veränderliche Werte von $l : h$ dargestellt. Kippen kann nur für Balken mit schmalen Querschnitten maßgebend werden.

Für einige weitere Belastungsfälle sind die Zahlenwerte c zur Berechnung von M_{kr} in der Tabelle (Abb. 322) zusammengestellt.

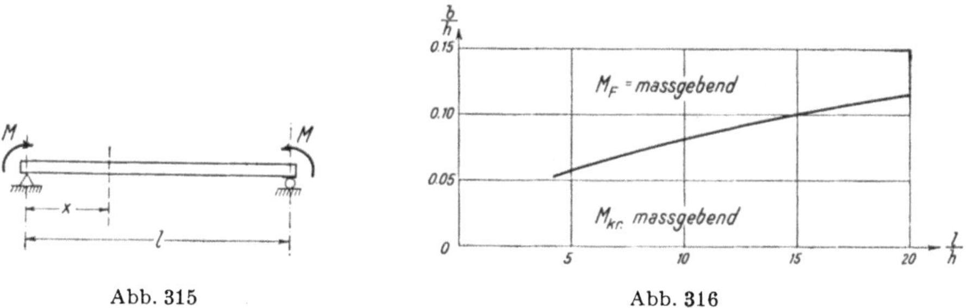

Abb. 315
Abb. 316

c) Balken mit I-Querschnitt

Bei Balken mit I-Querschnitt wird das äußere Torsionsmoment T teils durch Torsionsschubspannungen, Torsionsanteil $t = C \cdot \varphi'$, teils durch Flanschbiegung aufgenommen; die beiden Anteile sind durch Gleichung (192)

$$T = t - \frac{l^2}{a^2} \cdot t'' = C \cdot \varphi' - \frac{l^2}{a^2} \cdot C \cdot \varphi'''$$

bestimmt. Für konstanten Balkenquerschnitt ist deshalb hier

$$T' = C \cdot \varphi'' - \frac{l^2}{a^2} \cdot C \cdot \varphi'''' \,, \tag{192a}$$

so daß Gleichung (216) in die Differentialgleichung vierter Ordnung

$$-\frac{l^2}{a^2} \cdot \varphi'''' + \varphi'' + \frac{M^2}{B_2 \cdot C} \cdot \varphi = 0 \tag{219}$$

übergeht.

Bei beliebiger Belastung wird die Lösung der Gleichung (219) am einfachsten stufenweise durchgeführt: wir bestimmen zunächst aus einer angenommenen Kurve φ_0 die Werte T' nach Gleichung (216); daraus werden durch Auflösung der Gleichung (192a) (Umsetzen in ein dreigliedriges Gleichungssystem Gleichung [158]) die Werte $C \cdot \varphi_1''$ bzw. φ_1'' bestimmt, woraus sich die Verdrehungskurve $\varphi_1 = \alpha \cdot \varphi_0$ aus einem Seilpolygon ergibt. Die Stabilitätsbedingung $\alpha = 1$ liefert auch hier die Größe der kritischen Belastung.

Für den einfachen Belastungsfall $M = $ konst. der Abbildung 315 läßt sich

M_{kr} direkt ausrechnen; die Lösung der Gleichung (219) ist auch hier eine Sinuskurve

$$\varphi = \varphi_m \cdot \sin \frac{\pi x}{l},$$

$$\varphi'' = -\frac{\pi^2}{l^2} \cdot \varphi_m \cdot \sin \frac{\pi x}{l},$$

$$\varphi'''' = \frac{\pi^4}{l^4} \cdot \varphi_m \cdot \sin \frac{\pi x}{l}.$$

Setzen wir diese Werte in Gleichung (219) ein, so erhalten wir

$$-\frac{l^2}{a^2} \cdot \frac{\pi^4}{l^4} - \frac{\pi^2}{l^2} + \frac{M^2}{B_2 \cdot C} = 0$$

oder

$$M_{kr}^2 = \frac{\pi^2 \cdot B_2 \cdot C}{l^2} + \frac{\pi^4 \cdot B_2 \cdot C}{a^2 \cdot l^2} \tag{220}$$

beziehungsweise

$$M_{kr} = \frac{\pi \cdot \sqrt{B_2 \cdot C}}{l} \cdot \sqrt{1 + \frac{\pi^2}{a^2}}. \tag{221}$$

Das kritische Moment eines Balkens mit I-Querschnitt ergibt sich aus dem kritischen Moment eines Balkens mit Rechteckquerschnitt durch Multiplikation mit dem Vergrößerungsfaktor β_1,

$$\beta_1 = \sqrt{1 + \frac{\pi^2}{a^2}}.$$

Für andere Belastungsfälle sind die Vergrößerungsfaktoren β_1 in der Zusammenstellung (Abb. 322) angegeben.

Wir wollen die Bedeutung des Flanschbiegungseinflusses β_1 noch etwas näher untersuchen, indem wir in Gleichung (220) den Wert von

$$a^2 = \frac{4 C \cdot l^2}{B_2 \cdot h^2}$$

einsetzen:

$$M_{kr}^2 = \frac{\pi^2 \cdot B_2 \cdot C}{l^2} + \frac{\pi^4 \cdot \dfrac{B_2^2}{4} \cdot h^2}{l^4}.$$

Beachten wir, daß

$$\frac{B_2}{2} = B_{Fl} = E J_{Fl},$$

so setzt sich mit

$$P_E = \frac{\pi^2 \cdot B_{Fl}}{l^2}$$

das kritische Moment eines Balkens mit I-Querschnitt geometrisch zusammen aus dem kritischen Moment eines Balkens mit Rechteckquerschnitt und der mit dem Flanschabstand multiplizierten EULERschen Knicklast des Flansches:

$$M_{kr}^2 = \frac{\pi^2 \cdot B_2 \cdot C}{l^2} + (P_E \cdot h)^2. \tag{220a}$$

In Abbildung 317 ist dieser Zusammenhang geometrisch dargestellt.

d) Biegung und Längskraft

Wir betrachten einen einfachen Balken mit symmetrischem I-Querschnitt, der außer durch ein konstantes Biegungsmoment M noch durch eine axiale Druckkraft P belastet sei. Damit vergrößert sich das seitliche Biegungsmoment gegenüber Gleichung (214a) auf

$$M_2 = M \cdot \varphi + P \cdot y. \tag{214c}$$

Während der Verdrehung φ treten Ablenkungskräfte $\sigma \cdot dF \cdot r \cdot \varphi''$ der Kräfte

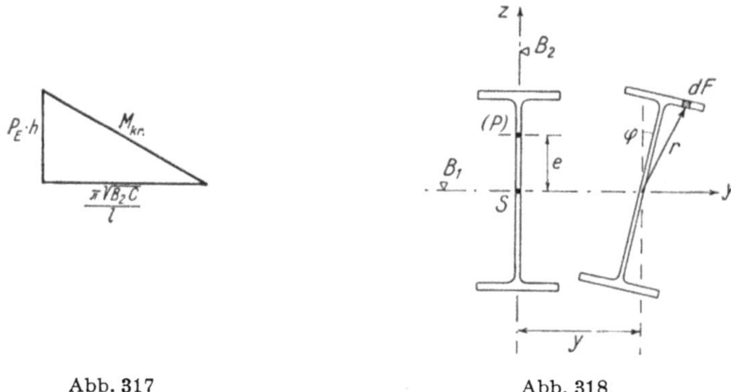

Abb. 317   Abb. 318

$\sigma \cdot dF$ eines jeden Flächenelementes auf (Abb. 318), die gegenüber dem Schwerpunkt S ein Drehmoment

$$dT' = (\sigma \cdot dF \cdot r \cdot \varphi'') \cdot r = \varphi'' \cdot \sigma \cdot r^2 \cdot dF$$

ergeben. Setzen wir für σ den Wert aus der Spannungsformel

$$\sigma = \frac{P}{F} + \frac{M}{J} \cdot z$$

(Druckspannung positiv gerechnet) ein, so wird für den ganzen Querschnitt

$$T' = \varphi'' \cdot \int_0^F \left(\frac{P}{F} + \frac{M}{J} \cdot z \right) r^2 \, dF = \varphi'' \cdot \frac{P}{F} \cdot J_p + \varphi'' \cdot \frac{M}{J} \int_0^F z \, r^2 \, dF \;.$$

Da das zweite Glied aus Symmetriegründen Null wird, beträgt das ganze Drehmoment, in Erweiterung von Gleichung (214b) nun

$$T' = M \cdot y'' + \frac{P}{F} \cdot J_p \cdot \varphi'' = M \, y'' + P \cdot i_p^2 \cdot \varphi''. \tag{214d}$$

Denken wir uns nun die seitlichen Biegungsmomente M_2 und die Drehmomente T' aus anfänglichen kleinen Störungen y_0 und φ_0 entstanden, so können wir durch Anschreiben der entsprechenden Formänderungsgleichungen die dadurch hervorgerufenen Formänderungen y_1 und φ_1 berechnen:

$$B_2 \cdot y_1'' = - M \varphi_0 - P \cdot y_0 , \qquad \left.\begin{array}{c} \\ \\ \end{array}\right\}$$
$$C \cdot \varphi_1'' - \frac{l^2}{a^2} \cdot C \cdot \varphi_1'''' = M \cdot y_0'' + P \cdot i_p^2 \varphi_0'' . \qquad (222)$$

Für den betrachteten Belastungsfall mit $M = $ konst., $P = $ konst., konstantem Querschnitt und den Randbedingungen $y_A = y_B = \varphi_A = \varphi_B = \varphi_A'' = \varphi_B'' = 0$ verlaufen sowohl die Ausbiegung y wie die Verdrehung φ nach einer Sinuskurve. Führen wir noch die Unstabilitätsbedingung $\alpha = 1$ oder $y_1 = y_0 = y_1$; $\varphi_1 = \varphi_0 = \varphi$ ein, so erhalten wir mit

$$\varphi = \varphi_m \cdot \sin\frac{\pi x}{l} , \quad \varphi'' = - \frac{\pi^2}{l^2} \cdot \varphi_m \cdot \sin\frac{\pi x}{l} ,$$

$$y = y_m \cdot \sin\frac{\pi x}{l} , \quad y'' = - \frac{\pi^2}{l^2} \cdot y_m \cdot \sin\frac{\pi x}{l}$$

die Lösung der Gleichungen (222) zu

$$B_2 \cdot \frac{\pi^2}{l^2} \cdot y_m = M \cdot \varphi_m + P \cdot y_m , \qquad \left.\begin{array}{c} \\ \\ \end{array}\right\}$$
$$C \left(1 + \frac{\pi^2}{a^2}\right) \cdot \varphi_m = M \cdot y_m + P \cdot i_p^2 \cdot \varphi_m . \qquad (222\mathrm{a})$$

Aus diesen beiden Gleichungen können wir zunächst einige Sonderfälle herauslesen:

Bei reiner Verdrehung ($y = 0$) erhalten wir aus der zweiten Gleichung den kritischen Wert der Druckkraft P zu

$$P_{\mathrm{kr}} = P_T = \frac{C}{i_p^2} \cdot \left(1 + \frac{\pi^2}{a^2}\right); \qquad (223\mathrm{a})$$

es ist dies die Knicklast bei Torsionsknicken[1]), die gegenüber der EULERschen Knicklast, die wir mit $\varphi = 0$ aus der ersten Gleichung (222a) herauslesen können,

$$P_{\mathrm{kr}} = P_E = \frac{\pi^2 \cdot B_2}{l^2} , \qquad (223\mathrm{b})$$

für Stäbe mit I-Querschnitt normalerweise nicht maßgebend ist.

Setzen wir in den Gleichungen (222a) die Druckkraft P Null, so erhalten wir durch Elimination von φ_m und y_m den Wert des kritischen Momentes M_{kr} zu

$$M_{\mathrm{kr}}^2 = P_T \cdot P_E \cdot i_p^2 ; \qquad (223\mathrm{c})$$

dieser Wert stimmt mit Gleichung (221) überein. Durch Einführen der Werte

---

[1]) Auf diese Möglichkeit des Torsionsknickens hat meines Wissens erstmals H. WAGNER hingewiesen; siehe Festschrift «Fünfundzwanzig Jahre Technische Hochschule Danzig», 1929.

P_E und P_T lassen sich die Gleichungen (222a) nun etwas einfacher schreiben:

$$(P_E - P)\, y_m = M \cdot \varphi_m, \qquad (P_T - P)\, \varphi_m = \frac{M}{i_p^2} \cdot y_m,$$

woraus wir nun mit $M = P \cdot e$ (das heißt durch Reduktion von M und P auf eine exzentrische Druckkraft) die Lösung für die kritische Last P in der Form

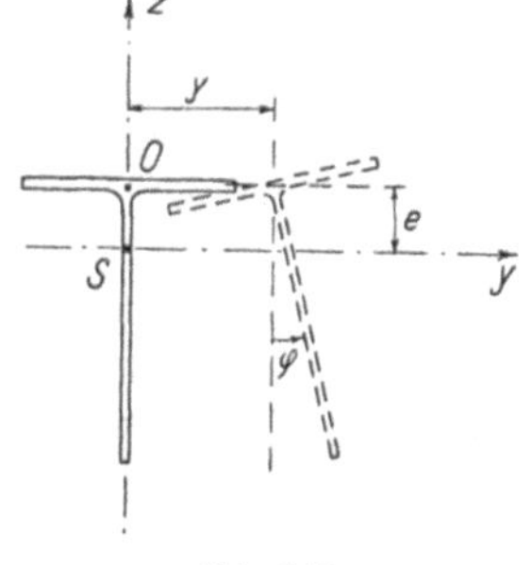

Abb. 319

$$(P_T - P) \cdot (P_E - P) \cdot i_p^2 = P^2 \cdot e^2$$

oder

$$\frac{P}{P_E} + \frac{P}{P_T} - \frac{P^2}{P_E \cdot P_T}\left(1 - \frac{e^2}{i_p^2}\right) = 1 \qquad (223\,\mathrm{d})$$

erhalten.

Neben der durch diese Gleichung (223 d) umschriebenen Möglichkeit des seitlichen Unstabilwerdens besteht selbstverständlich für den untersuchten Fall auch die Gefahr des exzentrischen Knickens in der Stegebene nach Gleichung (212) bzw. (213).

Wir betrachten nun noch kurz einen zentrisch gedrückten Stab mit unsymmetrischem Querschnitt nach Abbildung 319. Wir zerlegen die durch die Verformungen y_0 und φ_0 entstehenden Ablenkungskräfte in eine im Schubmittelpunkt wirkende Belastung, die verdrehungsfreie Biegung erzeugt:

$$M_2 = P \cdot (y_0 + e \cdot \varphi_0) = -\,B_2 \cdot y_1''$$

und in das Drehmoment um den Schubmittelpunkt, das hier durch Torsion ohne Flanschbiegung aufgenommen wird:

$$P \cdot i_p^2 \cdot \varphi_0'' + P \cdot e \cdot y_0'' = C \cdot \varphi_1'';$$

zu beachten ist, daß hier $J_p = i_p^2 \cdot F$ das polare Trägheitsmoment in bezug auf den Schubmittelpunkt bedeutet. Mit

$$P_T = \frac{C}{i_p^2}$$

(Wegfall der Flanschbiegung) erhalten wir für die kritische Last P des zentrisch gedrückten Stabes mit unsymmetrischem Querschnitt (Abb. 319) den gleichen Ausdruck (223 d) wie für den exzentrisch gedrückten Stab mit symmetrischem Querschnitt (Abb. 318). Die Abminderung der kritischen Last P gegenüber der EULERlast kann besonders bei dünnwandigen Stäben beträchtlich sein.

e) Zusätzliche Einflüsse

Wir haben bis jetzt nicht berücksichtigt, daß der Balken während der Belastung nicht gerade bleibt, sondern sich lotrecht durchbiegt. Dieser meist kleine Einfluß der Hauptbiegung verursacht eine Vergrößerung der Kipplast, die wir dadurch berücksichtigen können, daß wir in Gleichung (218) statt der Biegungssteifigkeit B_2 den Wert

$$B_2' = B_2 \cdot \frac{B_1}{B_1 - B_2}$$

einsetzen:

$$M_{\mathrm{kr}} = \frac{c \cdot \sqrt{B_2' \cdot C}}{l} \cdot \beta_1 .$$

Greift die Balkenbelastung nicht in der Balkenaxe, sondern auf der Trägeroberkante an (Abb. 320), so wird dadurch das Torsionsmoment und damit auch die Verdrehung vergrößert, und statt Gleichung (217) haben wir mit dem Zusatzglied

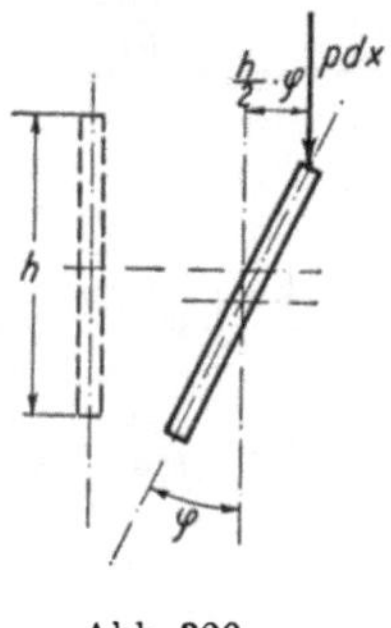

Abb. 320

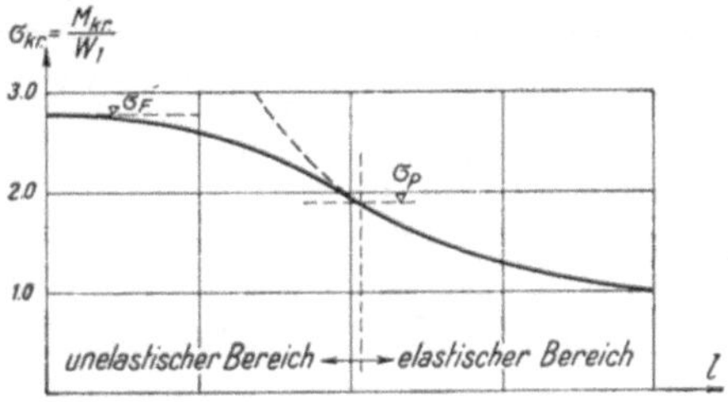

Abb. 321

$$\varDelta T' = \frac{p \cdot h}{2} \cdot \varphi$$

anzuschreiben:

$$\varphi'' + \frac{M^2}{B_2 \cdot C} \cdot \varphi + \frac{p \cdot h}{2 C} \cdot \varphi = 0 .$$

Wir können diesen Zusatzeinfluß durch einen Vergrößerungsfaktor β_2 erfassen, dessen Größe für einige Belastungsfälle in der Zusammenstellung (Abb. 322) angegeben ist.

f) Der unelastische Bereich

Die vorstehende Ableitung des Kippmomentes gilt nur im elastischen Bereich, das heißt nur solange, als die größte kritische Randspannung σ_{kr},

$$\sigma_{\mathrm{kr}} = \frac{M_{\mathrm{kr}}}{W_1} = \frac{c \cdot \sqrt{B_2' \cdot C}}{W_1 \cdot l} \cdot \beta_1 \cdot \beta_2$$

die Proportionalitätsgrenze σ_P nicht überschreitet. Eine genauere Untersuchung vom σ_{kr} im unelastischen Bereich, wie wir sie beim Knicken durch Einführung des Knickmoduls durchführen konnten, erscheint hier wegen der Veränderlichkeit von Biegungs- und Torsionssteifigkeit über Balkenhöhe und Spannweite beim Eintreten von bleibenden Dehnungen hoffnungslos. Nun können wir aber aus der Erfahrung und aus Analogie mit der Knickspannungslinie schließen, daß auch beim Kippen die Fließgrenze praktisch die obere Grenze der kritischen Spannung bilde. Wir können somit die Kippspannungslinie im unelastischen Bereich durch eine Kurve umschreiben (Abb. 321), die für kurze Stäbe eine horizontale Gerade $\sigma_{\mathrm{kr}} = \sigma_F$ tangiert und bei $\sigma_{\mathrm{kr}} = \sigma_P$ stetig in die elastische Kippspannungslinie übergeht.

Zusammenstellung (gilt im elastischen Bereich)

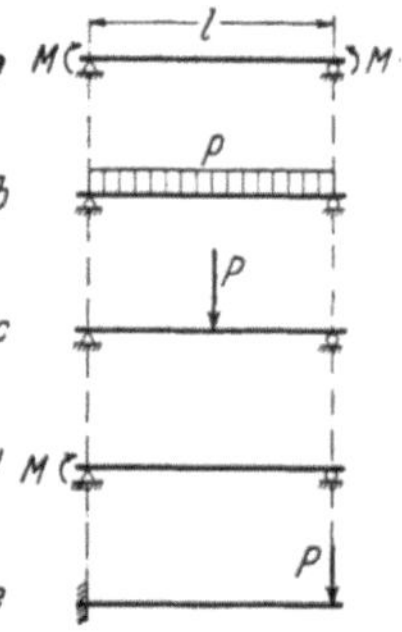

Belastungsfall	M_{max}	Rechteckbalken Last im Schwerpunkt	Flanschbiegung β_1	Last am $\genfrac{}{}{0pt}{}{\text{obern}}{\text{untern}}$ Flansch β_2
a	M	$M_{\mathrm{kr}} = \pi \cdot \dfrac{\sqrt{B_2{}' \cdot C}}{l}$	$\beta_1 = \sqrt{1 + \dfrac{\pi^2}{a^2}}$	$\beta_2 =$
b	$\dfrac{p\,l^2}{8}$	$3{,}54 \cdot \dfrac{\sqrt{B_2{}' \cdot C}}{l}$	$\cong \sqrt{1 + \dfrac{10{,}0}{a^2}}$	$\sqrt{1 + \dfrac{2{,}10}{\beta_1^2 a^2}} \mp \dfrac{1{,}45}{\beta_1 a}$
c	$\dfrac{P \cdot l}{4}$	$4{,}23 \cdot \dfrac{\sqrt{B_2{}' \cdot C}}{l}$	$\sqrt{1 + \dfrac{10{,}2}{a^2}}$	$\sqrt{1 + \dfrac{3{,}24}{\beta_1^2 a^2}} \mp \dfrac{1{,}80}{\beta_1 a}$
d	M	$5{,}56 \cdot \dfrac{\sqrt{B_2{}' \cdot C}}{l}$	$\sqrt{1 + \dfrac{11{,}2}{a^2}}$	
e	$P \cdot l$	$4{,}01 \cdot \dfrac{\sqrt{B_2{}' \cdot C}}{l}$	$\left(\dfrac{a + 1{,}61}{a + 0{,}32}\right)^2$	

Abb. 322

Zum Schluß sei noch darauf hingewiesen, daß diese Untersuchungen des Stabilitätsproblems von auf Biegung beanspruchten Trägern auf ähnlichen Voraussetzungen beruhen wie die EULERsche Lösung des Knickproblems: die ermittelten Kipplasten gelten bei vollständig geraden und unverdrehten Stäben aus homogenem Material bei genau in Hauptbiegungsebene liegendem Kraftangriff. Besitzt der Balken beispielsweise eine endliche anfängliche Ausbiegung y_0, so geht das Stabilitätsproblem über in ein Spannungsproblem zweiter Ordnung[1] und die Tragfähigkeit vermindert sich.

3. Ausbeulen

a) Problemstellung und Beispiel

Unter Ausbeulen verstehen wir das Unstabilwerden von (ursprünglich ebenen) dünnen Blechen unter Druck- und Schubkräften. So können die Bleche eines zusammengesetzten Druckstabes ausbeulen, bevor der Stab als Ganzes

---

[1] F. STÜSSI: Exzentrisches Kippen. Schweiz. Bauzeitung, Band 105, 1935.

ausknickt, oder es kann das Stehblech eines Blechträgers ausbeulen, bevor der Träger kippt (Abb. 323).

Wir müssen uns hier im Rahmen der Baustatik I, wo wir noch nicht über die Theorie der Plattenbiegung verfügen, mit einer kurzen Skizzierung des Problems an einem einfachen Beispiel begnügen.

Wir betrachten eine rechteckige, allseitig gelenkig gelagerte Platte der Stärke h unter Beanspruchung durch Längsdruck $\sigma_x \cdot h$ im ausgebeulten Zustand (Abb. 324).

Durch die Ausbiegungen w der Platte entstehen Ablenkungskräfte

$$\sigma_x \cdot h \cdot \frac{\partial^2 w}{\partial x^2} \,,$$

die von der Platte auf Biegung übernommen werden müssen.

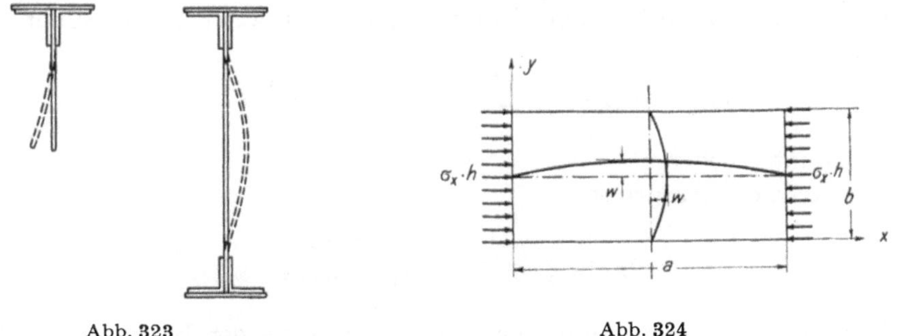

Abb. 323   Abb. 324

Für einen Stab mit der Breite 1 würde die Gleichgewichtsbedingung zwischen den äußeren Ablenkungskräften und den inneren elastischen Widerständen lauten

$$\frac{d^2}{dx^2}\left(EJ \cdot \frac{d^2 w}{dx^2}\right) + \sigma_x \cdot 1 \cdot h \cdot \frac{d^2 w}{dx^2} = 0 \,.$$

Da bei einer Platte die Belastungen in beiden Richtungen aufgenommen werden, lautet, bei konstanter Plattensteifigkeit N, hier die entsprechende Gleichgewichtsbedingung

$$N \cdot \left[\left(\frac{\partial^2}{\partial x^2} + \frac{\partial^2}{\partial y^2}\right) \cdot \left(\frac{\partial^2 w}{\partial x^2} + \frac{\partial^2 w}{\partial y^2}\right)\right] + \sigma_x \cdot h \cdot \frac{\partial^2 w}{\partial x^2} = 0$$

oder

$$N \cdot \left(\frac{\partial^4 w}{\partial x^4} + 2\frac{\partial^4 w}{\partial x^2 \cdot \partial y^2} + \frac{\partial^4 w}{\partial y^4}\right) + \sigma_x \cdot h \cdot \frac{\partial^2 w}{\partial x^2} = 0 \,. \tag{224}$$

Die Plattensteifigkeit N beträgt

$$N = \frac{E \cdot 1 \cdot h^3}{12 \cdot (1 - \nu^2)} \,.$$

Der Gleichung (224) genügt der Lösungsansatz

$$w = w_0 \cdot \sin \frac{m \pi x}{a} \cdot \sin \frac{n \pi y}{b},$$

und wir erhalten durch Einsetzen

$$N \cdot \pi^4 \cdot \left(\frac{m^2}{a^2} + \frac{n^2}{b^2} \right)^2 - \sigma_x \cdot h \cdot \pi^2 \cdot \frac{m^2}{a^2} = 0$$

oder

$$\sigma_{kr} = \frac{N \cdot \pi^2}{h \cdot b^2} \cdot \left(m \cdot \frac{b}{a} + \frac{n^2}{m} \cdot \frac{a}{b} \right)^2 .$$

Nun interessieren uns von allen möglichen Werten σ_{kr} nur die kleinsten, denn gegen diese müssen wir unsere Bleche ja noch mit genügender Sicherheit bemessen. Wir erkennen, daß σ_{kr} am kleinsten wird, wenn die Platte in Richtung der Plattenbreite b in einer Halbwelle, $n = 1$, ausknickt; es ist somit nur noch der Wert

$$\sigma_{kr} = \frac{N \cdot \pi^2}{h \cdot b^2} \cdot \left(\frac{m \cdot b}{a} + \frac{a}{m \cdot b} \right)^2$$

weiter zu untersuchen.

Nun stellt der Ausdruck

$$\sigma_E = \frac{N \cdot \pi^2}{h \cdot b^2} = \frac{\pi^2 \cdot E \cdot h^2}{12 \, (1 - \nu^2) \cdot b^2}$$

die EULERsche Knickspannung eines Plattenstreifens der Breite 1 und der Spannweite b dar; die kritische Spannung kann allgemein mit

$$\sigma_{kr} = k \cdot \sigma_E \tag{225}$$

geschrieben werden, wobei k einen von der Form und Lagerungsart der Platte sowie von der Belastungsanordnung abhängigen Zahlenfaktor bedeutet. Für den untersuchten Belastungsfall der Abbildung 324 ist

$$k = \left(\frac{m \cdot b}{a} + \frac{a}{m \cdot b} \right)^2 .$$

Wir haben somit noch für verschiedene Verhältnisse von a:b die maßgebende Halbwellenzahl m, bzw. den kleinsten Wert des Zahlenfaktors k zu bestimmen.

Für eine quadratische Platte, $\frac{a}{b} = 1$ wird

$$\text{für} \quad m = 1: \quad k = (1 + 1)^2 = 4{,}0$$

$$m = 2: \quad k = \left(2 + \frac{1}{2} \right)^2 = 6{,}25 \, ;$$

maßgebend ist $m = 1$ mit $k_{min} = 4$.

Für eine Platte mit $\frac{a}{b} = 2$ wird

$$\text{für} \quad m = 1 : \quad k = \left(\frac{1}{2} + 2\right)^2 = 6{,}25$$

$$m = 2 : \quad k = (1 + 1)^2 = 4{,}0$$

$$m = 3 : \quad k = \left(\frac{3}{2} + \frac{2}{3}\right)^2 = 4{,}694 ;$$

maßgebend ist $m = 2$ mit $k_{\min} = 4$.

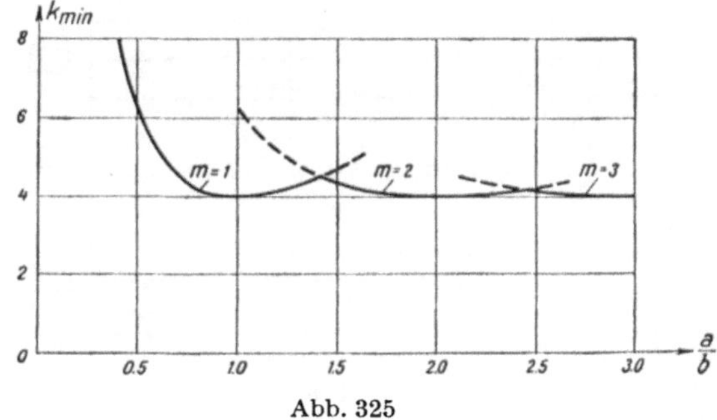

Abb. 325

Auf diese Weise kann $k_{\min}$ für alle Werte von $\frac{a}{b}$ bestimmt werden; die Ergebnisse sind in Abbildung 325 aufgetragen. Für alle ganzzahligen Verhältnisse $\frac{a}{b}$ beult die Platte in quadratischen Feldern aus, und es ist $k_{\min} = 4{,}0$.

Diese Aufgabe wurde erstmals von G. H. BRYAN[1] gelöst.

b) Weitere Fälle; Anwendungen

In Abbildung 326 sind die Werte $k_{\min}$ für rechteckige Platten unter Längsdruck bei verschiedenen Lagerungsarten der Längsseiten dargestellt[2]; Kurve 1 stellt den als Beispiel untersuchten Fall der Abbildung 324 mit allseitig gelenkig gelagerten Rändern dar, Kurve 4 bezieht sich auf den Fall mit beidseitig eingespannten Längsrändern, während bei den Fällen 2 und 3 ein Längsrand frei, also nicht unterstützt ist, während der andere gelenkig gelagert bzw. eingespannt ist.

Abbildung 327[2] zeigt die Werte $k_{\min}$ für Biegung bzw. Biegung mit Längsdruck, während in Abbildung 328[2] der Verlauf von k für Schubbeanspruchung τ,

$$\tau_{\mathrm{kr}} = k \cdot \sigma_E ,$$

---

[1] G. H. BRYAN: London Math. Soc. Proc., Vol. XXII, 1891.

[2] Siehe zum Beispiel S. TIMOSHENKO: Theory of Elastic Stability. Mc Graw-Hill Book Co., New York and London, 1936. – F. STÜSSI: Berechnung der Beulspannungen gedrückter Rechteckplatten. Abh. IVBH, Bd. 8, 1947.

dargestellt ist, wobei beide Abbildungen sich auf gelenkig gelagerte Platten beziehen. Bei gleichzeitiger Beanspruchung auf Biegung und Schub gilt mit praktisch genügender Genauigkeit die Beziehung

$$\left(\frac{\sigma}{\sigma_{kr}}\right)^2 + \left(\frac{\tau}{\tau_{kr}}\right)^2 = 1 \; ;$$

dabei bedeuten σ und τ die kombinierte Beanspruchung, unter der die Platte

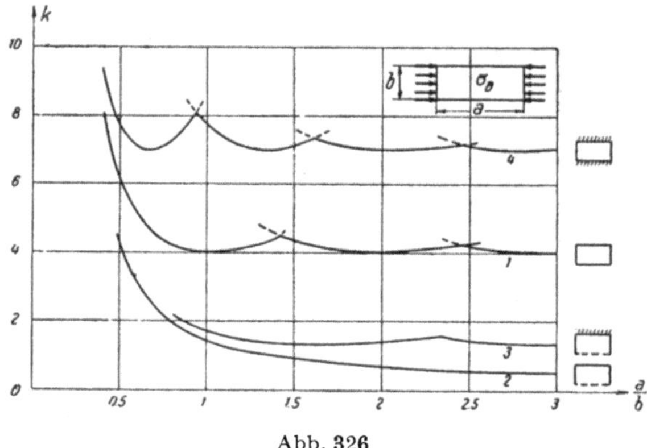

Abb. 326

ausbeult, während σ_{kr} und τ_{kr} die nach den Abbildungen 327 und 328 bestimmten kritischen Spannungen $k \cdot \sigma_E$ für Einzelbeanspruchung bezeichnen.

Den unelastischen Bereich der Beulspannungen legen wir am einfachsten und mit für die Praxis ausreichender Genauigkeit durch Vergleich mit dem

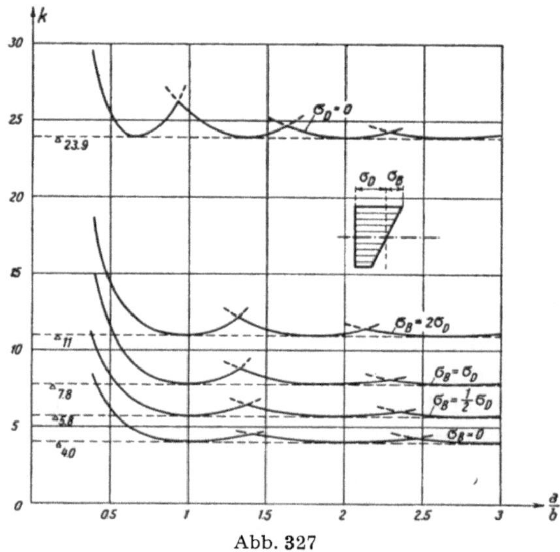

Abb. 327

unelastischen Bereich der Knickspannungslinie (Abb. 303 oder 307) fest. Ist $\sigma_{kr} = k \cdot \sigma_E$ größer als die Spannung σ_P an der Proportionalitätsgrenze, so bestimmen wir die Vergleichsschlankheit λ_{id},

$$\lambda_{id} = \pi \cdot \sqrt{\frac{E}{\sigma_{kr}}} \; ;$$

die zu λ_{id} zugehörige Knickspannung wird dann als maßgebende Beulspannung angenommen.

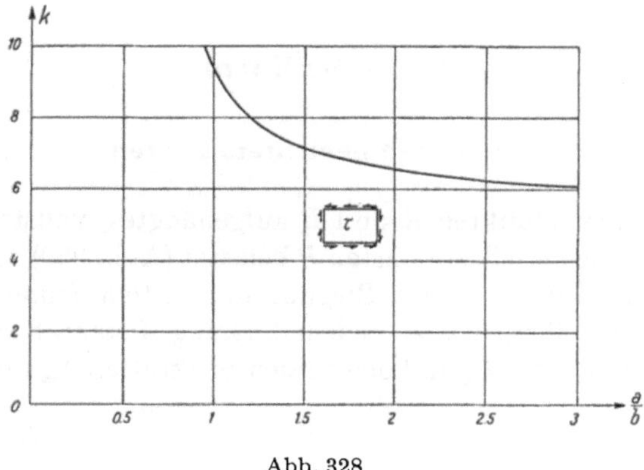

Abb. 328

Die notwendige Sicherheit gegen Ausbeulen einer Platte kann nun nicht nur durch Vergrößerung der Plattenstärke h, sondern oft wirtschaftlicher auch durch Unterteilung der Feldweiten a und b durch Aussteifungen erreicht werden[1].

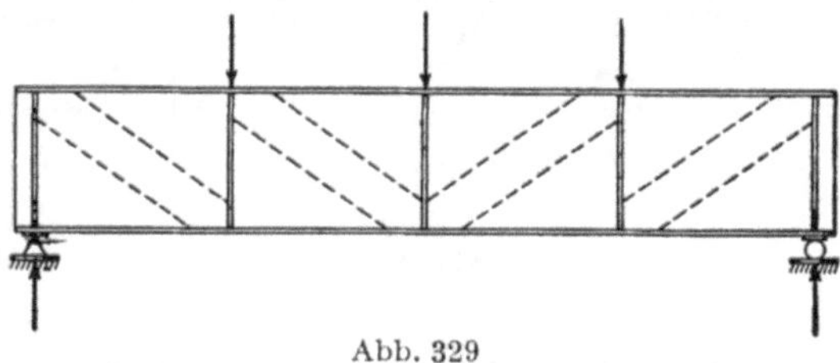

Abb. 329

Es sei noch darauf hingewiesen, daß beim Ausbeulen des Stehblechs eines Blechträgers noch keine Katastrophe eintritt wie beim Knicken eines Druckstabes oder beim Kippen eines Trägers, weil bei genügender Tragfähigkeit der Pfosten geneigte Blechstreifen (Abb. 329) auch noch imstande sind, Zugkräfte zu übertragen, wie die Streben eines Ständerfachwerks. Wenn also die Pfosten zur Aufnahme der Querkräfte knicksicher ausgebildet sind, darf man sich bei der Bemessung des Stehblechs mit einer verhältnismäßig geringen Beulsicherheit des Stehblechs ($n = 1,3$ bei Hochbauten, $n = 1,8$ bei Eisenbahnbrücken) begnügen.

---

[1] S. z. B. E. Chwalla: Über die Biegebeulung der längsversteiften Platte und das Problem der «Mindeststeifigkeit». Stahlbau 1944. – Ch. Dubas: Contribution à l'étude du voilement des tôles raidies. Mitt. Inst. Baustatik, ETH., 1948.

X. Statik der Seile

1. Die Seilform

a) Beliebig gerichtete Lasten

Ein an den beiden Punkten A und B aufgehängtes, vollständig biegsames Seil sei durch beliebig gerichtete Lasten P belastet (Abb. 330). Da das biegsame Seil ($EJ = 0$) nicht in der Lage ist, Biegungsmomente aufzunehmen, muß sich die Seilform so einstellen, daß an jedem Lastangriffspunkt m Gleichgewicht zwischen der äußeren Last P_m und den beiden Seilkräften S_m und S_{m+1} besteht.

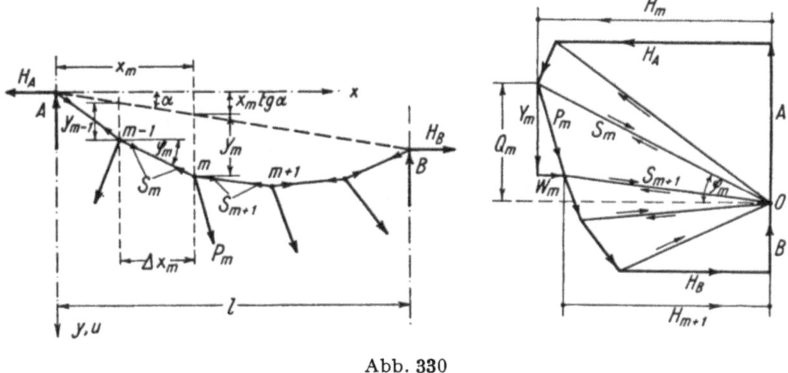

Abb. 330

Reihen wir die einzelnen Kräftedreiecke, die graphisch diese Gleichgewichtsbedingung ausdrücken, aneinander, so bilden sie zusammen ein Kräftepolygon; *die Seilform ist bestimmt durch ein Seilpolygon zu den Lasten P.*

Wir wollen nun die Seildurchhänge y, von der Sehne $A-B$ aus gemessen, rechnerisch bestimmen. Nach Abbildung 330 ist

$$y_m = y_{m-1} + x_{m-1} \cdot \operatorname{tg} \alpha + \Delta x_m \cdot \operatorname{tg} \varphi_m - x_m \cdot \operatorname{tg} \alpha =$$

$$= y_{m-1} + \Delta x_m \cdot (\operatorname{tg} \varphi_m - \operatorname{tg} \alpha).$$

Aus dem Kräftepolygon entnehmen wir

$$\operatorname{tg} \varphi_m = \frac{A - \sum\limits_{A}^{m-1} V}{H_m} = \frac{Q_m}{H_m};$$

damit wird

$$y_m = y_{m-1} + \Delta x_m \cdot \frac{Q_m}{H_m} - \Delta x_m \cdot \operatorname{tg} \alpha$$

oder

$$\frac{y_m - y_{m-1}}{\Delta x_m} = \frac{Q_m}{H_m} - \operatorname{tg} \alpha. \tag{226}$$

Um die Querkraft Q_m zu eliminieren, schreiben wir den gleichen Ausdruck für das Feld Δx_{m+1} an,

$$\frac{y_{m+1} - y_m}{\Delta x_m} = \frac{Q_{m+1}}{H_{m+1}} - \operatorname{tg} \alpha,$$

und wir erhalten nach Multiplikation mit H und mit

$$Q_m - Q_{m+1} = V_m,$$

$$H_m - H_{m+1} = W_m,$$

als Differenz die Seilpolygongleichung

$$- y_{m-1} \cdot \frac{H_m}{\Delta x_m} + y_m \cdot \left(\frac{H_m}{\Delta x_m} + \frac{H_{m+1}}{\Delta x_{m+1}} \right) - y_{m+1} \cdot \frac{H_{m+1}}{\Delta x_{m+1}} =$$

$$= V_m - W_m \cdot \operatorname{tg} \alpha. \tag{227}$$

Bei gleich hoch liegenden Endpunkten A und B, $\operatorname{tg} \alpha = 0$, vereinfacht sich Gleichung (227) auf

$$- y_{m-1} \cdot \frac{H_m}{\Delta x_m} + y_m \cdot \left(\frac{H_m}{\Delta x_m} + \frac{H_{m+1}}{\Delta x_{m+1}} \right) - y_{m+1} \cdot \frac{H_{m+1}}{\Delta x_{m+1}} = V_m. \tag{227a}$$

Die Gleichungen (227) und (227a) sind offensichtlich nicht mehr «normale», sondern *verallgemeinerte* Seilpolygongleichungen. Das *normale* Seilpolygon ist dadurch charakterisiert, daß wir die Richtung des ersten Seilstrahles beliebig annehmen und die Randbedingungen (hier $y_A = 0$, $y_B = 0$) durch eine *gerade Schlußlinie* erfüllen können. Das ist hier nicht mehr der Fall; die *Schlußlinie*, die durch die homogene Gleichung (227)

$$- y_{m-1} \cdot \frac{H_m}{\Delta x_m} + y_m \cdot \left(\frac{H_m}{\Delta x_m} + \frac{H_{m+1}}{\Delta x_{m+1}} \right) - y_{m+1} \cdot \frac{H_{m+1}}{\Delta x_{m+1}} = 0$$

dargestellt wird, ist *keine Gerade* mehr, wenn wir vom Sonderfall $y_{m-1} = y_m = y_{m+1} = 0$ absehen.

Hier, bei beliebig gerichteten Lasten P, müssen wir die Seilpolygonordinaten y durch Auflösung eines dreigliedrigen Gleichungssystems bestimmen. Eine weitere Lösungsart, die sich direkter an den Begriff des Seilpolygons anlehnt, ist folgende: Wir schreiben Gleichung (227) in Form einer Rekursionsformel

$$y_{m+1} = y_m \cdot \left(1 + \frac{H_m}{H_{m+1}} \cdot \frac{\Delta x_{m+1}}{\Delta x_m} \right) - y_{m-1} \cdot \frac{H_m}{H_{m+1}} \cdot \frac{\Delta x_{m+1}}{\Delta x_m} -$$

$$- (V_m - W_m \cdot \operatorname{tg} \alpha) \cdot \frac{\Delta x_{m+1}}{H_{m+1}}$$

oder allgemein

$$y_{m+1} = \alpha \cdot y_m - \beta \cdot y_{m-1} - \gamma \cdot K_m \cdot \qquad (228)$$

Wir setzen

$$y = y_0 + c \cdot \Delta y,$$

wobei wir mit y_0 eine Lösung der Gleichung (228) bezeichnen, die nur eine der beiden Randbedingungen, also hier zum Beispiel $y_{0A} = 0$, erfüllt; y_{01} ist somit beliebig anzunehmen. Mit Δy bezeichnen wir eine Lösung der homogenen Gleichung (228),

$$\Delta y_{m+1} = \alpha \cdot \Delta y_m - \beta \cdot \Delta y_{m-1},$$

bei der wir neben $\Delta y_A = 0$ auch den Wert Δy_1 beliebig annehmen. Aus der zweiten Randbedingung, hier also aus

$$y_B = y_{0B} + c \cdot \Delta y_B = 0,$$

ergibt sich der Faktor c der polygonalen Schlußlinie. Diese Art der Auflösung ist selbstverständlich auf alle dreigliedrigen Gleichungssysteme anwendbar; ob sie gegenüber einer Auflösung durch Reduktion des Gleichungssystems («abgekürzter GAUSSscher Algorithmus») eine Einsparung an Arbeitszeit erlaubt, dürfte weitgehend eine Frage der persönlichen Vorliebe sein.

b) Lotrechte Lasten

Für lotrechte Lasten ist $W_m = 0$ oder

$$H_m = H_{m+1} = H$$

und Gleichung (227) geht in die *normale Seilpolygongleichung*

$$- y_{m-1} \cdot \frac{1}{\Delta x_m} + y_m \left(\frac{1}{\Delta x_m} + \frac{1}{\Delta x_{m+1}} \right) - y_{m+1} \cdot \frac{1}{\Delta x_{m+1}} = \frac{V_m}{H} \qquad (229)$$

über. Da das normale Seilpolygon zu lotrechten Lasten V die Momentenfläche M_0 eines einfachen Balkens ($M_{0A} = 0$, $M_{0B} = 0$) darstellt, können wir die Seildurchhänge y direkt aus der Momentenfläche M_0 berechnen:

$$y_m = \frac{M_0}{H} = \frac{\Sigma Q_0 \cdot \Delta x}{H}.$$

Die Seilform ist somit bestimmt, sobald die Horizontalkomponente H des Seilzuges bekannt ist. Der Seilzug S ist gegeben durch

$$S = \frac{H}{\cos \varphi} = H \cdot \sec \varphi,$$

wobei

$$\sec \varphi = \sqrt{1 + \operatorname{tg}^2 \varphi} = \sqrt{1 + y'^2} = \sqrt{1 + \left(\frac{Q}{H} \right)^2};$$

es ist damit auch

$$S = \sqrt{H^2 + Q^2}. \qquad (230)$$

Dabei ist der Unterschied zwischen Q, ausgehend von der Seilauflagerkraft A (Abb. 330), und der Querkraft Q_0 des einfachen Balkens zu beachten; es ist, wie beim Dreigelenkbogen,

$$Q_m = Q_{0m} + H \cdot \operatorname{tg} \alpha \;.$$

Gehen wir nun in der Seilpolygongleichung (229) von den endlichen Feldweiten Δx über auf kleine Elemente dx, so erhalten wir mit

$$\frac{\dfrac{y_{m+1} - y_m}{\Delta x} - \dfrac{y_m - y_{m-1}}{\Delta x}}{\Delta x} \to \frac{d^2 y}{dx^2} \quad \text{und} \quad \frac{V}{\Delta x} \to p$$

die Differentialgleichung der Seilkurve

$$\frac{d^2 y}{dx^2} + \frac{p}{H} = 0 \;. \tag{231}$$

Ist die Belastung p konstant, so ist die Lösung von Gleichung (231) eine *Parabel*

$$y = \frac{p}{2H} \cdot x \cdot (l - x) \;;$$

ist dagegen die Belastung längs der Seillänge konstant,

$$p = p_0 \cdot \sec \varphi = p_0 \cdot \sqrt{1 + y'^2} \;,$$

so ist die Lösung von Gleichung (231) eine *Kettenlinie* (mit gegenüber der Parabelgleichung geändertem Koordinatensystem)

$$y = \frac{H}{p_0} \cdot \cosh \frac{p_0}{H} \cdot x = \frac{H}{2p_0} \cdot \left(e^{\frac{p_0 \cdot x}{H}} + e^{-\frac{p_0 \cdot x}{H}} \right) \;.$$

Für flach gespannte Seile unterscheiden sich Parabel und Kettenlinie nur unwesentlich.

c) Die Formänderungen des Seiles

Ein nur durch sein Eigengewicht g belastetes Seil weise die Durchhänge y_0 auf; der zugehörige Horizontalzug sei H_0. Es ist somit

$$y_0 = \frac{M_g}{H_0} \;.$$

Durch eine Temperaturänderung t und eine zusätzliche Belastung p (P) ändern sich y_0 in y und H_0 in H, wobei

$$y = \frac{M_{g+p}}{H} = \frac{M_q}{H} \;.$$

Nun ist aber zu beachten, daß bei der Formänderung ein Seilpunkt m sich nicht lotrecht, sondern nach m' verschiebt (Abb. 331), also lotrechte und waagrechte Verschiebungskomponenten η und ξ besitzt.

Es ist nach Abbildung 331

$$y - y_0 = \eta - \xi \cdot \operatorname{tg} \varphi \qquad (232)$$

oder

$$\eta - \xi \cdot \operatorname{tg} \varphi = \frac{M_q}{H} - \frac{M_g}{H_0} . \qquad (232\mathrm{a})$$

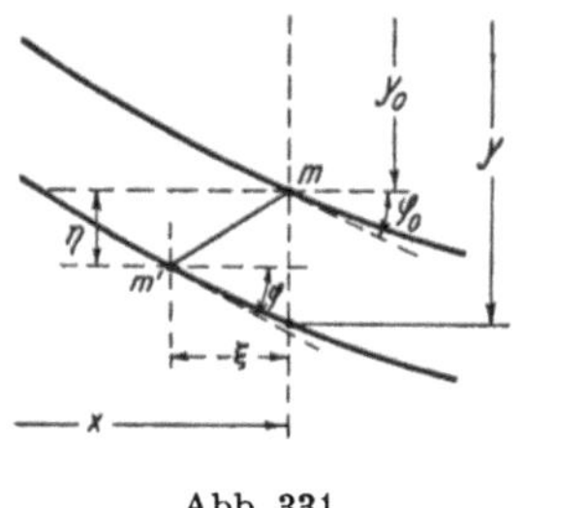

Abb. 331

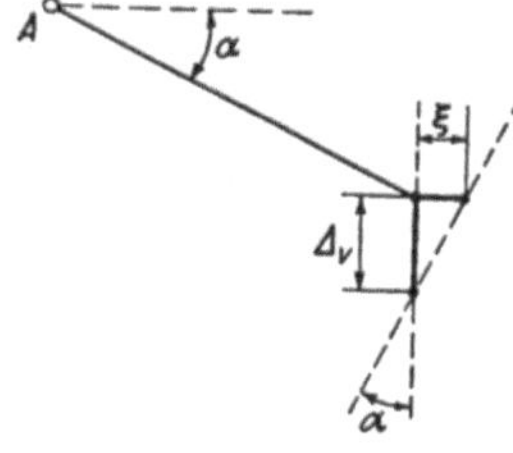

Abb. 332

Bei flach gespannten Seilen können wir angenähert

$$\xi \cong - \eta \cdot \operatorname{tg} \varphi$$

setzen und erhalten damit für diesen Fall

$$\eta \cong \left(\frac{M_q}{H} - \frac{M_g}{H_0} \right) \cdot \cos^2 \varphi . \qquad (232\mathrm{b})$$

2. Die Elastizitätsbedingung

Bei statisch bestimmt gelagerten, das heißt auf einer Seite durch ein Spanngewicht G abgespannten Seilen ist der Horizontalzug H durch die Größe des Spanngewichtes bestimmt. Dieser Fall soll uns hier weiter nicht beschäftigen.

Ist das Seil dagegen beidseitig festgehalten oder verankert, so ist der Horizontalzug H durch eine *Elastizitätsbedingung* zu bestimmen. Diese hat auszudrücken, daß der Abstand der Seilendpunkte oder einfacher die Horizontalprojektion dieses Abstandes sich nicht oder um einen bekannten Betrag ändere. Ist auch eine relative lotrechte Auflagerverschiebung

$$\Delta v = \eta_B - \eta_A$$

zu berücksichtigen, was wohl nur ausnahmsweise der Fall sein dürfte, so kann diese nach Abbildung 332 durch eine stellvertretende waagrechte Verschiebung ξ

$$\xi = \Delta v \cdot \operatorname{tg} \alpha$$

ausgedrückt werden.

a) Grundgleichung

Wir gewinnen die zur Formulierung der Elastizitätsbedingung notwendige Aussage über die waagrechte Verschiebung ξ_B des rechten Seilendpunktes B (bei unverschieblich angenommenem Seilanfangspunkt A), indem wir die Verschiebung und Verformung eines Seilelementes ds betrachten. Der Punkt m besitze dabei die Koordinaten x und $u = x \cdot \operatorname{tg} \alpha + y_0$. Für das unverformte Seilelement (Abb. 333) ist

$$ds^2 = dx^2 + du^2 \, ;$$

für das verformte dagegen

$$(ds + \varDelta ds)^2 = (dx + d\xi)^2 + (du + d\eta)^2 + d\zeta^2 \, .$$

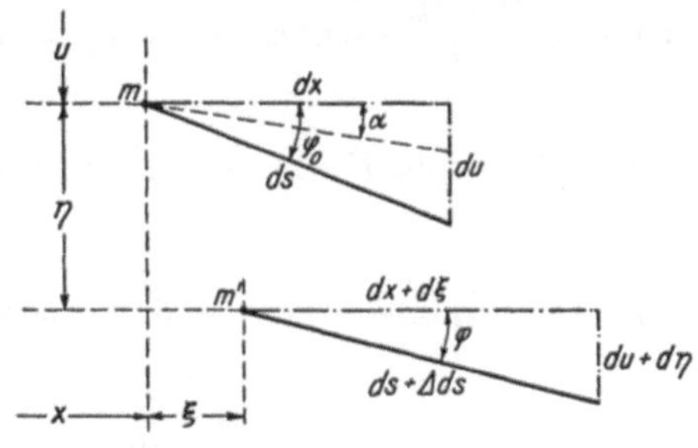

Abb. 333

Dabei haben wir beim verformten Element auch Querverschiebungen ζ mit $d\zeta^2$ berücksichtigt, um auch die Formänderungen aus Querbelastung (Winddruck) zu erfassen. Durch Ausmultiplizieren und Subtraktion finden wir

$$2 \, ds \cdot \varDelta ds + \varDelta ds^2 = 2 \, d\xi \cdot dx + d\xi^2 + 2 \, du \cdot d\eta + d\eta^2 + d\zeta^2 \, ;$$

unter Vernachlässigung von $\varDelta ds$ gegen $2 \, ds$ und mit

$$\frac{ds}{dx} = \sec \varphi_0$$

ergibt sich damit

$$\xi' = \frac{\varDelta ds}{ds} \cdot \sec^2 \varphi_0 - u' \cdot \eta' - \frac{\eta'^2}{2} - \frac{\xi'^2}{2} - \frac{\zeta'^2}{2} \, . \tag{233}$$

Das erste und die drei letzten Glieder der rechten Seite sind verhältnismäßig klein; wir dürfen deshalb das kleine Glied $\frac{1}{2}\, \xi'^2$ näherungsweise mit

$$\xi' \cong - u' \cdot \eta' \cong - \operatorname{tg} \varphi_0 \cdot \eta' \cong - \operatorname{tg} \alpha \cdot \eta'$$

berücksichtigen. Mit

$$\eta'^2 + \xi'^2 = \eta'^2 + \operatorname{tg}^2 \alpha \cdot \eta'^2 = \eta'^2 \cdot \sec^2 \alpha$$

erhalten wir somit

$$\xi' = \frac{\varDelta ds}{ds} \cdot \sec^2 \varphi_0 - \left(u' + \frac{\eta'}{2} \cdot \sec^2 \alpha \right) \cdot \eta' - \frac{\zeta'^2}{2} \, . \tag{234}$$

Nun haben wir die einzelnen Beiträge der rechten Seite dieser Gleichung zu ermitteln, wobei zu beachten ist, daß in der Elastizitätsbedingung nicht ξ', sondern nur $\int_0^l \xi' \cdot dx$ auftritt.

Die spezifische Längenänderung des Seilelementes ds beträgt

$$\frac{\Delta ds}{ds} = \frac{\Delta S}{EF} + \omega_t \cdot t = \frac{H - H_0}{EF} \cdot \sec \varphi + \omega_t \cdot t \, ;$$

es ist deshalb mit $\varphi \cong \varphi_0$

$$\int_0^l \frac{\Delta ds}{ds} \cdot \sec^2 \varphi \cdot dx = \int_0^l \frac{H - H_0}{EF} \cdot \sec^3 \varphi \cdot dx + \omega_t \cdot t \cdot \int_0^l \sec^2 \varphi \cdot dx \, .$$

Für $H = $ konst. (lotrechte Lasten) und $F = $ konst. ist die Einführung der Abkürzungen[1]

$$\int_0^l \sec^3 \varphi \cdot dx = L_s \cong l \cdot (\sec^3 \alpha + 8\, n^2 \cdot \sec \alpha)$$

$$\int_0^l \sec^2 \varphi \cdot dx = L_t \cong l \cdot \left(\sec^2 \alpha + \frac{16}{3} \cdot n^2 \right)$$

wobei $n = f/l$ das Pfeilverhältnis bedeutet, zweckmäßig; wir erhalten damit

$$\int_0^l \frac{\Delta ds}{ds} \cdot \sec^2 \varphi \cdot dx = (\dot H - H_0) \cdot \frac{L_s}{EF} + \omega_t \cdot t \cdot L_t \, .$$

Die weiteren Glieder der Gleichung (234) formen wir für die bequemere Anwendung um. Durch partielle Integration finden wir wegen $\eta_A = 0$, $\eta_B = 0$

$$\int_0^l \left(u' + \frac{\eta'}{2} \cdot \sec^2 \alpha \right) \cdot \eta' \cdot dx = -\int_0^l \left(u'' + \frac{\eta''}{2} \cdot \sec^2 \alpha \right) \cdot \eta \cdot dx \, .$$

Nach Gleichung (232b) war

$$\eta \cong \left(\frac{M_q}{H} - \frac{M_g}{H_0} \right) \cdot \cos^2 \varphi \, ;$$

da η innerhalb des Integrals vorkommt, dürfen wir für $\cos \varphi$ genügend genau den Mittelwert $\cos \alpha$ setzen. Damit wird

$$\eta = \left(\frac{M_q}{H} - \frac{M_g}{H_0} \right) \cdot \cos^2 \alpha \, , \qquad \eta'' = -\left(\frac{q}{H} - \frac{g}{H_0} \right) \cdot \cos^2 \alpha \, , \qquad u'' = y_0'' = -\frac{g}{H_0} \, ,$$

---

[1] Siehe zum Beispiel D. B. STEINMANN: Deflection theory for continuous suspension bridges. Abhandlungen I V B H, Band 2, 1933/34.

und es ist

$$\int\limits_0^l \left(u' + \frac{\eta'}{2} \cdot \sec^2\alpha\right) \cdot \eta' \cdot dx = \int\limits_0^l \left(\frac{g}{H_0} + \frac{q}{2H} - \frac{g}{2H_0}\right) \cdot \left(\frac{M_q}{H} - \frac{M_g}{H_0}\right) \cdot \cos^2\alpha \cdot dx .$$

Beachten wir, daß

$$\int\limits_0^l \frac{g}{H_0} \cdot \frac{M_q}{H} \cdot dx = \int\limits_0^l \frac{q}{H} \cdot \frac{M_g}{H_0} \cdot dx$$

und führen wir den Einfluß einer waagrechten Querbelastung w analog mit

$$\int\limits_0^l \frac{\zeta'^2}{2} \cdot dx = -\frac{1}{2}\int\limits_0^l \zeta \cdot \zeta'' \cdot dx = \int\limits_0^l \frac{w \cdot M_w}{2H^2} \cdot dx$$

ein, so erhalten wir durch Einsetzen in Gleichung (234) die Grundgleichung

$$\int\limits_0^l \xi' \cdot dx = (H - H_0) \cdot \frac{L_s}{EF} + \omega_t \cdot t \cdot L_t - \int\limits_0^l \frac{q \cdot M_q}{2H^2} \cdot \cos^2\alpha \cdot dx +$$

$$+ \int\limits_0^l \frac{g \cdot M_g}{2H_0^2} \cdot \cos^2\alpha \cdot dx - \int\limits_0^l \frac{w \cdot M_w}{2H^2} \cdot dx . \qquad (235)$$

b) Einzelfelder

Bei einem Seil über nur eine Spannweite l können die Seilenden elastisch oder unverschieblich verankert sein.

Bei *elastischer Verankerung* nähern sich die beiden Seilendpunkte gegenseitig um den Betrag

$$\xi_{A,B} = -c \cdot (H - H_0) ,$$

wobei c einen von der Nachgiebigkeit der Verankerungen abhängigen Proportionalitätsfaktor bedeutet und die Elastizitätsbedingung lautet

$$\xi_{A,B} = \int\limits_0^l \xi' \cdot dx$$

oder mit Gleichung (235)

$$0 = (H - H_0) \cdot \left(\frac{L_s}{EF} + c\right) + \omega_t \cdot t \cdot L_t - \int\limits_0^l \frac{q \cdot M_q}{2H^2} \cdot \cos^2\alpha \cdot dx +$$

$$+ \int\limits_0^l \frac{g \cdot M_g}{2H_0^2} \cdot \cos^2\alpha \cdot dx - \int\limits_0^l \frac{w \cdot M_w}{2H^2} \cdot dx .$$

Für unverschiebliche Verankerung ist $c = 0$ zu setzen. Die Elastizitätsbedingung wird am einfachsten durch Probieren aufgelöst.

Wirken in Seilebene nur lotrechte Lasten, $H = \text{konst.}$, so läßt sich die Gleichung auch wie folgt schreiben (wobei wir von nun an den Einfluß der Querbelastung w und der Nachgiebigkeit der Verankerung nicht mehr weiter berücksichtigen wollen)

$$H^3 \cdot \frac{2L_s}{EF} + H^2 \cdot \left[\int_0^l \frac{g \cdot M_g}{H_0^2} \cdot \cos^2\alpha \cdot dx - H_0 \cdot \frac{2L_s}{EF} + 2\omega_t \cdot t \cdot L_t \right] -$$

$$- \int_0^l q \cdot M_q \cdot \cos^2\alpha \cdot dx = 0 . \tag{236}$$

Der Horizontalzug H ist durch diese Gleichung dritter Ordnung bestimmt; *das Seilproblem ist ein Spannungsproblem dritter Ordnung.*

Hätten wir in Gleichung (233) die kleinen Glieder η'^2 und ξ'^2 (sowie ζ'^2) gegen $2u' \cdot \eta'$ vernachlässigt, so hätten wir statt Gleichung (236) die vereinfachte quadratische Gleichung

$$H^2 \cdot \frac{L_s}{EF} + H \cdot \left[\int_0^l \frac{g \cdot M_g}{H_0^2} \cdot dx - H_0 \cdot \frac{L_s}{EF} + \omega_t \cdot t \cdot L_t \right] - \int_0^l \frac{g \cdot M_q}{H_0} \cdot dx = 0 \tag{237}$$

erhalten.

Das Seilproblem vereinfacht sich durch Vernachlässigung von Nebeneinflüssen zum Spannungsproblem zweiter Ordnung. Würden wir überhaupt die Formänderungen nicht berücksichtigen, die Kräfte also am unverformt gedachten Tragsystem angreifen lassen (was beim Seil allerdings nicht zulässig ist), so würden wir eine lineare Bestimmungsgleichung für H erhalten.

Wirken auf das Seil nur gleichmäßig verteilte lotrechte Lasten, so können die Integrale der Gleichung (236) in geschlossener Form eingesetzt werden; mit

$$\int_0^l q \cdot M_q \cdot dx = \frac{q^2 \cdot l^2}{8} \cdot \frac{2l}{3} = \frac{q^2 \cdot l^3}{12} , \qquad \int_0^l g \cdot M_g \cdot dx = \frac{g^2 \cdot l^3}{12}$$

lautet für diesen Sonderfall die Elastizitätsbedingung ($w = 0$, $c = 0$)

$$H^3 \cdot \frac{L_s}{EF} + H^2 \cdot \left[\frac{g^2 \cdot l^3}{24 \cdot H_0^2} \cdot \cos^2\alpha - H_0 \cdot \frac{L_s}{EF} + \omega_t \cdot t \cdot L_t \right] -$$

$$- \frac{q^2 \cdot l^3}{24} \cdot \cos^2\alpha = 0 . \tag{236a}$$

Mit einer solchen «Zustandsgleichung» können beim Entwurf elektrischer Freileitungen die Leiterzüge und Durchhänge berechnet werden.

Es ist noch festzustellen, daß bei einer Vergrößerung der Belastung der Seilzug nicht proportional damit, sondern weniger stark anwächst. Die Sicherheit eines Seiles ist wesentlich größer als das Verhältnis der vorhandenen Beanspruchung zur Materialfestigkeit.

c) Durchlaufende Seile

Bei über mehrere Felder durchlaufenden Seilen erstrecken sich die Integrale der Gleichung (235) über die ganze Seillänge; dabei ist je nach der Ausbildung der Zwischenstützen der Horizontalzug H unter Umständen von Feld zu Feld verschieden. Eine alle Felder umfassende Zustandsgleichung kann hier (abgesehen vom einfachsten Sonderfall mit konstantem Horizontalzug H über alle Felder) nicht mehr angegeben werden, sondern die Lösung muß schrittweise so erfolgen, daß der Horizontalzug H_1 im ersten Feld geschätzt wird; daraus kann aus dem Verhalten der ersten Stütze der Horizontalzug H_2 im zweiten Feld bestimmt werden. War die Schätzung von H_1 richtig, so ist auch die über alle Felder summierte Elastizitätsbedingung Gleichung (235) erfüllt; andernfalls muß die Rechnung mit einer verbesserten Schätzung von H_1 wiederholt werden.

Die praktisch wichtigsten Ausbildungsarten der Zwischenstützen seien nachstehend skizziert.

Elastisch nachgiebige Zwischenstützung

Dieser Fall ist dann verwirklicht, wenn das Seil mit der Auslegerspitze eines Mastes m fest verbunden ist. Sind die angreifenden Horizontalzüge verschieden, so verschiebt sich die Auslegerspitze und damit der Seilstützpunkt m entsprechend der Biegungs- und Verdrehungssteifigkeit des Mastes um

$$\xi_m = (H_{m+1} - H_m) \cdot c_m \,.$$

Haben wir H_1 für das erste Feld geschätzt, so liefert Gleichung (235) (wenn wir uns auf lotrechte Lasten beschränken)

$$\xi_1 = (H_1 - H_{01}) \cdot \frac{L_{1s}}{EF} +$$

$$+ \,\omega_t \cdot t \cdot L_{1t} - \frac{\cos^2 \alpha_1}{2H_1^2} \cdot \int_0^l q_1 \cdot M_{q_1} \cdot dx + \frac{\cos^2 \alpha_1}{2H_{01}^2} \cdot \int_0^l g_1 \cdot M_{g_1} \cdot dx \,.$$

Mit H_1 und ξ_1 ist aber H_2 bestimmt:

$$H_2 = H_1 + \frac{\xi_1}{c_1} \,.$$

Damit ist die Aufgabe grundsätzlich gelöst.

Es ist noch auf die beiden Grenzfälle $c = 0$ und $c = \infty$ hinzuweisen:

$c = 0$ bedeutet unverschiebliche Stützung; die Elastizitätsbedingung $\xi = 0$ muß für jedes Feld erfüllt sein; die einzelnen Felder sind unabhängig voneinander.

Bei waagrecht frei beweglicher Zwischenstützung, $c = \infty$, ist der Horizontalzug H über alle Felder konstant, und die Elastizitätsbedingung kann direkt durch Aufsummieren der Gleichung (235) über alle Felder angeschrieben werden. Dieser Grenzfall ist zum Beispiel dann verwirklicht, wenn die Zwischenstützen als Pendelstützen ausgebildet sind.

Ein solcher Fall tritt auch bei abgespannten Türmen auf (Abb. 334). Einer am Turmkopf angreifenden Last W hält der Unterschied der Horizontalzüge

$$\Delta H = H_1 - H_2 = W \cdot \frac{h_1}{h}$$

Gleichgewicht. Die Elastizitätsbedingung lautet hier

$$\xi_1 = - \xi_2 \, ;$$

sie liefert mit $H_2 = H_1 - \Delta H$, ausgehend von der Vorspannung H_{01}, H_{02}, die Unbekannte H_1.

Aufhängung der Seile

Dieser Fall ist bei Tragmasten verwirklicht, bei denen die Seile an Isolatorenketten der Länge s_m aufgehängt sind.

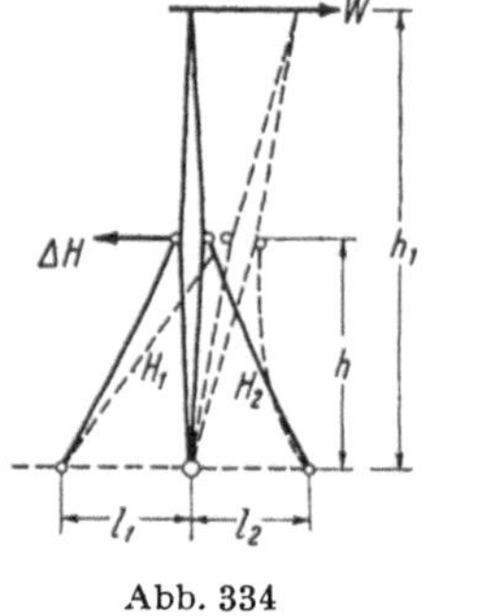

Abb. 334

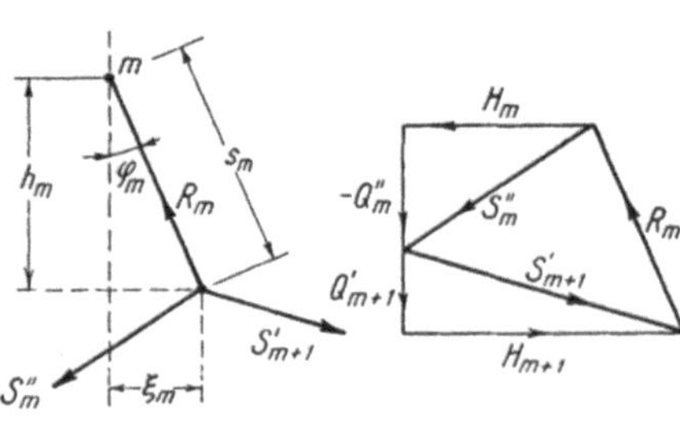

Abb. 335

Die Übergangsbedingung ergibt sich aus dem Gleichgewichtszustand des Aufhängepunktes (Abb. 335). Es ist

$$\frac{\xi_m}{h_m} = \frac{H_{m+1} - H_m}{- Q''_m + Q'_{m+1}} \, ,$$

wobei

$$- Q''_m = - Q''_{0m} + H_m \cdot \operatorname{tg} \alpha_m ,$$

$$Q'_{m+1} = Q'_{0\,m+1} - H_{m+1} \cdot \operatorname{tg} \alpha_{m+1} ,$$

$$h_m = s_m \cdot \cos \varphi_m$$

bedeutet, wenn wir mit Q_0 die Querkräfte des einfachen Balkens bezeichnen. Damit kann H_{m+1} aus H_m und ξ_m berechnet werden. Im übrigen ist die Rechnung analog zum Fall mit elastisch nachgiebiger Zwischenstützung durchzuführen.

Auflagerung in Seilschuhen

Diese Auflagerungsart kommt als Normalfall bei Tragseilen von Luftseilbahnen vor. Hier ist der Zusammenhang zwischen H_m und H_{m+1} beim Übergang über die Stütze m nicht mehr von den Verschiebungen ξ_m, sondern nur noch von den Gleichgewichtsbedingungen und Reibungsverhältnissen am Seilschuh abhängig. Da es sich dabei um eine Spezialaufgabe aus einem Spezialgebiet handelt, verzichten wir hier auf eine nähere Untersuchung.

3. Der Einfluss der Seilsteifigkeit

An Stellen scharfer Krümmung, also an den Angriffspunkten von Einzellasten oder bei erzwungener Abbiegung, kann die Voraussetzung eines vollständig biegsamen Seiles nicht mehr aufrecht erhalten werden; hier treten, auch bei einer verhältnismäßig kleinen Biegungssteifigkeit, lokale Biegungsmomente auf. Dabei handelt es sich um einen ausgesprochen lokalen Einfluß, der sich kaum in einer Änderung des Seilzuges, sondern nur in einer lokalen Änderung der Seilform auswirkt.

Wir gehen aus von einem momentenfreien Ausgangszustand des nur durch sein Eigengewicht g belasteten Seiles

$$y_0 = \frac{M_g}{H_0} \, .$$

Bringen wir nun eine Belastung p (P) auf, so wird, unter Berücksichtigung der Seilsteifigkeit EJ, das Moment M_S im Seil nicht mehr Null sein, sondern den Wert

$$M_S = M_q - H \cdot y$$

besitzen, wobei

$$y = \frac{M_q}{H} - \frac{M_s}{H} \tag{238}$$

den unbekannten oder gesuchten Seildurchhang bedeutet.

Nach Gleichung (232) (Abb. 331) ist mit $\xi \, \cong \, \eta \cdot \operatorname{tg} \varphi$

$$y - y_0 = \eta - \xi \cdot \operatorname{tg} \varphi \, \cong \, - \eta \cdot \sec^2 \varphi,$$

oder es ist

$$\eta = (y - y_0) \cdot \cos^2 \varphi = \left(\frac{M_q}{H} - \frac{M_S}{H} - \frac{M_g}{H_0} \right) \cdot \cos^2 \varphi \, .$$

Durch zweimalige Differentiation erhalten wir unter der Voraussetzung eines flach gespannten Seiles

$$\eta'' = - \left(\frac{M_S''}{H} + \frac{q}{H} - \frac{g}{H_0} \right) \cdot \cos^2 \varphi \, .$$

Setzen wir diesen Wert dem Wert von η'' gleich, den wir in Gleichung (150c)

für einen gekrümmten Stab abgeleitet haben, wobei wir hier die Einflüsse der
Längskräfte und Querkräfte vernachlässigen wollen,

$$\eta'' = - \frac{M_S}{EJ \cdot \cos \varphi}\,,$$

so erhalten wir nach Ordnen die Differentialgleichung des biegungssteifen
Seiles

$$M_S'' - \frac{H}{EJ \cdot \cos^3 \varphi} \cdot M_S + q - g \cdot \frac{H}{H_0} = 0\,. \tag{239}$$

Gehen wir von einem unbelasteten Ausgangszustand aus, so vereinfacht
sich Gleichung (239) auf

$$M_S'' - \frac{H}{EJ \cdot \cos^3 \varphi} \cdot M_S + q = 0\,. \tag{239a}$$

Wir können diese Gleichung durch Umsetzen in ein dreigliedriges Gleichungssystem lösen, genau so, wie die Differentialgleichung (160b) durch das Gleichungssystem (158) gelöst wurde. Eine solche baustatische Lösung ist besonders dann bequem, wenn Einzellasten P vorkommen. Da die Seilmomente M_S
zu beiden Seiten einer Einzellast rasch abklingen, brauchen diese Gleichungen
nicht auf die ganze Seillänge, sondern nur etwa über einen Bereich von
$4 \cdot \sqrt{\dfrac{EJ \cdot \cos^3 \varphi}{H}}$ je beidseitig von Einzellasten oder Lastgruppen angeschrieben zu werden.

Für ein waagrechtes Seil, $\cos \varphi = 1$, ergibt sich unter einer Einzellast P in
Übereinstimmung mit der im Maschinenbau bekannten Formel von ISAACHSEN
ein Biegungsmoment von

$$M_S = 0,50 \cdot P \cdot \sqrt{\frac{EJ}{H}}\,.$$

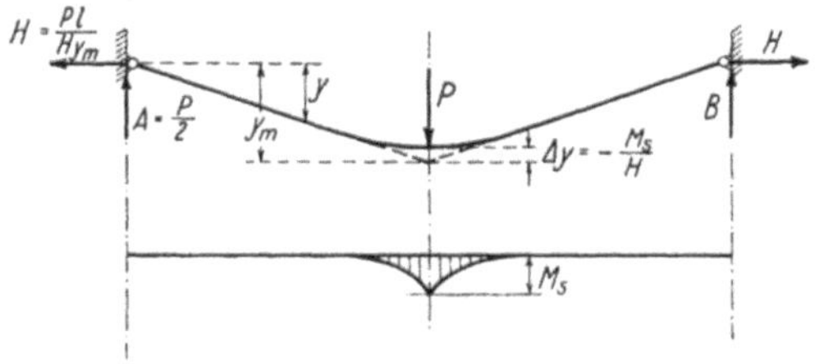

Abb. 336

Ist M_S gefunden, so ergibt sich die genauere Seilform aus Gleichung (238),
und zwar ist

$$\Delta y = - \frac{M_S}{H}$$

der Durchhangsunterschied gegenüber dem vollständig biegsamen Seil
(Abb. 336).